これからの「標準」を身につける
HTML+CSS デザインレシピ

エ・ビスコム・テック・ラボ ［著］

マイナビ

■サポートサイトについて
本書で解説している作例のソースコードは、下記のサポートサイトから入手できます。
http://book.mynavi.jp/support/pc/4887/

レシピ（CHAPTER 10）の完成ページは下記のサイトで閲覧できるようにしています。
http://ebisu.com/design_recipe

・本書に記載された内容は、情報の提供のみを目的としております。したがって、本書を用いての運用はすべてお客様自身の責任と判断において行ってください。
・本書の制作にあたっては正確な記述につとめましたが、著者や出版社のいずれも、本書の内容に関してなんらかの保証をするものではなく、内容に関するいかなる運用結果についてもいっさいの責任を負いません。あらかじめご了承ください。
・本書中に掲載している画面イメージなどは、特定の設定に基づいた環境にて再現される一例です。ハードウェアやソフトウェアの環境によっては、必ずしも本書通りの画面にならないことがあります。あらかじめご了承ください。
・本書は2014年2月段階での情報に基づいて執筆されています。本書に登場するソフトウェアのバージョン、URL、製品のスペックなどの情報は、すべてその原稿執筆時点でのものです。執筆以降に変更されている可能性がありますので、ご了承ください。
・本書中に登場する会社名および商品名は、該当する各社の商標または登録商標です。本書ではⓇおよびTMマークは省略させていただいております。

はじめに　INTRODUCTION

スマートフォンやタブレットの登場により、多様なデバイスに対応できる Web ページが求められるようになっています。その中で、レスポンシブ Web デザインをはじめとする考え方が生まれ、Web ページに当然のように組み込まれる時代になってきました。

その結果、多様なデバイスに対応したページを効率よく作成していくため、Web ページ制作の現場ではワークフローの変化も起きています。

PC ブラウザという 1 つの環境をターゲットに制作できた時代と異なり、現在は膨大な数のデバイスをターゲットに、さまざまな切り口で最大公約数を考えながらページを作成しなければなりません。従来のデザインカンプを再現する作り方では対応が難しく、ページを動かしながら作り込んでいく必要があります。

こうしたワークフローの変化とともに、HTML のコーディングに求められるものにも変化が出てきています。

固定からリキッドへ
ページを構成するパーツそのものが固定のスタイルからリキッドとなり、それをページの骨格に流し込むのが主流となっています。

パーツのコンポーネント化
パーツのコンポーネント化が進んでいます。これは、Web 標準から個人レベルまで、さまざまな形で進められています。

CSS フレームワークの登場
CSS フレームワークはコンポーネント化に関わる部分を持っているのと同時に、レスポンシブ Web デザインなどに対応したグリッドレイアウトを実現するなど、ページ制作を効率化することができます。

このような現状をふまえ、この本ではこれからの Web ページ制作に必要なレシピをできる限り詰め込みました。

本書について　ABOUT THIS BOOK

この本にはそのまま使えるレシピは入っていません。
この中にあるものを組み合わせて、
オリジナルなWebページを作ることを目的としています。

本書の構成

本書は、ベースとなるWebページ（BASE）にパーツを組み合わせて配置していくことで、オリジナルのページを作成できるように構成しています。

このとき、レスポンシブWebデザインをはじめとする考え方が当然のものとして扱われている現状に合わせて、CSSフレームワークを利用せずに作るのか、CSSフレームワークを利用して作るのかを選択できるようにしています。

CSSフレームワークはBootstrapとFoundationを利用する方法を紹介しています。また、BASEに関してはP.014で解説しています。

> 本書では、ページに求められる機能の多様化、複雑化をふまえ、CSSフレームワークを利用することをメインに考えています。

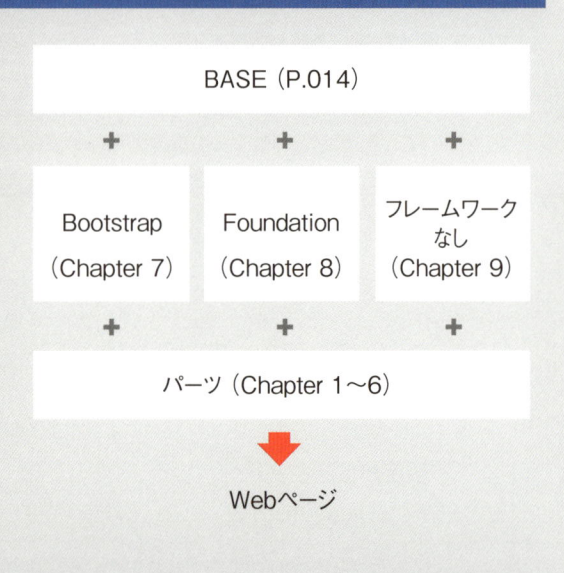

BASE（P.014）
＋　＋　＋
Bootstrap（Chapter 7）　Foundation（Chapter 8）　フレームワークなし（Chapter 9）
＋　＋　＋
パーツ（Chapter 1〜6）
↓
Webページ

パーツについて

ページを構成する基本的なパーツを用意

ページを構成するために必要なパーツを検討した結果、基本となる右の5分類になりました。これらを徹底的にシンプルな構成に落とし込んでいき、1イメージ1テキストをパーツの基本構造としています。

各パーツは3段階で構成

各パーツは右のように3段階で構成しています。このうち、HTMLとレイアウト用のCSSについては、Chapter 1〜5でセットで解説しています。
デザイン用のCSSについてはさまざまなパーツと組み合わせて利用できるように、Chapter 6に分けて解説しています。

Chapter 1	ヘッダー
Chapter 2	記事
Chapter 3	メニュー
Chapter 4	フッター
Chapter 5	その他（ボタン、フォーム、テーブル、段組みなど）

各パーツの構成。
- HTML
- CSS（レイアウト）
- CSS（デザイン）

ABOUT THIS BOOK

PARTS STRUCTURE

```
<div class="header">
  <h1><a href="#"><img src="img/logo.png"
    alt="" class="logo">SAMPLE SITE</a></h1>
</div>
```

HTML
構造が見えるように配慮しています。

```
/* ヘッダー */
.header          {padding: 20px;
                  background-color: #dfe3e8;}
…略…
```

CSS（レイアウト）
テキストのレイアウトという考え方がベースにあるCSS独特のレイアウトがわかりやすいようにしています。

```
/* 枠の設定 */
.header          {padding: 20px;
                  border: solid 1px #aaa;
…略…
```

CSS（デザイン）
レイアウトとは独立した形でデザイン部分だけを抽出しています。

> CSSのレイアウトでは独特な考え方が必要となることがよく表れたケースとして、P.057のようなものがあります。

> CSSの適用方法については、P.020、P.144〜145を参照してください。

カスタマイズできるように構成
パーツは必要に応じてカスタマイズできるようにしてあります。パーツごとにどのような構造になっているのかが見えるように解説していますので参考にしてください。

リキッドレイアウトで作成
すべてのパーツはリキッド（可変）レイアウトで作成してありますので、そのままでもレスポンシブ Web デザインに対応できます。

グリッドや段組みで利用可能
パーツは相互に干渉しないコーディングで作成してありますので、グリッドや段組みの中などでも問題なく利用することができます。

ページの作成について

パーツを使ってページを作成していく方法を解説
Chapter 7〜9では、パーツを使って実際にページを作成していく方法を解説しています。グリッドシステムや段組みの組み込み方なども含め、作業手順の解説を目的とした章ですので、複雑なことは行わず、シンプルなブログ形式のページを作成していきます。

ページの作成方法は段階にわけて解説
ページの作成方法は段階にわけて解説していますので、必要に応じて読んでください。ページ作成の目的によっては、CSS フレームワークの機能だけを利用してページを形にした段階で完成形とすることも可能です。

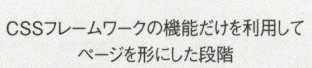

グリッドシステムを利用して作成したグリッドにパーツ（HTMLのみ）を配置した段階

CSSフレームワークの機能だけを利用してページを形にした段階

パーツごとにCSSを適用してレイアウトやデザインをアレンジした段階

ABOUT THIS BOOK

レシピについて

作例を紹介

Chapter 10では、本書に収録したパーツとCSSフレームワークを組み合わせて使うことで、どのようなことができるのか、どのぐらい作り込むことができるのかを4例紹介しています。

> ここではCSSフレームワークに用意されたカルーセルやオフキャンバスメニューなどの機能も利用する形でページを作成していきます。

RECIPE 01

プロモーションサイト　　　　　　　　Bootstrapを使用

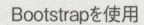

RECIPE 02

プロモーションサイト: コンテンツページ　　　　　　　　Bootstrapを使用

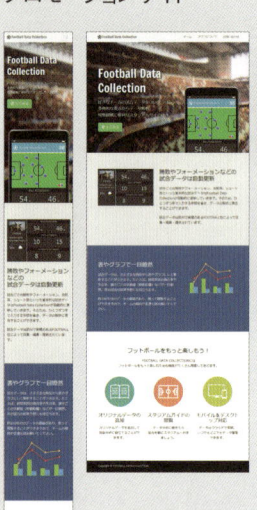

RECIPE 03

ビジネスサイト　　　　　　　　Bootstrapを使用

RECIPE 04

ショップサイト　　　　　　　　Foundationを使用

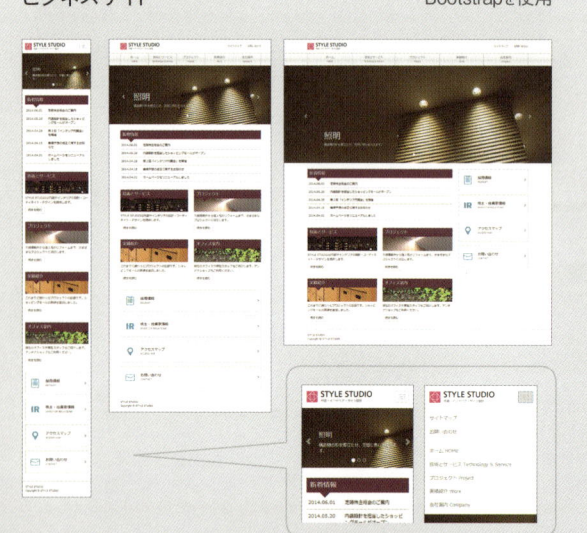

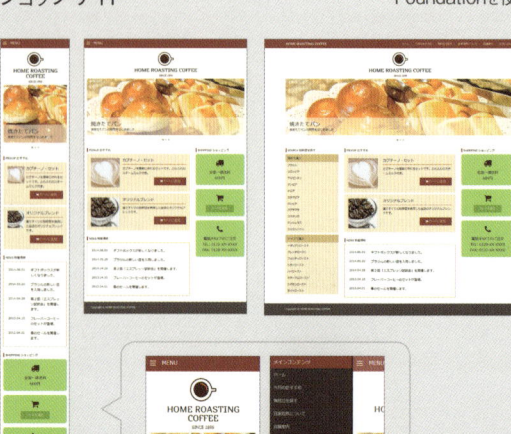

ABOUT THIS BOOK

本書のページ構成について

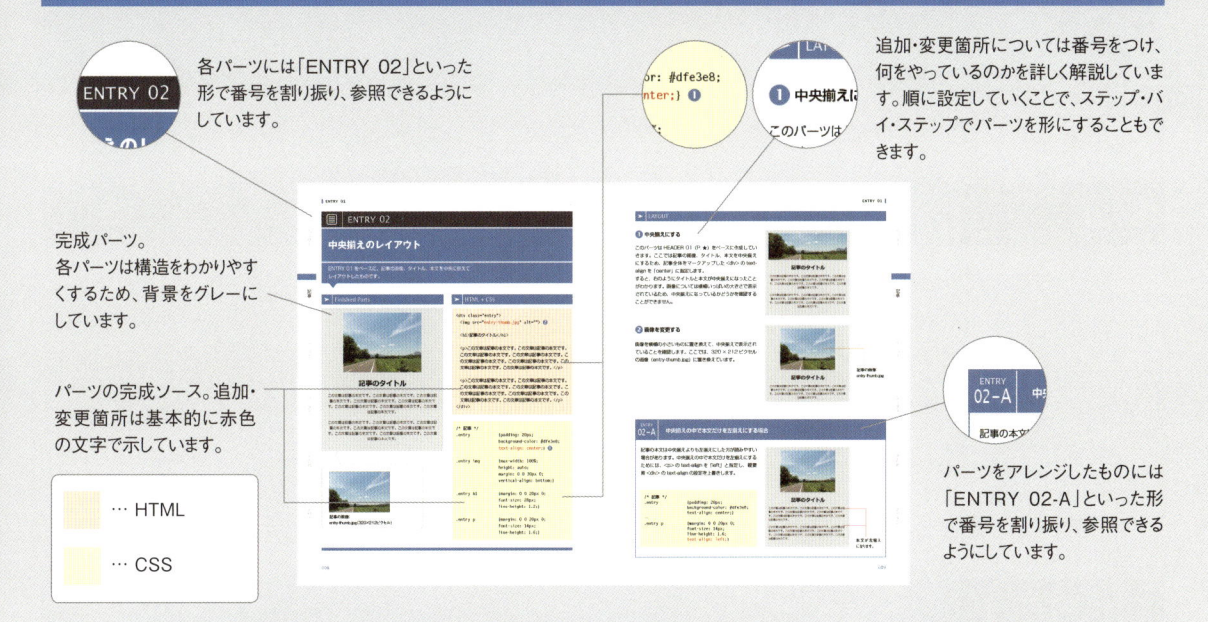

ENTRY 02 — 各パーツには「ENTRY 02」といった形で番号を割り振り、参照できるようにしています。

追加・変更箇所については番号をつけ、何をやっているのかを詳しく解説しています。順に設定していくことで、ステップ・バイ・ステップでパーツを形にすることもできます。

完成パーツ。
各パーツは構造をわかりやすくするため、背景をグレーにしています。

パーツの完成ソース。追加・変更箇所は基本的に赤色の文字で示しています。

… HTML

… CSS

ENTRY 02-A — パーツをアレンジしたものには「ENTRY 02-A」といった形で番号を割り振り、参照できるようにしています。

パーツやレシピのデータについて

パーツやレシピのデータについては、右記のページからダウンロードすることができます。また、レシピの完成ページはオンラインで閲覧できるようにしていますので、参考にしてください。

ダウンロード
http://book.mynavi.jp/support/pc/4887/

レシピの完成ページ
http://ebisu.com/design_recipe

> **対応ブラウザ** 本書のパーツは主要ブラウザ（iOS、Android、Chrome、Safari、Firefox、Opera、Internet Explorer）に対応しています。また、IE8/IE7についても、表示が大きく崩れないレベルで対応するようにしています。ただし、CSSフレームワークを利用した場合、BootstrapはIE8以上、FoundationはIE9以上の対応となります。

HTML5 のセクショニングに関して

本書では、HTML5 のセクショニング・コンテンツ（<article> や <nav> など）によるマークアップは行っていません。セクショニング・コンテンツによるマークアップは、「メニューのパーツだから <nav> でマークアップする」という類のものではなく、パーツを組み合わせてページを構成し、セクショニングの明示が必要かどうか、どこをどのように明示したいかを制作者が判断すべきものだからです。

なお、本書のパーツでは見出しを <h1> でマークアップしていますので、使用する状況に応じて適切に変更して利用してください。<h1> のまま利用しても文法的な問題はなく、HTML5 では暗黙のセクションが構成されます。

HTML5のセクショニング・コンテンツによるマークアップや暗黙のセクションの構成などについて詳しくは下記の書籍を参考にしてください。

「HTML5 スタンダード・デザインガイド」
マイナビ刊
エ・ビスコム・テック・ラボ著

もくじ CONTENTS

BASE 基本　013

BASE	ページを作成するための下準備	014
TIPS	<meta name="viewport"> の initial-scale の指定	016
TIPS	游ゴシックで表示する場合	018
TIPS	Internet Explorer が互換表示モードになるのを防ぐ	018
TIPS	IE8/IE7 をメディアクエリに対応させる	019
About CSS	CSS について	020

CHAPTER 1　ヘッダー　021

HEADER 01	ヘッダーの基本レイアウト	022
HEADER 02	中央揃えのレイアウト	024
HEADER 03	ロゴ画像とサイト名を並べたレイアウト	025
TIPS	vertical-align: middle の利用	027
03-A	ロゴ画像とサイト名を上下に並べて中央揃えにする	029
HEADER 04	ロゴ画像と複数行のテキストを並べたレイアウト	030
TIPS	float を利用したレイアウトの仕組み	032
TIPS	clearfix（クリアフィックス）の設定	033
TIPS	overflow でより簡単に clearfix（クリアフィックス）の設定を行う	035
04-A	ロゴ画像と複数行のテキストを垂直方向で中央揃えにする	036
HEADER 05	サイト名を画像で表示したレイアウト	038
05-A	高解像度の閲覧環境で画像がぼけるのを防ぐ	039
TIPS	レスポンシブイメージの設定	040
05-B	SVG フォーマットの画像を利用する	041
HEADER 06	ヘッダー画像を表示したレイアウト	042
HEADER 07	ヘッダー画像にテキストを重ねたレイアウト	044
HEADER 08	ヘッダーの右端にパーツを追加したレイアウト	049
TIPS	右端のパーツのレイアウトをレスポンシブにするには	050

CHAPTER 2　記事　051

- ENTRY 01　記事の基本レイアウト　052
  - 01-A　パーツ内の最後の要素の下マージンを削除する　055
  - 01-B　フォントの構成　056
  - TIPS　行の構成　057
- ENTRY 02　中央揃えのレイアウト　058
  - 02-A　中央揃えの中で本文だけを左揃えにする場合　059
  - 02-B　画像だけを中央揃えにする場合　060
- ENTRY 03　画像にテキストを回り込ませたレイアウト　061
  - 03-A　画像の下にテキストを回り込ませない場合　063
- ENTRY 04　タイトルの下にパーツを追加したレイアウト　064

CHAPTER 3　メニュー　065

- MENU 01　リンクを縦に並べたメニューの基本レイアウト　066
  - 01-A　縦に並べたリンクを罫線で区切る　070
- MENU 02　階層構造を持つメニュー　071
- MENU 03　リストマークを画像で表示したメニュー　073
  - 03-A　リストマークを垂直方向の中央に揃える　075
  - 03-B　リストマークを文字で表示する　076
  - 03-C　リストマークをアイコンフォントで表示する　078
  - 03-D　リンクの右端に右向きの矢印アイコンを表示する　079
  - 03-E　リストマークを連番で表示する　080
- MENU 04　サムネイル画像の横にテキストを並べたメニュー　082
  - 04-A　日付の横にタイトルを並べたメニュー　086
- MENU 05　リンクを横に並べたメニューの基本レイアウト　087
  - 05-A　メニューをコンパクトに表示する　088
  - 05-B　横に並べたリンクを罫線で区切る　089
  - 05-C　リンクの横幅を固定する場合　090
  - 05-D　等分割した横幅でリンクを表示する場合　その1　090
  - 05-E　等分割した横幅でリンクを表示する場合　その2　091
  - 05-F　各リンクに付加情報を追加する　092
  - 05-G　横に並べたリンクをパンくずリストとして利用する　093
- MENU 06　アイコンを横に並べたメニュー　094
  - 06-A　アイコンを画像で表示する場合　097
- MENU 07　アイコンにテキストをつけて横に並べたメニュー　099
  - 07-A　アイコンを画像で表示する場合　101
  - TIPS　ドロップダウンメニューやタブメニューの設定について　102

CHAPTER 4　フッター　103

- FOOTER 01　フッターの基本レイアウト……104
- FOOTER 02　中央揃えのレイアウト……106
- FOOTER 03　ロゴ画像と複数行のテキストを並べたレイアウト……107
- FOOTER 04　フッター画像にテキストを重ねたレイアウト……109
  - 04-A　ページの背景色で表示する……112
  - TIPS　レスポンシブイメージの設定（背景画像の場合）……112
- FOOTER 05　フッターの右端にパーツを追加したレイアウト……113
  - TIPS　フッターを段組みにしてメニューなどを配置する場合……114

CHAPTER 5　その他　115

- OTHER 01　ボタン……116
  - 01-A　フォームを利用したボタン……118
  - 01-B　配置した場所の横幅に合わせてボタンを表示する……120
  - TIPS　CSS フレームワークによるボタンの表示……120
  - 01-C　ラベルの表示……121
- OTHER 02　フォーム……122
  - TIPS　CSS フレームワークによるフォームの表示……127
- OTHER 03　テーブル（表組み）……128
  - 03-A　横方向の罫線のみで区切る……131
  - 03-B　テーブルの行をストライプにする……131
  - 03-C　テーブルの列をストライプにする……132
  - 03-D　列ごとに位置揃えを変更する……132
  - 03-E　レスポンシブテーブル……133
  - TIPS　CSS フレームワークによるテーブルの表示……133
- OTHER 04　段組み……134
  - 04-A　段ごとに横幅を変える……136
  - 04-B　段数を変える……137
- OTHER 05　グループ……138

CHAPTER 6　デザイン　139

- DESIGN 01　枠で囲むデザイン……140
  - 01-A　枠のデザインのアレンジ……142
  - 01-B　枠のデザインで見出しやボタンをアレンジする……143
  - TIPS　デザインの設定の適用方法：プロパティの指定が重複しないようにする場合……144
  - TIPS　デザインの設定の適用方法：クラス名で指定できるようにする場合……144
  - TIPS　デザインの設定の適用方法：Sass のミックスイン（@mixin）として利用する場合……145
  - TIPS　枠やボタンの設定を簡単に作成できる CSS ジェネレータ……145

DESIGN 02	枠と見出しを一体化したデザイン	146
02-A	枠と見出しを一体化したデザインのアレンジ	148
02-B	枠とメニューを一体化したデザイン	149

DESIGN 03	罫線で区切るデザイン	150
03-A	罫線で区切るデザインのアレンジ	151

DESIGN 04	円形の枠で囲むデザイン	152
04-A	円形の枠のデザインのアレンジ	154
04-B	ボタンを円形にする	154
04-C	画像を円形に切り抜く	155
04-D	半円形の枠で囲む	155

DESIGN 05	吹き出し型の枠で囲むデザイン	156
05-A	罫線で囲んだ枠を吹き出し型にする	158
05-B	吹き出し型の枠に影をつける	159
TIPS	吹き出しの設定を簡単に作成できるCSSジェネレータ	159

DESIGN 06	背景画像を利用したデザイン	160
06-A	背景画像に重ねたテキストに影をつけて読みやすくする	161
06-B	背景画像に重ねたテキストを半透明の枠で囲んで読みやすくする	161

DESIGN 07	グラデーションを利用したデザイン	162
07-A	古いブラウザに対応するためのグラデーションの設定	163
07-B	SVGを利用したグラデーションの設定	163
TIPS	グラデーションの設定を簡単に作成できるCSSジェネレータ	163

DESIGN 08	パーツを重ねて表示するデザイン	164
TIPS	色の選択	166
TIPS	ネット上のリソースを活用してデザインする	166

CHAPTER 7　Bootstrapを利用したページ作成　167

BOOTSTRAP 01	Bootstrapを利用してページを作成するための下準備	169
TIPS	BootstrapをCDNで利用する	171
TIPS	必要な機能のみを含んだBootstrapをダウンロードする	173

BOOTSTRAP 02	グリッドの用意とパーツの配置	174
02-A	Bootstrapのグリッドシステム	178
02-B	グリッドのネスト	180
02-C	小さい画面でメニューを上に表示する	182

BOOTSTRAP 03	CSSに触れることなくBootstrapの機能だけでページを形にする	184
03-A	ナビゲーションバーのアレンジ	190
TIPS	適用されたCSSの設定を確認する方法	192

| CONTENTS

BOOTSTRAP 04　Bootstrapで形にしたページをテーマでアレンジする……………… 194
BOOTSTRAP 05　Bootstrapで形にしたページをCSSでアレンジする……………… 196
　　TIPS　LESSやSassを利用したデザインのアレンジ………………………………… 212
　　TIPS　ナビゲーションバーにドロップダウンメニューを追加する………………… 212

CHAPTER 8　Foundationを利用したページ作成　　213

FOUNDATION 01　Foundationを利用してページを作成するための下準備……………… 215
　　TIPS　必要な機能のみを含んだFoundationをダウンロードする…………………… 217

FOUNDATION 02　グリッドの用意とパーツの配置……………………………………………… 218
　　02-A　Foundationのグリッドシステム………………………………………………… 222
　　02-B　グリッドのネスト…………………………………………………………………… 224
　　02-C　小さい画面でメニューを上に表示する…………………………………………… 226

FOUNDATION 03　CSSに触れることなくFoundationの機能だけでページを形にする…… 228
　　03-A　トップバーのアレンジ……………………………………………………………… 234

FOUNDATION 04　Foundationで形にしたページをCSSでアレンジする………………… 236
　　TIPS　Sassを利用したデザインのアレンジ……………………………………………… 252
　　TIPS　トップバーにドロップダウンメニューを追加する……………………………… 252

CHAPTER 9　フレームワークを利用しないページ作成　　253

NO-FRAMEWORK 01　パーツを配置して1段組みのレイアウトでページを形にする……… 255
NO-FRAMEWORK 02　段組みの設定を追加して2段組みのレイアウトにする……………… 258
NO-FRAMEWORK 03　レスポンシブにして1段組みと2段組みのレイアウトを切り替える…… 260
　　TIPS　メディアクエリの利用……………………………………………………………… 261

NO-FRAMEWORK 04　コンテンツ全体が横に広がりすぎないようにする………………… 262
NO-FRAMEWORK 05　パーツのデザインをアレンジする…………………………………… 265
　　TIPS　CSSフレームワークのグリッドシステムにおける余白の扱い……………… 274

CHAPTER 10　レシピ　　275

RECIPE 01　プロモーションサイト…………………………………………………………… 276
RECIPE 02　プロモーションサイトのコンテンツページ………………………………… 284
RECIPE 03　ビジネスサイト…………………………………………………………………… 294
RECIPE 04　ショップサイト…………………………………………………………………… 304

索引………………………………………………………………………………………………… 316

BASE　　　基本

BASE　　　ページを作成するための下準備
About CSS　CSSについて

BASE

ページを作成するための下準備

ページを作成していくのに必要なHTMLとCSSの基本設定です。

➤ HTML + CSS

sample.html

```
<!DOCTYPE html> ❶
<html lang="ja"> ❷
<head>
<meta charset="UTF-8"> ❸
<title>サンプル</title> ❹
<meta name="viewport" content="width=device-width"> ❺

<link rel="stylesheet" href="style.css"> ❻

<!--[if lt IE 9]> ❼
<script src="http://oss.maxcdn.com/libs/html5shiv/3.7.0/html5shiv-printshiv.min.js"></script>
<![endif]-->

<!--[if lt IE 8]> ❽
<![endif]-->
</head>
<body>



</body>
</html>
```

style.css

```
@charset "UTF-8"; ❾

@-ms-viewport   {width: device-width;} ❿

body    {margin: 0; ⓫
         font-family: 'メイリオ',
         'Hiragino Kaku Gothic Pro', sans-serif;} ⓬
```

▶ SETUP

Webページを構成するのに必要なHTMLとCSSの設定を用意します。CSSの設定は外部ファイル（style.css）に記述する形にしています。

❶ DOCTYPE宣言を指定する

HTML5を利用してページを作成していくため、DOCTYPE宣言を<!DOCTYPE html>と指定しています。

❷ 言語の種類を指定する

日本語のページを作成するため、<html>のlang属性で言語の種類を「ja（日本語）」と指定しています。

❸ エンコードの種類を指定する

<meta>のcharset属性でページのエンコードの種類を指定します。ここでは「UTF-8」と指定しています。

❹ ページのタイトルを指定する

<title>でページのタイトルを指定します。ここでは「サンプル」と指定しています。

❺ ビューポートの設定を行う

<meta name="viewport">ではビューポートの設定を行いますが、PCのみでWebページを表示する場合、この設定がなくても特に問題はありません。
しかし、スマートフォンやタブレットといった端末でページを表示する場合、この設定がないとページの横幅が980ピクセルでレンダリングされ、小さく表示されてしまいます。そこで、<meta name="viewport">のcontent属性の値を「width=device-width」と指定します。これにより、以下の表のように端末ごとにWebページをデバイスにあった標準的なサイズで表示することができます。

デバイス	ディスプレイサイズ（インチ）	デバイスの物理解像度（ピクセル）	<meta name="viewport" content="width=device-width">を指定したときのサイズ（ピクセル）	備考
iPhone 4 / 4S	3.5	640×960	320×480	
iPhone 5 / iPhone 5S	4	640×1136	320×568	
Nexus 4	4.7	768×1280	384×640	4インチAndroid端末の代表的な機種
Nexus 5	4.95	1080×1920	360×640	5インチAndroid端末の代表的な機種
Nexus 7 (2013)	7	1200×1920	600×960	7インチAndroid端末の代表的な機種
iPad mini	7.9	768×1024	768×1024	
iPad mini Retina	7.9	1536×2048	768×1024	
iPad Retina / iPad Air	9.7	1536×2048	768×1024	

TIPS `<meta name="viewport">` の initial-scale の指定

Bootstrap などのフレームワークで例示される HTML の基本設定では、`<meta name="viewport">` に「initial-scale=1.0」という設定が付加されているケースが多く見られます。この設定は iOS 端末で画面の向きを縦長から横長に変えたときの表示に影響を与えるので、必要に応じて追加します。

まず、「initial-scale=1.0」を指定していない状態で向きを変えたときの表示を確認してみます。すると、iOS はページを拡大して大きく表示し、Android は横幅を広く表示するようになっています。

これは、「端末を横向きにする」という行為の目的に違いがあるためです。Android はより広い範囲を表示することを目的としているのに対し、iOS はより大きく表示することを目的としています。

一方、「initial-scale=1.0」を指定した場合、iOS でも Android と同じように広い範囲が表示されるようになります。ただし、iOS5 以前はこの機能には未対応です。

```
<!DOCTYPE html>
<html lang="ja">
<head>
<meta charset="UTF-8">
<title>SAMPLE</title>
<meta name="viewport" content="width=device-width, initial-scale=1.0">
…
```

initial-scale=1.0 を指定していないときの表示

iOSでの表示。

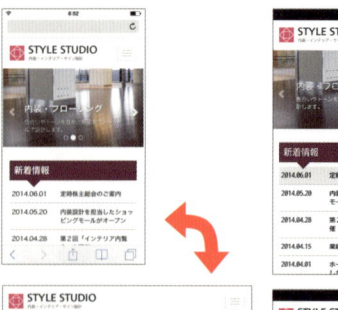

Androidでの表示。

initial-scale=1.0 を指定したときの表示

iOSでの表示。

Androidでの表示。

❻ CSS の設定を指定

CSS の設定を指定します。ここでは style.css という外部ファイルを指定しています。

❼ IE8/IE7 用の設定を記述

IE8/IE7 用の設定はコンディショナルコメント <!--[if lt IE 9]> ～ <![endif]--> の中に記述します。ここでは HTML5 に未対応な IE8/IE7 でも HTML5 のタグを機能させるため、<script> で html5shiv というライブラリを指定しています。印刷にも対応する場合は html5shiv-printshiv.min.js を、対応する必要がない場合は html5shiv.min.js を指定します。

html5shiv ライブラリは CDN の URL で指定していますが、下記サイトからダウンロードして利用することもできます。

html5shiv
https://code.google.com/p/html5shiv/

■ CDN（コンテンツ・デリバリ・ネットワーク）
CDNは主要なライブラリやフレームワークなどのファイルを配信するサービスで、ここで提供されているURLを指定することにより、URLで参照できるネットワークからCSSやJavaScriptの設定ファイルを読み込むことができます。

❽ IE7 用の設定を記述

IE7 用の設定は、必要に応じてコンディショナルコメント <!--[if lt IE 8]> ～ <![endif]--> の中に記述します。

❾ エンコードの種類を指定

@charset で CSS ファイルのエンコードの種類を指定します。ここでは「UTF-8」と指定しています。

❿ Windows 8.x 用の設定を指定

レスポンシブ Web デザインのページを Windows 8.x のスナップビューで表示したときに、分割した画面の横幅に合わせてページを表示するため、@-ms-viewport を「width: device-width」と指定しています。

スナップビューでの表示（@-ms-viewportを指定していない場合）。

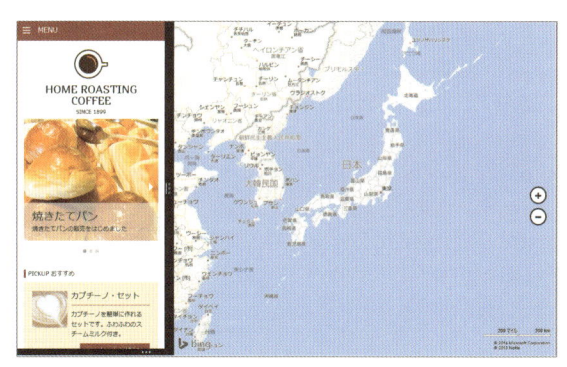

スナップビューでの表示（@-ms-viewportを指定した場合）。

⓫ ページまわりの余白を削除

ブラウザがページのまわりに標準で挿入する余白を削除します。そのため、<body> の margin を 0 に指定しています。

⓬ 日本語フォントを指定

表示に使用する基本的な日本語フォントを指定します。ここでは <body> の font-family で「メイリオ」または「Hiragino Kaku Gothic Pro（ヒラギノ角ゴ Pro）」で表示するように指定しています。

TIPS 游ゴシックで表示する場合

Windows 8.1 と OS X Mavericks に新しく搭載された「游ゴシック」という日本語フォントで表示したい場合には、⑩の font-family に「游ゴシック」と「YuGothic」の指定を追加します。すると、Windows 環境では「游ゴシック」、OS X 環境では「YuGothic」の指定により、游ゴシックフォントで表示が行われます。
なお、游ゴシックフォントがインストールされていない環境では、メイリオまたはヒラギノ角ゴ Pro で表示されます。

```css
@charset "UTF-8";

@-ms-viewport   {width: device-width;}

body   {font-family:
        '游ゴシック', YuGothic, 'メイリオ',
        'Hiragino Kaku Gothic Pro', sans-serif;}
```

TIPS Internet Explorer が互換表示モードになるのを防ぐ

Internet Explorer には互換表示モードに切り替え、IE7 以前と同等の表示を行う機能が用意されています。この機能は IE11 から非推奨となり、簡単に切り替えることはできなくなりましたが、イントラネットで公開したページに関しては、IE11 でも互換表示モードに切り替わる設定になっています。
そこで、互換表示モードになるのを防ぐ必要がある場合には、右のように <meta> の指定を追加しておきます。

```html
<!DOCTYPE html>
<html lang="ja">
<head>
<meta charset="UTF-8">
<title>SAMPLE サンプル</title>
<meta http-equiv="X-UA-Compatible" content="IE=edge">
<meta name="viewport" content="width=device-width, initial-scale=1.0">
…
```

TIPS	IE8/IE7をメディアクエリに対応させる

IE8/IE7はメディアクエリの機能（P.261）に未対応です。デスクトップファーストでページを作る場合はあまり問題となりませんが、モバイルファーストで作る場合、モバイル用のデザインで表示されてしまいます。また、Bootstrapなどのフレームワークはメディアクエリが機能することを前提に設計されているため、メディアクエリに未対応であることが問題を引き起こします。
そこで、respond.jsというライブラリを利用し、IE8/IE7をメディアクエリに対応させます。

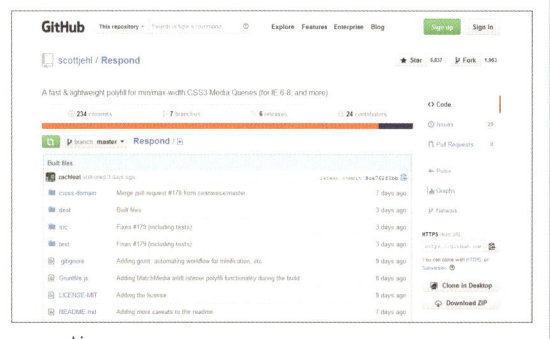

respond.js
https://github.com/scottjehl/Respond

BASE（P.014）をベースに設定する場合、右のようにライブラリのJavaScriptファイル（respond.min.js）を<script>で指定します。このとき、IE8以下のみに適用するため、設定はコンディショナルコメント<!--[if lt IE 9]> 〜 <![endif]-->の中に追加します。
ここではCDNのURLを指定していますが、respond.jsのGitHubページからファイルをダウンロードして指定することも可能です。

```
...
<!--[if lt IE 9]>
<script src="http://oss.maxcdn.com/libs/
html5shiv/3.7.0/html5shiv-printshiv.min.
js"></script>

<script src="http://oss.maxcdn.com/libs/
respond.js/1.3.0/respond.min.js"></script>
<![endif]-->
...
```

なお、respond.jsは以下の場合には機能しません。

・Webページにfile:// 〜 でアクセスしている場合。
・CSSの設定を@importで読み込んでいる場合。
・CSSファイルがWebページと異なるドメイン上にある場合（クロスドメインとなる場合）。

フレームワークのCSSファイルをCDNで利用すると、クロスドメインとなり、respond.jsが機能しなくなるので注意が必要です。ただし、BootstrapではP.171のように設定して機能させることもできます。

BASE

CSSについて　ABOUT CSS

CSSの適用方法

CSSの適用についてはさまざまな方法がありますが、本書ではパーツ全体をマークアップした親要素<div>にクラス名を指定し、それに対してCSSを適用する形にしています。そのため、同じパーツを区別して使いまわしたい場合などには、赤字で記したクラス名の部分を変更して利用してください。
なお、CSSプリプロセッサ（メタ言語）のSassを利用し、CSSの設定を右下のような形で記述すると、クラス名の記述を1か所書き換えるだけでパーツを使いまわすことができるようになります。

HTML

```
<div class="entry">
  <h1>…</h1>
  <p>…</p>
</div>
```

CSS

```
.entry          { … }
.entry h1       { … }
.entry p        { … }
```

Sass

```
.entry     { …
            h1    { … }
            p     { … }
}
```

CSSのボックスモデル

CSSでレイアウトを調整するときの基本となるのが「ボックスモデル」です。HTMLタグでマークアップした要素は以下のようなボックスを構成するため、マージンやパディングなどの大きさをCSSのプロパティで指定してレイアウトを調整していきます。

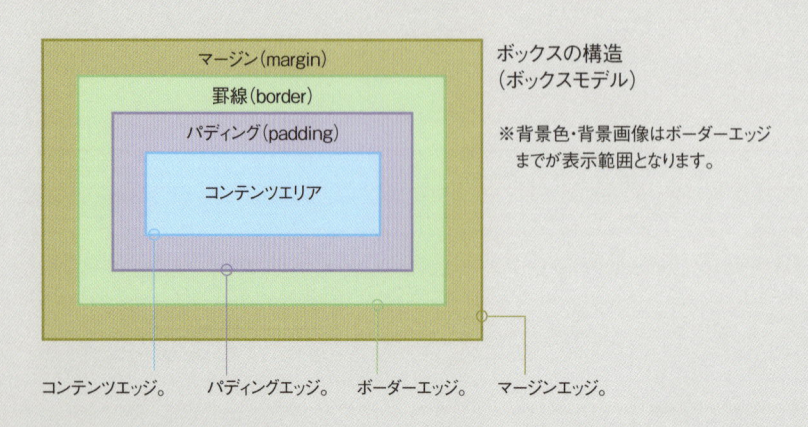

マージン(margin)
罫線(border)
パディング(padding)
コンテンツエリア

ボックスの構造
（ボックスモデル）

※背景色・背景画像はボーダーエッジまでが表示範囲となります。

コンテンツエッジ。　パディングエッジ。　ボーダーエッジ。　マージンエッジ。

CSSの仕様や仕組み、利用できるプロパティなどについての詳細は、下記の書籍を参考にしてください。

「CSS3 スタンダード・デザインガイド」
マイナビ刊
エ・ビスコム・テック・ラボ著

CHAPTER1　ヘッダー

- HEADER 01　ヘッダーの基本レイアウト
- HEADER 02　中央揃えのレイアウト
- HEADER 03　ロゴ画像とサイト名を並べたレイアウト
  - 03-A　ロゴ画像とサイト名を上下に並べて中央揃えにする
- HEADER 04　ロゴ画像と複数行のテキストを並べたレイアウト
  - 04-A　ロゴ画像と複数行のテキストを垂直方向で中央揃えにする
- HEADER 05　サイト名を画像で表示したレイアウト
  - 05-A　高解像度な閲覧環境で画像がぼけるのを防ぐ
  - 05-B　SVGフォーマットの画像を利用する
- HEADER 06　ヘッダー画像を表示したレイアウト
- HEADER 07　ヘッダー画像にテキストを重ねたレイアウト
- HEADER 08　ヘッダーの右端にパーツを追加したレイアウト

HEADER 01

ヘッダーの基本レイアウト

ヘッダーの基本レイアウトです。
サイト名とキャッチフレーズを上下に並べて表示しています。

Finished Parts

SAMPLE SITE
キャッチフレーズ

サイト名。

SAMPLE SITE
キャッチフレーズ

キャッチフレーズ。

HTML + CSS

```
<div class="header">
  <h1><a href="#">SAMPLE SITE</a></h1>
  <p>キャッチフレーズ</p>
</div>
```

```
/* ヘッダー */
.header          {padding: 20px; ❶
                  background-color: #dfe3e8;} ❶

.header h1       {margin: 0; ❹
                  font-size: 20px; ❷
                  line-height: 1;} ❸

.header h1 a     {color: #000; ❺
                  text-decoration: none;} ❺

.header p        {margin: 8px 0 0 0; ❹
                  font-size: 12px; ❷
                  line-height: 1;} ❸
```

MARKUP

サイト名とキャッチフレーズで構成した基本的なヘッダーです。ここではサイト名を <h1> で、キャッチフレーズを <p> でマークアップしています。また、サイト名にはトップページへのリンクを設定するのが一般的なため、<a> でリンクを設定しています。

全体は <div> でマークアップし、「header」とクラス名を付けて他のパーツと区別できるようにしています。

SAMPLE SITE
キャッチフレーズ

▶ LAYOUT

❶ テキストの表示位置を親要素を元にした基準線で揃える

サイト名とキャッチフレーズを揃える基準線を親要素のパディング（padding）を利用した形で用意します。ここでは上から20ピクセル、左から20ピクセルの位置に揃えて表示するため、親要素<div>のパディングを20ピクセルに指定しています。
また、親要素のボックスがわかりやすいように背景色（background-color）をグレー（#dfe3e8）にしています。

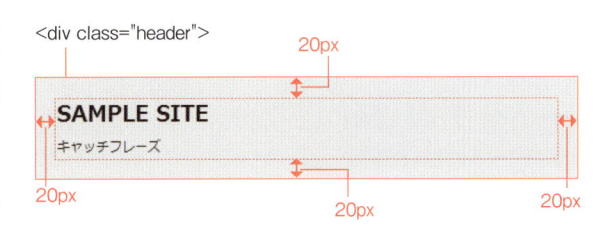

❷ テキストのフォントサイズを指定

テキストのフォントサイズ（font-size）を指定します。ここでは、サイト名を20ピクセル、キャッチフレーズを12ピクセルのフォントサイズに指定しています。

❸ サイト名とキャッチフレーズの行の高さを指定

行の高さは標準ではブラウザがフォントの種類に応じてフォントサイズより少し大きく設定するため、その分だけテキストの上下に余白が入ります。ここではサイト名とキャッチフレーズをコンパクトにレイアウトするため、line-heightを1にしてフォントサイズと同じ高さに設定し、余計な余白が入らないようにしています。行の高さについて詳しくはP.057を参照してください。

❹ サイト名とキャッチフレーズの間隔を調整

サイト名とキャッチフレーズの間隔をマージン（margin）で調整します。ここではキャッチフレーズの上マージンを8ピクセルに指定しています。また、それ以外のマージンは0にして、余計な余白が入らないようにしています。

❺ リンクの文字色と下線の表示を調整

サイト名に設定したリンクは目立たせる必要がないため、リンクの文字色（color）を黒色に、下線（text-decoration）を非表示にするように指定しています。

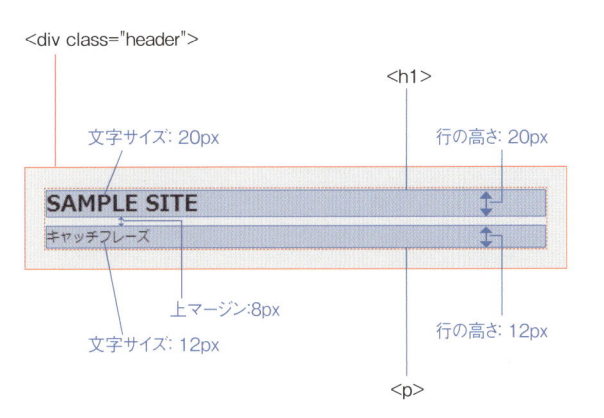

HEADER 02

中央揃えのレイアウト

HEADER 01 をベースに、サイト名とキャッチフレーズを
ヘッダーの中央に揃えてレイアウトしたものです。

▶ Finished Parts

SAMPLE SITE
キャッチフレーズ

ブラウザ画面や親要素の横幅を変えたときの表示。

▶ HTML + CSS

```html
<div class="header">
  <h1><a href="#">SAMPLE SITE</a></h1>
  <p>キャッチフレーズ</p>
</div>
```

```css
/* ヘッダー */
.header          {padding: 20px;
                  background-color: #dfe3e8;
                  text-align: center;} ❶

.header h1       {margin: 0;
                  font-size: 20px;
                  line-height: 1;}

.header h1 a     {color: #000;
                  text-decoration: none;}

.header p        {margin: 8px 0 0 0;
                  font-size: 12px;
                  line-height: 1;}
```

▶ LAYOUT

❶ サイト名とキャッチフレーズを中央揃えにする

このパーツは HEADER 01（P.022）をベースに作成します。HEADER 01 ではサイト名とキャッチフレーズは左側に揃えて表示していましたが、ここでは中央に揃えます。そこで、親要素の <div> で行揃え（text-align）を「center」に指定しています。

HEADER 03

ロゴ画像とサイト名を並べたレイアウト

ロゴ画像とサイト名を横に並べてレイアウトしたものです。ロゴ画像とサイト名は中央で揃って見えるように調整していきます。

Finished Parts

ロゴ画像:
logo.png（50×46ピクセル）

HTML + CSS

```
<div class="header">
  <h1><a href="#"><img src="img/logo.png" alt=""
  class="logo">SAMPLE SITE</a></h1> ❶
  <p>キャッチフレーズ</p>  ❶
</div>


/* ヘッダー */
.header          {padding: 20px;
                  background-color: #dfe3e8;}

.header h1       {margin: 0;
                  font-size: 20px;
                  line-height: 1;}

.header h1 a     {color: #000;
                  text-decoration: none;}

.header p        {margin: 8px 0 0 0;
                  font-size: 12px;
                  line-height: 1;}              ❶

.header .logo    {margin: 0 10px 0 0; ❸
                  border: none; ❷
                  vertical-align: -15px;} ❹
```

LAYOUT

❶ サイト名の前にロゴ画像を追加する

このパーツは HEADER 01（P.022）をベースに作成していきます。まずは、ロゴ画像（logo.png）を <img> を使ってサイト名の前に追加し、<h1> と <a> でマークアップした形にします。画像が表す内容はサイト名と同じなため、alt 属性の値は空にしています。

また、ヘッダー内には他にも画像を追加するケースが考えられるので、ロゴ画像にはクラス名を「logo」と指定して区別できるようにしています。

なお、ここではロゴ画像とサイト名だけを表示するため、キャッチフレーズに関する設定は削除しています。

HEADER 03

この段階で表示を確認すると、右のようにロゴ画像とサイト名が1行に並べて表示されます。これは、画像が標準ではテキストと同じように扱われるためで、画像の下辺がテキストのベースライン（P.056）に揃えて表示されます。

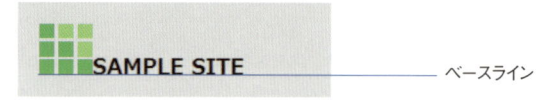

ロゴ画像をサイト名を記述したときの表示。 ← ベースライン

❷ 画像のまわりに表示される罫線を削除する

IE ではリンクを設定した画像のまわりに罫線が表示されます。ここではこの罫線を削除するため、ロゴ画像の border を「none」と指定しています。

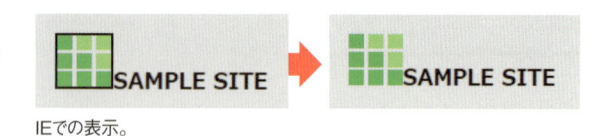

IEでの表示。

❸ ロゴ画像とサイト名の間隔を調整する

ロゴ画像とサイト名の間隔は、ロゴ画像の右マージンで調整します。ここでは 10 ピクセルに指定しています。

> 今回のサンプルの場合、サイト名のみをマークアップした要素はないので、サイト名側でロゴ画像との間隔を調整することはできません。

> HTMLソースで<img>とサイト名の間に改行を入れると、改行が半角スペースとして表示に反映され、マージン以外の余白が入るので注意が必要です。

<img>　右マージン: 10px

❹ ロゴ画像の垂直方向の位置揃えを調整する

ロゴ画像とサイト名が中央の位置で揃って見えるように調整するため、<img> の vertical-align を利用し、ロゴ画像の表示位置をベースラインより下にずらします。ただし、どれぐらい下にずらすと中央で揃って見えるかは、画像の大きさやフォントの種類によって変わってきます。そこで、実際の表示を確認しながらバランスよく見える位置で揃えるように調整します。ここでは「-15px」と指定し、次のような位置揃えで表示するようにしています。

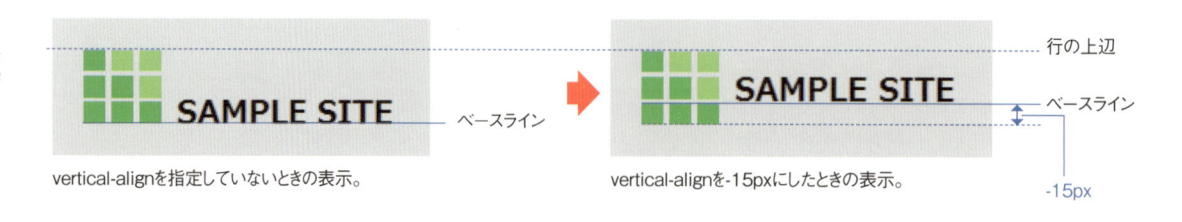

vertical-alignを指定していないときの表示。 ─ ベースライン

vertical-alignを-15pxにしたときの表示。 ─ 行の上辺／ベースライン／-15px

TIPS vertical-align: middle の利用

vertical-align には「middle」という値が用意されていますが、これを利用して画像とテキストの中央を揃えて表示するためにはテクニックが必要となります。

■ テキストをボックスの形で扱えるようにしていない場合

vertical-align で垂直方向の位置揃えを調整できるのは、インラインレベルボックスを構成する要素のみです。HEADER 03 の場合、<img> でボックスが構成されるロゴ画像の調整はできますが、テキストの調整はできません。そのため、テキストは常にベースラインに揃えて表示されます。

画像も標準ではこのベースラインに下辺を揃えて表示されます。これに対し、<img> の vertical-align を「middle」にすると、画像の中央を middle ベースラインに揃えて表示することができます。ただし、middle ベースラインは P.056 のようにテキストの中央よりも少し下に位置するため、画像とテキストの中央を揃えることはできません。そのため、フォントとのバランスを見て、HEADER 03 では vertical-align の値を「middle」から「-15px」に変更し、画像の下辺をベースラインから 15 ピクセル下にずらして表示位置を調整しています。

```
<div class="header">
  <h1><a href="#"><img src="img/logo.png" alt="" class="header-logo">SAMPLE</a></h1>
</div>
```

```
/* ヘッダー */
...
.header-logo     {margin: 0 10px 0 0;
                  border: none;
                  vertical-align: middle;}
                                  -15px
```

標準の表示　　　<img>のvertical-align: middle　　　<img>のvertical-align: -15px
　　　　　　　　　　　　　　　　　　　　　　　　　　　　　middleベースライン
　　　　　　　　　　　　　　　　　　　　　　　　　　　　　ベースライン

なお、<img> に vertical-align を指定したときの画像とテキストの位置関係は上のようになりますが、実際に表示されるときには P.57 のように画像の上辺が行の上辺になります。そのため、表示結果は以下のようになり、テキストの表示位置が変わったように見えます。

標準の表示　　　<img>のvertical-align: middle　　　<img>のvertical-align: -15px

HEADER 03

■ テキストをボックスの形で扱えるようにした場合

テキストをインラインレベルのボックスとして扱えるようにすると、vertical-align で位置揃えを調整できるようになります。HEADER 03 の場合、右のようにサイト名を <span> でマークアップすると、ボックスとして扱うことができます。

ただし、標準の状態では <span> でマークアップしても表示には影響しません。そこで、<img> と <span> の両方の vertical-align を「middle」と指定します。すると、<img> の中央と <span> の中央がそれぞれ middle ベースラインに揃えて表示されます。その結果、<img> と <span> は中央を揃えた位置関係になり、画像とテキストの中央が揃った表示になります。

```html
<div class="header">
 <h1><a href="#"><img src="img/logo.png" alt="" class="header-logo"><span class="header-name">SAMPLE</span></a></h1>
</div>
```

```css
/* ヘッダー */
...
.header-logo     {margin: 0 10px 0 0;
                  border: none;
                  vertical-align: middle;}

.header-name     {vertical-align: middle;}
```

標準の表示

<img>のvertical-align: middle
  +
<span>のvertical-align: middle

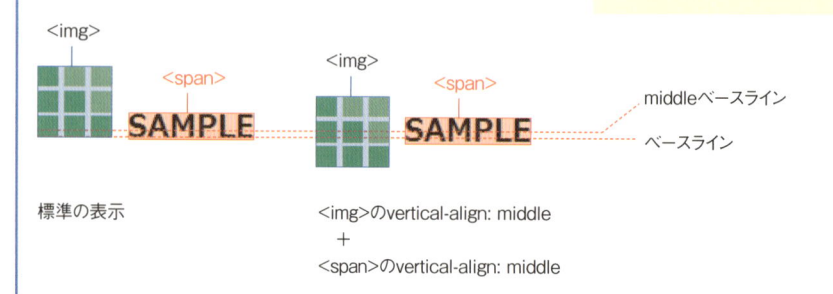

この場合も、実際に表示されるときには P.057 のように画像の上辺が行の上辺になります。そのため、表示結果は以下のようになり、テキストの表示位置が画像の中央に合わせて移動したように見えます。

標準の表示

<img>のvertical-align: middle
  +
<span>のvertical-align: middle

HEADER 03-A ロゴ画像とサイト名を上下に並べて中央揃えにする

ロゴ画像とサイト名を上下に並べて中央揃えにする場合、HEADER 03をベースに次のように設定します。2つの設定方法のうち、HEADER 03-A-AはHTMLの編集が必要な方法、HEADER 03-A-Bは不要な方法となっています。なお、縦に並べる場合はキャッチフレーズを入れることもできるので、ここではP.025の❶で削除したキャッチフレーズに関する設定（青字）も入れています。

03-A-A

```html
<div class="header">
  <h1><a href="#"><img src="img/logo.png" alt="" class="logo"><br>SAMPLE SITE</a></h1>
  <p>キャッチフレーズ</p>
</div>
```

```css
/* ヘッダー */
.header          {padding: 20px;
                  background-color: #dfe3e8;
                  text-align: center;}

.header h1       {margin: 0;
                  font-size: 20px;
                  line-height: 1;}

.header h1 a     {color: #000;
                  text-decoration: none;}

.header p        {margin: 8px 0 0 0;
                  font-size: 12px;
                  line-height: 1;}

.header .logo    {margin: 0 0 10px 0;
                  border: none;
                  vertical-align: bottom;}
```

ロゴ画像とサイト名の間に改行を入れるため、HTMLの<img>の後に
を追加し、HEADER 02（P.024）のように<div class="header">のtext-alignを「center」と指定して中央揃えにしています。
ロゴ画像とサイト名の間隔は<img>の下マージンで10ピクセルに指定しています。このとき、vertical-alignは「bottom」と指定し、ロゴ画像の下に余計な余白を入れないようにしています。

03-A-B

```html
<div class="header">
  <h1><a href="#"><img src="img/logo.png" alt="" class="logo">SAMPLE SITE</a></h1>
  <p>キャッチフレーズ</p>
</div>
```

```css
/* ヘッダー */
.header          {padding: 20px;
                  background-color: #dfe3e8;
                  text-align: center;}

.header h1       {margin: 0;
                  font-size: 20px;
                  line-height: 1;}

.header h1 a     {color: #000;
                  text-decoration: none;}

.header p        {margin: 8px 0 0 0;
                  font-size: 12px;
                  line-height: 1;}

.header .logo    {display: block;
                  margin: 0 auto 10px auto;
                  border: none;
                  vertical-align: -15px;}
```

ロゴ画像とサイト名の間に改行を入れるため、<img>のdisplayを「block」に指定し、ロゴ画像をブロックボックスとして扱うようにしています。ただし、ブロックボックスはtext-align: centerで中央揃えにならないので、ENTRY 02-B-B（P.060）のように<img>の左右マージンを「auto」と指定して中央揃えにしています。
なお、vertical-alignはブロックボックスに対しては機能しないので削除しています。

HEADER 04

ロゴ画像と複数行のテキストを並べたレイアウト

ロゴ画像の横にサイト名とキャッチフレーズの2行を並べて表示します。

▶ Finished Parts

SAMPLE SITE
キャッチフレーズ

ロゴ画像：
logo.png（50×46ピクセル）

▶ HTML + CSS

```
<div class="header">
  <h1><a href="#"><img src="img/logo.png" alt="" class="logo">SAMPLE SITE</a></h1> ❶
  <p>キャッチフレーズ</p>
</div>
```

```
/* ヘッダー */
.header              {padding: 20px;
                      background-color: #dfe3e8;}

.header h1           {margin: 4px 0 0 0; ❺
                      font-size: 20px;
                      line-height: 1;}

.header h1 a         {color: #000;
                      text-decoration: none;}

.header p            {margin: 8px 0 0 0;
                      font-size: 12px;
                      line-height: 1;}

.header .logo        {float: left; ❸
                      border: none; ❷
                      margin: -4px 10px 0 0;} ❹ ❻

.header:after        {content: "";
                      display: block;
                      clear: both;} ❸

.header              {*zoom: 1;}
```

▶ LAYOUT

❶ サイト名の前にロゴ画像を追加する

このパーツはHEADER 01（P.022）をベースに作成していきます。まずは、ロゴ画像をサイト名の前に追加し、<h1>と<a>でマークアップした形にします。画像が表す内容はサイト名と同じなのでalt属性の値は空にしておきます。

また、ヘッダー内には他にも画像を追加するケースが考えられるため、ロゴ画像を区別できるようにクラス名を「logo」と指定しています。

こうしてHEADER 01にロゴ画像を追加すると、ロゴ画像とサイト名はHEADER 03のときと同じようにテキストのベースラインで揃えられ、1行に並べて表示されます。しかし、キャッチフレーズは画像の横には並びません。

❷ 画像のまわりに表示される罫線を削除する

レイアウトを調整していく前に、IEではリンクを設定した画像のまわりに罫線が表示されるので、borderを「none」と指定して削除しておきます。

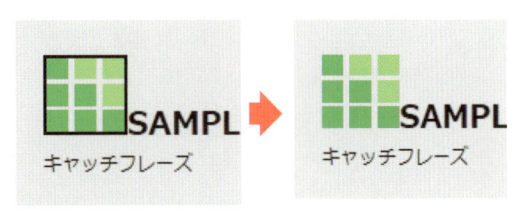

IEでのロゴ画像の表示。

❸ 画像の横に複数行のテキストを並べる

ロゴ画像の横にサイト名とキャッチフレーズを並べて表示するため、<img>のfloatを「left」と指定しています。これで画像は行の左端に配置され、右側にサイト名とキャッチフレーズが回り込んだ表示になります。また、サイト名は親要素<div>のコンテンツエッジに揃えて表示されます。このような表示となる仕組みについてはP.032のTIPSを参照してください。

なお、floatを利用すると親要素の表示に問題が出るケースがあるため、clearfix（クリアフィックス）と呼ばれる設定も追加しています（clearfixについてはP.033を参照）。

親要素<div>のコンテンツエッジ。

画像のfloatを「left」と指定。

親要素<div>のコンテンツエッジ。

:afterセレクタはCSS3では「::after」と記述しますが、IE8が未対応なため「:after」と記述しています。

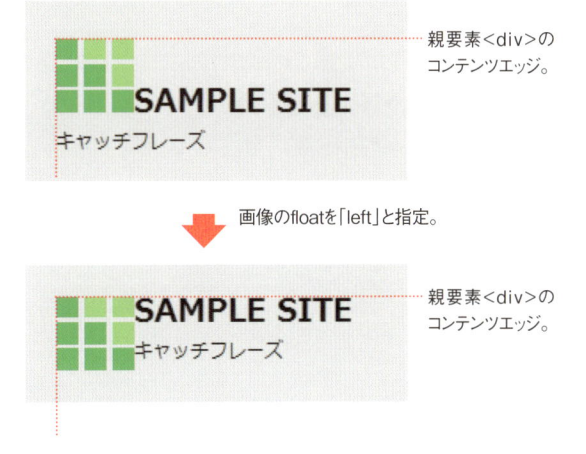

❹ 画像とテキストの間隔を調整する

ロゴ画像と横に並べたテキストとの間隔を調整するため、ロゴ画像の右マージンを10pxに指定しています。

<img>　　　右マージン: 10px

HEADER 04

⑤ 垂直方向の位置揃えを調整する　その1

ロゴ画像とテキストの垂直方向の位置揃えを調整します。ここではサイト名とキャッチフレーズの表示位置を少しだけ下にずらします。そこで、<h1>の上マージンを4pxと指定し、サイト名の上に4ピクセルの余白を挿入しています。

しかし、ロゴ画像もサイト名を構成する要素の1つとして<h1>の中に記述しているため、ロゴ画像の上にも4ピクセルの余白が入り、全体が下にずれてしまいます。

親要素<div>のコンテンツエッジ。

<h1>の上マージン: 4px

⑥ 垂直方向の位置揃えを調整する　その2

ロゴ画像は元の位置に表示したいので、<img>の上マージンを-4pxと指定します。これで、ロゴ画像だけ上に4ピクセルずらして表示することができます。

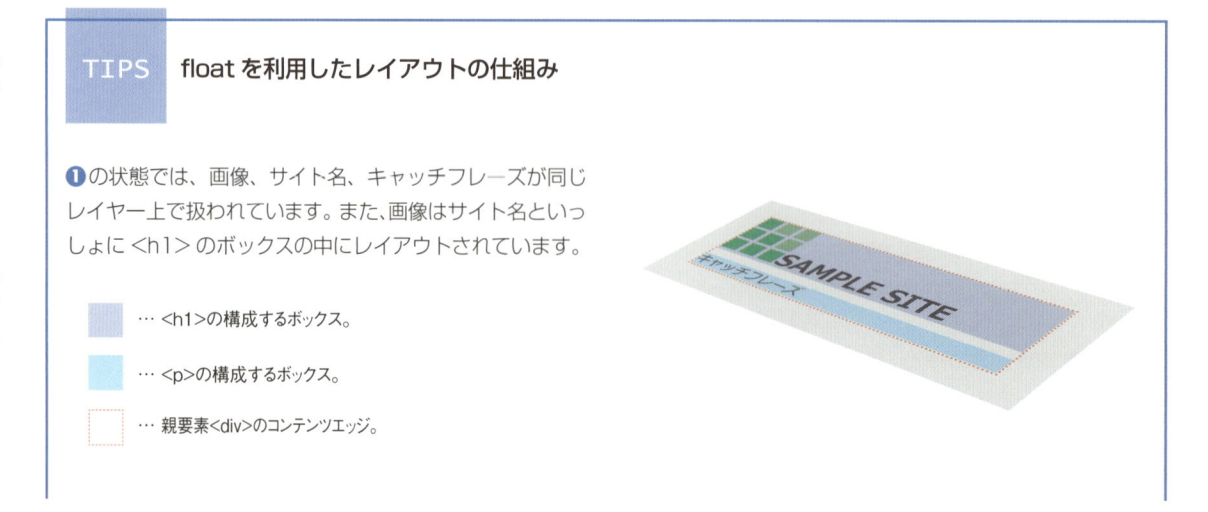

親要素<div>のコンテンツエッジ。

<h1>の上マージン: 4px
<img>の上マージン: -4px

TIPS　floatを利用したレイアウトの仕組み

❶の状態では、画像、サイト名、キャッチフレーズが同じレイヤー上で扱われています。また、画像はサイト名といっしょに<h1>のボックスの中にレイアウトされています。

　… <h1>の構成するボックス。

　… <p>の構成するボックス。

　… 親要素<div>のコンテンツエッジ。

❸で画像のfloatを「left」と指定すると、<img>の構成するボックスは行の左端に配置され、フローティングボックスとして別レイヤーで扱われます。その結果、<h1>と<p>が構成するボックスは画像が存在しないものとして右のようにレイアウトされるはずですが、実際にはこうはなりません。

これは、ボックス内のテキストに関しては「フローティングボックスと重ねて表示しない」というルールがあるためです。<h1>と<p>のテキスト（サイト名とキャッチフレーズ）は画像をよけてレイアウトされ、画像の右側に配置した形で表示されます。

フローティングボックスの表示位置はマージンで調整することができます。このとき、<img>自身のマージンだけでなく、親要素<h1>のマージンの影響も受けます。たとえば、<h1>と<img>の上マージンをそれぞれ10ピクセルに指定すると、右のようになります。
また、テキストはフローティングボックスのマージン部分もよけてレイアウトされます。

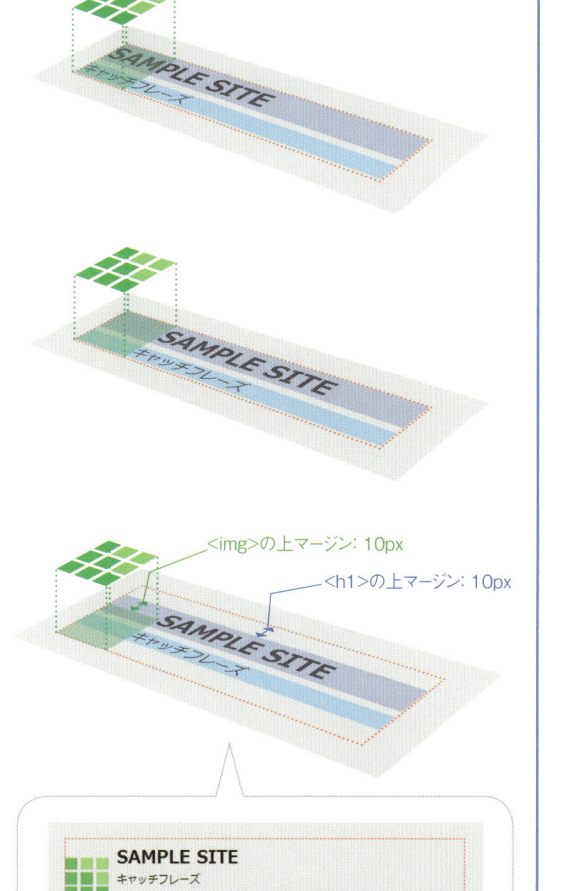

TIPS　clearfix（クリアフィックス）の設定

floatプロパティを利用したレイアウトでは、clearfix（クリアフィックス）の設定がないと問題が出るケースがあります。たとえば、HEADER 04でclearfixの設定を行わず、ロゴ画像を大きいサイズのものに置き換えた場合、右のように画像が親要素<div>のコンテンツエリアからはみ出してしまいます。これは、floatを指定したフローティングボックスが親要素の<div>からも存在しないものとして扱われるためです。

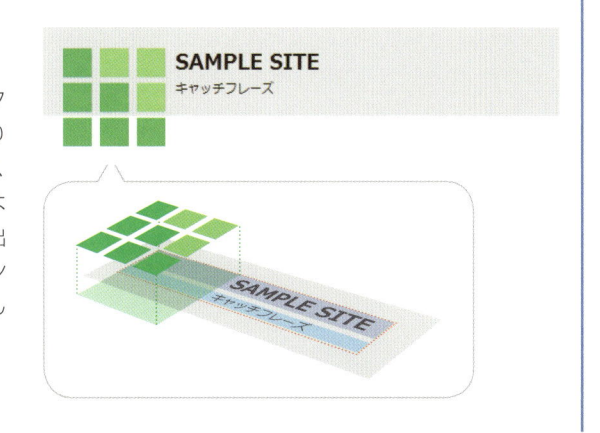

画像がはみ出さないようにするためには、clearfix（クリアフィックス）と呼ばれる設定を追加します。いくつもの設定方法がありますが、ここでは次のように設定していきます。

まず、:after 疑似要素を利用して親要素 <div> 内のコンテンツの末尾に文字を追加します。ここではわかりやすいように「★」という文字を追加し、ブロックボックスを構成するように display を「block」と指定しています。また、IE7 に対応する場合は zoom の指定を追加しておきます。

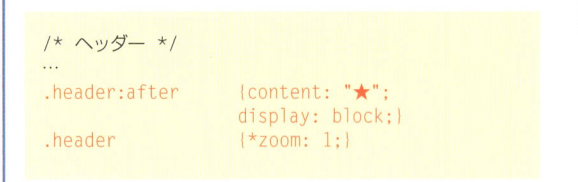

```
/* ヘッダー */
…
.header:after    {content: "★";
                 display: block;}
.header          {*zoom: 1;}
```

… <h1>の構成するボックス。
… <p>の構成するボックス。
… :after疑似要素を利用して追加した文字が構成するボックス。
… 親要素<div>のコンテンツエッジ。

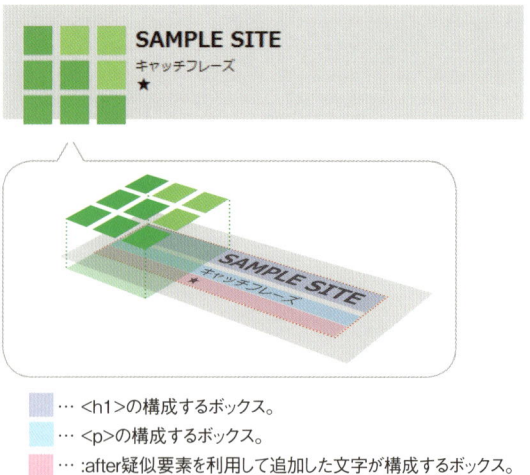

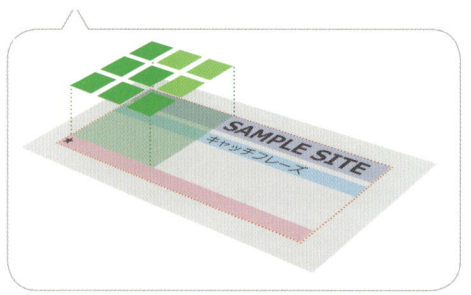

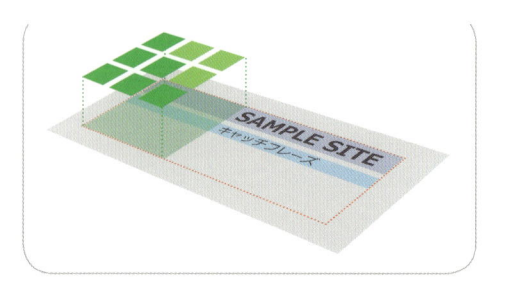

次に、追加した文字の clear を「both」と指定します。すると、フローティングボックスに対する回り込みが解除され、文字を含むボックスがフローティングボックスの下に配置されます。親要素の <div> はこのボックスを含むように表示を行うので、結果としてロゴ画像も親要素に含めた形で表示することができます。

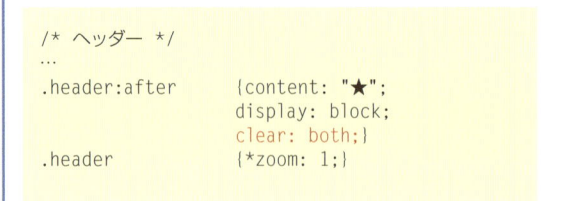

```
/* ヘッダー */
…
.header:after    {content: "★";
                 display: block;
                 clear: both;}
.header          {*zoom: 1;}
```

ただし、「★」といった文字を表示しておく必要はありませんので、空文字を挿入するように変更します。すると、文字もボックスも消えたように見えますが、実際には高さ0ピクセルのボックスが挿入された状態になっていますので、親要素にロゴ画像を含めたレイアウトは維持することができます。

```
/* ヘッダー */
…
.header:after    {content: "";
                 display: block;
                 clear: both;}
.header          {*zoom: 1;}
```

TIPS　overflow でより簡単に clearfix（クリアフィックス）の設定を行う

親要素 <div> にロゴ画像（フローティングボックス）を含めてレイアウトするためには、P.033 の clearfix（クリアフィックス）を利用する方法の他に、親要素 <div> の overflow を「hidden」と指定する方法もあります。

これは、overflow の値を「hidden」にすると、<div> が Block formatting context を構成するためです。Block formatting context では、ボックスの高さを算出する際にフローティングボックスも含める決まりとなっています。そのため、<div> の構成するボックスがロゴ画像を含めた高さで表示されるようになるというわけです。

P.033のclearfixの代わりに親要素<div>のoverflowを「hidden」と指定したときの表示。

```
/*  ヘッダー  */
.header            {padding: 20px;
                    background-color: #dfe3e8;
                    overflow: hidden;}
...
```

ただし、overflow を利用した設定では、親要素の <div> からはみ出す形でレイアウトした子要素がある場合、はみ出した部分が非表示となります。

たとえば、DESIGN 08（P.164）の設定を利用してヘッダーの右下に円形のボタンを重ねて表示したとします。このとき、P.033 の clearfix の設定を利用した場合は <div> からはみ出したボタン全体が表示されますが、overflow を利用している場合は <div> からはみ出した部分が非表示となります。

なお、はみ出した部分が非表示となることを活かしてデザインを行うという考え方もあります。

P.033のclearfixの設定を利用したときの表示。右下に重ねた円形のボタンは全体が表示されます。

overflowの設定を利用したときの表示。右下に重ねた円形のボタンは<div>からはみ出した部分が非表示となります。

HEADER 04

HEADER 04-A　ロゴ画像と複数行のテキストを垂直方向で中央揃えにする

ロゴ画像と複数行のテキストを垂直方向の中央の位置で自動的に揃えて表示する方法もあります。P.028 の vertical-align を利用する方法で、複数行のテキストを1つのインラインレベルのボックスとして扱い、垂直方向の位置揃えを行います。ロゴ画像はサイト名をマークアップした <h1> の中に記述することはできません。

この方法でレイアウトを行うためには、HEADER 01（P.022）をベースに次のように設定していきます。

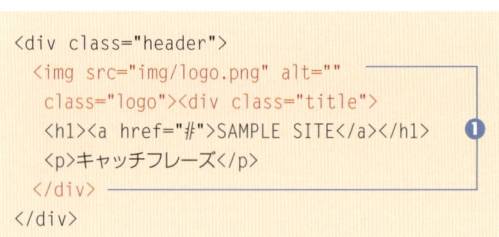

```
<div class="header">
  <img src="img/logo.png" alt=""
  class="logo"><div class="title">
    <h1><a href="#">SAMPLE SITE</a></h1>      ❶
    <p>キャッチフレーズ</p>
  </div>
</div>
```

```
/* ヘッダー */
.header           {padding: 20px;
                   background-color: #dfe3e8;}

.header h1        {margin: 0;
                   font-size: 20px;
                   line-height: 1;}

.header h1 a      {color: #000;
                   text-decoration: none;}

.header p         {margin: 8px 0 0 0;
                   font-size: 12px;
                   line-height: 1;}

.header .logo     {margin: 0 10px 0 0;         ❹
                   vertical-align: middle;}    ❸

.header .title    {display: inline-block;      ❷
                   vertical-align: middle;}    ❸
```

❶ まず、ロゴ画像を <img> で追加し、クラス名を「logo」と指定しています。
次に、ロゴ画像の横に並べたいサイト名とキャッチフレーズを <div> でグループ化し、クラス名を「title」と指定しています。この段階で表示を確認すると、右のようにロゴ画像とテキストは縦に並んで表示されます。

なお、vertical-align による位置揃えを行う場合、<img> と <div> の間には改行やスペースを入れず、続けて記述します。

> <img>と<div>の間に改行を入れて記述すると、改行が半角スペースに変換され、❷の処理で画像とテキストを並べたときに間に余計な余白が入ってしまいます。

❷ ロゴ画像の横にサイト名とキャッチフレーズを並べるため、<div class="title">のdisplayを「inline-block」に指定します。これで、<div class="title">が画像やテキストと同様の扱いになり、ベースラインに揃えて表示されます。

❸ ロゴ画像とテキストをそれぞれの高さの中央の位置で揃えるため、<img>と<div class="title">のvertical-alignを「middle」に指定しています。

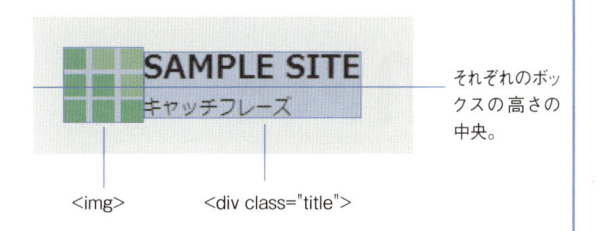

❹ ロゴ画像とテキストの間隔を調整するため、ロゴ画像の右マージンを10pxに指定しています。

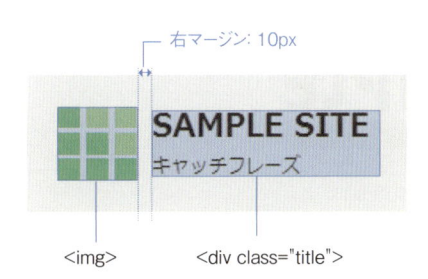

IE7に対応する場合は右の指定も追加します。「*」はIE7以下のみに設定を適用するための記述です。

```
.title          {*display: inline;
                 *zoom: 1;}
```

HEADER 05

サイト名を画像で表示したレイアウト

サイト名を画像のみで表示したレイアウトです。
<img> の alt 属性を忘れずに記述するようにします。

Finished Parts

サイト名の画像：
site.png（300×105ピクセル）

HTML + CSS

```html
<div class="header">
  <h1><a href="#"><img src="img/site.png" alt="SAMPLE: サンプルサイト" class="logo"></a></h1> ❶
</div>
```

```css
/* ヘッダー */
.header          {padding: 20px;
                  background-color: #dfe3e8;}

.header h1       {margin: 0;
                  font-size: 20px;
                  line-height: 1;}

.header h1 a     {color: #000;
                  text-decoration: none;}

.header p        {margin: 8px 0 0 0;
                  font-size: 12px;
                  line-height: 1;}

.header .logo    {max-width: 100%; ❸
                  height: auto; ❸
                  border: none;} ❷
```

LAYOUT

❶ サイト名を画像で表示する

このパーツは HEADER 01（P.022）をベースに作成していきます。まずは、テキストで記述したサイト名とキャッチフレーズを画像に置き換え、<h1> と <a> でマークアップした形にします。このとき、<img> の alt 属性にはサイト名を記述し、画像の内容がテキスト形式でも伝わるようにしておきます。また、<img> にはクラス名を「logo」と指定し、ヘッダー内に他の画像を追加しても区別できるようにしています。

❷ 画像のまわりに表示される罫線を削除する

IE ではリンクを設定した画像のまわりに罫線が表示されるので、border を「none」と指定して削除しています。

❸ 画像をリキッド（可変）にする

親要素 <div> のコンテンツエリアが画像の横幅よりも小さくなった場合には、コンテンツエリアに合わせて画像を縮小して表示します。そのため、max-width で横幅を「100%」、height で高さを「auto」と指定しています。
横幅は width ではなく max-width で指定することにより、画像のオリジナルサイズの横幅（ここでは 300 ピクセル）以上に拡大されるのを防ぐことが可能です。

■ 親要素に合わせて大きさが変わるようにした画像は、「フルードイメージ（Fluid Image）」とも呼ばれます。

HEADER 05-A　高解像度な閲覧環境で画像がぼけるのを防ぐ

ロゴやサイト名を画像で表示すると、高解像度な閲覧環境では画像のぼけが気になる場合があります。これを防ぐためには、オリジナルサイズの2倍や3倍の大きさで作成した高解像度版の画像を用意して、縮小して表示します。
たとえば、Retina ディスプレイを持つ iPhone や、それよりも高解像度な Android 端末で HEADER 05 を表示すると、サイト名の画像の文字がぼけて見えます。しかし、高解像度版の画像に置き換えると、シャープに表示することが可能です。
ただし、すべての閲覧環境に高解像度版の画像を表示することになるので、データ容量なども考慮して高解像度化が必要かどうかを検討する必要があります。

iPhoneでHEADER 05を表示したもの。

高解像度版の画像に置き換えたときの表示。

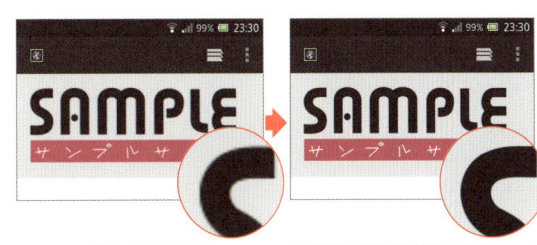

Android端末でHEADER 05を表示したもの。

高解像度版の画像に置き換えたときの表示。

HEADER 05

高解像度版の画像に置き換えるためには HEADER 05 をベースに次のように設定を行います。

❶ 画像を高解像度版のものに置き換えます。ここでは 300 × 105 ピクセルのサイト名の画像(site.png)を、3倍の大きさで作成した 900 × 315 ピクセルの画像 (site900.png) に置き換えています。

❷ width を 300 ピクセルと指定し、3分の1に縮小して表示します。なお、親要素のコンテンツエリアの横幅が 300 ピクセル以下になった場合、HEADER 05 の max-width: 100% の指定により、画像の横幅はコンテンツエリアに合わせて変化します。

```
<div class="header">
  <h1><a href="#"><img src="img/site900.png"
  alt="SAMPLE：サンプルサイト" class="logo"></
  a></h1> ❶
</div>
```

```
/* ヘッダー */
…
.logo          {max-width: 100%;
                width: 300px; ❷
                height: auto;
                border: none;}
```

TIPS　レスポンシブイメージの設定

HEADER 05-A の方法ではすべての閲覧環境に高解像度版の画像が表示されるため、環境によっては無駄なデータの読み込みが発生することになります。そこで、閲覧環境に応じて最適な画像を読み込む「レスポンシブイメージ」と呼ばれる機能がさまざまな形で提案されています。

背景画像をレスポンシブイメージにする方法については P.112 を参照してください。

たとえば、WHATWG や W3C で提案されている <img> の srcset 属性を利用すると、右のようにオリジナルサイズの画像の他に、2倍や3倍の大きさで用意した高解像度版の画像を指定できるようになります。ただし、現在のところ主要ブラウザは未対応です。

```
<img src="img/site.png"
  srcset="img/site600.png 2x, img/site900.png 3x"
  alt="">
```

<img>のsrcset属性でレスポンシブイメージの設定をしたもの。

また、CSS フレームワークの Foundation (P.213) には、「Interchange Responsive Content」という機能が用意されており、右のような形でレスポンシブイメージの設定を記述することができます。ここではグリッドシステムのブレイクポイント (P.222) や解像度に応じて読むむ画像を指定しています。
なお、この機能では JavaScript を使用して画像を表示するため、JavaScript が無効な環境用に <noscript> の指定を記述しています。

```
<img data-interchange="
  [img/site-small.png, (small)],
  [img/site-meidum.png, (medium)],
  [img/site-large.png, (large)],
  [img/site-retina.png, (retina)]">

<noscript><img src="img/site-small.png"></
noscript>
```

Foundationの機能でレスポンシブイメージの設定をしたもの。

HEADER 05-B　SVGフォーマットの画像を利用する

SVGフォーマットの画像を利用すると、高解像度な閲覧環境でもぼける心配がなく、どれだけ拡大しても輪郭をきれいに表示することができます。また、複雑な図形でなければデータ容量を小さく抑えることができるというメリットもあります。これは、SVGが「ベクタ形式」のフォーマットで、線や面の座標情報に従って描画を行うためです。

たとえば、HEADER 05のロゴ画像をSVGフォーマットで表示すると右のようになります。

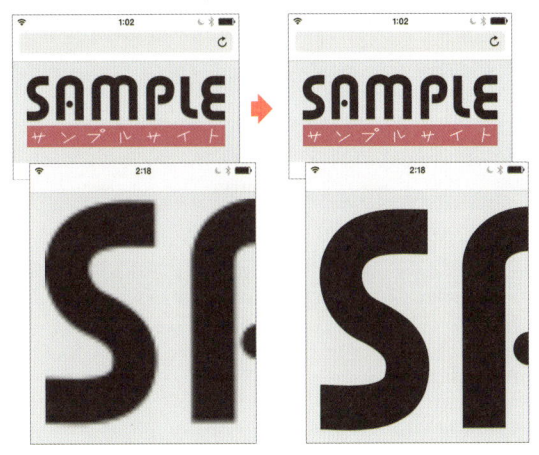

iPhoneでHEADER 05を表示したもの。拡大するとジャギーが目立つ。

SVGフォーマットの画像に置き換えたときの表示。拡大しても輪郭がきれいに表示されます。

SVGフォーマットの画像で表示するためには、<img>のsrc属性でSVGフォーマットの画像を指定します。ここではsite.svgを指定しています。

05-B-A
```html
<div class="header">
  <h1><a href="#"><img src="img/site.svg" alt="SAMPLE: サンプルサイト" class="logo"></a></h1>
</div>
```

なお、古いブラウザ（IE8/IE7とAndroid 2.3.x）はSVGに未対応なため、SVG以外（PNGやJPEGなど）の代替画像を用意して表示する必要があります。しかし、<img>では代替画像を指定することができないため、一般的にはJavaScriptを利用して代替画像を用意します。

JavaScriptを利用せずに代替画像を用意する場合、右のように<object>を利用する方法があります。この場合、SVG画像は<object>で指定し、代替画像は<object>内の<img>で指定します。ただし、ChromeとFirefoxでは画像に設定したリンクが機能しなくなるため、<a>のdisplayを「inline-block」に、<object>のpointer-eventsを「none」に指定して機能させます。
また、<object>のmax-widthを「100%」と指定してもリキッド（可変）にすることができないため、固定サイズを前提に利用する必要があります。

05-B-B
```html
<div class="header">
  <h1><a href="#">
  <object type="image/svg+xml" data="img/site.svg">
    <img src="img/site.png" alt="SAMPLE: サンプルサイト" class="logo">
  </object>
  </a></h1>
</div>
```

```css
/* ヘッダー */
...
.header a      {display: inline-block;}
.header object {pointer-events: none;}
```

※IE9以上の開発者ツールでIE8/IE7の表示を確認すると、<object>で指定したSVGのレンダリングが行われてしまい、IE8/IE7の実際の表示を確認することができません。確認するためにはIE8を利用してください。

HEADER 06

ヘッダー画像を表示したレイアウト

サイト名とキャッチフレーズの下にヘッダー画像を表示したレイアウトです。
ヘッダー画像は親要素の横幅に合わせて表示します。

Finished Parts

HTML + CSS

```html
<div class="header">
  <h1><a href="#">SAMPLE SITE</a></h1>
  <p>キャッチフレーズ</p>
  <img src="img/header.jpg" alt=""
    class="photo"> ❶
</div>
```

```css
/* ヘッダー */
.header            {padding: 20px;
                    background-color: #dfe3e8;}

.header h1         {margin: 0;
                    font-size: 20px;
                    line-height: 1;}

.header h1 a       {color: #000;
                    text-decoration: none;}

.header p          {margin: 8px 0 0 0;
                    font-size: 12px;
                    line-height: 1;}

.header .photo     {max-width: 100%; ❷
                    height: auto; ❷
                    margin: 15px 0 0 0; ❸
                    vertical-align: bottom;} ❹
```

ブラウザ画面や親要素の横幅を変えたときの表示。

➤ LAYOUT

❶ ヘッダー画像を追加する

このパーツはHEADER 01（P.022）をベースに作成していきます。まず、サイト名とキャッチフレーズの後に<img>でヘッダー画像を追加します。ここでは右のヘッダー画像（header.jpg）を表示するように指定しています。また、ヘッダーの中にはロゴ画像などを追加するケースもありますので、クラス名を「photo」と指定し、画像を区別できるようにしています。

なお、ヘッダー画像は大きな画面にも対応できるように横幅を1500ピクセルで作成したものを用意しています。最終的なページレイアウトで最大幅が1500ピクセル以上になる場合はそれに合わせて用意します。

ヘッダー画像：
header.jpg（1500×500ピクセル）

❷ ヘッダー画像をリキッド（可変）にする

ヘッダー画像の横幅は親要素のコンテンツエリアに合わせて表示するため、横幅を「100%」、高さを「auto」と指定。ただし、横幅はwidthではなくmax-widthプロパティで指定し、画像のオリジナルサイズ以上に拡大されないようにしています。

親要素に合わせて大きさが変わるようにした画像は、「フルードイメージ（Fluid Image）」とも呼ばれます。

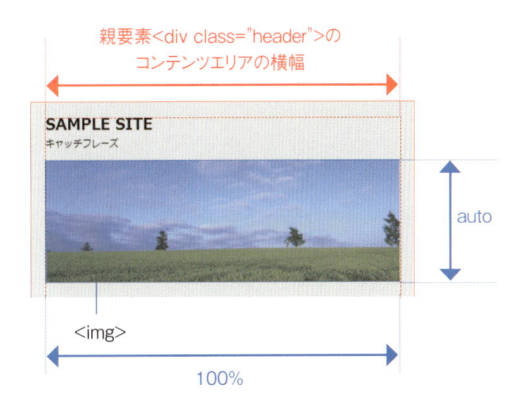

❸ テキストとの間隔を調整する

キャッチフレーズとの間隔を調整するため、ヘッダー画像の上マージンを15ピクセルに指定しています。

❹ 画像の下の余白を削除する

画像の下に挿入される余計な余白を削除するため、vertical-alignを「bottom」と指定しています。

HEADER 07

ヘッダー画像にテキストを重ねたレイアウト

ヘッダー画像を背景画像として表示し、文字を重ねてレイアウトしたものです。
背景画像はヘッダーの大きさに合わせて表示します。

➤ Finished Parts

ブラウザ画面や親要素の横幅を変えたときの表示。

➤ HTML + CSS

```html
<div class="header">
  <h1><a href="#">SAMPLE SITE</a></h1>
  <p>キャッチフレーズ</p>
</div>
```

```css
/* ヘッダー */
.header     {height: 280px; ❷
             padding: 50px 20px 20px 20px; ❸
             -webkit-box-sizing: border-box;
             -moz-box-sizing: border-box;    ❷
             box-sizing: border-box;
             background-color: #dfe3e8;
             background-image: url(img/header.jpg); ❶
             background-position: 68% 63%; ❻
             background-size: cover;}  ❺

.header h1  {margin: 0;
             font-size: 40px; ❹
             line-height: 1;}

.header h1 a {color: #000;
              text-decoration: none;}

.header p   {margin: 8px 0 0 0;
             font-size: 14px; ❹
             line-height: 1;}
```

▶ LAYOUT

ヘッダー画像にテキストを重ねて表示するためには、ヘッダー画像を背景画像として表示するのが簡単です。ここでは次のように1500×500ピクセルの大きさで作成した背景画像（header.jpg）を用意して、背景画像として表示します。

背景画像: header.jpg（1500×500ピクセル）

❶ `<div class="header">`

SAMPLE SITE
キャッチフレーズ

❷ `<div class="header">`

SAMPLE SITE
キャッチフレーズ

280px

❶ 背景画像を表示する

このパーツはHEADER 01（P.022）をベースに作成していきます。まずはヘッダー全体をマークアップした`<div>`に背景画像を表示します。そこで、用意した背景画像（header.jpg）をbackground-imageで指定しています。

すると、背景画像は`<div>`の左上に揃えて表示されます。また、`<div>`の大きさが背景画像の大きさに合わせて変化することはないため、背景画像は`<div>`の大きさで部分的に切り出した形で表示されます。

❷ ヘッダーの高さを指定する

ヘッダー画像をもっと大きく切り出して表示するため、`<div>`の高さ（height）を指定します。ここでは280ピクセルに指定しています。

なお、標準ではheightで指定した高さに上下パディングの大きさが含まれません。ここではパディングも含めて280ピクセルの高さで表示するため、box-sizingを「border-box」と指定しています。また、Firefoxに対応する場合は-moz-、iOS4.xとAndroid 2.x用に対応する場合は-webkit-を付けた指定も記述しておきます。

横幅については標準の可変の状態にしておくため、widthの指定は行いません。

❸ テキストの表示位置を変更する

ヘッダーの高さに合わせてサイト名とキャッチフレーズの表示位置を変更します。ここではテキスト全体を下にずらして表示するため、親要素 `<div>` の上パディングを 20 ピクセルから 50 ピクセルに変更しています。これで、P.023 で指定した基準線の位置が変わり、テキストは上から 50 ピクセル、左から 20 ピクセルの位置に表示されます。

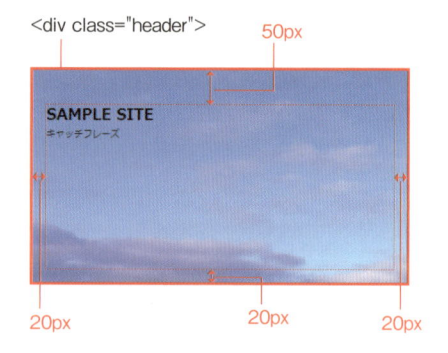

❹ テキストのフォントサイズを変更する

画像に重ねたテキストは読みづらくなる傾向があるので、ここではサイト名とキャッチフレーズをひとまわり大きくします。そこで、サイト名を 40 ピクセル、キャッチフレーズを 14 ピクセルのフォントサイズに変更しています。

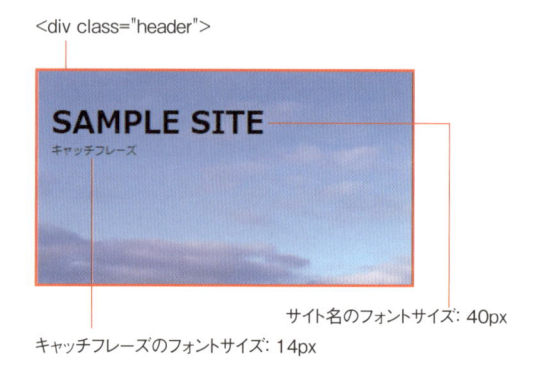

❺ 背景画像をヘッダーに収まる大きさで表示する

背景画像は❹の段階では実サイズで表示されていますが、ここでは `<div>` 内に収まる大きさで表示するため、background-size を「cover」と指定しています。すると、右のような表示になります。

これは、背景画像の高さ 500 ピクセルが、`<div>` の高さ 280 ピクセルに合わせて縮小して表示されるためです。`<div>` の横幅を広げると隠れた部分が表示されます。

ただし、背景画像は 1500 × 500 ピクセルで用意していますので、

$$1500 : 500 = x : 280$$
$$x = 840$$

となり、840 × 280 ピクセルに縮小されています。そのため、横に広げていけるのは横幅 840 ピクセルまでです。

横幅が 840 ピクセルを超えた場合、840 × 280 ピクセルだった背景画像が横幅に合わせて拡大されていきます。たとえば、横幅が 1200 ピクセルになった場合、高さは 400 ピクセルになります。

840 : 280 ＝ 1200 : y
　　　　　y ＝ 400

しかし、<div> の高さは 280 ピクセルなので、次のように上から 280 ピクセルだけが表示されます。

なお、背景画像では横幅と高さの最大値を指定することができないので、横幅が 1500 ピクセルを超えると、オリジナルの画像サイズ以上に拡大されていくことになります。そのため、拡大が問題になる場合はより大きな画像を用意する必要があります。

なお、Web ページは最大 900 〜 1200 ピクセル前後の横幅でレイアウトするケースが多いため、ここでは横幅 1500 ピクセルの画像を使用しています。

❻ 背景画像の拡大縮小のポイントを指定する

背景画像の拡大縮小の中心となるポイントは標準では左上です。このポイントはbackground-positionで変更することができます。たとえば、「68% 63%」と指定すると、＜div＞と背景画像の横68％、縦63％のポイントが揃えて表示され、ここを中心に拡大縮小が行われるようになります。

＜div class="header"＞

背景画像

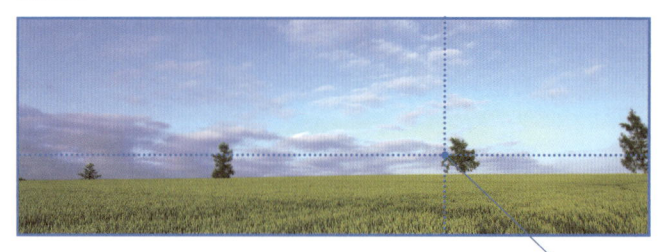

横68％、縦63％のポイント。

横68％、縦63％のポイント。

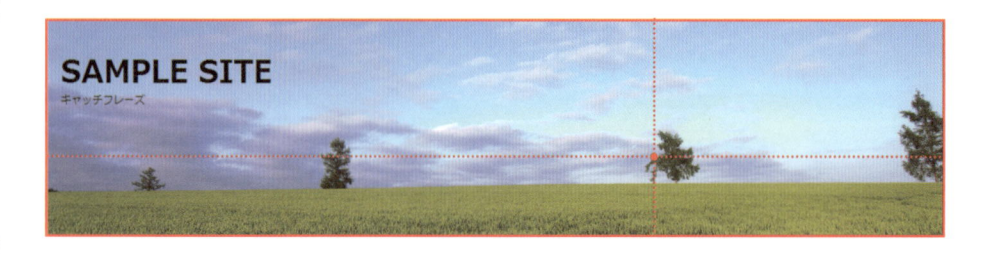

IE8/IE7はbackground-sizeに未対応なため、背景画像は縮小なしで表示されます。また、IE7はbox-sizingにも未対応なため、ヘッダー＜div＞の高さが上下パディングの分だけ大きくなります。

閲覧する上での問題は出ないため、サンプルでは特別な設定は行っていません。個別に表示を調整する必要がある場合は、P.017のコンディショナルコメントを利用し、IE8/IE7用の設定を別に用意します。

主要ブラウザでの表示。

IE8での表示。

HEADER 08

ヘッダーの右端にパーツを追加したレイアウト

ヘッダーの右端に他のパーツを追加できるようにしたレイアウトです。

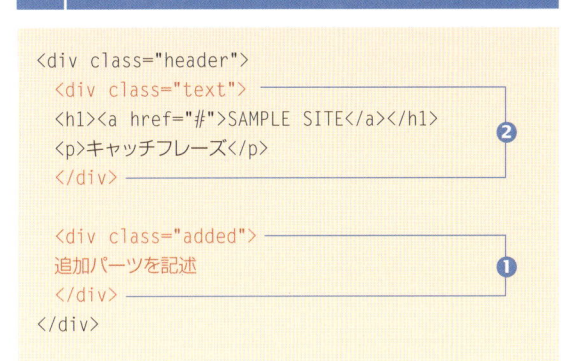

Finished Parts

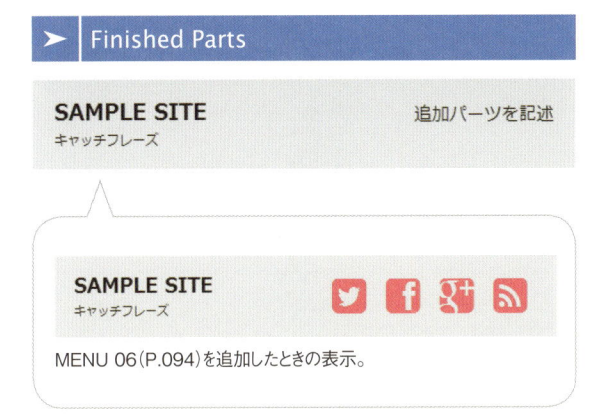

SAMPLE SITE　　　　　　　　　追加パーツを記述
キャッチフレーズ

SAMPLE SITE
キャッチフレーズ

MENU 06（P.094）を追加したときの表示。

HTML + CSS

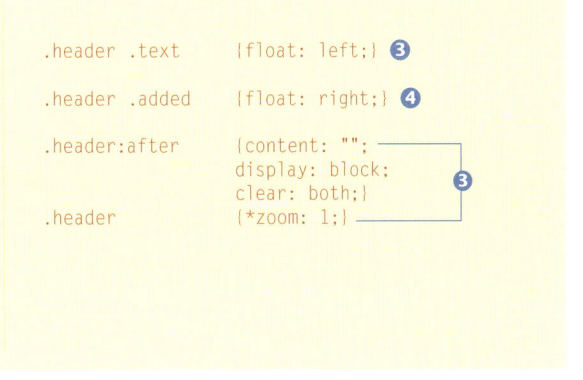

```
<div class="header">
  <div class="text">
  <h1><a href="#">SAMPLE SITE</a></h1>
  <p>キャッチフレーズ</p>
  </div>                          ❷

  <div class="added">
  追加パーツを記述                ❶
  </div>
</div>
```

```
/* ヘッダー */
.header           {padding: 20px;
                   background-color: #dfe3e8;}

.header h1        {margin: 0;
                   font-size: 20px;
                   line-height: 1;}

.header h1 a      {color: #000;
                   text-decoration: none;}

.header p         {margin: 8px 0 0 0;
                   font-size: 12px;
                   line-height: 1;}

.header .text     {float: left;}     ❸
.header .added    {float: right;}    ❹

.header:after     {content: "";
                   display: block;   ❸
                   clear: both;}
.header           {*zoom: 1;}
```

LAYOUT

❶ 他のパーツを追加する場所を用意する

HEADER 01（P.022）をベースに、ヘッダーの右端に他のパーツを追加できるようにしていきます。まずは、パーツを追加する場所として <div class="added"> 〜 </div> を用意します。

ここでは <div class="added"> の中に「追加パーツを記述」と記述していますが、このテキストは追加したいパーツに置き換えて利用します。

HEADER 08

❷ サイト名とキャッチフレーズをグループ化する

サイト名とキャッチフレーズを <div> でグループ化し、まとめて扱えるようにします。このとき、右端に追加するパーツとは区別できるようにするため、クラス名を「text」と指定しています。
これで、ヘッダーは右のような構造になります。

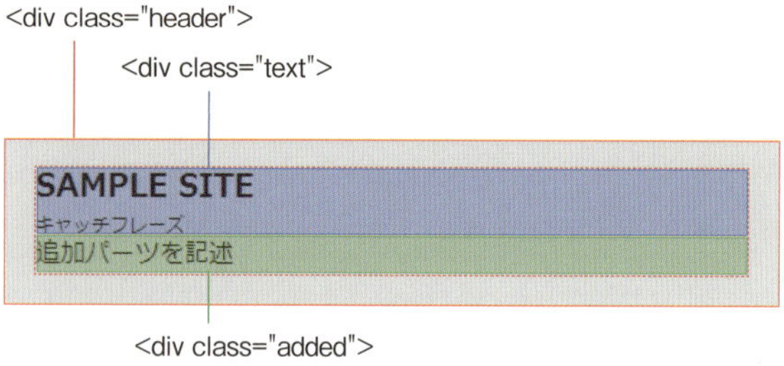

```
<div class="header">
    <div class="text">
        SAMPLE SITE
        キャッチフレーズ
        追加パーツを記述
    <div class="added">
```

❸ 横に並べて表示する

あらかじめ左に配置されているサイト名とキャッチフレーズに対し、追加パーツを右に並べて表示します。そのため、<div class="text"> の float を「left」と指定しています。float の仕組みについては P.032 を参照してください。
なお、float を利用する場合は P.033 の clearfix の設定も追加しておきます。

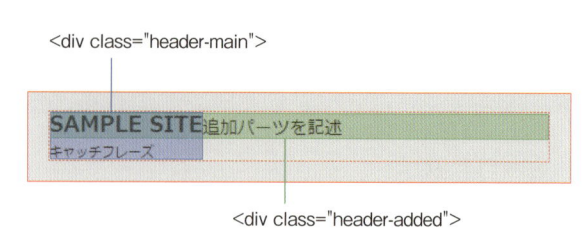

```
<div class="header-main">
    SAMPLE SITE  追加パーツを記述
    キャッチフレーズ
    <div class="header-added">
```

❹ 追加パーツを右端に配置する

追加パーツを右端に配置するため、<div class="added"> の float を「right」と指定しています。

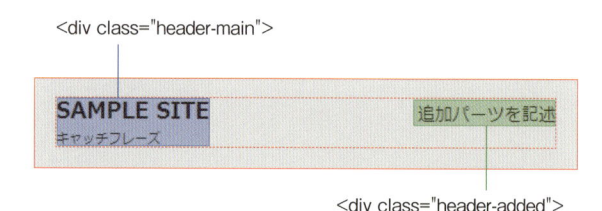

```
<div class="header-main">
    SAMPLE SITE                       追加パーツを記述
    キャッチフレーズ
                                   <div class="header-added">
```

TIPS　右端のパーツのレイアウトをレスポンシブにするには

スマートフォンなどの小さい画面では、右端に追加したパーツが右のように改行した形で表示されます。レスポンシブにして小さい画面でのレイアウトを変更したい場合には、P.261 のメディアクエリの設定を行う必要があります。

一方、CSS フレームワークを利用すると、サイト名を左側に、メニューを右側に配置したレイアウトを作成し、小さい画面ではトグル型のメニューにして表示することができます。たとえば、Bootstrap では P.188 のナビゲーションバー、Foundation では P.232 のトップバーの機能を利用します。右のサンプルは RECIPE 03（P.294）で Bootstrap を利用してレイアウトしたものです。

HEADER 08の右端にMENU 06を追加し、小さい画面で表示したもの。

Bootstrapを利用し、小さい画面では右端のメニューをトグル型にして表示するように設定したもの。

CHAPTER2　記事

- ENTRY 01　記事の基本レイアウト
  - 01-A　パーツ内の最後の要素の下マージンを削除する
  - 01-B　フォントの構成
- ENTRY 02　中央揃えのレイアウト
  - 02-A　中央揃えの中で本文だけを左揃えにする場合
  - 02-B　画像だけを中央揃えにする場合
- ENTRY 03　画像にテキストを回り込ませたレイアウト
  - 03-A　画像の下にテキストを回り込ませない場合
- ENTRY 04　タイトルの下にパーツを追加したレイアウト

ENTRY 01

記事の基本レイアウト

記事の画像、タイトル、本文を表示したパーツです。
それぞれの表示順は変更することもできます。

Finished Parts

記事のタイトル

この文章は記事の本文です。この文章は記事の本文です。この文章は記事の本文です。この文章は記事の本文です。この文章は記事の本文です。この文章は記事の本文です。この文章は記事の本文です。この文章は記事の本文です。この文章は記事の本文です。

この文章は記事の本文です。この文章は記事の本文です。この文章は記事の本文です。この文章は記事の本文です。この文章は記事の本文です。この文章は記事の本文です。この文章は記事の本文です。この文章は記事の本文です。この文章は記事の本文です。

記事の画像:
entry.jpg（1500×500ピクセル）

HTML + CSS

```html
<div class="entry">
  <img src="entry.jpg" alt="">

  <h1>記事のタイトル</h1>

  <p>この文章は記事の本文です。この文章は記事の本文です。この文章は記事の本文です。この文章は記事の本文です。この文章は記事の本文です。この文章は記事の本文です。この文章は記事の本文です。この文章は記事の本文です。</p>

  <p>この文章は記事の本文です。この文章は記事の本文です。この文章は記事の本文です。この文章は記事の本文です。この文章は記事の本文です。この文章は記事の本文です。この文章は記事の本文です。この文章は記事の本文です。</p>
</div>
```

```css
/* 記事 */
.entry          {padding: 20px; ❶
                 background-color: #dfe3e8;} ❶

.entry img      {max-width: 100%; ❷
                 height: auto; ❷
                 margin: 0 0 30px 0; ❻
                 vertical-align: bottom;} ❸

.entry h1       {margin: 0 0 20px 0; ❻
                 font-size: 28px; ❹
                 line-height: 1.2;} ❺

.entry p        {margin: 0 0 20px 0; ❻
                 font-size: 14px; ❹
                 line-height: 1.6;} ❺
```

ENTRY 01

▶ MARKUP

タイトルは <h1> で、本文は段落ごとに <p> でマークアップしています。画像は <img> で見出しの上に表示していますが、見出しの下や、段落の間などに挿入することもできます。また、画像は装飾的なものなため、alt 属性の値は空にしています。

全体は <div> でマークアップし、「entry」とクラス名を付けて他のパーツと区別できるようにしています。

画像。
タイトル。
本文。

▶ LAYOUT

❶ 画像とテキストの表示位置を親要素を元にした基準線で揃える

画像とテキストを揃える基準線を親要素のパディング（padding）を利用した形で用意します。ここではヘッダーと同じように上から 20 ピクセル、左から 20 ピクセルの位置に揃えて表示するため、親要素 <div> のパディングを 20 ピクセルに指定しています。

また、親要素のボックスがわかりやすいように背景色をグレー（#dfe3e8）にしています。

❷ 画像の横幅と高さを指定

画像は親要素のコンテンツエリアの横幅に合わせて表示するため、横幅を 100%、高さを auto と指定します。このとき、画像のオリジナルサイズ以上に拡大されるのを防ぐため、横幅は width ではなく max-width プロパティで指定しています。

053

❸ 画像の下に入る余白を削除

画像の下には標準で小さな余白が入り、記事のタイトルとの間隔が少し大きくなってしまいます。この余白はP.057のように画像がテキストのベースラインに揃えて表示されるために生じるもので、画像とテキストを1行で並べない場合には不要です。そこで、vertical-alignを「bottom」と指定して削除しておきます。

❹ タイトルと本文のフォントサイズを指定する

テキストのフォントサイズを指定します。ここでは、記事のタイトルを28ピクセルに、本文を14ピクセルに指定しています。

❺ タイトルと本文の行の高さを指定する

行の高さは、使用するフォントの種類、フォントサイズ、テキストの分量、行数などに応じて、読みやすくなるように指定します。読みやすいとされている標準的な高さはフォントサイズに対して1.4～1.6倍です。

ここでは、本文の行の高さは読みやすさを重視し、少しゆったり目の1.6に指定しています。本文のフォントサイズは14ピクセルに指定しているので、行の高さは22.4ピクセルとなります。

次に、記事のタイトルも複数行になるケースがあるので、行の高さを指定します。ただし、タイトルは本文のように行数が多くなることはなく、コンパクトにレイアウトしたいので、行の高さは1.2に指定しています。タイトルのフォントサイズは28ピクセルに指定しているので、行の高さは33.6ピクセルとなります。

なお、行の高さはline-heightとfont-sizeの値の差分をテキストの上下に割り振る形で表示に反映されます。たとえば、本文の場合、テキストの上下に4.2ピクセル（22.4-14=8.4の半分ずつ）が割り振られ、行の高さが22.4ピクセルとなります。タイトルの場合、2.8ピクセル（33.6-28=5.6の半分ずつ）が割り振られ、行の高さが33.6ピクセルとなります。

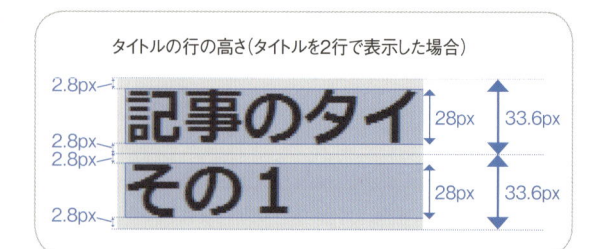

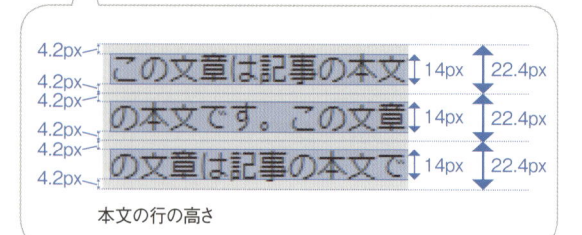

ブラウザにおける小数点の扱いについては、P.057のTIPSを参照してください。

❻ 画像、タイトル、本文の間隔を調整する

画像、タイトル、本文の間隔はそれぞれのマージンで調整します。このとき、上マージンは使用せず、下マージンで調整します。パーツの上部に余白を入れないようにすることで、段組みなどで他のパーツと並べたときに頭を揃えてレイアウトするのが容易になるためです。

ここでは画像の下マージンを 30 ピクセルに、タイトルと本文の下マージンを 20 ピクセルに指定しています。

ENTRY 01-A　パーツ内の最後の要素の下マージンを削除する

パーツ内の最後の要素の下マージンを消したい場合には、次の指定を追加します。たとえば、ENTRY 01 に追加すると、最後の要素である段落 <p> の下マージンが削除され、右のように表示されます。

```
/* 記事 */
…
.entry p           {margin: 0 0 20px 0;
                    font-size: 14px;
                    line-height: 1.6;}

.entry :last-child{margin-bottom: 0}
```

パーツ内の最後の要素の下マージンを削除したときの表示。

TIPS フォントの構成

font-size で指定したフォントサイズの大きさの中には、次のように小文字の「y」の下の部分やウムラウト記号などの表示スペースも含まれており、各文字はベースライン（alphabetic ベースライン）で揃えて表示されます。

フォントによっては小文字の「y」やウムラウト記号がフォントサイズからはみ出す形でデザインされていますが、はみ出した部分は行の構成（P.057）には影響しません。

フォントサイズ ／ Ä Daily 記事 ／ ベースライン（alphabeticベースライン）

フォントサイズ ／ Ä Daily ／ Google Fontsの「Stoke」フォントで表示したもの。ウムラウト記号などがフォントサイズからはみ出しています。

line-heightを「1」と指定し、行の高さをフォントサイズと同じ高さに設定した場合、フォントサイズよりも上下にはみ出した部分は前後の行と重なった形で表示されます。

Ä Daily
Daily Ä

なお、フォントには高さの中央に位置する central ベースラインやそれよりも少し下に位置する middle ベースラインなども用意されています。現在のところ、P.027 のように middle ベースラインには画像などを揃えて表示することができます。central ベースラインに揃える機能は各ブラウザとも未対応です。

Ä Daily ／ centralベースライン ／ middleベースライン ／ ベースライン（alphabeticベースライン）

| TIPS | 行の構成 |

行の高さは、font-size × line-height で算出されます。ENTRY 01 の本文のように、テキストの font-size を 14 ピクセル、line-height を 1.6 と指定した場合、line-height の算出値は 22.4 ピクセルとなり、行の高さも 22.4 ピクセルとなります。

しかし、テキストの中にフォントサイズの異なる文字や大きな画像などを挿入すると、その行の高さは変化します。

たとえば、高さ 46 ピクセルの画像を挿入すると、以下の図のような形で処理されます。その結果、行の高さが 46 ピクセルよりも大きくなり、正確な行の高さを把握することが困難になる点は注意が必要です（正確に行の高さを求めるためには、フォントにおけるベースラインの位置が把握できなければなりません）。

テキストだけを表示したもの：

2行目に画像を挿入したもの：

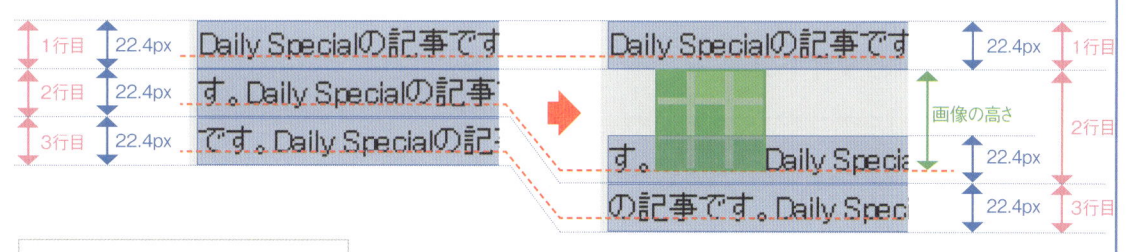

↕ … line-heightで算出した高さ

------ … テキストのベースライン

小数点以下の数値の扱いに関してはブラウザによって違いがあります。しかし、最近はレスポンシブWebデザインで比率を使って指定するケースが増えたことから、小数点以下の数値を扱うことは避けられなくなっています。そのため、ピクセルレベルで厳密に表示を再現することは現実的ではなく、違いは許容する考え方が主流となってきています。

ENTRY 02

中央揃えのレイアウト

ENTRY 01をベースに、記事の画像、タイトル、本文を中央に揃えて
レイアウトしたものです。

Finished Parts

記事の画像:
entry-thumb.jpg（320×212ピクセル）

HTML + CSS

```html
<div class="entry">
  <img src="entry-thumb.jpg" alt=""> ❷

  <h1>記事のタイトル</h1>

  <p>この文章は記事の本文です。この文章は記事の本文です。この文章は記事の本文です。この文章は記事の本文です。この文章は記事の本文です。この文章は記事の本文です。この文章は記事の本文です。この文章は記事の本文です。</p>

  <p>この文章は記事の本文です。この文章は記事の本文です。この文章は記事の本文です。この文章は記事の本文です。この文章は記事の本文です。この文章は記事の本文です。この文章は記事の本文です。この文章は記事の本文です。</p>
</div>
```

```css
/* 記事 */
.entry           {padding: 20px;
                  background-color: #dfe3e8;
                  text-align: center;} ❶

.entry img       {max-width: 100%;
                  height: auto;
                  margin: 0 0 30px 0;
                  vertical-align: bottom;}

.entry h1        {margin: 0 0 20px 0;
                  font-size: 28px;
                  line-height: 1.2;}

.entry p         {margin: 0 0 20px 0;
                  font-size: 14px;
                  line-height: 1.6;}
```

LAYOUT

❶ 中央揃えにする

このパーツは ENTRY 01（P.052）をベースに作成していきます。ここでは記事の画像、タイトル、本文を中央揃えにするため、記事全体をマークアップした <div> の text-align を「center」に指定します。
すると、右のようにタイトルと本文が中央揃えになったことがわかります。画像については横幅いっぱいの大きさで表示されているため、中央揃えになっているかどうかを確認することができません。

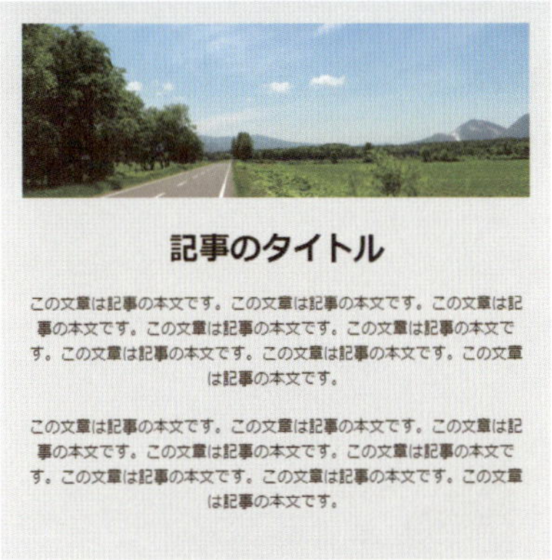

❷ 画像を変更する

画像を横幅の小さいものに置き換えて、中央揃えで表示されていることを確認します。ここでは、320 × 212 ピクセルの画像（entry-thumb.jpg）に置き換えています。

記事の画像:
entry-thumb.jpg

ENTRY 02-A　中央揃えの中で本文だけを左揃えにする場合

記事の本文は中央揃えよりも左揃えにした方が読みやすい場合があります。中央揃えの中で本文だけを左揃えにするためには、<p> の text-align を「left」と指定し、親要素 <div> の text-align の設定を上書きします。

```
/* 記事 */
.entry              {padding: 20px;
                     background-color: #dfe3e8;
                     text-align: center;}
…
.entry p            {margin: 0 0 20px 0;
                     font-size: 14px;
                     line-height: 1.6;
                     text-align: left;}
```

本文が左揃えになります。

ENTRY 02-B 画像だけを中央揃えにする場合

画像だけを中央揃えにしたい場合、ENTRY 01（P.052）をベースに次のように指定します。どちらの方法でも同じ表示結果になりますが、ENTRY 02-B-A は text-align のみを利用した方法で、画像以外の要素にも設定を適用する必要があります。一方、ENTRY 02-B-B は画像のみに設定を適用する方法となっています。

02-B-A

```css
/* 記事 */
.entry           {padding: 20px;
                  background-color: #dfe3e8;
                  text-align: center;}

.entry img       {max-width: 100%;
                  height: auto;
                  margin: 0 0 30px 0;
                  vertical-align: bottom;}

.entry h1        {margin: 0 0 20px 0;
                  font-size: 28px;
                  line-height: 1.2;
                  text-align: left;}

.entry p         {margin: 0 0 20px 0;
                  font-size: 14px;
                  line-height: 1.6;
                  text-align: left;}
```

この設定では <div class="entry"> の text-align を「center」と指定し、画像、タイトル、本文のすべてを中央揃えにします。その上で、<h1> と <p> は text-align を「left」と指定し、左揃えにします。これで、画像だけが中央揃えになります。ただし、<h1> と <p> 以外の要素を追加した場合はその都度 text-align を指定する必要があります。

02-B-B

```css
/* 記事 */
.entry           {padding: 20px;
                  background-color: #dfe3e8;}

.entry img       {display: block;
                  max-width: 100%;
                  height: auto;
                  margin: 0 auto 30px auto;
                  vertical-align: bottom;}

.entry h1        {margin: 0 0 20px 0;
                  font-size: 28px;
                  line-height: 1.2;}

.entry p         {margin: 0 0 20px 0;
                  font-size: 14px;
                  line-height: 1.6;}
```

この設定では <img> の左右マージンを「auto」と指定し、左右に同じ大きさの余白を挿入することで画像を中央に配置します。ただし、<img> をブロックボックスとして扱う必要があるため、「display: block」の指定も追加しています。

> <img>のtext-alignを「center」に指定しても、画像を中央揃えにすることはできません。text-alignは<div>などの中に記述したテキストや画像の位置揃えを指定するプロパティで、<img>では機能しない仕様となっているためです。

ENTRY 03

画像にテキストを回り込ませたレイアウト

画像にテキストを回り込ませてレイアウトしたものです。
画像の横幅は親要素の横幅に合わせて変化するように設定しています。

▶ Finished Parts

▶ HTML + CSS

```html
<div class="entry">
    <img src="entry-square.jpg" alt=""> ①

    <h1>記事のタイトル</h1>

    <p>この文章は記事の本文です。…この文章は記事の本文です。</p>

    <p>この文章は記事の本文です。…この文章は記事の本文です。</p>
</div>
```

```css
/* 記事 */
.entry            {padding: 20px;
                   background-color: #dfe3e8;}

.entry img        {float: left; ③
                   max-width: 30%; ②
                   height: auto;
                   margin: 0 20px 10px 0; ④
                   vertical-align: bottom;}

.entry h1         {margin: 0 0 20px 0;
                   font-size: 28px;
                   line-height: 1.2;}

.entry p          {margin: 0 0 20px 0;
                   font-size: 14px;
                   line-height: 1.6;}

.entry:after      {content: "";
                   display: block;
                   clear: both;}        ⑤
.entry            {*zoom: 1;}
```

ブラウザ画面や親要素の横幅を変えたときの表示。

061

ENTRY 03

▶ LAYOUT

❶ 画像を変更する

このパーツは ENTRY 01（P.052）をベースに作成していきます。まずは、画像を変更します。ここでは、正方形の画像（header-square.jpg）に変更しています。すると、右のように横幅いっぱいに表示されます。

正方形の画像:
header-square.jpg
（600×600ピクセル）。

正方形の画像を表示したもの。

❷ 画像の横幅を変更する

画像にはテキストを回り込ませるため、横幅を短くします。そこで、<img> の max-width を「100%」から「30%」に変更し、親要素 <div> のコンテンツエリアの横幅に対し、30% の横幅で表示するように指定しています。

親要素<div>のコンテンツエリアの横幅

<img>の横幅: 30%

❸ 画像にテキストを回り込ませる

<img> の float を「left」と指定すると、あらかじめ左に配置されていた画像に対し、テキストが右のように回り込みます。これは、float によって P.032 のように処理が行われるためです。
なお、float を利用する場合は P.033 の clearfix の設定も追加しておきます。

❹ 画像とテキストの間隔を調整する

画像とテキストの間隔を調整するため、<img> のマージンを変更します。ここでは、下マージンを 30px から 10px に、右マージンを 0 から 20px に変更しています。

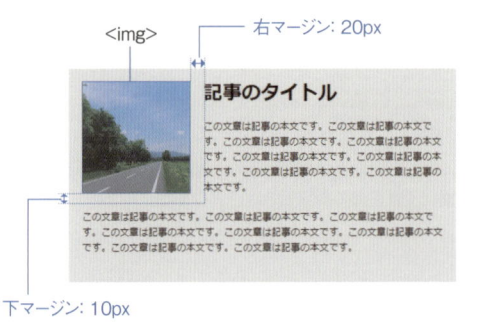

<img>
右マージン: 20px
下マージン: 10px

ENTRY 03-A | 画像の下にテキストを回り込ませない場合

画像の下にテキストを回り込ませずにレイアウトすることもできます。そのためには、ENTRY 03 をベースに次のように設定します。

❶ <img> の右マージンを 20px から 0 に変更し、画像の右側に余白を入れないようにします。

❷ <h1> と <p> の左マージンを画像の横幅よりも少し大きな 33% に指定。画像の横幅は 30% に指定しているため、3%が画像とテキストの間隔になります。

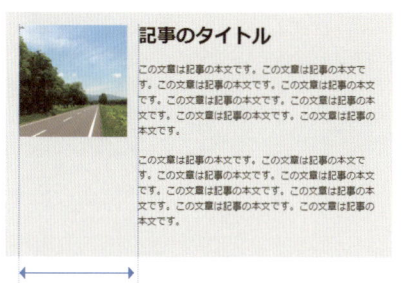

<h1>と<p>の左マージン: 33%

```css
/* 記事 */
.entry            {padding: 20px;
                   background-color: #dfe3e8;}

.entry img        {float: left;
                   max-width: 30%;
                   height: auto;
                   margin: 0 0 10px 0;  ❶
                   vertical-align: bottom;}

.entry h1         {margin: 0 0 20px 33%;  ❷
                   font-size: 28px;
                   line-height: 1.2;}

.entry p          {margin: 0 0 20px 33%;  ❷
                   font-size: 14px;
                   line-height: 1.6;}

.entry:after      {content: "";
                   display: block;
                   clear: both;}
.entry            {*zoom: 1;}
```

このレイアウトはCSSフレームワークのグリッドシステムで2段組みのグリッドを用意し、1段目に画像を、2段目にテキストを入れることで構成することもできます。グリッドシステムではレスポンシブの設定も行われているため、小さい画面では1段組みのレイアウトにすることが可能です。たとえば、CSSフレームワークのBootstrapではP.178、FoundationではP.222のようにグリッドシステムが用意されています。

なお、右のサンプルはRECIPE 01（P.276）でBootstrapのグリッドシステムを利用し、画像とテキストを2段組みのグリッドに入れてレイアウトしたものです。

グリッドシステムで画像とテキストをレイアウトしたもの。

小さい画面では1段組みのレイアウトになります。

ENTRY 04

タイトルの下にパーツを追加したレイアウト

記事のタイトルの下にパーツを追加できるようにしたレイアウトです。
記事が属するカテゴリーや投稿日時の表示などに利用することができます。

▶ Finished Parts

記事のタイトル
追加パーツを記述
カテゴリー1 カテゴリー2 カテゴリー3
記事が属するカテゴリーをOTHER 01-C（P.121）の
ラベルの形で表示したもの。

▶ HTML + CSS

```html
<div class="entry">
  <img src="entry.jpg" alt="">
  <h1>記事のタイトル</h1>

  <div class="added">追加パーツを記述</div> ❶

  <p>この文章は記事の本文です。…略…</p>
</div>
```

```css
/* 記事 */
.entry          {padding: 20px;
                 background-color: #dfe3e8;}
…略…
.entry p        {margin: 0 0 20px 0;
                 font-size: 14px;
                 line-height: 1.6;}

.entry .added   {margin: 0 0 20px 0;} ❷
```

▶ LAYOUT

❶ 他のパーツを追加する場所を用意する

ENTRY 01（P.052）をベースに、他のパーツを追加する場所として <div class="added"> ～ </div> を用意しています。<div class="added"> の中には「追加パーツを記述」と記述していますが、このテキストは追加するパーツに置き換えて利用します。

❷ 間隔を調整する

<div class="added"> に余白を入れ、文章との間隔を調整します。ここでは下マージンを 20 ピクセルに指定しています。

CHAPTER3　メニュー

MENU 01		リンクを縦に並べたメニューの基本レイアウト
	01-A	縦に並べたリンクを罫線で区切る
MENU 02		階層構造を持つメニュー
MENU 03		リストマークを画像で表示したメニュー
	03-A	リストマークを垂直方向の中央に揃える
	03-B	リストマークを文字で表示する
	03-C	リストマークをアイコンフォントで表示する
	03-D	リンクの右端に右向きの矢印アイコンを表示する
	03-E	リストマークを連番で表示する
MENU 04		サムネイル画像の横にテキストを並べたメニュー
	04-A	日付の横にタイトルを並べたメニュー
MENU 05		リンクを横に並べたメニューの基本レイアウト
	05-A	メニューをコンパクトに表示する
	05-B	横に並べたリンクを罫線で区切る
	05-C	リンクの横幅を固定する場合
	05-D	等分割した横幅でリンクを表示する場合　その1
	05-E	等分割した横幅でリンクを表示する場合　その2
	05-F	各リンクに付加情報を追加する
	05-G	横に並べたリンクをパンくずリストとして利用する
MENU 06		アイコンを横に並べたメニュー
	06-A	アイコンを画像で表示する場合
MENU 07		アイコンにテキストをつけて横に並べたメニュー
	07-A	アイコンを画像で表示する場合

MENU 01

リンクを縦に並べたメニューの基本レイアウト

リンクを縦に並べたメニューです。見出しをつけてレイアウトしています。

Finished Parts

MENU
- ホーム
- お知らせ
- お問い合わせ
- ブログ

MENU
- ホーム
- お知らせ
- お問い合わせ
- ブログ

MENU
- [2014.06.01] 定時株主総会のご案内
- [2014.05.20] 内装設計を担当したショッピングモールがオープン
- [2014.04.28] 第2回「インテリア内覧会」を開催
- [2013.04.15] 業績予想の修正に関するお知らせ
- [2013.04.01] ホームページをリニューアルしました

リンクのテキストが複数行になったときの表示。

HTML + CSS

```html
<div class="menu">
  <h1>MENU</h1>
  <ul>
    <li><a href="#">ホーム</a></li>
    <li><a href="#">お知らせ</a></li>
    <li><a href="#">お問い合わせ</a></li>
    <li><a href="#">ブログ</a></li>
  </ul>
</div>
```

```css
/* メニュー */
.menu        {padding: 20px;              ❶
              background-color: #dfe3e8;} ❶

.menu h1     {margin: 0 0 10px 0;         ❷
              font-size: 18px;            ❸
              line-height: 1.2;}          ❹

.menu ul,
.menu ol     {margin: 0;                  ❷
              padding: 0;                 ❻
              font-size: 14px;            ❸
              line-height: 1.4;           ❹
              list-style: none;}          ❺

.menu li a   {display: block;             ❼
              padding: 10px 5px 10px 5px; ❽ ❾
              color: #000;                ❿
              text-decoration: none;}     ❿

.menu li a:hover   {background-color: #eee;} ⓫
```

カンマを忘れずに記述

MARKUP

見出しは <h1> で、メニューは <ul> と <li> でリスト形式でマークアップしています。これにより、メニューの各リンクの行頭には黒丸のリストマークが表示されます。<ul> の代わりに <ol> でマークアップすることも可能です。

全体は <div> でマークアップし、「menu」とクラス名を付けて他のパーツと区別できるようにしています。

CSSフレームワークのBootstrapではP.186の ❸、FoundationではP.230の ❷ のようにクラス名を指定することで、MENU 01と同じようにリンクを縦に並べたシンプルな形でメニューを表示することができます。

LAYOUT

❶ 見出しとメニューの表示位置を親要素を元にした基準線で揃える

まずは、見出しとメニューを揃える基準線を親要素のパディング（padding）を利用した形で用意します。ここではヘッダーと同じように上から20ピクセル、左から20ピクセルの位置に揃えて表示するため、親要素 <div> のパディングを20ピクセルに指定しています。

また、親要素のボックスがわかりやすいように背景色をグレー（#dfe3e8）に設定しています。

❷ 見出しとメニューの間隔を調整する

見出しとメニューの間隔は <h1> と <ul> のマージンで調整します。ここでは見出しをつけないケースも想定し、<h1> の下マージンを10pxピクセルに指定して調整しています。

なお、<ul> のマージンは0に指定し、余計な余白を入れないようにしています。また、<ul> の代わりに <ol> でマークアップしたときにも対応できるようにするため、<ul> の設定は <ol> にも適用する形で記述しています。

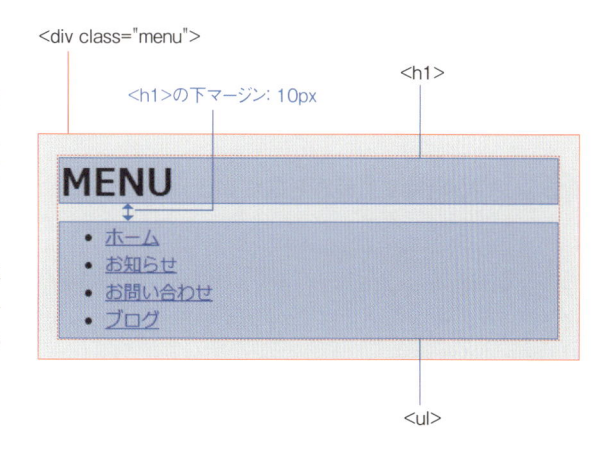

MENU 01

❸ 見出しとメニューのフォントサイズを指定する

見出しとメニューのフォントサイズ（font-size）を指定します。ここではそれぞれ 18 ピクセル、14 ピクセルに指定しています。

❹ 見出しとメニューの行の高さを指定する

見出しとメニューの行の高さ（line-height）を指定します。ここではそれぞれ 1.2、1.4 と指定しています。そのため、P.054 のように行が構成され、行の高さは 18 × 1.2 = 21.6px、14 × 1.4 = 19.6px となります。

❺ リストマークを削除する

標準で表示されるリストマークは配置などを細かく調整することができないため、ここでは削除します。そこで、<ul> の list-style を「none」と指定しています。

> MENU 03（P.073）の方法を利用すると、配置などを細かく調整できる形でリストマークを表示することができます。

❻ リストマークの表示スペースを削除する

リンクの左側に確保されたリストマークの表示スペースを削除します。そのため、<ul> の padding を「0」に指定しています。

❼ リンクが機能する範囲を広くする - 横方向

リンクが標準で機能する範囲は、<a> でマークアップしたテキストの部分のみとなっています。これは、<a> の構成するボックスが右のようにテキストの文字数に合わせた横幅になるためです。

しかし、スマートフォンなどでは広い範囲をタップできる方が使い勝手がよくなります。そこで、ここでは <a> の display を「block」と指定しています。これにより、<a> の構成するボックスが親要素 <div> のコンテンツエリアに合わせた横幅になり、テキストの右側のスペースでもリンクが機能するようになります。

<a>の構成するボックス（リンクが機能する範囲）

❽ リンクが機能する範囲を広くする - 縦方向

リンクが機能する範囲を縦方向にも広げ、スマートフォンなどでリンクをタップしやすくします。
リンクを縦方向に広げるためには、<a> の上下パディングを指定します。ここでは 10 ピクセルの上下パディングを挿入するように指定しています。

<a>の構成するボックス（リンクが機能する範囲）
上パディング:10px
行の高さ: 19.6px
下パディング:10px

❾ リンクを字下げする

見出しとリンクを区別するため、リンクを見出しよりも字下げして表示します。ここでは 5 ピクセル字下げするため、<a> の左パディングを 5 ピクセルに指定しています。

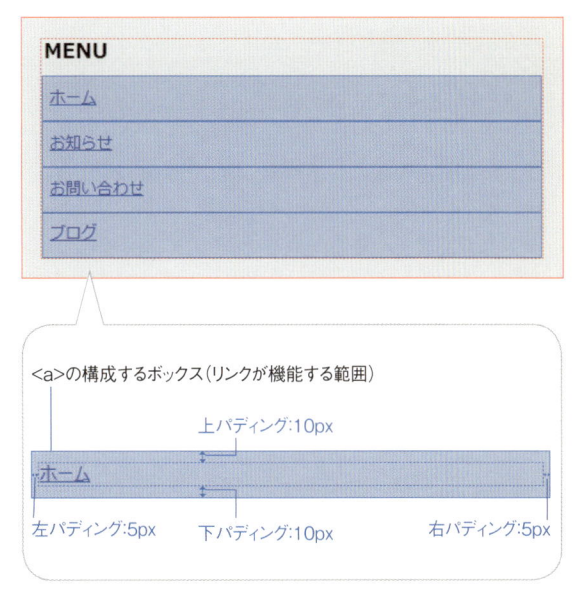

<a>の構成するボックス（リンクが機能する範囲）
上パディング:10px
左パディング:5px　　下パディング:10px　　右パディング:5px

❿ リンクの標準のデザインを変更する

リンクを設定したテキストは、標準では青色で、下線をつけたデザインで表示されます。ここでは黒色で、下線をつけずに表示するため、<a> の color を「#000」に、text-decoration を「none」に指定しています。

⓫ カーソルを重ねたときの背景を指定する

選択中のリンクをわかりやすく示すため、ここではカーソルを重ねたときの背景色（background-color）を「#eee」に指定しています。

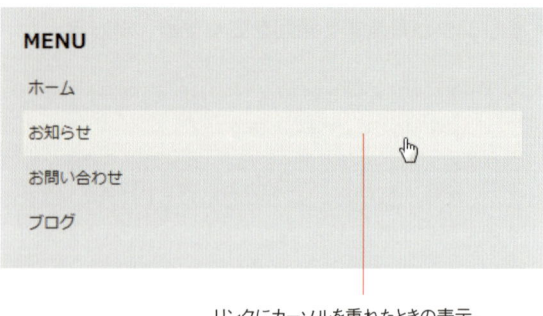

リンクにカーソルを重ねたときの表示。

MENU 01-A 縦に並べたリンクを罫線で区切る

縦に並べたリンクを罫線で区切って表示するためには、右の設定を適用します。この設定は MENU 02 〜 MENU 04 の設定の後に追加し、各メニューの設定を上書きする形で利用することができます。

たとえば、MENU 01 に適用すると右のような表示になります。ここでは各リンク <a> の下に太さ 1 ピクセルのグレーの罫線を表示するため、❶ で border-bottom を「solid 1px #aaa」と指定しています。また、1 つ目のリンクだけは上にも罫線を表示するため、❷ のように「.menu li:first-child a」セレクタの border-top を「solid 1px #aaa」と指定しています。

なお、MENU 02 に適用した場合、そのままでは子階層と親階層の罫線と重複してしまいます。そこで、❸ の設定を追加し、余計な罫線を削除するようにしています。MENU 01 や MENU 03 〜 04 で使用する場合、❸ の設定は省略しても問題はありません。

```
/* メニュー */
.menu      {padding: 20px;
            background-color: #dfe3e8;}
…略…

/* 縦に並べたリンクを区切る罫線 */
.menu li a {border-bottom: solid 1px #aaa;} ❶

.menu li:first-child a
           {border-top: solid 1px #aaa;} ❷

.menu li li:first-child a
           {border-top: none;} ❸
```

MENU 02

階層構造を持つメニュー

子階層を持つメニューです。
子階層のリンクは字下げしてレイアウトします。

Finished Parts

MENU
ホーム
お知らせ
　お知らせ：カテゴリーA
　お知らせ：カテゴリーB
お問い合わせ
ブログ

HTML + CSS

```
<div class="menu">
  <h1>MENU</h1>
  <ul>
    <li><a href="#">ホーム</a></li>
    <li><a href="#">お知らせ</a>
      <ul>
        <li><a href="#">お知らせ：カテゴリーA</a></li>   ❶
        <li><a href="#">お知らせ：カテゴリーB</a></li>
      </ul>
    </li>
    <li><a href="#">お問い合わせ</a></li>
    <li><a href="#">ブログ</a></li>
  </ul>
</div>
```

```
/* メニュー */
.menu            {padding: 20px;
                  background-color: #dfe3e8;}

.menu h1         {margin: 0 0 10px 0;
                  font-size: 18px;
                  line-height: 1.2;}

.menu ul,
.menu ol         {margin: 0;
                  padding: 0;
                  font-size: 14px;
                  line-height: 1.4;
                  list-style: none;}

.menu li a       {display: block;
                  padding: 10px 5px 10px 5px;
                  color: #000;
                  text-decoration: none;}

.menu li a:hover {background-color: #eee;}

.menu li li a    {padding-left: 20px;  ❷
                  font-size: 12px;}    ❸
```

MENU 02

▶ LAYOUT

❶ 子階層のリンクを追加する

このパーツは MENU 01（P.066）をベースに、子階層のリンクを追加して作成していきます。ここでは「お知らせ」というリンクの子階層に２つのリンクを追加し、<ul> と <li> でマークアップしています。

しかし、MENU 01 の設定では親階層と子階層は区別なく、同じ形で表示されます。これは、子階層のリンク <a> にも、親階層のリンク <a> に適用した「.menu li a」セレクタの設定が適用されるためです。

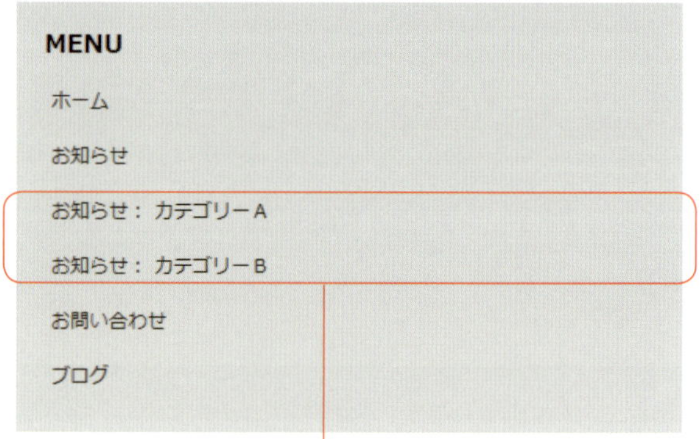

追加した子階層のリンク。

❷ 子階層のリンクを字下げする

子階層のリンクを親階層のリンクよりも字下げし、区別できるようにします。そのため、子階層のリンク <a> の左パディングの大きさを 20 ピクセルに変更しています。子階層のリンク <a> に適用する設定は「.menu li li a」セレクタで指定します。

なお、左パディングの大きさは padding ではなく、padding-left で変更します。これにより、上、右、下パディングは親階層のリンク <a> に適用した「.menu li a」の設定で表示することができます。

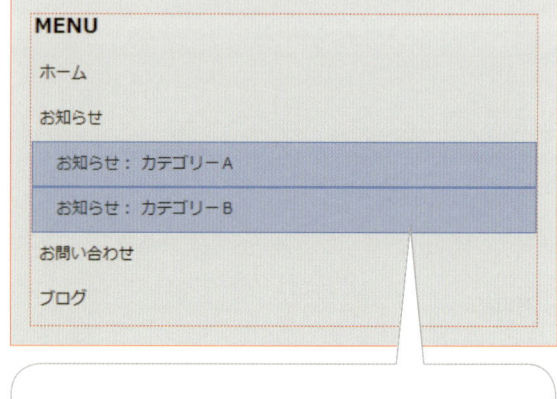

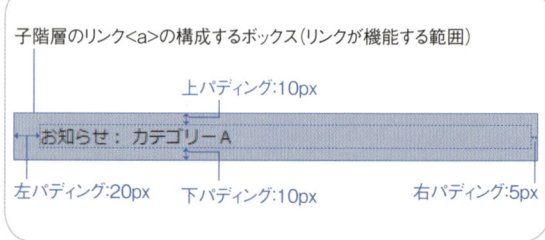

子階層のリンク<a>の構成するボックス（リンクが機能する範囲）

上パディング:10px
左パディング:20px　下パディング:10px　右パディング:5px

❸ 子階層のリンクのフォントサイズを変更する

子階層のリンクは親階層と同じ 14 ピクセルのフォントサイズで表示されています。ここではひとまわり小さくするため、子階層のリンク <a> の font-size を 12 ピクセルに指定しています。

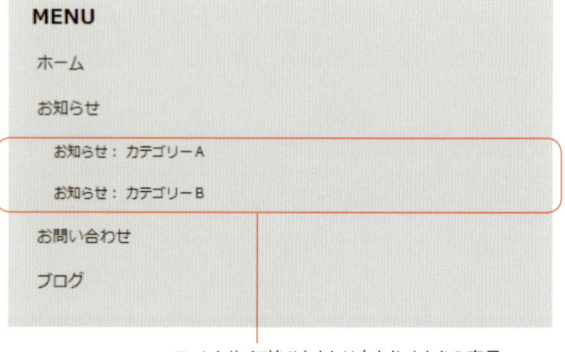

フォントサイズをひとまわり小さくしたときの表示。

MENU 03

リストマークを画像で表示したメニュー

各リンクにリストマークをつけたメニューです。
リストマークは画像だけでなく、アイコンフォントや連番で表示することもできます。

Finished Parts

MENU
- ホーム
- お知らせ
- お問い合わせ
- ブログ

MENU
- ホーム
- お知らせ
- お問い合わせ
- ブログ

MENU
- リンク01：1つ目のリンクのタイトル（2014年04月01日）
- リンク02：2つ目のリンクのタイトル（2014年03月25日）
- リンク03：3つ目のリンクのタイトル（2014年03月18日）
- リンク04：4つ目のリンクのタイトル（2014年03月10日）

リンクのテキストが複数行になったときの表示。

HTML + CSS

```html
<div class="menu">
    <h1>MENU</h1>
    <ul>
        <li><a href="#">ホーム</a></li>
        <li><a href="#">お知らせ</a></li>
        <li><a href="#">お問い合わせ</a></li>
        <li><a href="#">ブログ</a></li>
    </ul>
</div>
```

```css
/* メニュー */
.menu            {padding: 20px;
                  background-color: #dfe3e8;}

.menu h1         {margin: 0 0 10px 0;
                  font-size: 18px;
                  line-height: 1.2;}

.menu ul,
.menu ol         {margin: 0;
                  padding: 0;
                  font-size: 14px;
                  line-height: 1.4;
                  list-style: none;}

.menu li a       {position: relative; ❷
                  display: block;
                  padding: 10px 5px 10px 30px; ❹
                  color: #000;
                  text-decoration: none;}

.menu li a:hover {background-color: #eee;}

.menu li a:before {position: absolute;
                   left: 5px;              ❷❸
                   top: 10px;
                   content: url(img/listmark.png);} ❶
```

MENU 03

> LAYOUT

❶ リストマークをつける

MENU 01（P.066）をベースに、各リンクにリストマークをつけていきます。ここでは画像（listmark.png）をリストマークとして表示するため、「.menu li a:before」セレクタの content で画像を指定しています。これで、<a> でマークアップしたテキストの行頭に画像が表示されます。

■■ リストマークの画像：
listmark.png（17×17ピクセル）。

IE7は:beforeセレクタに未対応なため、リストマークは表示されません。閲覧する上での問題は出ないため、ここでは特別な対応は行っていませんが、必要な場合はP.017のコンディショナルコメントを利用してIE7用の設定を別に用意します。なお、:beforeセレクタはCSS3では「::before」と記述しますが、IE8が未対応なため「:before」と記述しています。

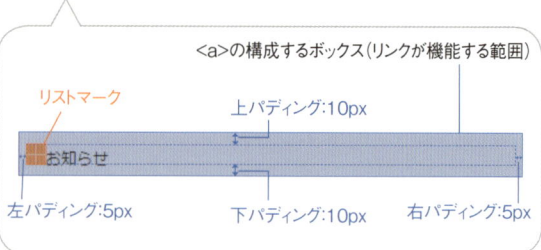

❷ リストマークの表示位置を指定する　その1

❶で追加したリストマークは、そのままではリンクのテキストの一部として扱われ、表示位置の調整が困難です。そこで、リストマークを独立した形で扱い、表示位置を自由に指定できるようにするため、「.menu li a:before」セレクタで position を「absolute」、left と top を「0」と指定しています。これで、リストマークは他の要素から独立した形で扱われ、基点に揃えて表示されます。ここでは <a> の構成するボックスの左上を基点とするため、<a> の position を「relative」と指定しています。

なお、リストマークは他の要素に影響を与えなくなるので、各リンクは MENU 01 のときと同じレイアウトで表示されます。

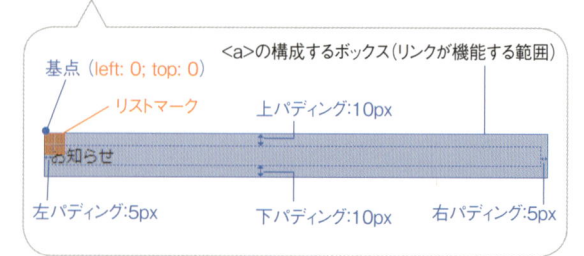

❸ リストマークの表示位置を指定する　その2

リストマークの表示位置を基点からの距離で指定します。ここでは左から5ピクセル、上から10ピクセルの位置に表示するため、left を「5px」、top を「10px」と指定しています。

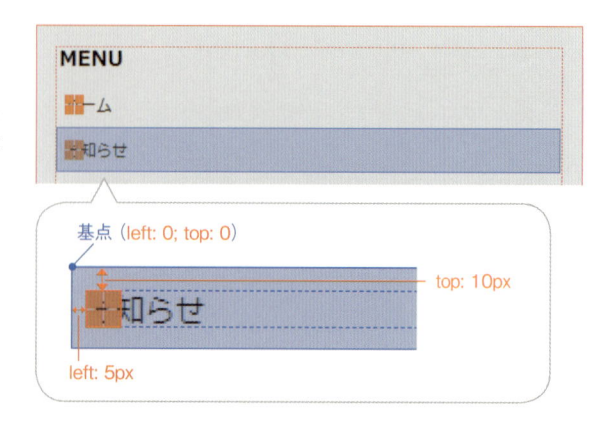

❹ リストマークとテキストが重ならないようにする

リストマークとテキストが重ならないように、テキストの字下げの大きさを変更します。そこで、<a>の左パディングを「5px」から「30px」に変更しています。

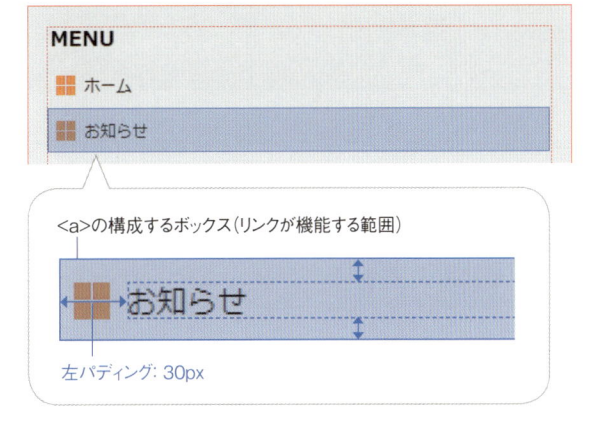

<a>の構成するボックス（リンクが機能する範囲）

左パディング: 30px

MENU 03-A リストマークを垂直方向の中央に揃える

リンクのテキストが複数行になったとき、MENU 03 のリストマークはテキストの1行目に揃えて表示されます。これは、top を「10px」と指定し、上から 10 ピクセルの位置に表示するように指定しているためです。

これに対し、リストマークを垂直方向の中央に揃えて表示することもできます。その場合、❶のように MENU 03 の top を「50%」に変更します。すると、リストマークの上辺が上から 50% の位置に揃えて表示されるので、❷で上マージンを「-8.5px」と指定し、画像の半分の高さ（17px ÷ 2 = 8.5px）だけ上にずらして表示しています。

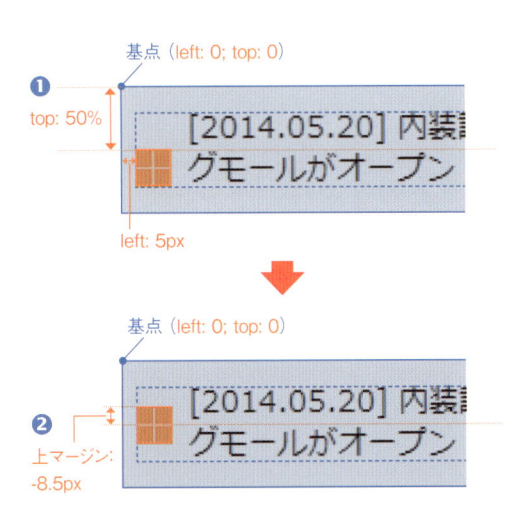

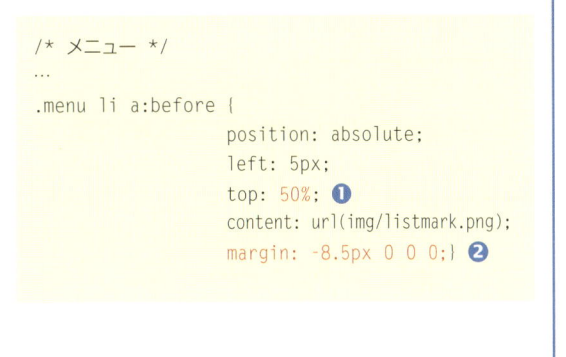

アイコンを1行目に揃えて表示したもの（MENU 03）。

アイコンを垂直方向の中央に揃えて表示したもの（MENU 03-A）。

基点（left: 0; top: 0）
❶ top: 50%
left: 5px

基点（left: 0; top: 0）
❷ 上マージン: -8.5px

```
/* メニュー */
…
.menu li a:before {
            position: absolute;
            left: 5px;
            top: 50%; ❶
            content: url(img/listmark.png);
            margin: -8.5px 0 0 0;} ❷
```

MENU 03-B リストマークを文字で表示する

MENU 03 では、リストマークを文字で表示することもできます。たとえば、「■」という文字を表示すると右のようになります。
このように表示するためには、MENU 03 をベースに次のように設定していきます。

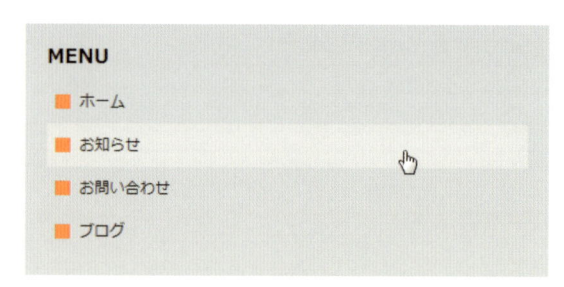

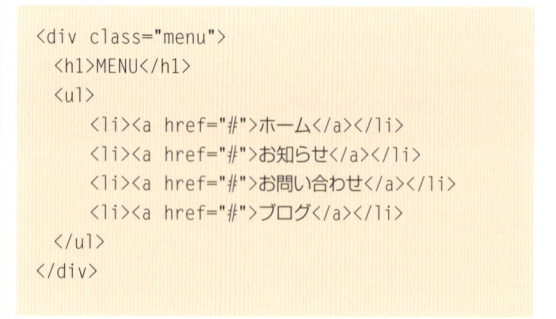

```html
<div class="menu">
    <h1>MENU</h1>
    <ul>
        <li><a href="#">ホーム</a></li>
        <li><a href="#">お知らせ</a></li>
        <li><a href="#">お問い合わせ</a></li>
        <li><a href="#">ブログ</a></li>
    </ul>
</div>
```

```css
/* メニュー */
…
.menu li a:before {position: absolute;
                   left: 5px;
                   top: 10px;
                   content: '■'; ❶
                   color: #f80; ❷
                   font-size: 20px; ❷
                   line-height: 1;} ❸
```

❶ リストマークの画像を文字に置き換えるため、「.menu li a:before」セレクタの content の値を画像の URL から「■」に変更しています。文字は「'」または「"」で囲んで指定します。すると、右のようにリストマークとして「■」が表示されます。

このとき、リストマークの文字「■」は、<a> でマークアップしたテキストと同じ色（黒色）、フォントサイズ（14 ピクセル）、行の高さ（1.4 × 14 = 19.6 ピクセル）で表示されます。
行は P.054 のように構成されるので、リストマークの文字の上下には 2.8 ピクセルずつ余白が入っていることになります。

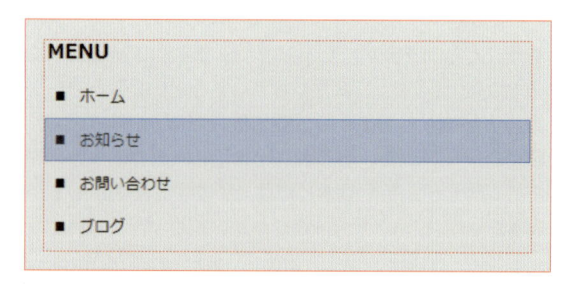

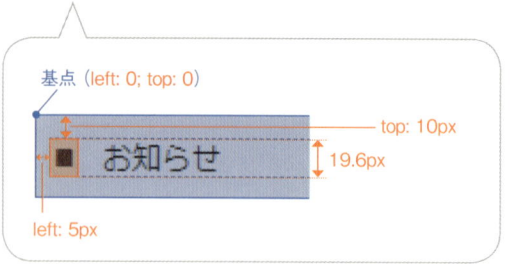

基点 (left: 0; top: 0)
top: 10px
19.6px
left: 5px

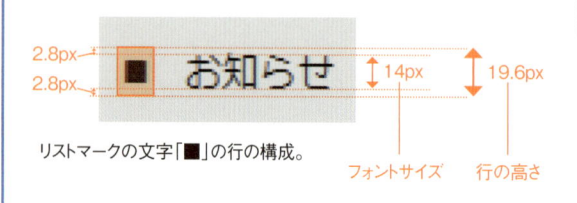

2.8px
2.8px
14px フォントサイズ
19.6px 行の高さ

リストマークの文字「■」の行の構成。

❷ リストマークの色と大きさを変更します。ここではオレンジ色にして、ひとまわり大きく表示するため、「.menu li a:before」セレクタで色（color）を #f80 に、フォントサイズ（font-size）を 20 ピクセルに指定しています。

すると、行の高さは 1.4 × 20 ＝ 28 ピクセルとなり、「■」の上下には 4 ピクセルの余白が入ります。その結果、「■」の位置が下にずれた表示になります。

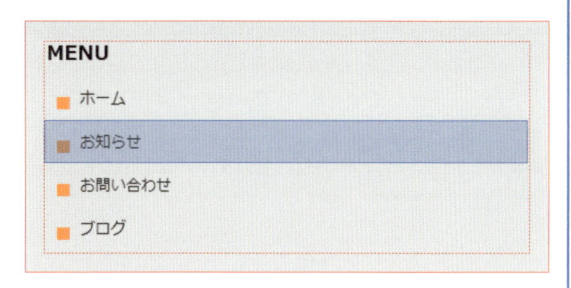

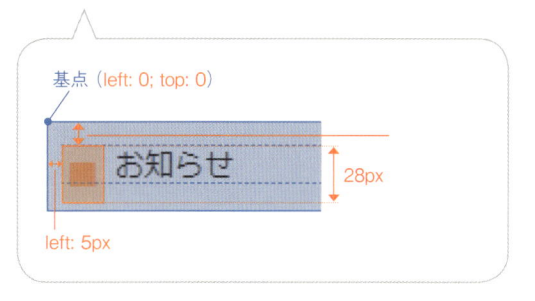

4px / 20px / 28px
リストマークの文字「■」の行の構成。
フォントサイズ　行の高さ

基点（left: 0; top: 0）
28px
left: 5px

❸ リストマークの表示位置を調整します。ただし、フォントサイズによって変化する要素を排除するため、line-height を「1」に指定しています。すると、リストマークの行の高さがフォントサイズと同じ大きさになり、「■」の上下に余計な余白が入らなくなります。

なお、ここでは line-height を「1」にした結果、リストマークがちょうどいい位置に表示されるので、そのまま位置を変更せずに表示しています。表示位置を調整する場合は、left と top の値を変更します。

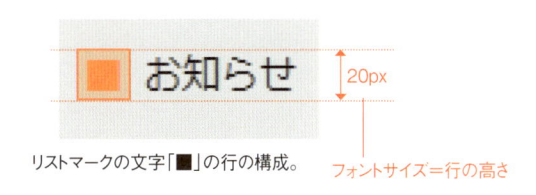

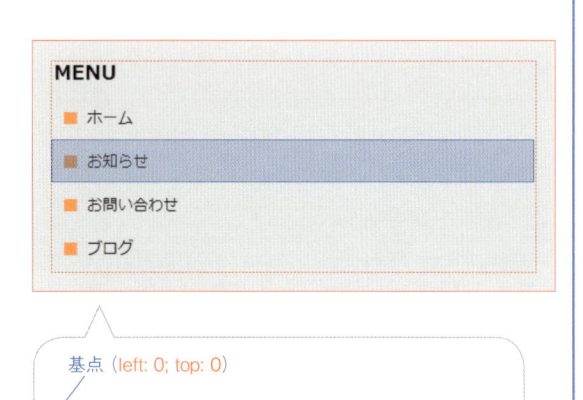

20px
リストマークの文字「■」の行の構成。
フォントサイズ＝行の高さ

基点（left: 0; top: 0）
top: 10px
20px
left: 5px

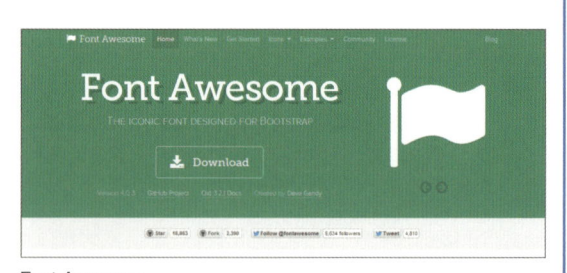

MENU 03

MENU 03-C リストマークをアイコンフォントで表示する

リストマークはアイコンフォントで表示することもできます。たとえば、Font Awesome というアイコンフォントを利用して右矢印のアイコン（fa-arrow-right）を表示すると右のようになります。アイコンフォントを表示するためには、MENU 03-B（P.076）をベースに次のように設定していきます。

```
<link href="http://netdna.bootstrapcdn.com/
font-awesome/4.0.3/css/font-awesome.css"
rel="stylesheet"> ❶
…
<div class="menu">
    <h1>MENU</h1>
    <ul>
        <li><a href="#">ホーム</a></li>
        <li><a href="#">お知らせ</a></li>
        <li><a href="#">お問い合わせ</a></li>
        <li><a href="#">ブログ</a></li>
    </ul>
</div>
```

```
/* メニュー */
…
.menu li a:before {position: absolute;
                   left: 5px;
                   top: 10px;
                   content: '\f061'; ❷
                   color: #f80;
                   font-family: 'FontAwesome'; ❷
                   font-size: 20px;
                   line-height: 1;}
```

❶ Font Awesome を利用するため、<head>～</head> 内に <link> の設定を追加します。これで、Font Awesome の CSS（font-awesome.css）が適用されます。

本書ではFont Awesomeのバージョン4.0.3を使用しています。必要なファイルはダウンロードして利用することも可能です。

Font Awesome
http://fontawesome.io/

❷ リストマークとして表示したいアイコンの文字コードを指定します。ここでは右矢印のアイコン（fa-arrow-right）を表示するため、「.menu li a:before」セレクタの content を「'\f061'」に変更しています。アイコンの文字コードは「Cheatsheet」のページで確認して指定します。
あとは、文字コードをアイコンとして表示するため、表示に使用するフォント（font-family）を「FontAwesome」と指定します。これで、右のように右矢印のアイコンが表示されます。

アイコンの文字コードを確認できるページ:
Font Awesome「Cheatsheet」
http://fontawesome.io/cheatsheet/

MENU 03-D　リンクの右端に右向きの矢印アイコンを表示する

リストマークはリンクの右端に表示することもできます。たとえば、リンクの右端に右向きの矢印アイコンを表示すると右のようになります。矢印アイコンはアイコンフォントで表示するため、MENU 03-C（P.078）をベースに次のように設定していきます。

なお、アイコンの表示位置をわかりやすくするため、ここでは各リンクをグレーの罫線で囲み、リンクの間に余白を入れて表示しています。

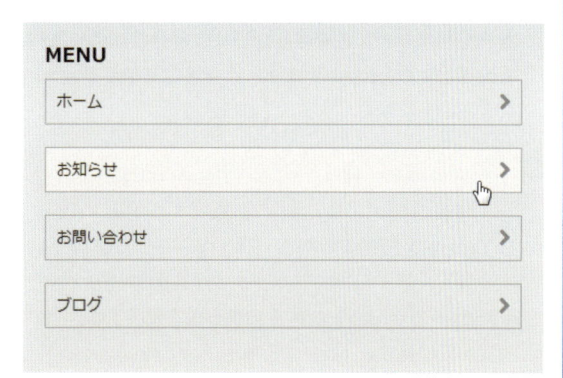

```
/* メニュー */
...
.menu li a      {position: relative;
                 display: block;
                 margin: 0 0 20px 0;       ❶
                 padding: 10px 30px 10px 10px;  ❹
                 border: solid 1px #aaa;   ❶
                 color: #000;
                 text-decoration: none;}

.menu li a:hover {background-color: #eee;}

.menu li a:before {position: absolute;
                   left: 5px;              ❸
                   right: 10px;            ❸
                   top: 50%;               ❸
                   content: '\f054';       ❷
                   margin: -8px 0 0 0;     ❸
                   color: #888;            ❷
                   font-family: 'FontAwesome';
                   font-size: 16px;        ❷
                   line-height: 1;}
```

❶ まずは、各リンクを太さ1ピクセルのグレーの罫線で囲むため、<a>のborderを「solid 1px #aaa」と指定しています。また、リンクの間に余白を入れるため、marginで下マージンを20pxに指定しています。

❷ アイコンを変更します。ここでは右向きのV字型の矢印（fa-chevron-right）を表示するため、contentで指定したアイコンフォントの文字コードを「\f054」に変更しています。また、アイコンのフォントサイズ（font-size）を16pxに、色（color）をグレー（#aaa）に変更しています。

❸ アイコンをリンクの右端に表示するため、親要素 <a> の右上を基点に表示位置を調整します。
そこで、左（left）の代わりに右（right）からの位置を指定します。ここでは右から10ピクセルの位置に表示するため、right を 10px と指定しています。left の指定は不要なので削除しておきます。

上からの表示位置は、MENU 03-A（P.075）のように垂直方向の中央に揃えて表示するため、top を 50％ と指定しています。さらに、上マージンを「-8px」と指定し、アイコンのフォントサイズの半分の大きさ（16px ÷ 2 = 8px）だけ上にずらして表示するように指定しています。

❹ リンクのテキストの左右の字下げを調整します。ここでは左パディングを 10 ピクセルに、右パディングを 30 ピクセルに変更しています。リンクのテキストが複数行になった場合は次のような表示になります。

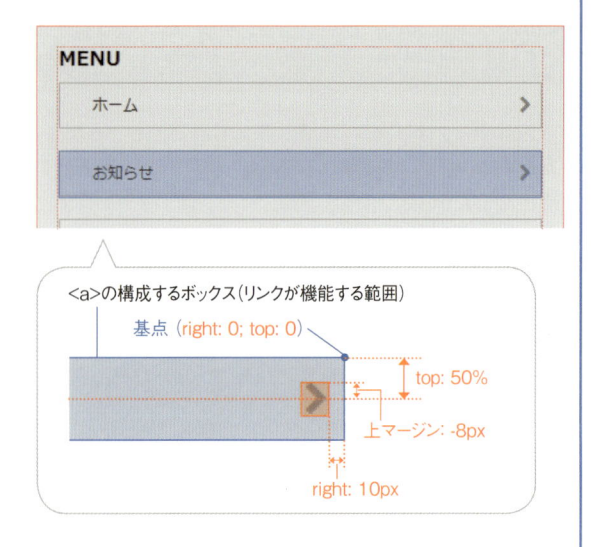

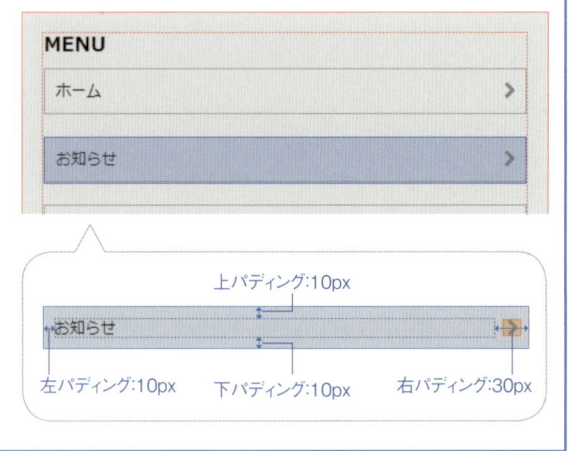

MENU 03-E　リストマークを連番で表示する

リストマークは連番で表示することもできます。たとえば、1、2、3…と連番をつけると右のようになります。ここでは番号をオレンジ色の枠で囲んで表示するようにしています。

このように表示するためには、MENU 03-B（P.076）をベースに次のように設定していきます。

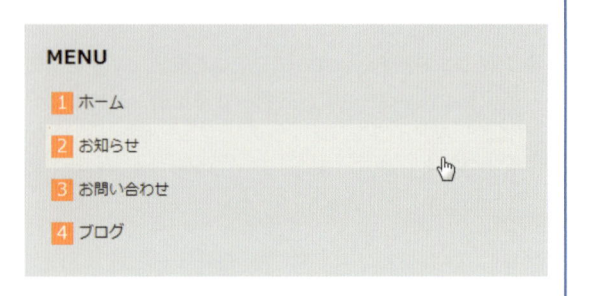

```html
<div class="menu">
  <h1>MENU</h1>
  <ul>
    <li><a href="#">ホーム</a></li>
    <li><a href="#">お知らせ</a></li>
    <li><a href="#">お問い合わせ</a></li>
    <li><a href="#">ブログ</a></li>
  </ul>
</div>
```

```css
/* メニュー */
…
.menu li a:before  {position: absolute;
                    left: 5px;
                    top: 10px;
                    content: counter(mycount);  ❶
                    padding: 2px 5px;
                    background-color: #f80;     ❸
                    color: #fff;
                    font-size: 16px;
                    line-height: 1;}

.menu li     {counter-increment: mycount;}  ❷
```

❶ リストマークを連番で表示するため、「.menu li a:before」セレクタの content でカウンターを指定します。ここでは「counter(mycount)」と指定しています。これにより、リストマークが「0」と表示されます。

❷ カウンターでカウントする対象を指定します。ここでは各リンクをマークアップした <li> をカウントするため、「.menu li」セレクタで counter-increment を「mycount」と指定しています。これで、1つ目の <li> でマークアップしたリンクから順に、1、2、3 … と連番が表示されます。

❸ カウンターを目立たせるため、番号をオレンジ色の枠で囲んで表示します。そこで、背景（background-color）をオレンジ色（#f80）に、文字の色（color）を白色（#fff）に、フォントサイズを16ピクセルに指定。枠の内側には余白を入れるため、上下パディングを2ピクセルに、左右パディングを5ピクセルに指定しています。

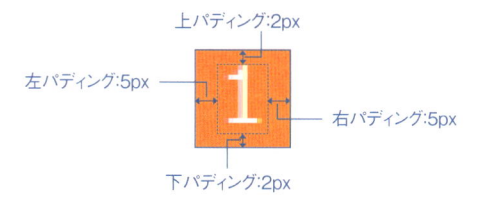

MENU 04

サムネイル画像の横にテキストを並べたメニュー

リンクごとにサムネイル画像を表示し、
タイトルと説明を横に並べて表示したメニューです。

▶ Finished Parts

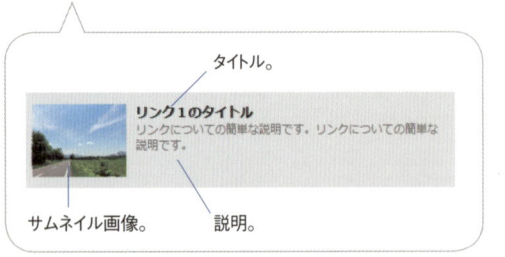

▶ HTML + CSS

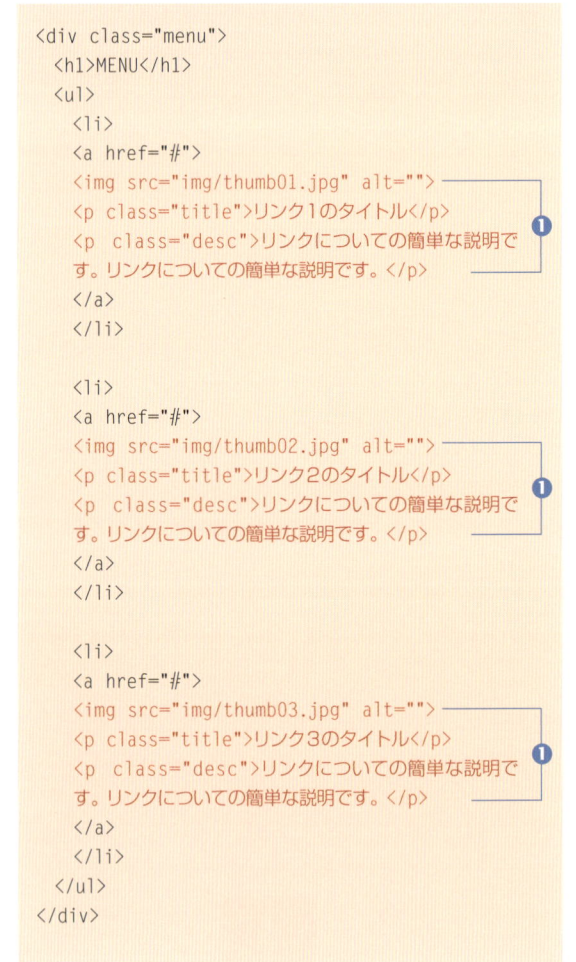

```
<div class="menu">
  <h1>MENU</h1>
  <ul>
    <li>
    <a href="#">
    <img src="img/thumb01.jpg" alt="">
    <p class="title">リンク1のタイトル</p>
    <p class="desc">リンクについての簡単な説明です。リンクについての簡単な説明です。</p>
    </a>
    </li>

    <li>
    <a href="#">
    <img src="img/thumb02.jpg" alt="">
    <p class="title">リンク2のタイトル</p>
    <p class="desc">リンクについての簡単な説明です。リンクについての簡単な説明です。</p>
    </a>
    </li>

    <li>
    <a href="#">
    <img src="img/thumb03.jpg" alt="">
    <p class="title">リンク3のタイトル</p>
    <p class="desc">リンクについての簡単な説明です。リンクについての簡単な説明です。</p>
    </a>
    </li>
  </ul>
</div>
```

タイトル。
サムネイル画像。
説明。

```
/* メニュー */
.menu              {padding: 20px;
                   background-color: #dfe3e8;}

.menu h1           {margin: 0 0 10px 0;
                   font-size: 18px;
                   line-height: 1.2;}

.menu ul,
.menu ol           {margin: 0;
                   padding: 0;
                   font-size: 14px;
                   line-height: 1.4;
                   list-style: none;}

.menu li a         {display: block;
                   padding: 10px 5px 10px 5px;
                   color: #000;
                   text-decoration: none;}

.menu li a:hover   {background-color: #eee;}

.menu img          {float: left;  ❸
                   border: none;} ❷

.menu p            {margin: 0 0 0 110px;} ❹ ❺

.menu .title       {font-weight: bold;}
                                           ❻
.menu .desc        {color: #666;
                   font-size: 12px;}

.menu li a:after   {content: "";
                   display: block;
                   clear: both;}           ❸
.menu li a         {*zoom: 1;}
```

LAYOUT

❶ サムネイル画像、タイトル、説明を表示する

このパーツは MENU 01 (P.066) をベースに作成していきます。まずは、<a> でマークアップしたリンクの中身を、サムネイル画像、タイトル、説明に変更します。
ここでは、サムネイル画像を <img> で表示し、タイトルと説明は <p> でマークアップしています。また、タイトルと説明は区別できるようにするため、それぞれクラス名を「title」、「desc」と指定しています。

サムネイル画像 1：
thumb01.jpg (100×75ピクセル)

サムネイル画像 2：
thumb02.jpg (100×75ピクセル)

サムネイル画像 3：
thumb03.jpg (100×75ピクセル)

MENU

リンク1のタイトル
リンクについての簡単な説明です。リンクについての簡単な説明です。

リンク2のタイトル
リンクについての簡単な説明です。リンクについての簡単な説明です。

リンク3のタイトル
リンクについての簡単な説明です。リンクについての簡単な説明です。

MENU 04

<a> でマークアップしたリンクの構成は次のようになっています。

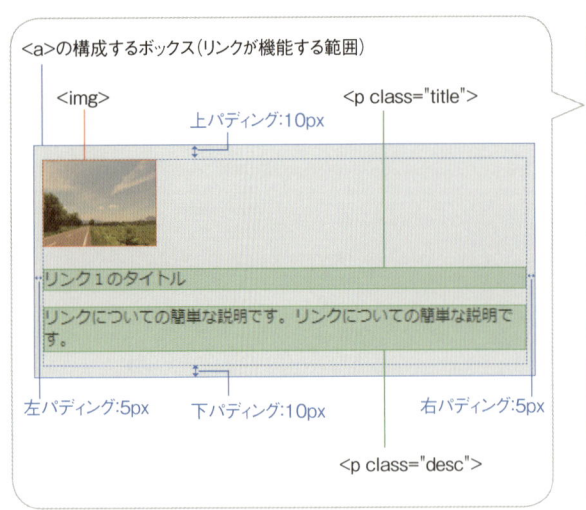

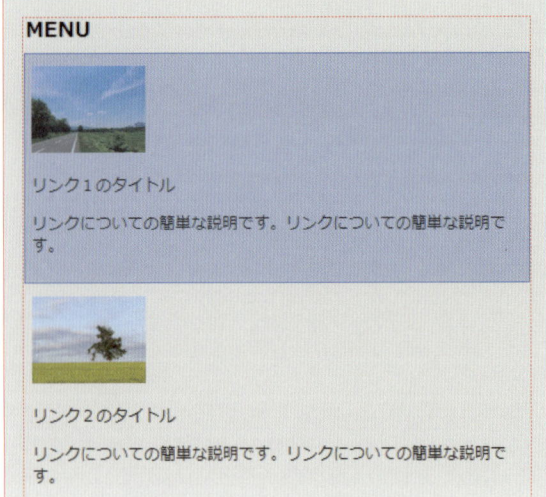

<div class="menu">

<a>の構成するボックス(リンクが機能する範囲)
<img>
<p class="title">
上パディング:10px
左パディング:5px
下パディング:10px
右パディング:5px
<p class="desc">

❷ 画像のまわりに表示される罫線を削除する

レイアウトを調整していく前に、IEではリンクを設定した画像のまわりに罫線が表示されるので、borderを「none」と指定して削除します。

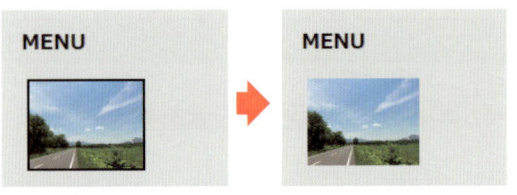

IEでの画像の表示。

❸ 画像にタイトルと説明を回り込ませる

左に配置されている画像に対し、タイトルと説明を回り込ませます。そのため、<img>のfloatを「left」と指定しています。回り込む仕組みについてはP.032を参照してください。
なお、floatを利用する場合、<img>の親要素である<a>に対し、P.033のclearfixの設定を適用しておきます。

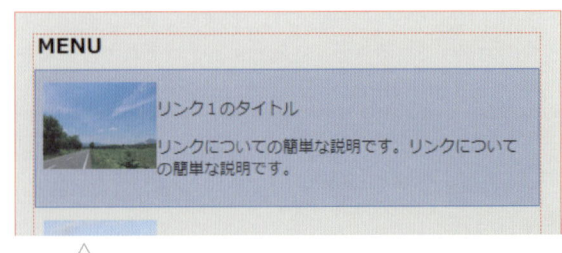

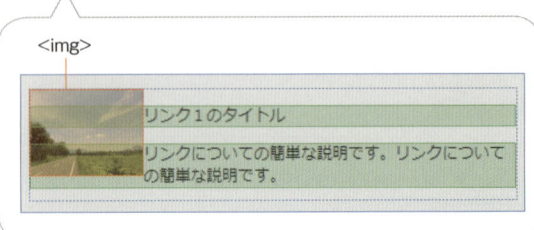

<img>

❹ 画像とテキストの間隔を調整する

画像とテキストの間隔を調整します。ここでは 10 ピクセルの間隔にするため、<p> の左マージンを 110px（100px + 10px）に指定しています。これにより、ENTRY 03-A（P.063）のようにテキストが画像の下に回り込まないようにすることができます。

パーツの横幅が短くなったときの表示。テキストは画像の下には回り込みません。

❺ タイトルと説明をコンパクトにレイアウトする

タイトルと説明をマークアップした <p> の上下には、ブラウザのデフォルトスタイルシートによって約 20 ピクセルのマージンが挿入されています。ここでは余白を入れずにコンパクトにレイアウトするため、このマージンを削除します。そこで、<p> の margin を「0」に指定しています。

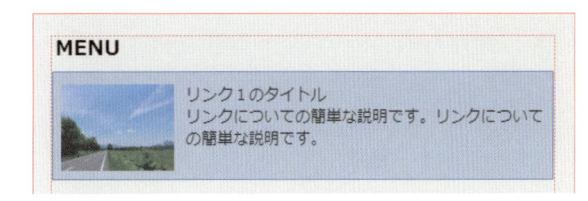

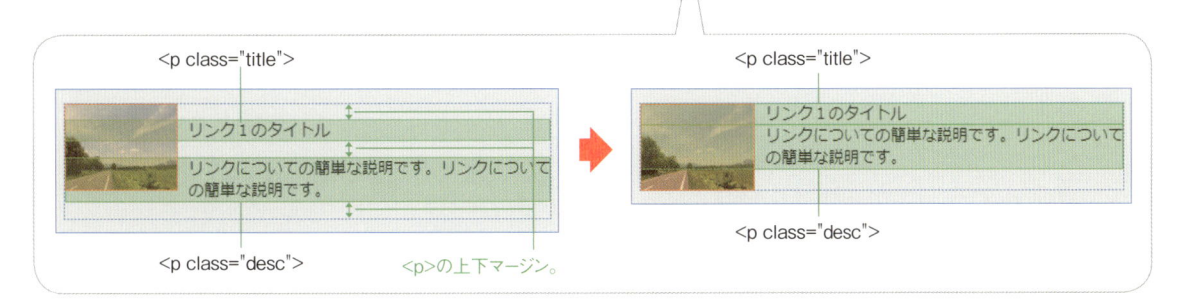

❻ タイトルと説明を区別できるようにする

タイトルと説明を区別できるようにするため、フォントの太さ、サイズ、色を調整します。ここではタイトルを太字で表示するため、<p class="title"> の font-weight を「bold」と指定しています。また、説明をひとまわり小さなグレーの文字で表示するため、<div class="desc"> の font-size を「12px」、color を「#666」と指定しています。

MENU 04-A 日付の横にタイトルを並べたメニュー

最新記事の一覧メニューなどでは、日付の横に記事のタイトルを並べてリストアップするケースがあります。こうしたメニューで、複数行になった記事のタイトルが日付の下に回り込まないようにするためには、MENU 04 (P.082) をベースに次のように設定します。

❶ リンクごとに <img> で表示したサムネイル画像を削除し、<time> でマークアップした日付を追加します。

❷ <p class="title"> ～ </p> に記事のタイトルを記述します。記事についての説明は表示しないので、<p class="desc"> ～ </p> は削除しています。

❸ 「.menu img」セレクタを「.menu time」に変更し、画像 <img> に適用していた設定を日付 <time> に適用します。

パーツの横幅が短くなったときの表示。記事のタイトルは日付の下には回り込みません。

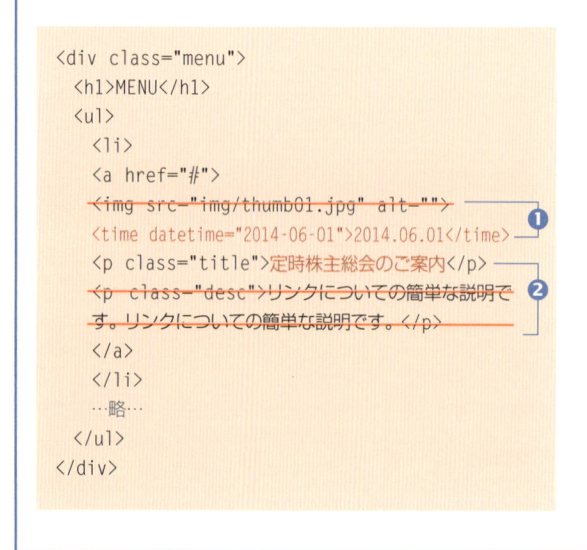

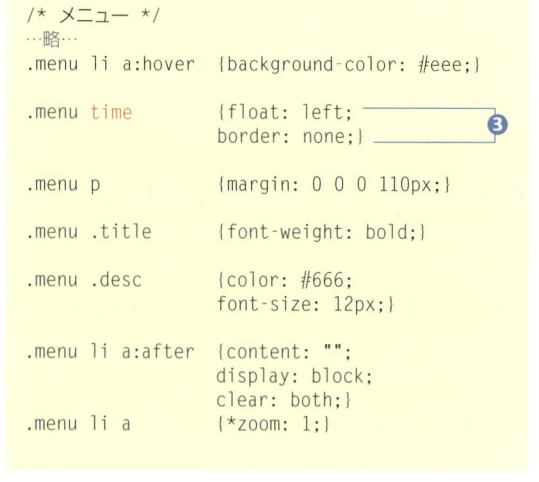

```
<div class="menu">
  <h1>MENU</h1>
  <ul>
    <li>
    <a href="#">
    <img src="img/thumb01.jpg" alt="">     ❶
    <time datetime="2014-06-01">2014.06.01</time>
    <p class="title">定時株主総会のご案内</p>
    <p class="desc">リンクについての簡単な説明で    ❷
    す。リンクについての簡単な説明です。</p>
    </a>
    </li>
    …略…
  </ul>
</div>
```

```
/* メニュー */
…略…
.menu li a:hover   {background-color: #eee;}

.menu time         {float: left;
                    border: none;}         ❸

.menu p            {margin: 0 0 0 110px;}

.menu .title       {font-weight: bold;}

.menu .desc        {color: #666;
                    font-size: 12px;}

.menu li a:after   {content: "";
                    display: block;
                    clear: both;}
.menu li a         {*zoom: 1;}
```

MENU 05

リンクを横に並べたメニューの基本レイアウト

リンクを横に並べたメニューの基本レイアウトです。

▶ Finished Parts

ホーム　お知らせ　お問い合わせ　ブログ

ホーム　お知らせ　お問い合わせ　ブログ

▶ HTML + CSS

```
<div class="menu">
  <h1>MENU</h1>  ❶
  <ul>
    <li><a href="#">ホーム</a></li>
    <li><a href="#">お知らせ</a></li>
    <li><a href="#">お問い合わせ</a></li>
    <li><a href="#">ブログ</a></li>
  </ul>
</div>
```

```
/* メニュー */
.menu              {padding: 20px;
                    background-color: #dfe3e8;}

.menu h1           {margin: 0 0 10px 0;
                    font-size: 18px;        ❶
                    line-height: 1.2;}

.menu ul,
.menu ol           {margin: 0;
                    padding: 0;
                    font-size: 14px;
                    line-height: 1.4;
                    list-style: none;}

.menu li a         {display: block;
                    padding: 10px;  ❸
                    color: #000;
                    text-decoration: none;}

.menu li a:hover   {background-color: #eee;}

.menu li           {float: left;}  ❷

.menu ul:after,
.menu ol:after     {content: "";
                    display: block;
                    clear: both;}   ❷
.menu ul,
.menu ol           {*zoom: 1;}
```

▶ LAYOUT

❶ 見出しを削除する

このパーツは MENU 01（P.066）をベースに作成していきます。まず、リンクを横に並べたメニューでは見出しをつけないケースが多いので、見出しを削除し、リンクだけを表示した形にしています。

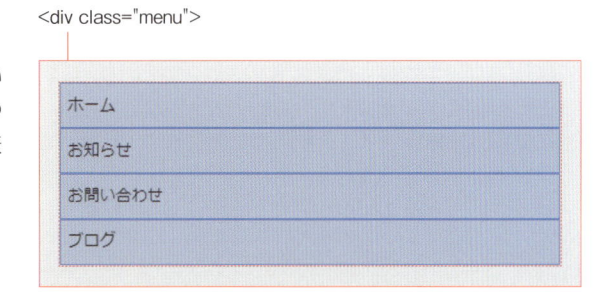

```
<div class="menu">
```

| ホーム |
| お知らせ |
| お問い合わせ |
| ブログ |

❷ リンクを横に並べる

リンクを横に並べて表示するため、<li> の float を「left」と指定しています。これにより、1つ目のリンクの横に後続のリンクが回り込んで表示されます。
なお、float を利用する場合、<li> の親要素である <ul> または <ol> に対し、P.033 の clearfix の設定を適用しておきます。

❸ リンクが機能する範囲を広くする - 横方向

リンクが機能する範囲を横方向に広くします。そのため、<a> の左右パディングを5ピクセルから10ピクセルに変更しています。

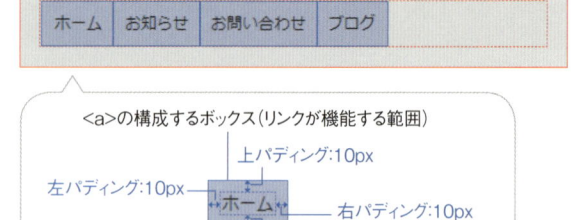

MENU 05-A　メニューをコンパクトに表示する

MENU 05 をスマートフォンなどの小さな画面で表示すると、リンクが親要素 <div class="menu"> のコンテンツエリアの横幅に収まらなくなり、改行して表示されます。

改行されないようにするためには、余計な余白を削除したり、フォントサイズを小さくすることで対応します。たとえば、親要素 <div class="menu"> のパディングを削除し、リンクのフォントサイズを小さくすると右のように改行を入れずに表示することができます。

なお、パディングは padding を「20px」から「0」に変更して削除し、フォントサイズは「14px」から「12px」に変更しています。

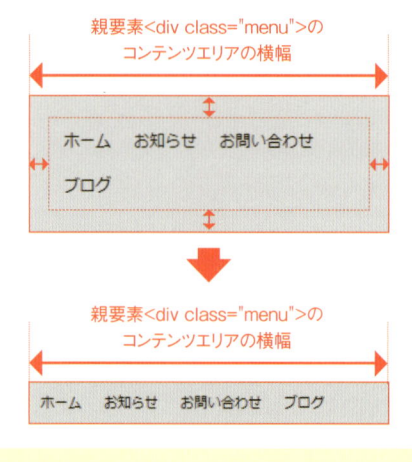

```
/* メニュー */
.menu        {padding: 0;
              background-color: #dfe3e8;}

.menu ul,
.menu ol     {margin: 0;
              padding: 0;
              font-size: 12px;
              line-height: 1.4;
              list-style: none;}
…略…
```

MENU 05-B 横に並べたリンクを罫線で区切る

横に並べたリンクを罫線で区切って表示するためには、次の設定を適用します。これらはMENU 05〜MENU 07の設定の後に追加し、各メニューの設定を上書きする形で利用することができます。たとえば、MENU 05に適用すると次のような表示になります。

05-B-A

| ホーム | お知らせ | お問い合わせ | ブログ

```
/* メニュー */
.menu       {padding: 20px;
             background-color: #dfe3e8;}
…略…

/* 横に並べたリンクを区切る罫線 */
.menu li a  {padding: 2px 15px;}

.menu li+li a  {border-left: solid 1px #aaa;}
```

05-B-B

| ホーム | お知らせ | お問い合わせ | ブログ |

```
/* メニュー */
.menu       {padding: 20px;
             background-color: #dfe3e8;}
…略…

/* 横に並べたリンクを区切る罫線 */
.menu li a  {padding: 2px 15px;
             border-right: solid 1px #aaa;}

.menu li:first-child a
            {border-left: solid 1px #aaa;}
```

リンクの間を罫線で区切ったものです。1つ目以外のリンク <a> の左側に太さ1ピクセルのグレーの罫線を表示するため、「.menu li+li a」セレクタのborder-leftを「solid 1px #aaa」と指定しています。このセレクタでは、<li> に隣接する <li> 内の <a> に設定を適用することができます。
また、罫線の長さとテキストとの間隔を調整するため、<a> の上下パディングを2ピクセルに、左右パディングを15ピクセルに指定しています。

リンクの間と、メニューの両端を罫線で区切ったものです。まず、すべてのリンク <a> の右側に太さ1ピクセルのグレーの罫線を表示するため、「.menu li a」セレクタのborder-rightを「solid 1px #aaa」と指定しています。次に、1つ目のリンク <a> だけは左側にも罫線を表示するため、「.menu li:first-child a」セレクタのborder-leftを「solid 1px #aaa」と指定しています。
また、MENU 05-B-Aと同じように、罫線の長さとテキストとの間隔を調整するため、<a> の上下パディングを2ピクセルに、左右パディングを15ピクセルに指定しています。

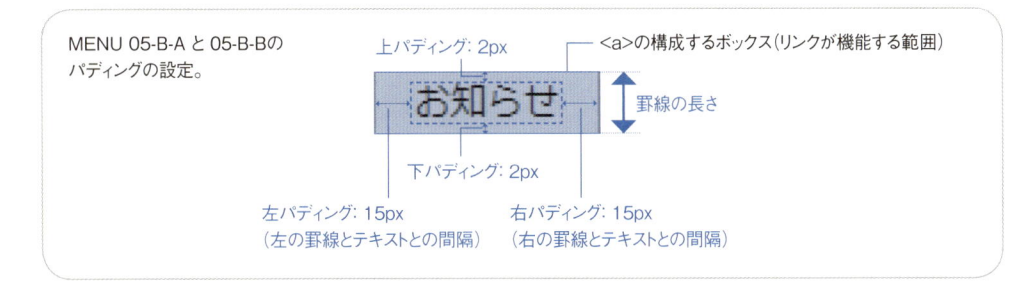

MENU 05-B-Aと05-B-Bのパディングの設定。

上パディング: 2px
下パディング: 2px
左パディング: 15px（左の罫線とテキストとの間隔）
右パディング: 15px（右の罫線とテキストとの間隔）
<a>の構成するボックス（リンクが機能する範囲）
罫線の長さ

MENU 05-C リンクの横幅を固定する場合

横に並べたリンクの横幅を固定したい場合には、MENU 05（P.087）をベースに次のように設定します。

❶ 各リンクの横幅を`<li>`の width で指定します。ここでは「110px」に指定しています。また、text-align を「center」と指定し、リンクのテキストを中央揃えで表示するようにしています。

> リンクの横幅は`<a>`のwidthで指定することもできます。しかし、widthで指定した横幅にはパディングの大きさが含まれません。そのため、パディングを指定済みの`<a>`にwidthを指定するとレイアウトの調整が難しくなります。box-sizingでパディングを含めるように指定することもできますが、IE7への対応が問題となります。そのため、ここでは`<a>`の親要素`<li>`で横幅を指定しています。

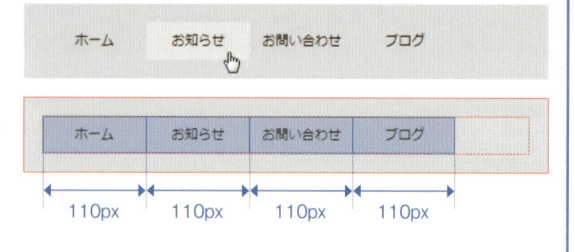

```
/* メニュー */
…略…
.menu li a:hover  {background-color: #eee;}

.menu li    {float: left;
             width: 110px; ❶
             text-align: center;} ❶
…略…
```

MENU 05-D 等分割した横幅でリンクを表示する場合　その1

等分割した横幅でリンクを表示する場合、MENU 05-C（P.090）をベースに次のように設定します。

❶ サンプルでは全部で4つのリンクを用意しているので、各リンクの横幅を全体（100%）の4分の1の大きさにします。そこで、`<li>`の width を 100% ÷ 4 = 25% に変更します。これで、親要素`<div>`のコンテンツエリアの横幅に対して25%の横幅にすることができます。

❷ IE7 での表示が崩れないようにするためには、clear を「right」と指定します。ここでは行頭に「*」をつけて、IE7 だけに設定を適用するようにしています。

なお、この方法では3等分や6等分といった横幅を指定する場合、「33.3333%」といった値で指定することになります。ただし、ブラウザによって小数点以下の扱いが異なり、iPhone や Android では右端に隙間ができる場合があります。そのため、必要に応じてMENU 05-E を利用します。

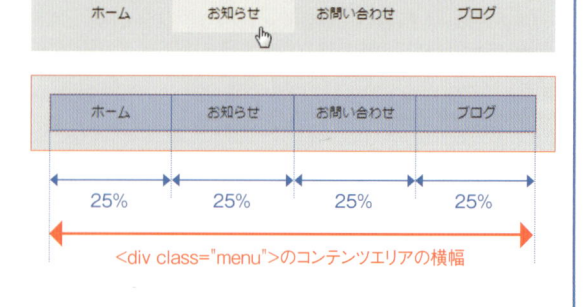

```
/* メニュー */
…略…
.menu li a:hover  {background-color: #eee;}

.menu li    {float: left;
             *clear: right; ❷
             width: 25%; ❶
             text-align: center;}
…略…
```

MENU 05-E 等分割した横幅でリンクを表示する場合 その2

等分割した横幅でリンクを表示する場合、テーブル（表組み）の仕組みを利用することもできます。この方法ではブラウザが自動的に等分割した横幅で表示を行うため、MENU 05-D（P.090）のように横幅を%で指定する必要がありません。リンクの数を変えても等分割で表示することができます。

なお、floatを利用せずにレイアウトを行うため、MENU 01（P.066）をベースに次のように設定していきます。

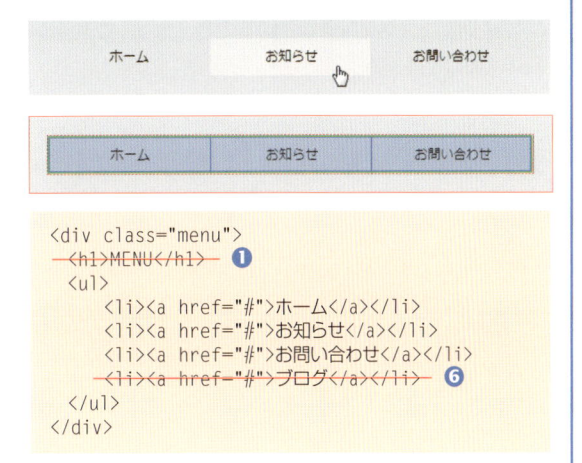

```html
<div class="menu">
  <h1>MENU</h1>  ❶
  <ul>
    <li><a href="#">ホーム</a></li>
    <li><a href="#">お知らせ</a></li>
    <li><a href="#">お問い合わせ</a></li>
    <li><a href="#">ブログ</a></li>  ❻
  </ul>
</div>
```

```css
/* メニュー */
.menu           {padding: 20px;
                background-color: #dfe3e8;}

.menu h1        {margin: 0 0 10px 0;
                font-size: 18px;          ❶
                line-height: 1.2;}

.menu ul,
.menu ol        {display: table;          ❷
                width: 100%;              ❸
                table-layout: fixed;      ❹
                margin: 0;
                padding: 0;
                font-size: 14px;
                line-height: 1.4;
                list-style: none;}

.menu li        {display: table-cell;     ❷
                text-align: center;       ❺
                *float: left;}            ❼

.menu li a      {display: block;
                padding: 10px 5px 10px 5px;
                color: #000;
                text-decoration: none;}

.menu li a:hover  {background-color: #eee;}
```

❶ まずは、メニューの見出しを削除します。

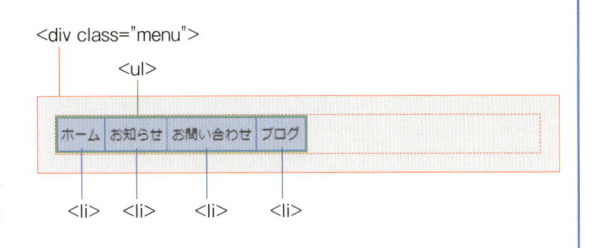

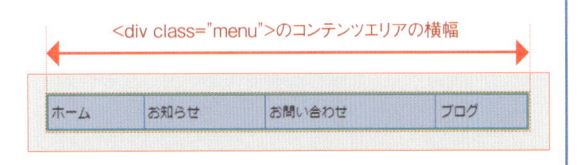

❷ リンクを横に並べて表示します。ここでは、<li>でマークアップした各リンクをテーブルのセルとして扱い、1行に並べて表示するため、<li>のdisplayを「table-cell」と指定しています。また、親要素<ul>のdisplayを「table」と指定しています。
これで、<ul>は<table>、<li>は<td>と同じように扱われ、1行×4列のテーブルとしてレイアウトされます。

❸ リンク全体を親要素<div>のコンテンツエリアの横幅に合わせて表示します。そこで、<ul>のwidthを「100%」と指定しています。

MENU 05

❹ 各リンクの横幅を揃えるため、<ul> の table-layout を「fixed」と指定しています。すると、自動的に全体を等分割した横幅で表示されます。サンプルでは全部で4つのリンクを用意しているので、各リンクは全体の4分の1の横幅になります。

❺ リンクのテキストを中央に揃えて表示するため、<li> の text-align を「center」と指定しています。

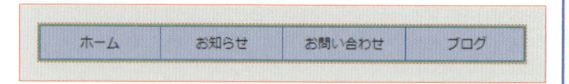

❻ リンクの数を変更したときの表示を確認します。たとえば、リンクを3つにすると、各リンクは全体の3分の1の横幅になります。

❼ 最後に、IE7 は display の「table」と「table-cell」の指定に未対応なため、リンクが縦に並んで表示されます。IE7 でも横に並べて表示するためには、float を「left」と指定しておきます。なお、行頭には「*」をつけて、IE7 だけに設定を適用するようにしています。

IE7用にfloatを利用していますが、ここではclearfix（P.033）の設定は追加していません。これは、❸で指定した親要素<ul>の「width: 100%」が、IE7ではclearfixと同等の機能を果たすためです。

MENU 05-F 各リンクに付加情報を追加する

各リンクに小さな文字で付加情報を追加するレイアウトです。リンクの英語表記を併記する場合などにも利用されます。ここでは MENU 05-E（P.091）に次のように設定を追加していきます。なお、わかりやすくするため、MENU 05-B-B（P.089）の設定も適用し、リンクを罫線で区切って表示しています。

```html
<div class="menu">
  <ul>
    <li><a href="#">ホーム
    <span>HOME</span></a></li>  ❶

    <li><a href="#">お知らせ
    <span>NEWS</span></a></li>  ❶

    <li><a href="#">お問い合わせ
    <span>CONTACT</span></a></li>  ❶
  </ul>
</div>
```

```css
/* メニュー */
…略…
.menu li a:hover   {background-color: #eee;}

.menu li span      {display: block;  ❷
                    font-size: 10px;}

/* 横に並べたリンクを区切る罫線 */
.menu li a    {padding: 2px 15px;
               border-right: solid 1px #aaa;}
…略…
```

❶ リンクに付加情報を追加し、<span> でマークアップします。ここでは各リンクの英語表記を追加しています。

❷ 付加情報の前には改行を入れ、フォントサイズを小さくして表示するため、display を「block」、font-size を「10px」と指定しています。

MENU 05-G 横に並べたリンクをパンくずリストとして利用する

横に並べたリンクはパンくずリストとして利用することもできます。そのためには、リンクの間に区切り文字を入れて表示します。ここでは、MENU 05 をベースに次のように設定しています。

❶ パンくずリストではリンクの順序が意味を持つので、<ul> の代わりに <ol> でマークアップしています。また、最後の「記事のタイトル」は表示中のページのタイトルとして <a> の href 属性を削除し、リンクを解除しています。

❷ リンクの間に「>」という区切り文字を挿入するため、「.menu li+li:before」セレクタの content を「\033e」と指定しています。また、color を「#888」と指定し、挿入した文字をグレーで表示しています。

❸ 表示中のページのタイトルをグレーにして表示するため、「.menu li a:not([href])」セレクタで color を「#888」に指定しています。このセレクタでは href 属性を持たない <a> に設定を適用できます。

❹ リンクにカーソルを重ねたときのデザインを指定します。ここでは背景色を変えずに下線を表示するため、background-color の指定を削除し、text-align: underline の指定を追加しています。また、この設定は href 属性を持つ <a> のみに適用するため、セレクタの「a:hover」を「a[href]:hover」に変更しています。

```
<div class="menu">
    <ol>
        <li><a href="#">ホーム</a></li>
        <li><a href="#">お知らせ</a></li>
        <li><a href="#">8月</a></li>
        <li><a>記事のタイトル</a></li> ❶
    </ol>
</div>
```

```
/* メニュー */
…略…
.menu li a[href]:hover
            {background-color: #eee;
             text-decoration: underline;}   ❹

.menu li a:not([href])   {color: #888;}  ❸

.menu li                 {float: left;}

.menu li+li:before       {content: '\003e';
                          color: #888;}   ❷

.menu ul:after,
.menu ol:after           {content: "";
…略…
```

CSSフレームワークを利用している場合、<ol> に対してクラス名を「breadcrumb」(Bootstrap)、「breadcrumbs」(Foundation)と指定することにより、メニューをパンくずリストの形で表示することができます。

IE8/IE7は:not()に未対応なため、表示中のページのタイトルは黒色で表示されます。

MENU 06

アイコンを横に並べたメニュー

アイコンを横に並べたメニューです。
ここではアイコンフォントを利用してアイコンを表示します。

Finished Parts

HTML + CSS

```html
<link href="http://netdna.bootstrapcdn.com/font-awesome/4.0.3/css/font-awesome.css" rel="stylesheet"> ❷
...
<div class="menu">
  <ul>
    <li><a href="#"><i class="fa fa-twitter-square"></i><span>Twitter</span></a></li> ❶ ❸

    <li><a href="#"><i class="fa fa-facebook-square"></i><span>Facebook</span></a></li> ❶ ❸

    <li><a href="#"><i class="fa fa-google-plus-square"></i><span>Google+</span></a></li> ❶ ❸

    <li><a href="#"><i class="fa fa-rss-square"></i><span>RSS</span></a></li> ❶ ❸
  </ul>
</div>
```

```css
/* メニュー */
.menu              {padding: 20px;
                    background-color: #dfe3e8;}

.menu ul,
.menu ol           {margin: 0;
                    padding: 0;
                    font-size: 14px;
                    line-height: 1.4;
                    list-style: none;}

.menu li a         {display: block;
                    padding: 10px;
                    color: #000;
                    text-decoration: none;}
.menu li a:hover   {background-color: #eee;} ❼
.menu li a span    {display: inline-block; ❹
                    text-indent: -9999px;} ❹
.menu li a i       {font-size: 40px; ❺
                    color: #e16;} ❻

.menu li a:hover i     {color: #f80;} ❽
.menu li           {float: left;}

.menu ul:after,
.menu ol:after     {content: "";
                    display: block;
                    clear: both;}
.menu ul,
.menu ol           {*zoom: 1;}

.fa                    {*zoom: 1;}
.fa-twitter-square
 {*zoom: expression(this.innerHTML = '&#xf081;');}
.fa-facebook-square
 {*zoom: expression(this.innerHTML = '&#xf082;');} ❾
.fa-google-plus-square
 {*zoom: expression(this.innerHTML = '&#xf0d4;');}
.fa-rss-square
 {*zoom: expression(this.innerHTML = '&#xf143;');}
```

LAYOUT

❶ リンクのテキストを変更する

このパーツはリンクを横に並べた MENU 05 (P.087) をベースに作成していきます。まずは <a> でマークアップしたリンクのテキストを変更します。ここでは、各種ソーシャルサービスや RSS フィードへのリンクを作成するため、テキストを「Twitter」、「Facebook」、「Google+」、「RSS」と変更しています。
また、テキストは後から非表示にし、アイコンのみを表示するため、<span> でマークアップしています。

```
<div class="menu">
```

```
Twitter | Facebook | Google+ | RSS
```

<a>の構成するボックス（リンクが機能する範囲）

左パディング:10px　上パディング:10px
Twitter
右パディング:10px　下パディング:10px

❷ アイコンフォントを利用できるようにする

アイコンは、Font Awesome というアイコンフォントを利用して表示します。そこで、Font Awesome の CSS の設定 (font-awesome.css) を読み込むため、<head> 〜 </head> 内に <link> の設定を追加しています。
なお、Font Awesome について詳しくは P.078 を参照してください。

```
Twitter | Facebook | Google+ | RSS
```

<a>の構成するボックス（リンクが機能する範囲）

左パディング:10px　上パディング:10px
Twitter
右パディング:10px　下パディング:10px

❸ アイコンを表示する

アイコンを表示するため、リンクのテキストの前に <i></i> を追加し、表示したいアイコンのクラス名を指定します。クラス名は Font Awesome の「Icons」のページで確認し、「fa」というクラス名といっしょに指定します。

Font Awesome「Icons」
http://fontawesome.io/icons/

たとえば、Twitter のアイコン (fa-twitter-square) を表示する場合、クラス名は「fa fa-twitter-square」と指定します。すると、<i></i> を記述した箇所にアイコンが表示されます。
なお、Facebook は「fa fa-facebook-square」、Google+ は「fa fa-google-plus-square」、RSS フィードは「fa fa-rss-square」というクラス名でアイコンを表示しています。

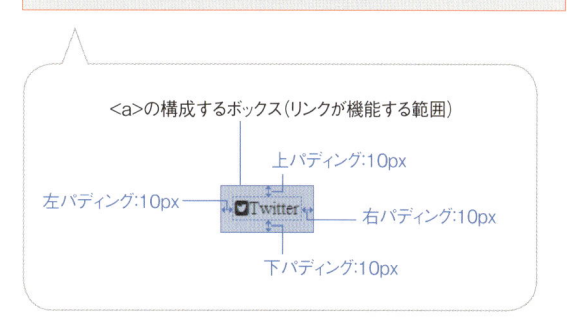

「Icons」のページで確認したクラス名を指定すると、P.078 のように:before セレクタと content プロパティで <i></i> の中に Font Awesome の文字コードが追加され、アイコンが表示される仕組みとなっています。

HTML5において、<i>は慣用句や雰囲気の異なる語句など、他と区別したい語句を示します。また、<i>の属する「パルパブル・コンテンツ」カテゴリーでは、スクリプトなどでの利用のため、要素を空の状態で記述しておくことが認められています。

MENU 06

❹ テキストを非表示にする

テキストを非表示にするため、<span> の display を「inline-block」、text-indent を「-9999px」と指定しています。text-indent は 1 行目の字下げを指定するためのプロパティで、テキストを左方向に大きく移動させ、画面の外に出すことで非表示にしています。

> <span>のdisplayを「none」と指定することでも非表示にすることができます。ただし、この方法では音声ブラウザでテキストが読み上げられなくなるケースがあるため、ここではtext-indentを利用しています。

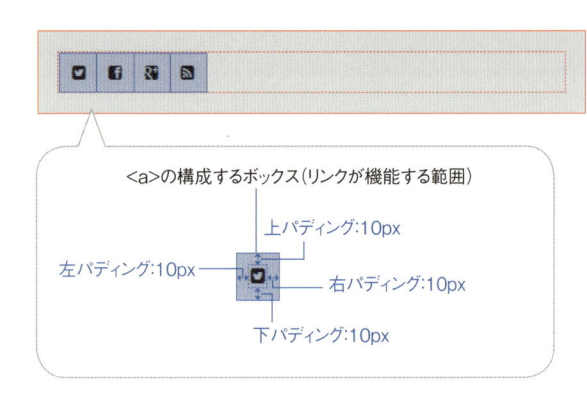

❺ アイコンを大きくする

アイコンはリンクのテキストと同じ 14 ピクセルの大きさで表示されています。ここではもっと大きくするため、<i> のフォントサイズ（font-size）を 40 ピクセルに指定しています。

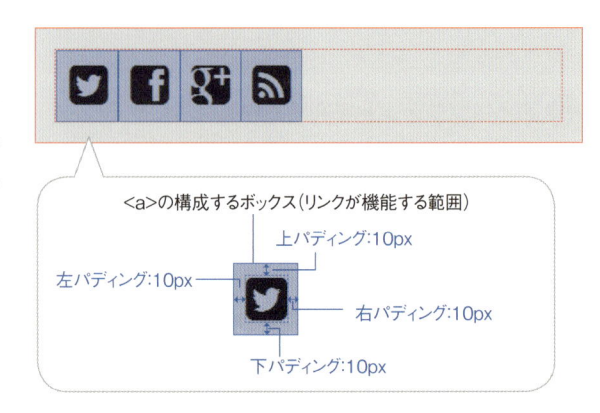

❻ アイコンの色を変更する

アイコンの色はリンクのテキストと同じ黒色で表示されています。ここではピンク色で表示するため、color を #e16 に指定しています。

❼ カーソルを重ねたときに背景色が変わらないようにする

カーソルを重ねるとリンクの背景色が薄いグレーに変わります。ここでは変わらないようにするため、「.menu li a:hover」セレクタの background-color の指定を削除しています。

カーソルを重ねても背景色が変わらなくなります。

❽ カーソルを重ねたときにアイコンの色が変わるようにする

カーソルを重ねたときにアイコンの色が変わるようにします。ここではオレンジ色に変えるため、「.menu li a:hover i」セレクタの color を「#f80」と指定しています。

❾ IE7 に対応する

Font Awesome 4.0.3 は IE7 には非対応なので、アイコンは表示されません。しかし、テキストは非表示になるのでそのままではメニューとして利用することができなくなってしまいます。

IE7 に対応する必要がある場合、❾の設定を追加してアイコンを表示します。ここでは IE の独自拡張である expression 関数を利用し、JavaScript によってアイコンを表示するように指定しています。なお、表示するアイコンは文字コードで指定します。文字コードは Font Awesome の「Cheatsheet」ページで確認してください。

IE7での表示。

IE7での表示（修正後）。

Font Awesome「Cheatsheet」
http://fontawesome.io/cheatsheet/

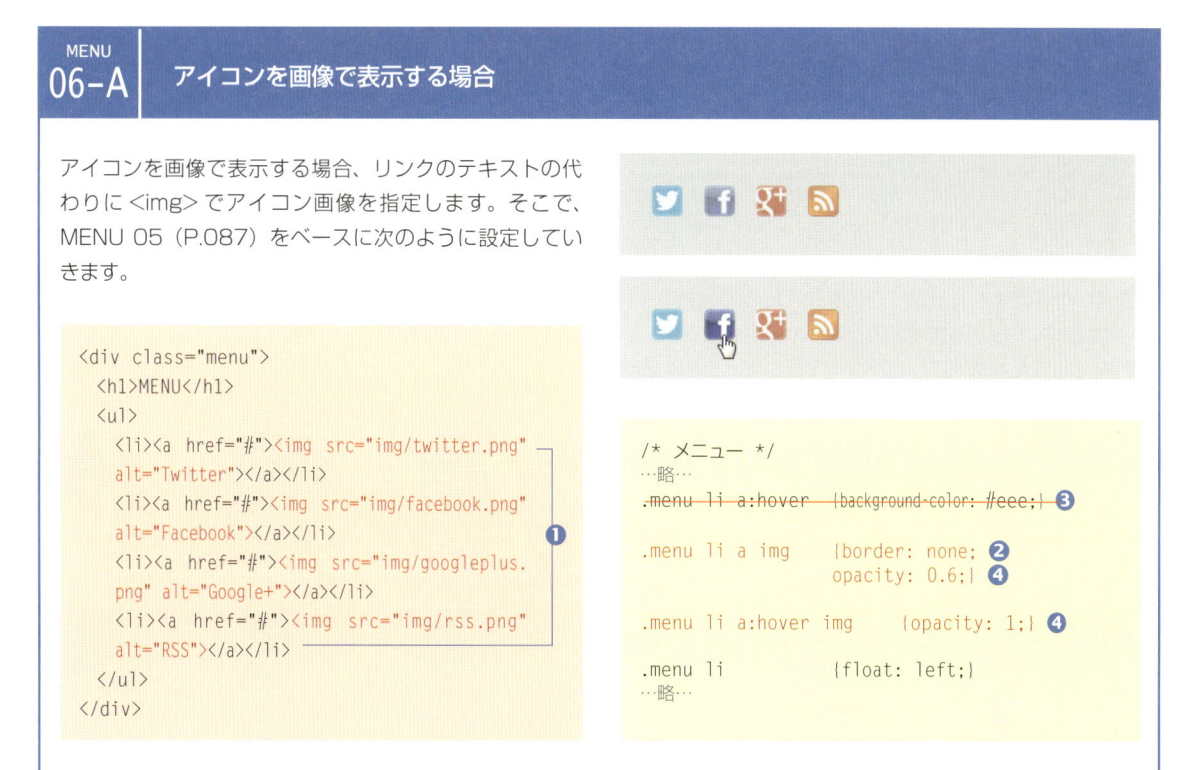

MENU 06-A　アイコンを画像で表示する場合

アイコンを画像で表示する場合、リンクのテキストの代わりに <img> でアイコン画像を指定します。そこで、MENU 05（P.087）をベースに次のように設定していきます。

```
<div class="menu">
  <h1>MENU</h1>
  <ul>
    <li><a href="#"><img src="img/twitter.png"
    alt="Twitter"></a></li>
    <li><a href="#"><img src="img/facebook.png"
    alt="Facebook"></a></li>
    <li><a href="#"><img src="img/googleplus.
    png" alt="Google+"></a></li>
    <li><a href="#"><img src="img/rss.png"
    alt="RSS"></a></li>
  </ul>
</div>
```

```
/* メニュー */
…略…
.menu li a:hover   {background-color: #eee;}  ❸

.menu li a img     {border: none;             ❷
                    opacity: 0.6;}            ❹

.menu li a:hover img    {opacity: 1;}         ❹

.menu li           {float: left;}
…略…
```

MENU 06

❶ リンクのテキストをアイコン画像に変更します。このとき、<img> の alt 属性にはアイコンの内容を記述し、テキスト形式でも何のリンクかわかるようにしています。

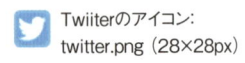

Twiiterのアイコン:
twitter.png（28×28px）

Google+のアイコン:
googleplus.png（28×28px）

Facebookのアイコン:
facebook.png（28×28px）

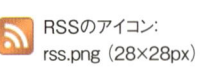

RSSのアイコン:
rss.png（28×28px）

<a>の構成するボックス（リンクが機能する範囲）
上パディング:10px
左パディング:10px
右パディング:10px
下パディング:10px

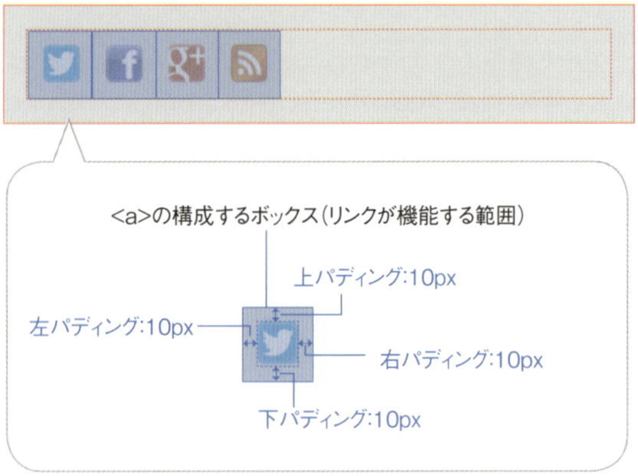

❷ IE ではリンクを設定した画像のまわりに罫線が表示されるので、<img> の border を「none」と指定して削除しています。

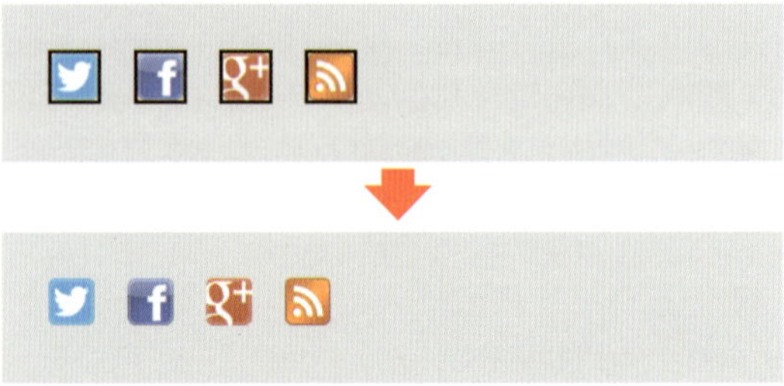

❸ カーソルを重ねたときに背景色が変わらないようにします。そのため、「.menu li a:hover」セレクタの background-color を削除しています。

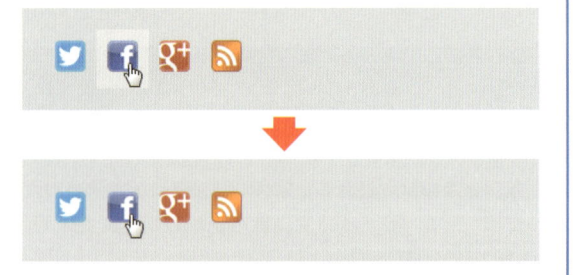

❹ カーソルを重ねたリンクを区別するため、画像の透明度を変えて表示します。ここではカーソルを重ねていないときに半透明に、カーソルを重ねたときに不透明にするため、それぞれの opacity を「0.6」と「1」に指定しています。
なお、IE8 以前は opacity に未対応なので、透明度は変化しません。ただし、閲覧に問題は出ないのでここでは特別な対応は行っていません。

カーソルを重ねていないときの表示（半透明）。

カーソルを重ねたときの表示（不透明）。

MENU 07

アイコンにテキストをつけて横に並べたメニュー

アイコンにテキストをつけて横に並べたメニューです。
テキストはアイコンの下に表示します。

▶ Finished Parts

▶ HTML + CSS

```
<link href="http://netdna.bootstrapcdn.com/
font-awesome/4.0.3/css/font-awesome.css"
rel="stylesheet">
...
<div class="menu">
  <ul>
    <li><a href="#"><i class="fa fa-twitter-
square"></i><span>Twitter</span></a></li>

    <li><a href="#"><i class="fa fa-facebook-
square"></i><span>Facebook</span></a></li>

    <li><a href="#"><i class="fa fa-google-plus-
square"></i><span>Google+</span></a></li>

    <li><a href="#"><i class="fa fa-rss-square"></
i><span>RSS</span></a></li>
  </ul>
</div>
```

```
/* メニュー */
.menu              {padding: 20px;
                    background-color: #dfe3e8;}

.menu ul,
.menu ol           {margin: 0;
                    padding: 0;
                    font-size: 14px;
                    line-height: 1.4;
                    list-style: none;}

.menu li a         {display: block;
                    padding: 10px;
                    color: #000;
                    text-align: center;  ❸
                    text-decoration: none;}

.menu li a:hover   {background-color: #eee;}  ❺

.menu li a span    {display: block;  ❷
                    text-indent: 0;}  ❶

.menu li a i       {font-size: 40px;
                    color: #e16;}

.menu li a:hover i {color: #f80;}

.menu li           {float: left;
                    width: 100px;}  ❹

.menu ul:after,
.menu ol:after     {content: "";
                    display: block;
                    clear: both;}
.menu ul,
.menu ol           {*zoom: 1;}

.fa                {*zoom: 1;}
.fa-twitter-square
  {*zoom: expression(this.innerHTML = '&#xf081;');}
.fa-facebook-square
  {*zoom: expression(this.innerHTML = '&#xf082;');}
.fa-google-plus-square
  {*zoom: expression(this.innerHTML = '&#xf0d4;');}
.fa-rss-square
  {*zoom: expression(this.innerHTML = '&#xf143;');}
```

MENU 07

▶ LAYOUT

❶ リンクのテキストを表示する

このパーツはアイコンフォントでアイコンを表示したMENU 06 (P.094) をベースに作成していきます。まずは、MENU 06 で非表示にしていたリンクのテキストを表示します。そのため、<span> の text-indent を「-9999px」から「0」に変更しています。

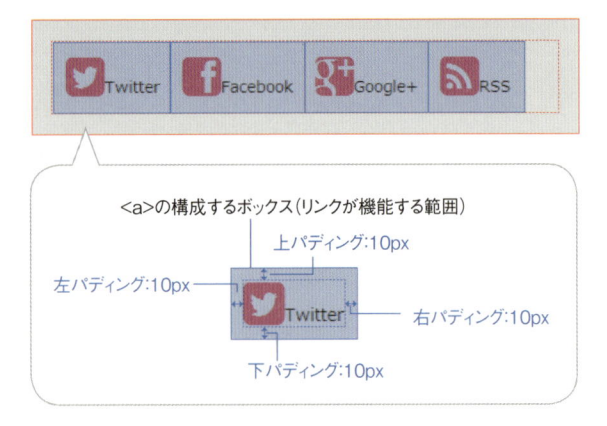

❷ テキストをアイコンの下に表示する

テキストをアイコンの下に表示するため、<span> の display を「inline-block」から「block」に変更しています。すると、<span>がブロックボックスを構成するようになり、<h1> や <p> などと同じように前後に改行が入るようになります。

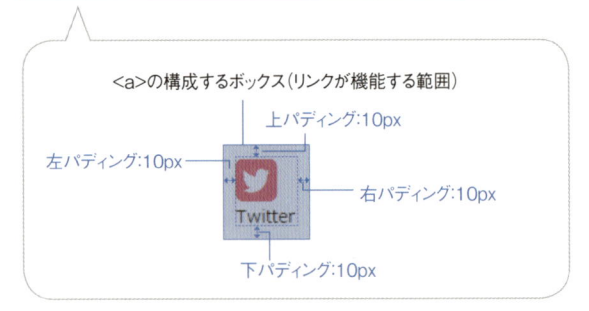

❸ アイコンとテキストを中央揃えにする

アイコンとテキストを中央揃えにするため、<a> の text-align を「center」と指定しています。

❹ リンクの横幅を揃える

リンクの横幅を揃えて表示するため、MENU 05-C (P.090) と同じように <li> の width で横幅を指定します。ここでは「100px」に指定しています。

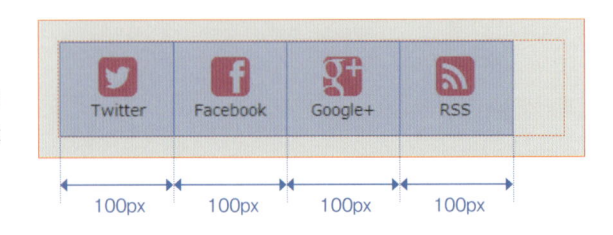

❺ カーソルを重ねたときに背景色が変わるようにする

カーソルを重ねるとアイコンの色がオレンジ色に変わりますが、テキストは変化しません。ここではテキストも含めてリンクであることがわかるようにするため、リンクの背景色が変わるようにします。そこで、「.menu li a:hover」セレクタを追加し、background-color を「#eee」と指定しています。

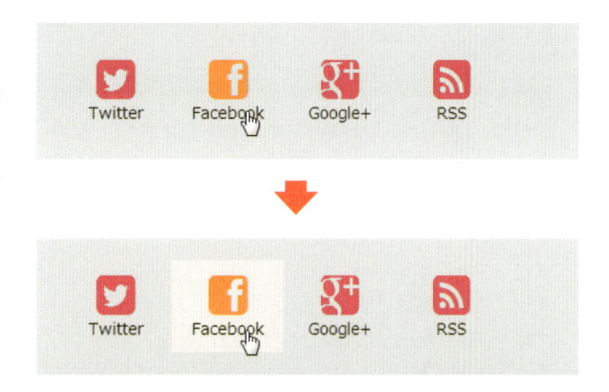

MENU 07-A アイコンを画像で表示する場合

アイコンを画像で表示する場合には、MENU 07（P.099）をベースに次のように設定していきます。ここでは MENU 06-A（P.097）と同じ画像を使用します。

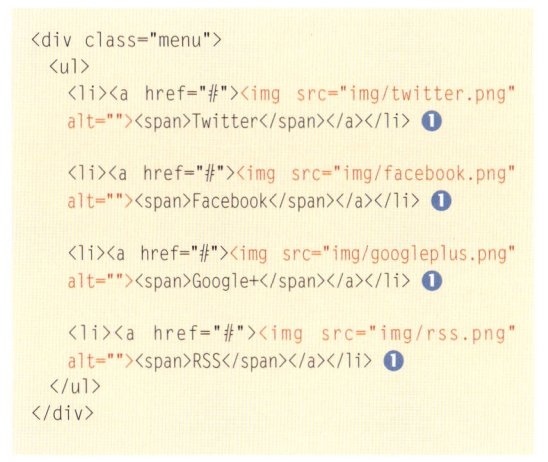

```
<div class="menu">
  <ul>
    <li><a href="#"><img src="img/twitter.png"
    alt=""><span>Twitter</span></a></li> ❶

    <li><a href="#"><img src="img/facebook.png"
    alt=""><span>Facebook</span></a></li> ❶

    <li><a href="#"><img src="img/googleplus.png"
    alt=""><span>Google+</span></a></li> ❶

    <li><a href="#"><img src="img/rss.png"
    alt=""><span>RSS</span></a></li> ❶
  </ul>
</div>
```

```
/* メニュー */
…略…
.menu li a           {display: block;
                     …略…
                     text-decoration: none;}

.menu li a:hover     {background-color: #eee;}

.menu li a img       {border: none;} ❷

.menu li a span      {display: block;
                     text-indent: 0;}
…略…
```

❶ アイコンを画像で表示するため、<i></i> を <img> に置き換えます。

❷ IE ではリンクを設定した画像のまわりに罫線が表示されるので、<img> の border を「none」と指定して削除しています。

MENU 07で使用したアイコンフォント関連の設定は削除しても問題ありません。

MENU 07

TIPS ドロップダウンメニューやタブメニューの設定について

ドロップダウンメニューやページ遷移なしのタブメニューなどは、CSSのみで実現する方法もありますが、スマートフォンといったタッチデバイスでの動作まで考慮した場合、スクリプトを利用しないといろいろと面倒なことになります。

スクリプトを用意するためには、CSSフレームワークを利用するのが簡単です。たとえば、ドロップダウンメニューの場合、BootstrapではP.212、FoundationではP.252のように作成することができます。また、タブメニューについては以下のように作成することが可能です。

Bootstrapで作成したドロップダウンメニュー。

Foundationで作成したドロップダウンメニュー。

Bootstrapで作成したタブメニュー。ここではTogglable tabs（http://getbootstrap.com/javascript/#tabs）の設定（赤字）を利用。タブごとにMENU 01（P.066）のメニュー（青字）を表示しています。
また、DESIGN 01-A-A（P.142）のCSSをBootstrapの設定に合わせて適用し、グレーの罫線で囲むようにしています。

Foundationで作成したタブメニュー。ここではHorizontal Tabs（http://foundation.zurb.com/docs/components/tabs.html）の設定（赤字）を利用。タブごとにMENU 01（P.066）のメニュー（青字）を表示しています。また、DESIGN 01-A-G（P.142）のCSSをFoundationの設定に合わせて適用し、黄緑色の枠で囲むようにしています。

```html
<ul class="nav nav-tabs">
  <li class="active"><a href="#tab01"
   data-toggle="tab">カテゴリー</a></li>
  <li><a href="#tab02" data-toggle="tab">最新記事</a></li>
  <li><a href="#tab03" data-toggle="tab">アーカイブ</a></li>
</ul>

<div class="tab-content">
  <div class="tab-pane active" id="tab01">
    <div class="menu">…略…</div>
  </div>
  <div class="tab-pane" id="tab02">
    <div class="menu">…略…</div>
  </div>
  <div class="tab-pane" id="tab03">
    <div class="menu">…略…</div>
  </div>
</div>
```

```html
<dl class="tabs" data-tab>
  <dd class="active"><a href="#tab01">
   カテゴリー</a></dd>
  <dd><a href="#tab02">最新記事</a></dd>
  <dd><a href="#tab03">アーカイブ</a></dd>
</dl>

<div class="tabs-content">
  <div class="content active" id="tab01">
    <div class="menu">…略…</div>
  </div>
  <div class="content" id="tab02">
    <div class="menu">…略…</div>
  </div>
  <div class="content" id="tab02">
    <div class="menu">…略…</div>
  </div>
</div>
```

```css
/* 枠の設定 */
.tab-pane        {padding: 20px;
                  border: solid 1px #ddd;
                  border-top: none;
                  background-color: #fff;}
```

```css
/* 枠の設定 */
.tabs-content    {padding: 5px 20px;
                  background-color: #cf0;}

.tabs dd.active a {background-color: #cf0;}
```

CHAPTER4　フッター

FOOTER 01　フッターの基本レイアウト
FOOTER 02　中央揃えのレイアウト
FOOTER 03　ロゴ画像と複数行のテキストを並べたレイアウト
FOOTER 04　フッター画像にテキストを重ねたレイアウト
　　　　　　04-A　ページの背景色で表示する
FOOTER 05　フッターの右端にパーツを追加したレイアウト

FOOTER 01

フッターの基本レイアウト

コピーライトとクレジットを表示した基本的なフッターです。

Finished Parts

Copyright © SAMPLE SITE
Powered by TOOLS

コピーライト。
クレジット。

HTML + CSS

```
<div class="footer">
  <p>Copyright &copy; SAMPLE SITE</p>
  <p>Powered by <a href="#">TOOLS</a></p>
</div>
```

```
/* フッター */
.footer          {padding: 20px; ❶
                  background-color: #dfe3e8;} ❶

.footer p        {margin: 0 0 3px 0; ❹
                  font-size: 12px; ❷
                  line-height: 1.4;} ❸

.footer a        {color: #666; ❺
                  text-decoration: none;} ❺
```

MARKUP

コピーライトとクレジットを表示したフッターです。ここではそれぞれ <p> でマークアップしています。また、クレジットに含まれる「TOOLS」というテキストは <a> でマークアップし、リンクを設定しています。

全体は <div> でマークアップし、「footer」とクラス名をつけて他のパーツと区別できるようにしています。

Copyright © SAMPLE SITE

Powered by TOOLS

▶ LAYOUT

フッターのレイアウトの考え方は、基本的にヘッダーのレイアウト（P.022）と同じです。

❶ テキストの表示位置を親要素を元にした基準線で揃える

コピーライトとクレジットの情報を揃える基準線を親要素のパディング（padding）を利用した形で用意します。ここではヘッダーと同じように上から20ピクセル、左から20ピクセルの位置に揃えて表示するため、親要素<div>のパディングを20ピクセルに指定しています。
また、親要素のボックスがわかりやすいように背景色をグレー（#dfe3e8）にしています。

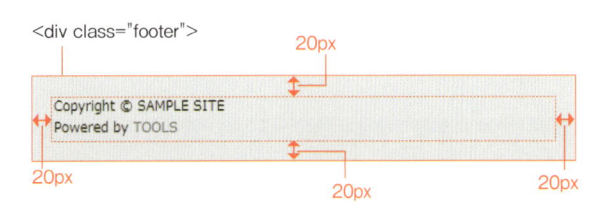

❷ テキストのフォントサイズを指定する

コピーライトとクレジットは小さく表示するため、フォントサイズ（font-size）を12ピクセルに指定しています。

❸ テキストの行の高さを指定する

コピーライトとクレジットの行の高さ（line-height）を1.4に指定しています。これにより、行の高さは12 × 1.4 = 16.8pxとなります。行の高さについて詳しくはP.057を参照してください。

❹ コピーライトとクレジットの間隔を指定する

コピーライトとクレジットの間隔を指定します。ここでは3ピクセルの間隔にしてコンパクトにレイアウトするため、<p>の下マージンを3pxに指定しています。

❺ リンクの文字色と下線の表示を調整する

クレジットに設定したリンクは目立たせる必要がないため、リンクの文字色をグレーに、下線を非表示にするように指定しています。

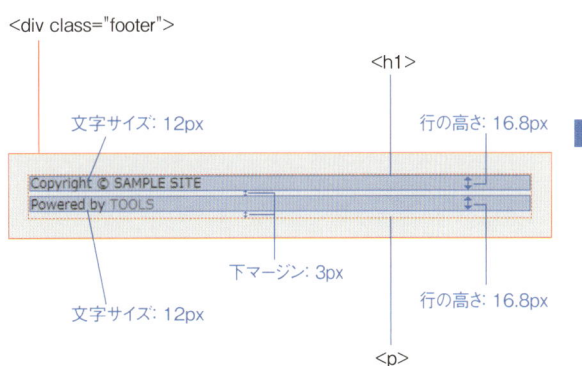

FOOTER 02

中央揃えのレイアウト

FOOTER 01 をベースに、コピーライトとクレジットを
フッターの中央に揃えてレイアウトしたものです。

Finished Parts

HTML + CSS

```html
<div class="footer">
  <p>Copyright &copy; SAMPLE SITE</p>
  <p>Powered by <a href="#">TOOLS</a></p>
</div>
```

```css
/* フッター */
.footer          {padding: 20px;
                  background-color: #dfe3e8;
                  text-align: center;}  ❶

.footer p        {margin: 0 0 3px 0;
                  font-size: 12px;
                  line-height: 1.4;}

.footer a        {color: #666;
                  text-decoration: none;}
```

親要素 <div> の横幅を変えたときの表示。

LAYOUT

❶ コピーライトとクレジットを中央揃えにする

このパーツは FOOTER 01（P.104）をベースに作成します。FOOTER 01 ではコピーライトとクレジットを左側に揃えて表示していましたが、ここでは中央に揃えます。そこで、親要素 <div> の text-align を「center」と指定しています。

FOOTER 03

ロゴ画像と複数行のテキストを並べたレイアウト

ロゴ画像の横にコピーライトとクレジットを並べてレイアウトしたものです。

▶ Finished Parts

SAMPLE　Copyright © SAMPLE SITE
サンプルサイト　Powered by TOOLS

SAMPLE　ロゴ画像:
サンプルサイト　site-small.png（114×40ピクセル）

▶ HTML + CSS

```html
<div class="footer">
  <a href="#">
    <img src="img/site-small.png" alt="サンプルサイト" class="logo">
  </a>
  <p>Copyright &copy; SAMPLE SITE</p>
  <p>Powered by <a href="#">TOOLS</a></p>
</div>
```
❶

```css
/* フッター */
.footer            {padding: 20px;
                    background-color: #dfe3e8;}

.footer p          {margin: 0 0 3px 0;
                    font-size: 12px;
                    line-height: 1.4;}

.footer a          {color: #666;
                    text-decoration: none;}

.footer .logo      {float: left; ❸
                    margin: 0 15px 0 0; ❹
                    border: none;} ❷

.footer:after      {content: "";
                    display: block;
                    clear: both;}       ❸

.footer            {*zoom: 1;}
```

▶ LAYOUT

❶ ロゴ画像を追加する

このパーツはFOOTER 01（P.104）をベースに作成していきます。まずは、コピーライトやクレジットの前に<img>でロゴ画像（site-small.png）を追加し、トップページなどへのリンクを設定します。
また、フッター内には他にも画像を追加するケースが考えられるため、ロゴ画像にはクラス名を「logo」と指定し、区別できるようにしています。

`<div class="footer">`

SAMPLE
サンプルサイト
Copyright © SAMPLE SITE
Powered by TOOLS

FOOTER 03

❷ 画像のまわりに表示される罫線を削除する

IE ではリンクを設定した画像のまわりに罫線が表示されるので、border を「none」と指定して削除しています。

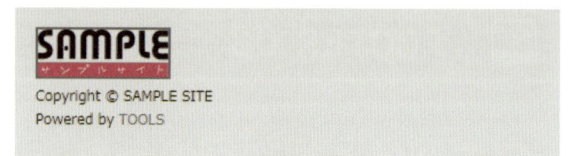

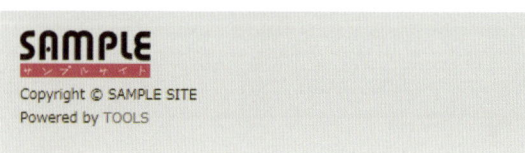

IEでの表示。

❸ 画像にテキストを回り込ませる

<img> の float を「left」と指定すると、あらかじめ左に配置されていた画像に対し、テキストが右のように回り込みます。これは、float によって P.032 のように処理が行われるためです。
なお、float を利用する場合は P.033 の clearfix の設定も追加しておきます。

❹ 画像とテキストの間隔を調整する

画像とテキストの間隔は <img> の右マージンで指定します。ここでは 15 ピクセルに指定しています。

右マージン: 15px

FOOTER 04

フッター画像にテキストを重ねたレイアウト

フッター画像を背景画像として表示し、テキストを重ねてレイアウトしたパーツです。
背景画像とテキストは中央揃えで表示しています。

Finished Parts

ブラウザ画面や親要素<div>の横幅を変えたときの表示。

HTML + CSS

```html
<div class="footer">
  <p>Copyright &copy; SAMPLE SITE</p>
  <p>Powered by <a href="#">TOOLS</a></p>
</div>
```

```css
/* フッター */
.footer      {padding: 195px 20px 30px 20px;  ❷
              background-color: #dfe3e8;
              background-image:
                url(img/footer.png);  ❶
              background-position: center top;  ❸
              text-align: center;}

.footer p    {margin: 0 0 3px 0;
              font-size: 12px;
              line-height: 1.4;}

.footer a    {color: #666;
              text-decoration: none;}
```

FOOTER 04

➤ LAYOUT

フッター画像にテキストを重ねて表示するためには、フッター画像を背景画像として表示するのが簡単です。ここでは次のように 1200 × 300 ピクセルの大きさで作成した画像（footer.png）を用意して、背景画像として表示します。白色の部分は透過して作成してあります。

背景画像: footer.png（1200×300ピクセル）

透過部分。

300px

1200px

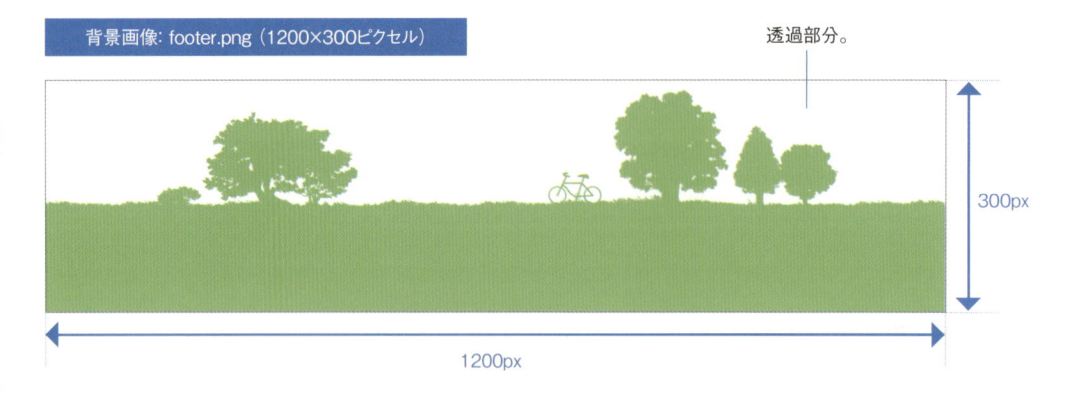

また、背景画像のイラストは、横方向に繰り返して表示したときにつなぎ目がわからなくなるように描画してあります。これにより、フッターの横幅が大きくなっても対応できるように設定していきます。

背景画像を横方向に繰り返して表示したもの。

❶ 背景画像を表示する

このパーツはテキストを中央揃えにした FOOTER 02（P.106）をベースに作成していきます。まずはフッター全体をマークアップした <div> に背景画像を表示します。そこで、用意した背景画像（footer.jpg）を background-image で指定します。すると、背景画像は左上の部分が <div> の大きさで切り出した形で表示されます。また、画像を透過した部分はパーツの背景色（グレー）で表示されます。

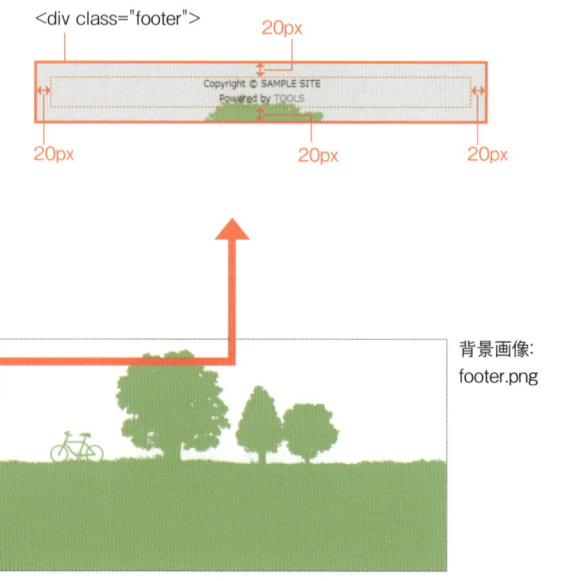

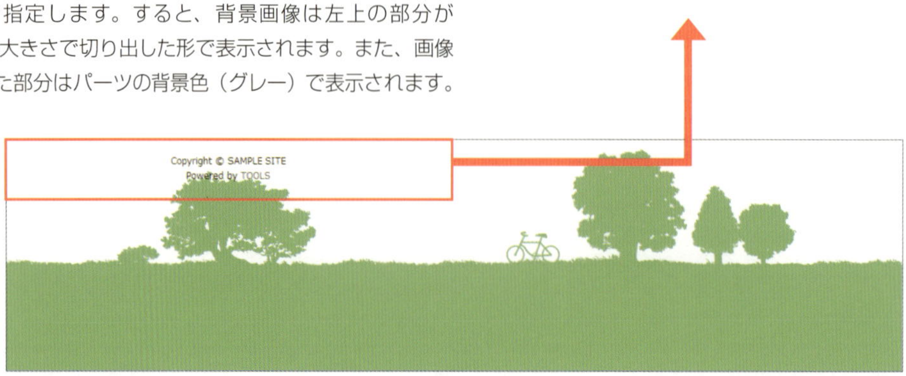

<div class="footer">
20px
20px 20px 20px

背景画像:
footer.png

❷ テキストの表示位置を変更する

次に、背景画像に合わせてテキストの表示位置を変更します。ここではテキスト全体を下にずらすため、親要素 <div> の上パディングを 20 ピクセルから 195 ピクセルに変更しています。また、下パディングを 20 ピクセルから 30 ピクセルに変更し、テキストの下にも大きめに余白を取るようにしています。
これで、背景画像が切り出される範囲も大きくなります。

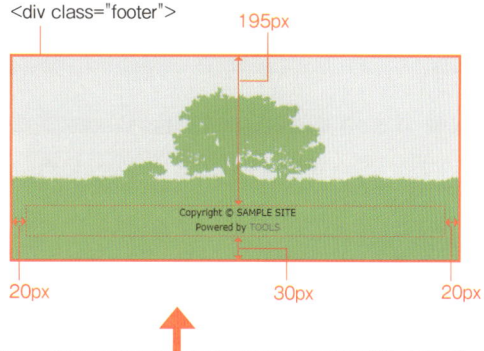

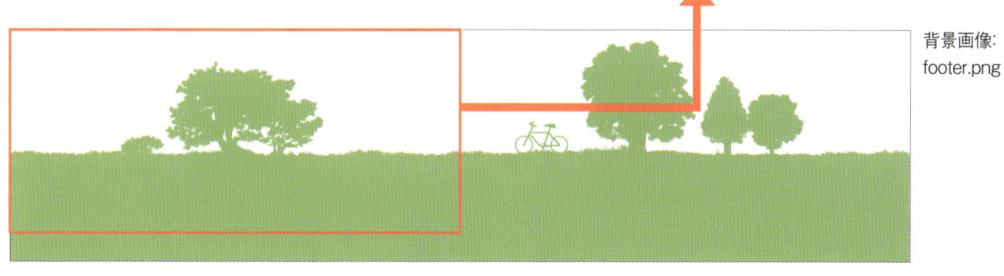

背景画像：
footer.png

ブラウザ画面を広げ、フッターの横幅を広げてみると、背景画像は次のように横方向に繰り返して表示されることがわかります。

背景画像のつなぎ目。

❸ 背景画像を中央揃えにする

中央揃えにしているテキストに合わせて、背景画像も中央に揃えて表示します。そのため、background-position を「center top」と指定します。ここでは横方向を中央揃え（center）で、縦方向を上揃え（top）で表示するように指定しています。

背景画像のつなぎ目。　　　　　　　　　　　　　　　　　　　背景画像のつなぎ目。

FOOTER 04

FOOTER 04-A ページの背景色で表示する

背景画像の透過部分は <div class="footer"> の background-color で指定した背景色で表示されます。FOOTER 03 の場合はグレー（#dfe3e8）で表示されています。そのため、透過部分をページの背景色（サンプルでは白色）で表示したい場合には、background-color の指定を削除します。

```
/* フッター */
.footer    {padding: 195px 20px 30px 20px;
            background-color: #dfe3e8;
            background-image: url(img/footer.png);
            background-position: center top;
            text-align: center;}
…略…
```

background-colorの指定を削除したときの表示。

TIPS レスポンシブイメージの設定（背景画像の場合）

P.040 のように閲覧環境に応じて最適な画像を読み込む「レスポンシブイメージ」の機能は、背景画像でも提案されています。

たとえば、CSS4 で提案されている image-set() を利用すると、右のようにオリジナルサイズの背景画像と高解像度版の背景画像を指定することができます。現在のところ、iOS、Safari、Chrome が -webkit- をつけた形で対応しています。

```
.footer {background-image: -webkit-image-set(
         url(img/footer.png) 1x,
         url(img/footer-large.png) 2x
         ); }
```

image-set()でレスポンシブイメージの設定をしたもの。

FOOTER 05

フッターの右端にパーツを追加したレイアウト

フッターの右端に他のパーツを追加できるようにしたレイアウトです。

▶ Finished Parts

Copyright © SAMPLE SITE
Powered by TOOLS   追加パーツを記述

Copyright © SAMPLE SITE   [social icons]
Powered by TOOLS

MENU 06 をレイアウトしたときの表示。

▶ HTML + CSS

```html
<div class="footer">
  <div class="text">
  <p>Copyright &copy; SAMPLE SITE</p>
  <p>Powered by <a href="#">TOOLS</a></p>
  </div>

  <div class="added">
  追加パーツを記述
  </div>
</div>
```
❷
❶

```css
/* フッター */
.footer       {padding: 20px;
               background-color: #dfe3e8;}

.footer p     {margin: 0 0 3px 0;
               font-size: 12px;
               line-height: 1.4;}

.footer a     {color: #666;
               text-decoration: none;}

.footer .text    {float: left;}   ❸
.footer .added   {float: right;}  ❹

.footer:after    {content: "";
                  display: block;
                  clear: both;}
.footer          {*zoom: 1;}
```
❸

▶ LAYOUT

❶ 他のパーツを追加する場所を用意する

FOOTER 01（P.104）をベースに、フッターの右端に他のパーツを追加できるようにしていきます。まずは、パーツを追加する場所として <div class="added">～</div> を用意します。

ここでは <div class="added"> の中に「追加パーツを記述」と記述していますが、このテキストは追加したいパーツに置き換えて利用します。

FOOTER 05

❷ コピーライトとクレジットをグループ化する

コピーライトとクレジットを <div> でグループ化し、まとめて扱えるようにします。このとき、右端に追加するパーツとは区別できるようにするため、クラス名を「text」と指定しています。
これで、フッターの構造は右のようになります。

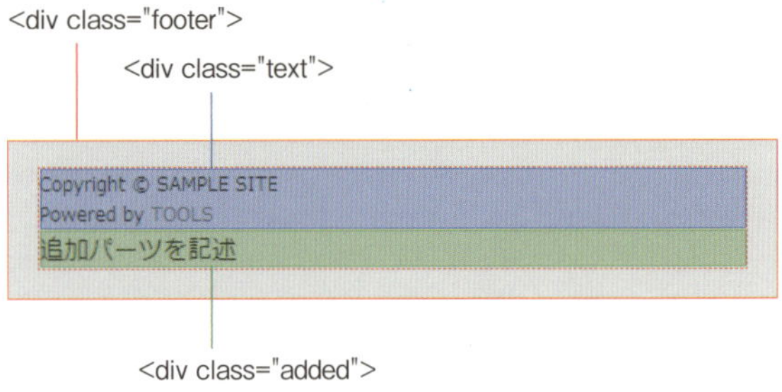

`<div class="footer">`
`<div class="text">`

Copyright © SAMPLE SITE
Powered by TOOLS
追加パーツを記述

`<div class="added">`

❸ 横に並べて表示する

あらかじめ左に配置されているコピーライトとクレジットに対し、追加パーツを右に並べて表示します。そのため、<div class="text"> の float を「left」と指定しています。float の仕組みについては P.032 を参照してください。
なお、float を利用する場合は P.033 の clearfix の設定も追加しておきます。

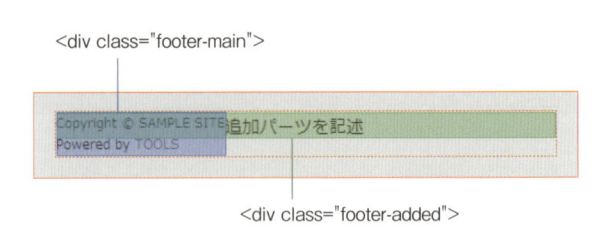

`<div class="footer-main">`

Copyright © SAMPLE SITE
Powered by TOOLS
追加パーツを記述

`<div class="footer-added">`

❹ 追加パーツを右端に配置する

追加パーツを右端に配置するため、<div class="added"> の float を「right」と指定しています。

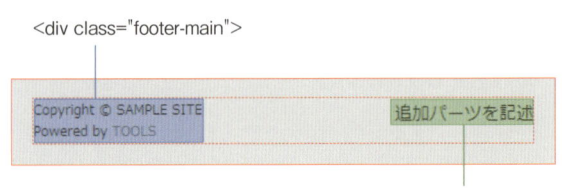

`<div class="footer-main">`

Copyright © SAMPLE SITE
Powered by TOOLS
追加パーツを記述

`<div class="footer-added">`

| TIPS | フッターを段組みにしてメニューなどを配置する場合 |

フッターを段組みにしてメニューなどを配置する場合、グリッドシステムでグリッドを用意するか、OTHER 04（P.134）の段組みを利用します。たとえば、RECIPE 02（P.284）では3段組みのグリッドを用意してメニューなどをレイアウトしています。

RECIPE 02のフッター。

CHAPTER5　その他

- OTHER 01　ボタン
  - 01-A　フォームを利用したボタン
  - 01-B　配置した場所の横幅に合わせてボタンを表示する
  - 01-C　ラベルの表示
- OTHER 02　フォーム
- OTHER 03　テーブル（表組み）
  - 03-A　横方向の罫線のみで区切る
  - 03-B　テーブルの行をストライプにする
  - 03-C　テーブルの列をストライプにする
  - 03-D　列ごとに位置揃えを変更する
  - 03-E　レスポンシブテーブル
- OTHER 04　段組み
  - 04-A　段ごとに横幅を変える
  - 04-B　段数を変える
- OTHER 05　グループ

OTHER 01

ボタン

リンクをボタンの形にして表示する設定です。
フォームのボタンも同じ形で表示する場合は OTHER 01-A のように設定します。

▶ Finished Parts

ボタン

ボタン
ボタンにカーソルを重ねたときの表示。

▶ HTML + CSS

```
<a href="#" class="button">ボタン</a>  ❶

/* ボタン */
.button         {display: inline-block;  ❸
                 padding: 10px 30px 10px 30px;  ❸
                 background-color: #fa0;  ❷
                 color: #000;  ❹
                 font-size: 14px;  ❹
                 text-decoration: none;}  ❹

.button:hover,
.button:focus   {outline: none;  ❺
                 background-color: #cf0;}  ❺
```

▶ LAYOUT

リンクをオレンジ色の四角いボタンの形で表示するため、次のように設定していきます。

❶ リンクを用意する

まずはボタンにしたいリンクを用意します。ここでは「ボタン」というテキストを <a> でマークアップし、リンクを設定したものを用意しています。クラス名は「button」と指定し、他のリンクと区別できるようにしています。

ボタン

❷ ボタンの背景色を指定する

<a> の background-color でボタンの背景色を指定します。ここではオレンジ色（#fa0）に指定しています。

ボタン

③ ボタン内の余白サイズを指定する

<a> のパディング（padding）でボタン内の余白サイズを指定します。ここでは上下に 10 ピクセル、左右に 30 ピクセルの余白を入れています。
また、display を「inline-block」と指定し、他のパーツに干渉しないようにしています。

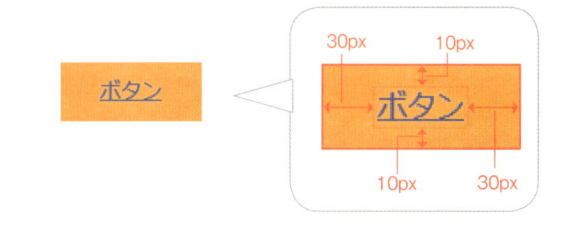

> displayを指定しなかった場合、ボタン<a>はインラインボックスを構成します。しかし、インラインボックスの上下パディングは行の高さ（P.057）に含まれないため、行からはみ出し、前後の行に重なってしまいます。
>
> 前後の行に重なるのを防ぐためには、<a>のdisplayを「inline-block」と指定し、インラインブロックボックスを構成するように設定します。インラインブロックボックスでは上下パディングが行の高さに含まれるため、右のような表示になります。

ボタンがインラインボックスを構成するときの表示。

ボタンがインラインブロックボックスを構成するときの表示。

④ 文字の色とフォントサイズを指定する

文字の色とフォントサイズを指定します。ここでは文字の色（color）を黒色に、フォントサイズ（font-size）を 14 ピクセルに指定しています。また、text-decoration を「none」と指定し、リンクの下線を削除しています。

⑤ カーソルを重ねたときとフォーカスしたときの背景色を指定する

ボタンにカーソルを重ねたときや、タブキーでフォーカスしたときに背景色が変わるようにします。そこで、「.button:hover」と「.button:focus」セレクタで、背景色（background-color）を黄緑色（#cf0）に指定しています。また、フォーカス時にブラウザが黒色の点線や黄色い枠線をボタンのまわりに表示しないようにするため、outline を「none」と指定しています。

> ボタンにフォーカスしたとき、FirefoxやInternet Explorerでは黒色の点線が、Chromeでは黄色い枠線が表示されます。これらを削除する場合はoutlineを「none」と指定します。

FirefoxやInternet Explorerでの表示。

Chromeでの表示。

OTHER 01-A フォームを利用したボタン

ボタンはリンクだけでなく、フォームの <button> または <input> を利用して作成することもできます。ただし、ブラウザのデフォルトスタイルシートによって立体的なボタンの形になるので、OTHER 01 と同じ形で表示するためには OTHER 01 をベースに次のように設定していきます。

なお、OTHER 01-A の設定は <a> に適用することもできるため、<a>、<button>、<input> で設定を共有することも可能です。

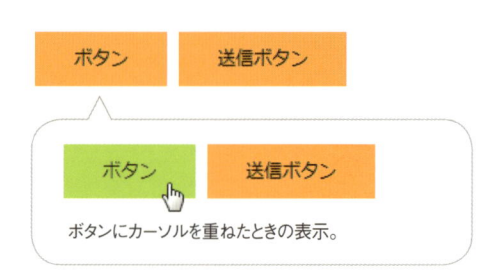

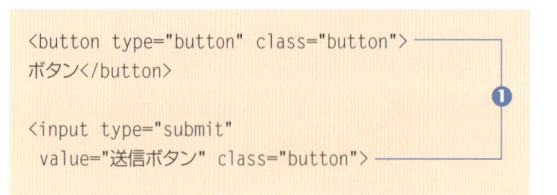

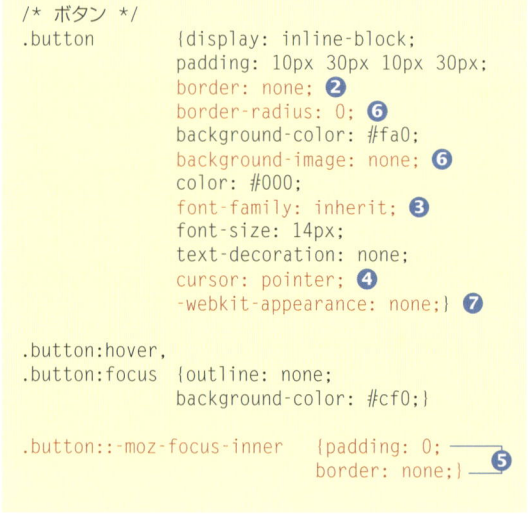

ボタンにカーソルを重ねたときの表示。

```html
<button type="button" class="button">
ボタン</button>

<input type="submit"
 value="送信ボタン" class="button">
```
❶

```css
/* ボタン */
.button          {display: inline-block;
                  padding: 10px 30px 10px 30px;
                  border: none; ❷
                  border-radius: 0; ❻
                  background-color: #fa0;
                  background-image: none; ❻
                  color: #000;
                  font-family: inherit; ❸
                  font-size: 14px;
                  text-decoration: none;
                  cursor: pointer; ❹
                  -webkit-appearance: none;} ❼

.button:hover,
.button:focus    {outline: none;
                  background-color: #cf0;}

.button::-moz-focus-inner   {padding: 0;
                             border: none;} ❺
```

❶ フォームのボタンを作成します。ここでは <button> と <input type="submit"> で作成したボタンを用意しています。すると、ブラウザのデフォルトスタイルシートによって、右のようにグレーの立体的なボタンの形で表示されます。
そこで、クラス名を「button」と指定し、OTHER 01 の CSS を適用します。すると、オレンジ色の四角いボタンの形にはなりますが、立体的な枠線が表示された状態になってしまいます。

OTHER 01のCSSを適用したときの表示。

❷ 立体的な枠線はブラウザのデフォルトスタイルシートによって表示されたものです。削除するためには <a> の border を「none」と指定します。

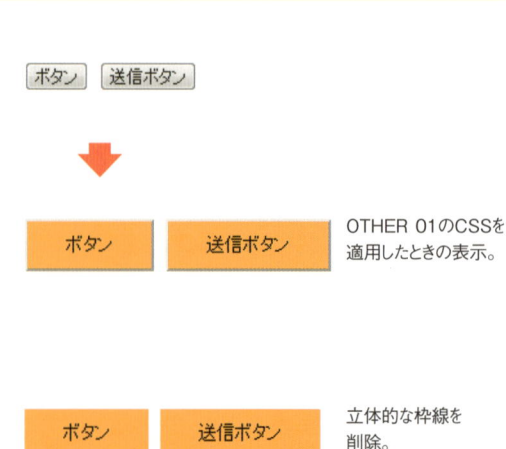

立体的な枠線を削除。

❸ フォームのボタンの表示フォントは、ブラウザのデフォルトスタイルシートによって Arial などの欧文フォントに設定されます。しかし、欧文フォントで日本語を表示することはできないので、ブラウザの標準フォント（MS Pゴシックなど）で表示されてしまいます。

Web ページの表示に使用するフォントは <body> やボタンの親要素で指定してあるのが一般的です。このフォントで表示するためには、font-family を「inherit」と指定し、親要素の設定を継承させます。サンプルの場合も、P.014 で <body> に指定した「メイリオ」または「ヒラギノ角ゴ Pro」で表示することができます。

❹ ボタンにカーソルを重ねると、標準では矢印の形状になります。ここではリンクにカーソルを重ねたときと同じように指の形状で表示するため、cursor を「pointer」と指定しています。

❺ Firefox ではタブキーでボタンにフォーカスすると、ボタン内のテキストのまわりに黒色の点線が表示されます。これを削除するためには、::-moz-focus-inner セレクタを利用し、padding を「0」、border を「none」と指定します。

❻ モバイル版の Firefox では、ボタンが角丸で、グラデーションのかかった表示になります。これらを削除するためには、border-radius を「0」、background-image を「none」と指定します。

❼ iOS 版の Safari では、<input> で作成したボタンが立体的な形で表示されます。この表示を解除するためには、-webkit-appearance を「none」と指定します。

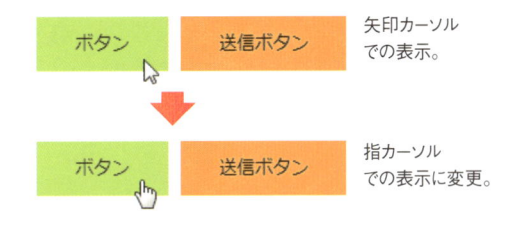

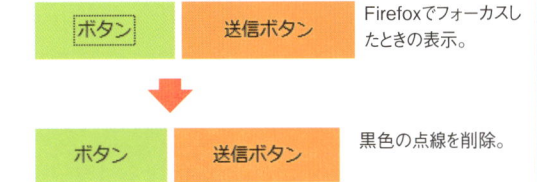

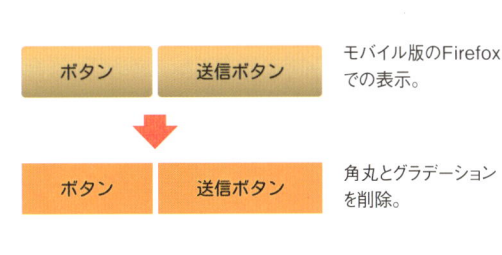

OTHER 01-B | 配置した場所の横幅に合わせてボタンを表示する

OTHER 01 や OTHER 01-A のボタンの横幅は、テキストの文字数と左右パディングの大きさで決まります。このボタンをリキッド（可変）にし、配置した場所（親要素）の横幅に合わせて表示するためには、❶のように width を追加し、横幅を「100%」と指定します。ここでは OTHER 01 に追加していますが、OTHER 01-A に追加することも可能です。

なお、「100%」には左右パディングの大きさを含めて表示するため、❷のように box-sizing を「border-box」と指定しておきます。ただし、IE7 は box-sizing に未対応なので注意が必要です。IE7 用の設定を用意する場合は P.017 のコンディショナルコメントを利用します。

また、テキストは中央揃えにして表示するため、❸のように text-align を「center」と指定しています。

配置した場所の横幅に合わせてボタンを表示したもの。

配置した場所の横幅を短くしたときの表示。

```
/* ボタン */
.button       {display: inline-block;
               width: 100%;  ❶
               padding: 10px 30px 10px 30px;
               background-color: #fa0;
               color: #000;
               font-size: 14px;
               text-align: center;  ❸
               text-decoration: none;
               -moz-box-sizing: border-box;
               -webkit-box-sizing: border-box;  ❷
               box-sizing: border-box;}

.button:hover,
.button:focus  {outline: none;
               background-color: #cf0;}
```

TIPS | CSS フレームワークによるボタンの表示

CSS フレームワークを利用すると、CSS に触れることなく、クラス名の指定だけでボタンの形にすることができます。たとえば、Bootstrap では「btn」と「btn-default」、Foundation では「button」とクラス名を指定すると右のようになります。

なお、ボタンのクラス名は <a>、<button>、<input> に指定することが可能です。また、Bootstrap ではクラス名「btn-default」の「defalut」を P.185 の値に変えることでボタンの色を変更することができます。Foundation では P.230 のクラス名を追加することで色を変更することが可能です。

Bootstrapで表示したボタン。

Foundationで表示したボタン。

OTHER 01-C ラベルの表示

記事が属するカテゴリーやコメント数といった情報をラベルの形で表示する場合、ボタンの設定を流用することができます。これは基本的なパーツの構造が同じためです。たとえば、記事のタイトルにラベルをつけると右のようになります。ここでは OTHER 01 をベースに次のように設定しています。

```
<h1>
記事のタイトル
<a href="#" class="lb">ラベル</a> ❶
</h1>
```

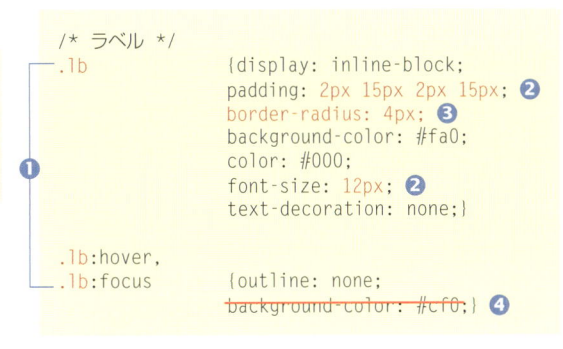

記事のタイトルにラベルをつけて表示したもの。

```
/* ラベル */
.lb             {display: inline-block;
                padding: 2px 15px 2px 15px; ❷
                border-radius: 4px; ❸
                background-color: #fa0;
                color: #000;
                font-size: 12px; ❷
                text-decoration: none;}

.lb:hover,
.lb:focus       {outline: none;
                background-color: #cf0;} ❹
```

❶ ラベルとして表示したい情報は <a> や <span> でマークアップします。ここでは「ラベル」というテキストを <a> でマークアップし、クラス名を「lb」と指定しています。それに合わせてセレクタも「.button」から「.lb」に変更すると、右のようにボタンの形で表示されます。

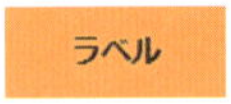

❷ ラベルとしてコンパクトに表示するため、上下パディングを2ピクセルに、左右パディングを 15 ピクセルに変更し、フォントサイズも 12 ピクセルに変更しています。

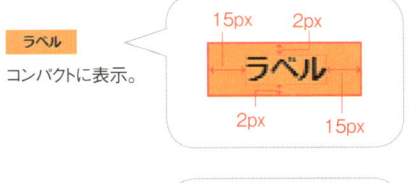

❸ 角丸にするため、border-radius を追加します。ここでは角丸の半径を4ピクセルに指定しています。

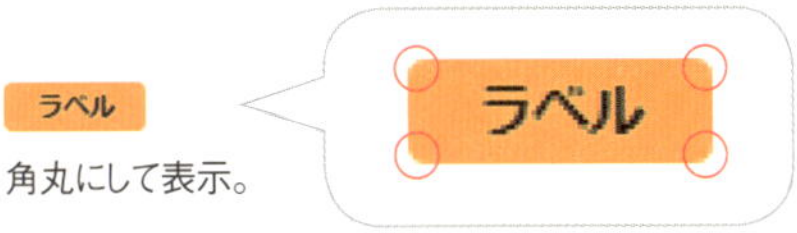

❹ カーソルを重ねても背景色が変化しないようにするため、background-color の指定を削除しています。

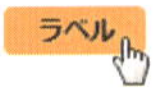

ラベル部分の表示。ボタンの形で表示される。

コンパクトに表示。

角丸にして表示。

カーソルを重ねても変化しないように指定。

CSSフレームワークではクラス名を指定してラベルの形で表示することができます。たとえば、Bootstrap では「label」と「label-default」、Foundation では「label」と指定すると右のような表示になります。

Bootstrapで表示したラベル。

Foundationで表示したラベル。

OTHER 02

フォーム

フォームの基本的な設定です。
フォームを配置した場所の横幅に合わせて表示するように設定しています。

➤ Finished Parts

➤ HTML + CSS

```html
<form action="#" method="post">
<p>
<label for="name">名前</label>
<input type="text" id="name" name="name">
</p>

<p>
<label for="email">メールアドレス</label>
<input type="email" id="email" name="email">
</p>

<p>
<label for="message">コメント</label>
<textarea id="message" name="message"></textarea>
</p>

<p><input type="submit" value="送信"></p>
</form>
```
❶

```css
/* フォーム */
form            {padding: 20px;
                background-color: #dfe3e8;}         ❷

form p          {margin: 0 0 20px 0;}               ❷

label           {display: block;
                margin: 0 0 5px 0;
                font-size: 14px;}                   ❸

input[type="text"],
input[type="email"],
textarea        {width: 100%;                       ❹
                padding: 5px 10px 5px 10px;         ❺
                border: solid 1px #aaa;             ❽
                border-radius: 0;
                background-image: none;             ❾
                font-family: inherit;
                font-size: 14px;                    ❻
                -webkit-appearance: none;           ❿
                -moz-box-sizing: border-box;
                -webkit-box-sizing: border-box;
                box-sizing: border-box;}            ❹

textarea        {height: 80px;}                     ❼

input[type="text"]:focus,
input[type="email"]:focus,
textarea:focus  {border: solid 1px #0cf;
                outline: none;
                -webkit-box-shadow: 0 0 5px 0 #0cf;
                box-shadow: 0 0 5px 0 #0cf;}        ⓫

/* ボタン */
input[type="submit"]
                {display: inline-block;
                …略…
                -webkit-appearance: none;}

input[type="submit"]:hover,
input[type="submit"]:focus
                {outline: none;
                background-color: #cf0;}            ⓬

input[type="submit"]::-moz-focus-inner
                {padding: 0;
                border: none;}
```

LAYOUT

ここではシンプルな投稿フォームを作成し、ブラウザごとの表示を統一するように設定していきます。

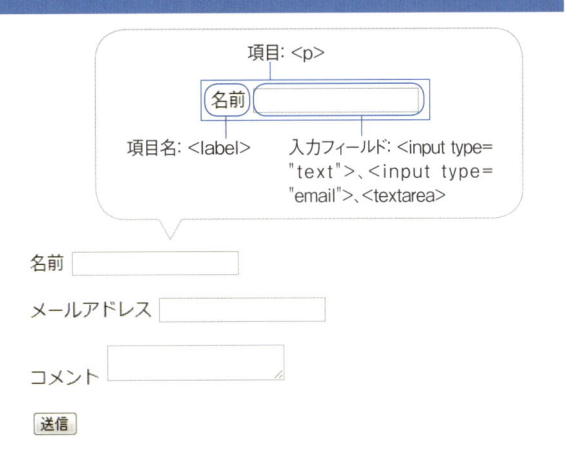

❶ フォームを用意する

入力フィールドは <input type="text">、<input type="email">、<textarea> で作成し、全体を <form> でマークアップします。各入力フィールドには <label> で項目名をつけ、全体を <p> でマークアップしています。また、フォームの最後には <input type="submit"> で送信ボタンを用意しています。

項目: <p>
項目名: <label>
入力フィールド: <input type="text">、<input type="email">、<textarea>

❷ 項目の表示位置を親要素を元にした基準線で揃える

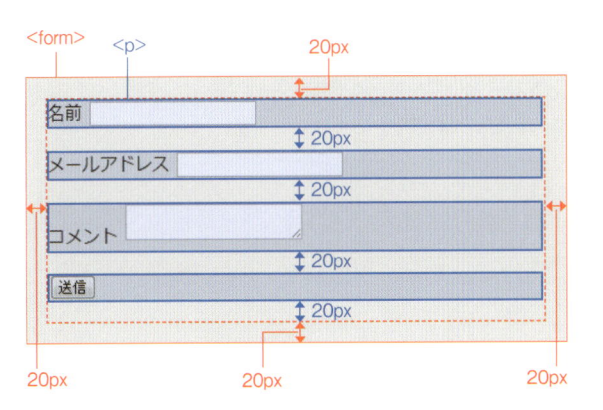

各項目を揃える基準線を親要素のパディング（padding）を利用した形で用意します。ここでは上から20ピクセル、左から20ピクセルの位置に揃えて表示するため、親要素 <form> のパディングを20ピクセルに指定しています。また、<form> の構成するボックスをわかりやすくするため、背景色（background-color）をグレーにしています。

なお、項目ごとの間隔を調整するため、ここでは <p> の下マージンを20ピクセルに指定しています。

❸ 項目名の表示位置を調整する

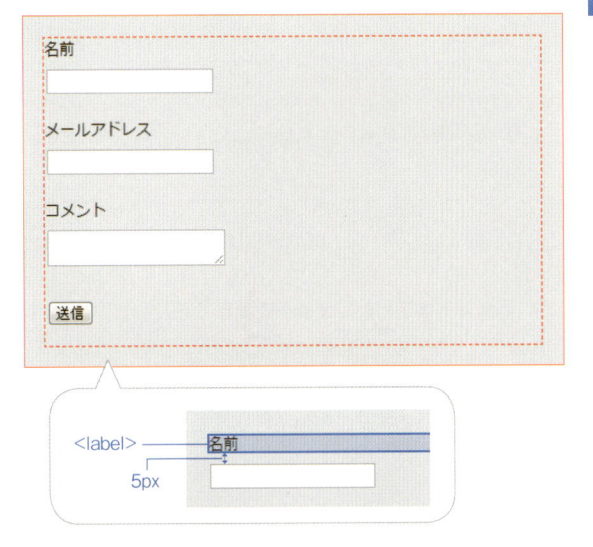

「名前」などの項目名を入力フィールドの上に表示するため、<label> の display を「block」と指定しています。これで、<label> の前後に改行が入るようになります。
入力フィールドとの間隔は <label> の下マージンで調整します。ここでは5ピクセルに指定しています。また、項目名はフォントサイズ（font-size）を14ピクセルに指定して表示しています。

OTHER 02

❹ 入力フィールドを横幅いっぱいに表示する

入力フィールドをリキッド（可変）にして、横幅いっぱいに表示します。そのため、<input type="text">、<input type="email">、<textarea>の横幅（width）を100％に指定しています。これにより、入力フィールドが親要素<form>のコンテンツエリアに合わせた横幅で表示されます。

なお、横幅の100％には入力フィールドの罫線やパディングを含めて表示するため、box-sizingを「border-box」と指定しています。

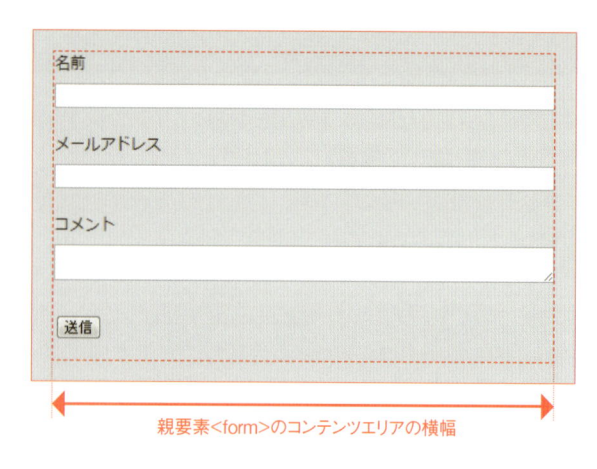

❺ 入力フィールド内の余白サイズを調整する

入力フィールド内の余白サイズを調整するため、テキストを入力した状態で表示を確認します。すると、ほとんど余白が入っていないことがわかります。そこで、<input type="text">、<input type="email">、<textarea>の上下パディングを5ピクセル、左右パディングを10ピクセルに指定し、余白を大きくしています。

❻ 入力テキストのフォントサイズとフォントを調整する

入力フィールドのテキストは、デフォルトスタイルシートでは12ピクセル前後のフォントサイズで表示されます。ここではひとまわり大きく表示するため、<input type="text">、<input type="email">、<textarea>のフォントサイズ（font-size）を14ピクセルに指定しています。

また、表示フォントはArialなどの欧文フォントに設定されており、日本語のテキストはブラウザの標準フォント（MS Pゴシックなど）で表示されてしまいます。P.014のように<body>で指定したフォントで表示するためには、font-familyを「inherit」と指定し、親要素の設定を継承させます。サンプルの場合、<body>で指定した「メイリオ」または「ヒラギノ角ゴ Pro」で表示することができます。

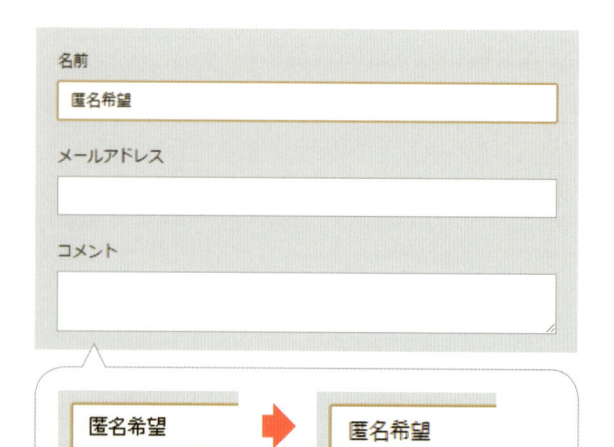

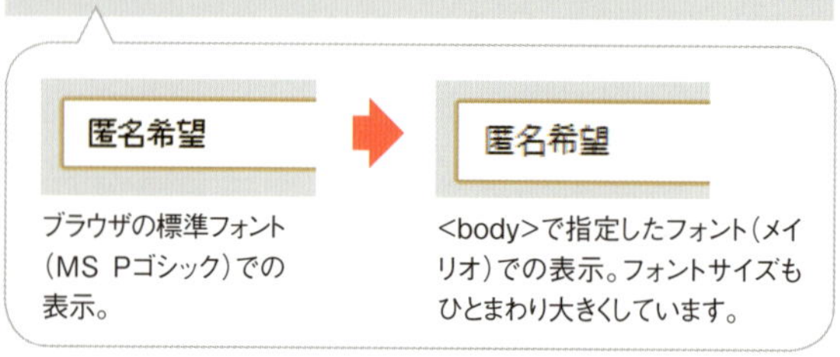

❼ テキストエリアの高さを調整する

複数行のテキストを入力できるテキストエリア <textarea> の高さ（height）を調整します。ここでは 80 ピクセルに指定しています。

❽ 入力フィールドの罫線の表示を指定する

ここからはブラウザごとの違いを減らし、入力フィールドの表示を統一していきます。まず、Firefox では入力フィールドの罫線が立体的な形で表示されます。ここでは太さ 1 ピクセルのグレーの罫線に統一して表示するため、border を「solid 1px #aaa」と指定しています。

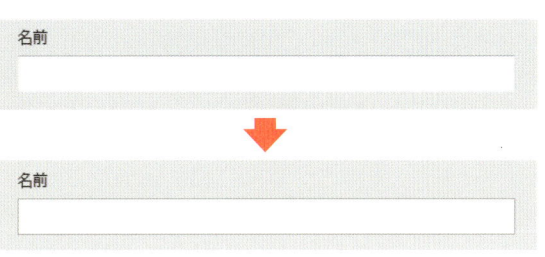

Firefoxでの表示。

❾ 入力フィールドの背景と角丸の表示を指定する

モバイル版の Firefox では、入力フィールドの背景にグラデーションが表示されます。これを削除するためには、background-image を「none」と指定します。
また、入力フィールドの角丸を削除するため、border-radius を「0」と指定しています。

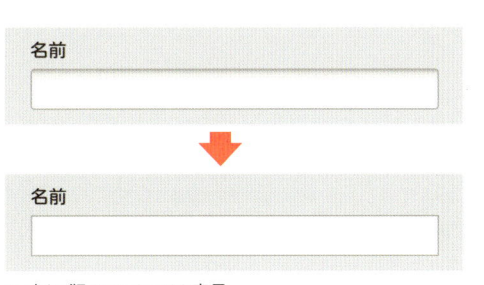

モバイル版のFirefoxでの表示。

❿ iOS の入力フィールドの表示を解除する

iOS 版の Safari では、入力フィールド内に影のついた表示になります。この表示を解除するためには、-webkit-appearance を「none」と指定します。

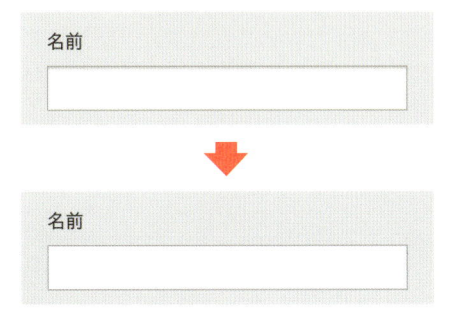

iOS版のSafariでの表示。

| OTHER 02

⓫ 選択・入力中のフィールドの表示を指定する

選択・入力中のフィールドはブラウザごとに右のような表示になります。Chromeでは黄色の枠が、Safariでは青色の枠が表示されますが、他のブラウザでは特に表示は変化しません。

ここでは、選択・入力中に水色の枠で囲んで表示するため、:focusをつけたセレクタを用意し、borderを「solid 1px #0cf」と指定しています。さらに、水色のグロー効果も追加するため、box-shadowを「0 0 5px 0 #0cf」と指定しています。
なお、ChromeとSafariで表示される黄色と青色の枠は削除するため、outlineを「none」と指定しています。

⓬ 送信ボタンの表示を指定する

最後に、送信ボタンの表示を指定します。ここではOTHER 01-A (P.118) のCSSの設定を追加し、オレンジ色のボタンの形で表示しています。
なお、OTHER 01では「button」というクラス名に対して設定を適用していましたが、ここでは<input type="submit">に適用するため、セレクタの「.button」を「input[type="submit"]」に変更しています。

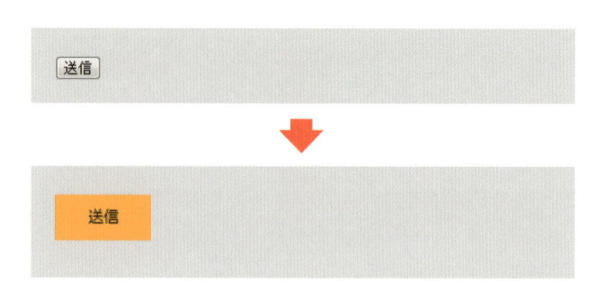

TIPS　CSSフレームワークによるフォームの表示

CSSフレームワークを利用すると、CSSに触れることなく、OTHER 02と同じようにフォームの表示を整え、主要ブラウザでの表示を統一することができます。

たとえば、Bootstrapでは入力フィールドを構成する<input>と<textarea>に「form-control」、送信ボタンに「btn」「btn-default」とクラス名を指定すると、右のような形で表示することができます。

Bootstrapで表示したフォーム。

Foundationではクラス名を指定しなくても、右のような形でフォームが表示されます。ただし、送信ボタンには「button」とクラス名を指定しています。

Foundationで表示したフォーム。

OTHER 03

テーブル（表組み）

テーブル（表組み）の基本的な設定です。
テーブルは配置した場所の横幅に合わせて表示されます。

➤ Finished Parts

見出しA	見出しB	見出しC
Aのコンテンツ	Bのコンテンツ Bのコンテンツ	Cのコンテンツ Cのコンテンツ
Aのコンテンツ	Bのコンテンツ Bのコンテンツ	Cのコンテンツ Cのコンテンツ
Aのコンテンツ	Bのコンテンツ Bのコンテンツ	Cのコンテンツ Cのコンテンツ

テーブルを配置した場所の横幅が変わったときの表示です。サンプルでは1列目のみ横幅を120ピクセルに固定しています。

➤ HTML + CSS

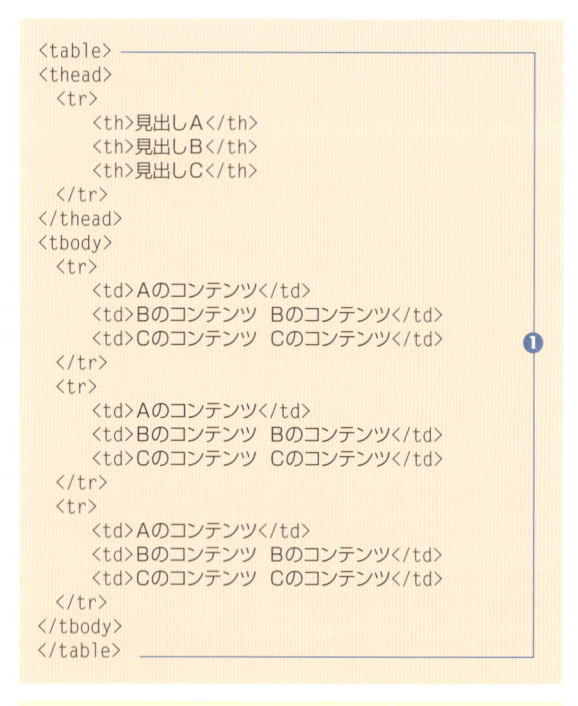

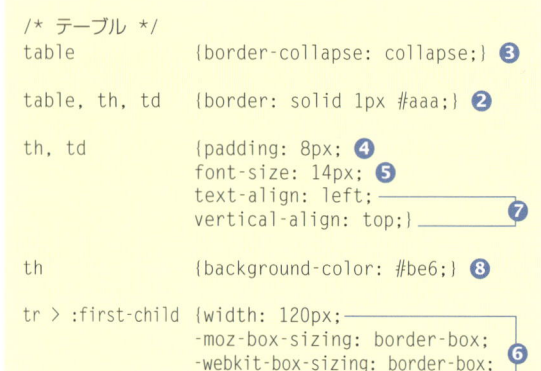

```
<table>
<thead>
  <tr>
    <th>見出しA</th>
    <th>見出しB</th>
    <th>見出しC</th>
  </tr>
</thead>
<tbody>
  <tr>
    <td>Aのコンテンツ</td>
    <td>Bのコンテンツ　Bのコンテンツ</td>
    <td>Cのコンテンツ　Cのコンテンツ</td>
  </tr>
  <tr>
    <td>Aのコンテンツ</td>
    <td>Bのコンテンツ　Bのコンテンツ</td>
    <td>Cのコンテンツ　Cのコンテンツ</td>
  </tr>
  <tr>
    <td>Aのコンテンツ</td>
    <td>Bのコンテンツ　Bのコンテンツ</td>
    <td>Cのコンテンツ　Cのコンテンツ</td>
  </tr>
</tbody>
</table>
```
❶

```
/* テーブル */
table            {border-collapse: collapse;}  ❸
table, th, td    {border: solid 1px #aaa;}  ❷
th, td           {padding: 8px;  ❹
                  font-size: 14px;  ❺
                  text-align: left;
                  vertical-align: top;}  ❼
th               {background-color: #be6;}  ❽
tr > :first-child {width: 120px;
                   -moz-box-sizing: border-box;
                   -webkit-box-sizing: border-box;
                   box-sizing: border-box;}  ❻
```

LAYOUT

ここでは4行3列のテーブル（表組み）を作成し、各セルをグレーの罫線で区切るように設定していきます。また、1列目のみ横幅を固定し、1行目の見出しセルは背景を黄緑色に設定します。

❶ テーブルをマークアップする

テーブルは全体を <table>、各行を <tr>、見出しセルを <th>、データセルを <td> でマークアップします。さらに、見出しの行のグループを <thead> で、メインデータの行のグループを <tdata> で明示しています。

見出しA	見出しB	見出しC
Aのコンテンツ	Bのコンテンツ Bのコンテンツ	Cのコンテンツ Cのコンテンツ
Aのコンテンツ	Bのコンテンツ Bのコンテンツ	Cのコンテンツ Cのコンテンツ
Aのコンテンツ	Bのコンテンツ Bのコンテンツ	Cのコンテンツ Cのコンテンツ

❷ 罫線で区切る（1）

各セルを罫線で区切って表示するため、<table>、<th>、<td> の border を指定します。ここでは太さ1ピクセルのグレーの罫線で区切るため、「solid 1px #aaa」と指定しています。すると、テーブル全体、見出しセル、データセルがそれぞれ罫線で囲んで表示されます。

見出しA	見出しB	見出しC
Aのコンテンツ	Bのコンテンツ Bのコンテンツ	Cのコンテンツ Cのコンテンツ
Aのコンテンツ	Bのコンテンツ Bのコンテンツ	Cのコンテンツ Cのコンテンツ
Aのコンテンツ	Bのコンテンツ Bのコンテンツ	Cのコンテンツ Cのコンテンツ

❸ 罫線で区切る（2）

罫線で区切ったように見せるためには、<table> の border-collapse を「collapse」と指定します。すると、右のように罫線が重ねて表示されます。

見出しA	見出しB	見出しC
Aのコンテンツ	Bのコンテンツ Bのコンテンツ	Cのコンテンツ Cのコンテンツ
Aのコンテンツ	Bのコンテンツ Bのコンテンツ	Cのコンテンツ Cのコンテンツ
Aのコンテンツ	Bのコンテンツ Bのコンテンツ	Cのコンテンツ Cのコンテンツ

❹ セル内の余白サイズを指定する

セル内に余白を入れるため、<th> と <td> の padding を指定します。ここでは8ピクセルの余白を入れるようにしています。

見出しA	見出しB	見出しC
Aのコンテンツ	Bのコンテンツ Bのコンテンツ	Cのコンテンツ Cのコンテンツ
Aのコンテンツ	Bのコンテンツ Bのコンテンツ	Cのコンテンツ Cのコンテンツ
Aのコンテンツ	Bのコンテンツ Bのコンテンツ	Cのコンテンツ Cのコンテンツ

<th>のパディング: 8px
<td>のパディング: 8px

❺ テキストのフォントサイズを指定する

<th>と<td>のfont-sizeでセル内のテキストのフォントサイズを指定します。ここではブラウザの標準の文字サイズ（一般的には16ピクセル）よりもひとまわり小さくするため、14ピクセルに指定しています。

❻ 1列目の横幅を固定する

各セルの横幅は標準ではリキッド（可変）になっており、セル内のコンテンツの分量に応じて自動的に横幅が決まります。ただし、1列目のテキストには改行を入れないようにするため、1列目のセルの横幅（width）を120ピクセルに指定しています。1列目のセルを構成する<th>または<td>に適用する設定は「tr > :first-child」セレクタで指定することが可能です。

なお、widthで指定した横幅には罫線（border）と余白（padding）を含めるため、box-sizingを「border-box」と指定しています。

❼ 位置揃えを指定する

セル内のコンテンツの位置揃えを指定します。まず、横方向は左揃えにするため、<th>と<td>のtext-alignを「left」に指定しています。次に、縦方向は上揃えにするため、<th>と<td>のvertical-alignを「top」に指定しています。

❽ 見出しセルの背景色を指定する

見出しセルの背景に色を付けて表示するため、<th>のbackground-colorを指定します。ここでは黄緑色（#be6）に指定しています。

OTHER 03-A 横方向の罫線のみで区切る

縦方向の罫線を表示せず、横方向の罫線のみで区切る場合、<table>、<th>、<td>の上辺と下辺に罫線を表示します。そこで、OTHER 03をベースに、borderで指定した罫線の設定をborder-topとborder-bottomで指定します。

見出しA	見出しB	見出しC
Aのコンテンツ	Bのコンテンツ Bのコンテンツ	Cのコンテンツ Cのコンテンツ
Aのコンテンツ	Bのコンテンツ Bのコンテンツ	Cのコンテンツ Cのコンテンツ
Aのコンテンツ	Bのコンテンツ Bのコンテンツ	Cのコンテンツ Cのコンテンツ

```css
/* テーブル */
table          {border-collapse: collapse;}

table, th, td  {border-top: solid 1px #aaa;
                border-bottom: solid 1px #aaa;}

th, td         {padding: 8px;
…略…
```

OTHER 03-B テーブルの行をストライプにする

テーブルの行をストライプにするためには、奇数行と偶数行で背景色を変えて表示します。ここでは<tbody>でマークアップしたメインデータの行だけをストライプにするため、OTHER 03をベースに次のように指定しています。

まず、「tbody > tr:nth-child(odd) > td」セレクタでは<tbody>内の奇数行の<td>の背景を薄い黄色（#ffd）に指定しています。さらに、「tbody > tr:nth-child(even) > td」セレクタでは<tbody>内の偶数行の<td>の背景を薄い黄緑色（#efa）に指定しています。

なお、IE8/IE7は:nth-child()に未対応なため、ストライプにはなりません。また、わかりやすくするため、ここでは<tbody>内に1行追加し、5行3列のテーブルにして表示を確認しています。

見出しA	見出しB	見出しC	
Aのコンテンツ	Bのコンテンツ Bのコンテンツ	Cのコンテンツ Cのコンテンツ	<tbody>内の奇数行。
Aのコンテンツ	Bのコンテンツ Bのコンテンツ	Cのコンテンツ Cのコンテンツ	<tbody>内の偶数行。
Aのコンテンツ	Bのコンテンツ Bのコンテンツ	Cのコンテンツ Cのコンテンツ	<tbody>内の奇数行。
Aのコンテンツ	Bのコンテンツ Bのコンテンツ	Cのコンテンツ Cのコンテンツ	<tbody>内の偶数行。

<tbody>でマークアップした行。

```css
/* テーブル */
…略…
tr > :first-child {width: 120px;
                   -moz-box-sizing: border-box;
                   -webkit-box-sizing: border-box;
                   box-sizing: border-box;}

tbody > tr:nth-child(odd) > td
                  {background-color: #ffd;}

tbody > tr:nth-child(even) > td
                  {background-color: #efa;}
```

OTHER 03

OTHER 03-C テーブルの列をストライプにする

テーブルの列をストライプにする場合も、行の場合と同じように奇数列と偶数列で背景色を変えて表示します。

たとえば、OTHER 03 をベースに、「tr > td:nth-child(odd)」セレクタで奇数列の <td> の背景を薄い黄色（#ffd）に、「tr > td:nth-child(even)」セレクタで偶数列の <td> の背景を薄い黄緑色（#efa）に指定すると、右のようになります。

なお、IE8/IE7 は :nth-child() に未対応なため、ストライプにはなりません。また、わかりやすくするため、ここでは4列目を追加し、4行4列のテーブルにして表示を確認しています。

見出しA	見出しB	見出しC	見出しD
Aのコンテンツ	Bのコンテンツ Bのコンテンツ	Cのコンテンツ Cのコンテンツ	Dのコンテンツ Dのコンテンツ
Aのコンテンツ	Bのコンテンツ Bのコンテンツ	Cのコンテンツ Cのコンテンツ	Dのコンテンツ Dのコンテンツ
Aのコンテンツ	Bのコンテンツ Bのコンテンツ	Cのコンテンツ Cのコンテンツ	Dのコンテンツ Dのコンテンツ

奇数列。　偶数列。　奇数列。　偶数列。

```
/* テーブル */
…略…
                              box-sizing: border-box;}

tr > td:nth-child(odd)   {background-color: #ffd;}

tr > td:nth-child(even)  {background-color: #efa;}
```

OTHER 03-D 列ごとに位置揃えを変更する

:nth-child() を利用すると、列ごとにテキストの位置揃えを変更することもできます。たとえば、OTHER 03-C をベースに1列目を中央揃え、2列目を右揃え、3列目以降を中央揃えにすると右のようになります。

まず、1列目に適用する設定は「tr > :nth-child(1)」または「tr > :first-child」セレクタで指定します。:first-child には IE8/IE7 も対応しているため、ここでは「tr > :first-child」セレクタに text-align の設定を追加し、中央揃え（center）にするように指定しています。

次に、2列目は「tr > :nth-child(2)」セレクタ、3列目は「tr > :nth-child(3)」、4列目は「tr > :nth-child(4)」セレクタで text-align の設定を適用しています。

> 3列目以降のすべての列（サンプルでは3列目と4列目）にまとめて設定を適用する場合は、セレクタを「tr > :nth-child(n+3)」と指定します。

> IE8/IE7に対応する場合、2列目には「tr > :first-child + *」、3列目には「tr > :first-child + * + *」、4列目には「tr > :first-child + * + * + *」セレクタで設定を適用することもできます。

見出しA	見出しB	見出しC	見出しD
Aのコンテンツ	Bのコンテンツ Bのコンテンツ	Cのコンテンツ Cのコンテンツ	Dのコンテンツ Dのコンテンツ
Aのコンテンツ	Bのコンテンツ Bのコンテンツ	Cのコンテンツ Cのコンテンツ	Dのコンテンツ Dのコンテンツ
Aのコンテンツ	Bのコンテンツ Bのコンテンツ	Cのコンテンツ Cのコンテンツ	Dのコンテンツ Dのコンテンツ

1列目。　2列目。　3列目。　4列目。

```
/* テーブル */
…略…
tr > :first-child        {width: 120px;
                          -moz-box-sizing: border-box;
                          -webkit-box-sizing: border-box;
                          box-sizing: border-box;
                          text-align: center;}

tr > :nth-child(2)       {text-align: right;}

tr > :nth-child(3)       {text-align: center;}

tr > :nth-child(4)       {text-align: center;}

tr > td:nth-child(odd)   {background-color: #ffd;}

tr > td:nth-child(even)  {background-color: #efa;}
```

OTHER 03-E　レスポンシブテーブル

列数の多いテーブルの場合、リキッドレイアウトで各セルの横幅が短くなると読みづらくなってしまいます。それを防ぐためには、テーブル全体の横幅を指定して固定レイアウトにします。ただし、横幅を固定したテーブルはスマートフォンなどの小さい画面には収まらないため、レスポンシブテーブルの設定も行います。

たとえば、右のサンプルは OTHER 03-C のテーブルの横幅を 700 ピクセルに固定し、レスポンシブテーブルの設定をしたものです。テーブルを配置した場所が 700 ピクセル以下の横幅になった場合、テーブルはインラインフレームの中に表示した形になり、PC 環境では横スクロールで、iOS や Android（3.x 以上）では左右スワイプで閲覧できるようになります。

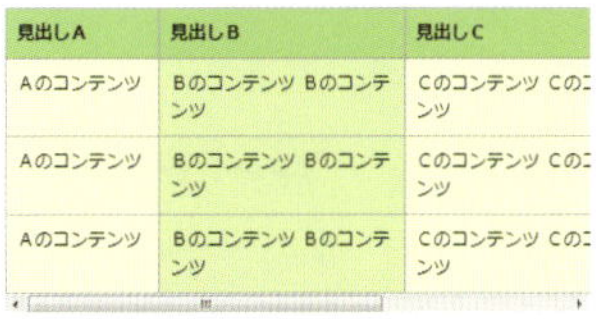

このような形で表示するためには、❶のように <table> の width でテーブルの横幅を 700px に指定します。次に、テーブル全体を❷のように <div class="table-container"> でマークアップし、❸で overflow-x プロパティを「auto」に指定します。これで、<div class="table-container"> が 700 ピクセル以下の横幅になるとテーブルの一部が切り出して表示され、横スクロールや左右スワイプで全体を閲覧できるようになります。

なお、❹の指定を追加しておくと、iOS ではスワイプ中に横スクロールバーを表示することができます。 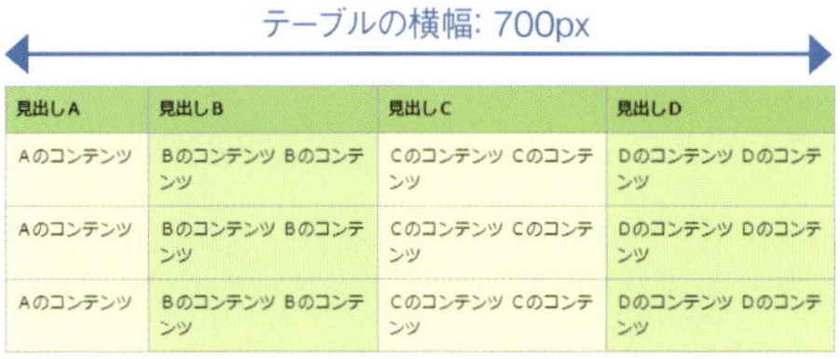

```
<div class="table-container">
<table>
…略…
</table>
</div><!-- table-container -->
```
❷

```
/* テーブル */
.table-container {overflow-x: auto;   ❸
                  -webkit-overflow-scrolling: touch;}  ❹

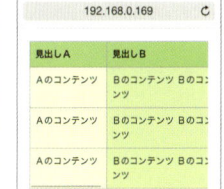

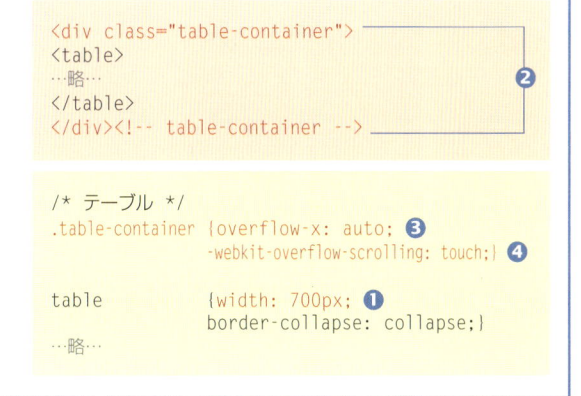

table            {width: 700px;  ❶
                  border-collapse: collapse;}
…略…
```

PC環境のブラウザでは横スクロールで閲覧できます。

iOSやAndroidでは左右スワイプで閲覧できます。

TIPS　CSS フレームワークによるテーブルの表示

CSS フレームワークを利用すると、CSS に触れることなく、テーブルをレイアウトした形で表示することができます。たとえば、Bootstrap で OTHER 03 の <table> に「table」「table-striped」とクラス名を指定すると右のようになります。Foundation ではクラス名を指定しなくても右のように表示されます。
なお、Bootstrap では P.287 のように指定すると、OTHER 03-E と同じようにレスポンシブテーブルを設定することもできます。

Bootstrap で表示したテーブル。

Foundation で表示したテーブル。

OTHER 04

段組み

段組みを構成するための基本的な設定です。サンプルでは3段組みにしていますが、この設定をベースに2段組みなども構成することができます。

▶ Finished Parts

画面の横幅を小さくしたときの表示。

▶ HTML + CSS

```html
<div class="cols">

<div class="col">
<div class="entry entry01">
  <h1>記事のタイトルA</h1>
  <p>この文章は記事の本文です。この文章は…略…</p>
</div>
</div>

<div class="col">
<div class="entry entry02">
  <h1>記事のタイトルB</h1>
  <p>この文章は記事の本文です。この文章は…略…</p>
</div>
</div>

<div class="col">
<div class="entry entry03">
  <h1>記事のタイトルC</h1>
  <p>この文章は記事の本文です。この文章は…略…</p>
</div>
</div>

</div><!-- cols -->
```

```css
/* 段組み */
.col              {float: left;
                   width: 31%;
                   margin-left: 3.5%;
                   *clear: right;}

.col:first-child  {margin-left: 0;}

.cols:after       {content: "";
                   display: block;
                   clear: both;}
.cols             {*zoom: 1;}
```

LAYOUT

ここではA、B、Cの3つの記事を横に並べてレイアウトするため、次のように3段組みの設定を行っています。

❶ 段組みの各段をマークアップする

まず、1段目～3段目の各段に表示したい内容を<div>でマークアップし、クラス名を「col」と指定します。

❷ 段組み全体をマークアップする

1段目～3段目の段組み全体を<div>でマークアップし、クラス名を「cols」と指定します。

❸ 各段の横幅を指定する

1段目～3段目の各段の横幅を指定します。このとき、段組み全体の横幅を100%としたときに、何%の横幅にするかで指定します。
ここでは<div class="col">の横幅を31%と指定し、3段分で合計31×3＝93%になるようにしています。残りの100 - 93 ＝ 7%は、段の間の余白を確保するために使用します。

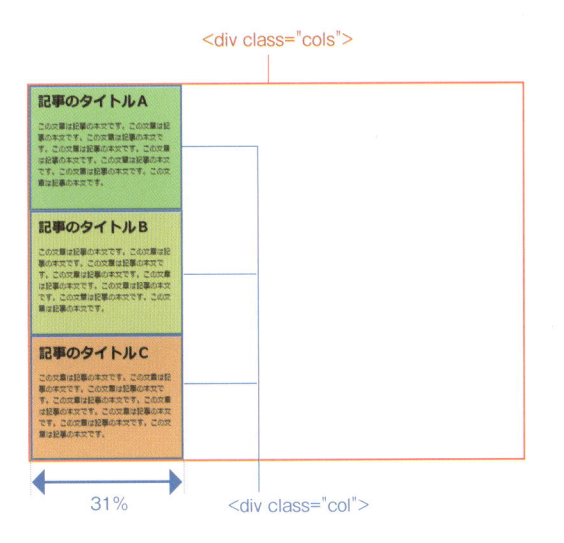

❹ 横に並べて表示する

1段目～3段目の各段を横に並べて表示するため、<div class="col">のfloatを「left」と指定します。floatの仕組みについてはP.032を参照してください。
なお、floatを利用する場合はP.033のclearfixの設定も追加しておきます。

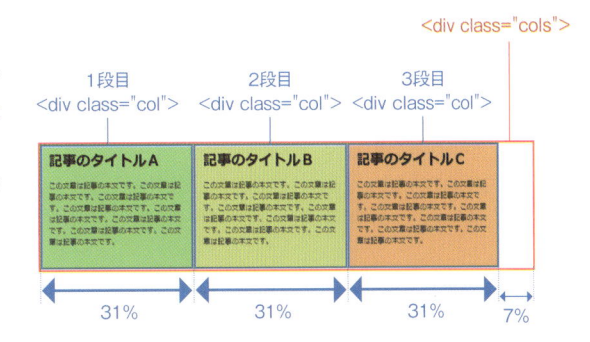

| OTHER 04

❺ 各段の間に余白を入れる

残りの7%を利用して各段の間に余白を入れるため、各段の左マージンを3.5%（7÷2＝3.5%）に指定しています。ただし、1段目の左マージンは不要なため、値を「0」にして削除しています。1段目のみに適用する設定は「.col:first-child」セレクタで指定します。

なお、各段の横幅と余白の合計が100%になると、IE7では段組みのレイアウトが崩れるという問題が発生します。これを回避するためには、「clear:right」の設定も追加しておきます。なお、この設定はIE7のみに適用するため、「*」を付けて記述しています。

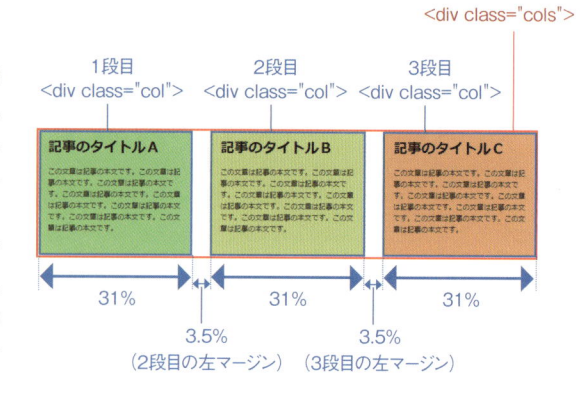

OTHER 04-A 段ごとに横幅を変える

段組みでは段ごとに横幅を変えることもできます。たとえば、1段目と3段目の横幅を20%に、2段目の横幅を53%にすると右のようになります。

段ごとに横幅を指定するためには、各段に「col01」といったクラス名を追加し、クラス名に対してCSSを適用するという方法があります。しかし、ここではクラス名を追加せず、汎用性を持たせる形で対応するため、:first-childセレクタと隣接セレクタ（+）を利用して横幅を指定しています。

この場合、1段目は「.col:first-child」セレクタで、2段目は「.col:first-child + .col」セレクタで、3段目は「.col:first-child + .col + .col」セレクタで横幅を指定します。「.col:first-child + .col」セレクタでは1つ目の<div class="col">に続けて記述した<div class="col">に、「.col:first-child + .col + .col」セレクタでは2つ目の<div class="col">に続けて記述した<div class="col">にCSSが適用されます。

> CSS3の:nth-child()を使用すると、1段目には「.col:nth-child(1)」、2段目には「.col:nth-child(2)」、3段目には「.col:nth-child(3)」というセレクタでCSSを適用できます。ただし、:nth-child()にはIE8/IE7が未対応なため、サンプルではIE8/IE7が対応した:first-childを使用しています。

> <div class="col">と<div class="col">の間にコメント<!--〜-->を入れると、IE7では要素の1つと認識され、隣接セレクタが正しく機能しなくなるので注意が必要です。

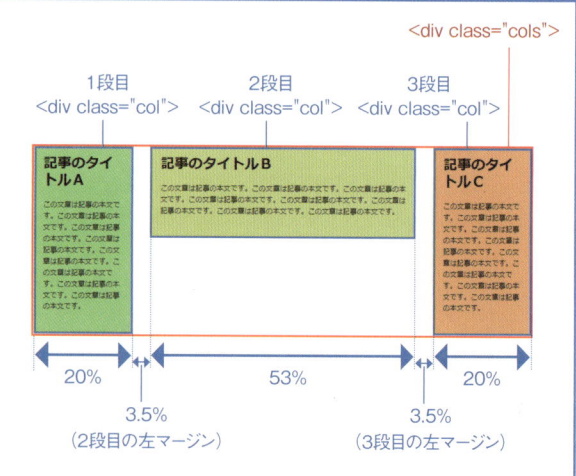

```css
/* 段組み */
.col                    {float: left;
                         width: 31%;
                         margin-left: 3.5%;
                         *clear: right;}

.col:first-child        {margin-left: 0;}
…略…
.cols                   {*zoom: 1;}

/* 段ごとの横幅 */
.col:first-child                    {width: 20%;}

.col:first-child + .col             {width: 53%;}

.col:first-child + .col + .col      {width: 20%;}
```

OTHER 04-B 段数を変える

段組みの段数は、<div class="cols"> の中の <div class="col"> の個数で決まります。個数を変更した場合、それに合わせて各段の横幅と余白の大きさを調整します。

04-B-A 2段組みの場合

1段目 <div class="col">　　　　　2段目 <div class="col">
<div class="cols">

記事のタイトルA　　　　　　　記事のタイトルB

48.5%　　3%　　48.5%
（2段目の左マージン）

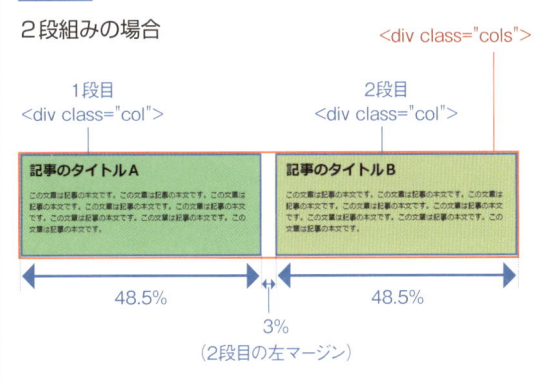

```
/* 段組み */
.col            {float: left;
                 width: 48.5%;
                 margin-left: 3%;
                 *clear: right;}
…略…
```

2段組みにする場合、<div class="cols"> の中には <div class="col"> を2つ用意します。たとえば、OTHER 04の3段目（記事C）を削除し、2段組みのレイアウトにすると上のようになります。ここでは各段の横幅を48.5%に、段の間の余白サイズを3%に変更しています。

04-B-B 4段組みの場合

1段目 <div class="col">　2段目 <div class="col">　3段目 <div class="col">　4段目 <div class="col">
<div class="cols">

記事のタイトルA　記事のタイトルB　記事のタイトルC　記事のタイトルD

22.75%　3%　22.75%　3%　22.75%　3%　22.75%
　　　（2段目の左マージン）（3段目の左マージン）（4段目の左マージン）

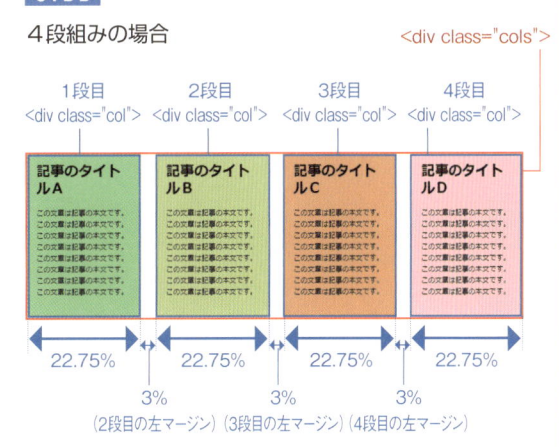

```
/* 段組み */
.col            {float: left;
                 width: 22.75%;
                 margin-left: 3%;
                 *clear: right;}
…略…
```

4段組みにする場合、<div class="cols"> の中には <div class="col"> を4つ用意します。たとえば、OTHER 04に4段目（記事D）を追加し、4段組みのレイアウトにすると上のようになります。ここでは各段の横幅を22.75%に、段の間の余白サイズを3%に変更しています。

OTHER 05

グループ

複数のパーツをグループ化し、見出しをつけて表示するための設定です。

▶ Finished Parts

▶ HTML + CSS

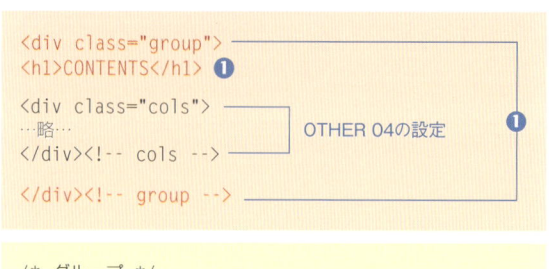

```
<div class="group">
<h1>CONTENTS</h1>  ❶

<div class="cols">
…略…
</div><!-- cols -->

</div><!-- group -->
```
❶ OTHER 04の設定

```
/* グループ */
.group         {padding: 20px;
               background-color: #dfe3e8;}  ❷

.group > h1    {margin: 0 0 20px 0;
               font-size: 36px;}  ❸
```

▶ LAYOUT

この設定は、関連記事の一覧といった複数のパーツで構成したコンテンツをグループ化し、見出しをつけて表示したい場合に使用します。ここでは OTHER 04 で段組みにした3つの記事をグループ化するため、❶のように全体を <div> でマークアップし、クラス名を「group」と指定しています。また、「CONTENTS」と見出しを追加し、<h1> でマークアップしています。

CSS では、ヘッダーや記事などのパーツと同じように、親要素のパディング（padding）で中身を揃える基準線を用意します。ここでは上から20ピクセル、左から20ピクセルの位置に揃えて表示するため、❷で <div class="group"> の padding を 20px に指定しています。また、<div class="group"> のボックスがわかりやすいように、背景色（background-color）をグレー（#dfe3e8）にしています。見出しは❸でフォントサイズ（font-size）を36ピクセルに指定し、下マージンを20ピクセルにしてコンテンツとの間隔を調整しています。

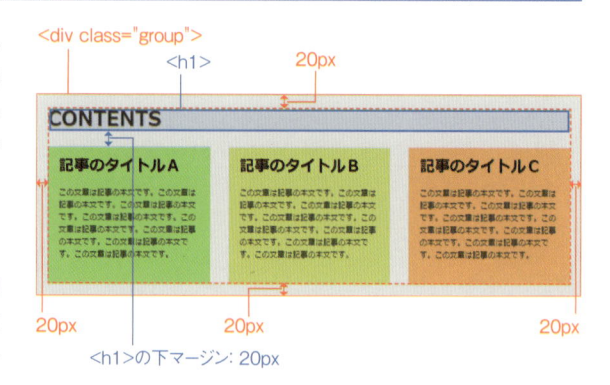

CHAPTER6　デザイン

- DESIGN 01　枠で囲むデザイン
  - 01-A　枠のデザインのアレンジ
  - 01-B　枠のデザインで見出しやボタンをアレンジする
- DESIGN 02　枠と見出しを一体化したデザイン
  - 02-A　枠と見出しを一体化したデザインのアレンジ
  - 02-B　枠とメニューを一体化したデザイン
- DESIGN 03　罫線で区切るデザイン
  - 03-A　罫線で区切るデザインのアレンジ
- DESIGN 04　円形の枠で囲むデザイン
  - 04-A　円形の枠のデザインのアレンジ
  - 04-B　ボタンを円形にする
  - 04-C　画像を円形に切り抜く
  - 04-D　半円形の枠で囲む
- DESIGN 05　吹き出し型の枠で囲むデザイン
  - 05-A　罫線で囲んだ枠を吹き出し型にする
  - 05-B　吹き出し型の枠に影をつける
- DESIGN 06　背景画像を利用したデザイン
  - 06-A　背景画像に重ねたテキストに影をつけて読みやすくする
  - 06-B　背景画像に重ねたテキストを半透明の枠で囲んで読みやすくする
- DESIGN 07　グラデーションを利用したデザイン
  - 07-A　古いブラウザに対応するためのグラデーションの設定
  - 07-B　SVGを利用したグラデーションの設定
- DESIGN 08　パーツを重ねて表示するデザイン

DESIGN 01

枠で囲むデザイン

パーツを枠で囲むデザインです。
罫線、背景、角丸、影の設定を組み合わせてさまざまな枠を表示することができます。

▶ Finished Parts

▶ HTML + CSS

```
/* 枠の設定 */
…   {padding: 20px;    ❶
     border: solid 1px #aaa;    ❷
     border-radius: 10px;    ❸
     -webkit-box-shadow: 5px 5px 10px 0 rgba(0,0,0,0.3);
     box-shadow: 5px 5px 10px 0 rgba(0,0,0,0.3);    ❹
     background-color: #cf0;}    ❶
```

▶ LAYOUT

HTMLタグでマークアップした部分を枠で囲むためのCSSの設定です。ここでは、太さ1ピクセルのグレーの罫線で囲み、背景を黄緑色にして、右下に影をつけて表示するように設定しています。

```html
<div class="entry">
  <h1>記事のタイトル</h1>
  <p>この文章は記事の本文です。この文章は記事の…</p>
</div>
```

この設定は枠で囲みたい要素に適用して利用します。たとえば、ENTRY 01（P.052）の記事全体を囲む場合、パーツ全体をマークアップした<div class="entry">に適用するため、セレクタを「.entry」と指定し、右のようにENTRY 01の設定の後に追加します。これで、ENTRY 01の設定を上書きし、枠で囲んで表示することができます。
なお、ENTRY 01に枠の設定を1つずつ適用していくと次のようになります。

```css
/* 記事 */
.entry   {padding: 20px;
          background-color: #dfe3e8;}
…略…
.entry p {margin: 0 0 20px 0;
          font-size: 14px;
          line-height: 1.6;}

/* 枠の設定 */
.entry {padding: 20px;    ❶
        border: solid 1px #aaa;    ❷
        border-radius: 10px;    ❸
        -webkit-box-shadow: 5px 5px 10px 0 rgba(0,0,0,0.3);
        box-shadow: 5px 5px 10px 0 rgba(0,0,0,0.3);    ❹
        background-color: #cf0;}    ❶
```

※ここではENTRY 01の画像を削除し、記事のタイトルと文章だけを表示しています。

❶ 枠の内側の余白サイズと背景色を指定する

枠の内側の余白サイズはパディング（padding）で調整します。ここでは 20 ピクセルに指定しています。また、背景色（background-color）は黄緑色（#cf0）に指定しています。

❷ 罫線で囲む

border の指定を追加し、罫線で囲んで表示します。ここでは太さ 1 ピクセルのグレーの実線で囲むため、「solid 1px #aaa」と指定しています。

❸ 角を丸くする

border-radius の指定を追加し、角丸の半径を指定して角を丸くします。ここでは半径を 10 ピクセルに指定しています。

> IE8 以前は border-radius に未対応なため、角丸の表示は行われません。

❹ 影をつける

box-shadow の指定を追加し、影をつけて表示します。ここでは「5px 5px 10px 0 rgba(0,0,0,0.3)」と指定し、枠から右に 5 ピクセル、下に 5 ピクセルずらした位置に影を表示するように指定しています。また、影は 10 ピクセルの幅でぼかし（ブラー）を入れ、半透明にした黒色で表示するように指定しています。
なお、iOS4.x と Android 3.x 以前にも対応する場合は -webkit- をつけた指定も追加しておきます。

ぼかし（ブラー）を入れていないときの表示。

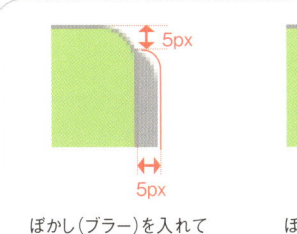

ぼかし（ブラー）を入れたときの表示。

DESIGN 01

DESIGN 01-A 枠のデザインのアレンジ

枠のデザインは罫線、背景、角丸、影の組み合わせによってさまざまな形にアレンジすることができます。

※古いブラウザ用の設定(-webkit-box-shadow)は省略して掲載しています。

01-A-A

記事のタイトル

この文章は記事の本文です。この文章は記事の本文です。この文章は記事の本文です。この文章は記事の本文です。この文章は記事の本文です。

```
padding: 20px;
border: solid 1px #aaa;
background-color: #fff;
```

余白、罫線、背景色の設定を適用したものです。背景は白色に指定しています。

01-A-B

記事のタイトル

この文章は記事の本文です。この文章は記事の本文です。この文章は記事の本文です。この文章は記事の本文です。この文章は記事の本文です。

```
padding: 20px;
border: solid 1px #aaa;
border-radius: 10px;
background-color: #fff;
```

余白、罫線、角丸、背景色の設定を適用したものです。背景は白色に指定しています。

01-A-C

記事のタイトル

この文章は記事の本文です。この文章は記事の本文です。この文章は記事の本文です。この文章は記事の本文です。この文章は記事の本文です。

```
padding: 20px;
border: dotted 2px #aaa;
background-color: #fff;
```

余白、罫線、背景色の設定を適用したものです。罫線は太さ2ピクセルの点線で表示しています。

01-A-D

記事のタイトル

この文章は記事の本文です。この文章は記事の本文です。この文章は記事の本文です。この文章は記事の本文です。この文章は記事の本文です。

```
padding: 20px;
border: solid 1px #aaa;
box-shadow:
  0 0 5px 0 rgba(0,0,0,0.3);
background-color: #fff;
```

余白、罫線、影、背景色の設定を適用したものです。影を右下にずらさず、グロー効果をつけています。

01-A-E

記事のタイトル

この文章は記事の本文です。この文章は記事の本文です。この文章は記事の本文です。この文章は記事の本文です。この文章は記事の本文です。

```
padding: 20px;
box-shadow:
  5px 5px 20px 0 rgba(0,0,0,0.3);
background-color: #fff;
```

余白、影、背景色の設定を適用したものです。罫線を表示せず、影のぼかし幅を大きくして枠を作成しています。

01-A-F

記事のタイトル

この文章は記事の本文です。この文章は記事の本文です。この文章は記事の本文です。この文章は記事の本文です。この文章は記事の本文です。

```
padding: 20px;
border: solid 1px #aaa;
box-shadow:
  2px 2px 5px 0 rgba(0,0,0,0.5) inset;
background-color: #cf0;
```

余白、罫線、影、背景色の設定を適用したものです。insetの指定により、影を枠の内側につけています。

01-A-G

記事のタイトル

この文章は記事の本文です。この文章は記事の本文です。この文章は記事の本文です。この文章は記事の本文です。この文章は記事の本文です。

```
padding: 20px;
background-color: #cf0;
```

余白と背景色の設定を適用したものです。

01-A-H

記事のタイトル

この文章は記事の本文です。この文章は記事の本文です。この文章は記事の本文です。この文章は記事の本文です。この文章は記事の本文です。

```
padding: 20px;
border-radius: 10px;
background-color: #cf0;
```

余白、角丸、背景色の設定を適用したものです。

01-A-I

記事のタイトル

この文章は記事の本文です。この文章は記事の本文です。この文章は記事の本文です。この文章は記事の本文です。この文章は記事の本文です。

```
padding: 20px;
border: solid 1px #aaa;
background-color: #cf0;
background-image:
  linear-gradient(to bottom,
  #fff 0%,#cf0 100%);
```

余白、角丸、背景色の設定に、DESIGN 07（P.162）のグラデーションの設定を適用したものです。

DESIGN 01-B 枠のデザインで見出しやボタンをアレンジする

枠のデザインは見出しやボタンをアレンジするのにも利用することができます。

01-B-A

記事全体をグレーの罫線で囲み、見出しを黄緑色のバーの形にして表示するため、ENTRY 01（P.052）の <div class="entry"> に DESIGN 01-A-A の設定を、<h1> に DESIGN 01 の設定を適用したものです。枠の設定のセレクタはそれぞれ「.entry」、「.entry h1」と指定して適用しています。

なお、見出しは横長のバーの形にするため、上下パディングの大きさを 20 ピクセルから 10 ピクセルに変更しています。また、影は右に 2 ピクセル、下に 2 ピクセルずらした位置に表示し、5 ピクセルのぼかし（ブラー）を入れるように指定しています。

```
/* 記事 */
.entry    {padding: 20px;
           background-color: #dfe3e8;}
…略…

/* 枠の設定（全体） */
.entry    {padding: 20px;
           border: solid 1px #aaa;
           background-color: #fff;}

/* 枠の設定（見出し） */
.entry h1{padding: 10px 20px 10px 20px;
          border: solid 1px #aaa;
          border-radius: 10px;
          -webkit-box-shadow: 2px 2px 5px 0 rgba(0,0,0,0.3);
          box-shadow: 2px 2px 5px 0 rgba(0,0,0,0.3);
          background-color: #cf0;}
```

01-B-B

ボタンを罫線で囲み、影をつけて表示するため、OTHER 01（P.116）または OTHER 01-A（P.118）のボタンに DESIGN 01 の設定を適用したものです。枠の設定のセレクタは「.button」と指定して適用しています。

なお、ボタン内の余白（パディング）と背景色は OTHER 01 または OTHER 01-A の設定で表示するため、枠の設定の padding と background-color の設定は削除しています。

```
/* ボタン */
.button   {display: inline-block;
           padding: 10px 30px 10px 30px;
           background-color: #fa0;
           color: #000;
           font-size: 14px;
           text-decoration: none;}
…略…

/* 枠の設定 */
.button   {padding: 20px;
           border: solid 1px #aaa;
           border-radius: 10px;
           -webkit-box-shadow: 5px 5px 10px 0 rgba(0,0,0,0.3);
           box-shadow: 5px 5px 10px 0 rgba(0,0,0,0.3);
           background-color: #cf0;}
```

DESIGN 01

TIPS　デザインの設定の適用方法：プロパティの指定が重複しないようにする場合

DESIGN 01ではデザインの設定（枠の設定）をパーツの設定とは別に適用しています。しかし、この方法ではプロパティの指定が重複するケースが出てきます。たとえば、DESIGN 01ではpaddingとbackground-colorの指定が重複しています。重複しないようにする場合は、次のようにデザインの設定をパーツの設定に統合して記述します。

```css
/* 記事 */
.entry    {padding: 20px;
           background-color: #dfe3e8;}
…略…
.entry p  {margin: 0 0 20px 0;
           font-size: 14px;
           line-height: 1.6;}

/* 枠の設定 */
.entry {padding: 20px;
        border: solid 1px #aaa;
        border-radius: 10px;
        -webkit-box-shadow: 5px 5px 10px 0 rgba(0,0,0,0.3);
        box-shadow: 5px 5px 10px 0 rgba(0,0,0,0.3);
        background-color: #cf0;}
```

DESIGN 01の設定。枠の設定をパーツの設定とは別に記述しています。

```css
/* 記事 */
.entry {padding: 20px;
        border: solid 1px #aaa;
        border-radius: 10px;
        -webkit-box-shadow: 5px 5px 10px 0 rgba(0,0,0,0.3);
        box-shadow: 5px 5px 10px 0 rgba(0,0,0,0.3);
        background-color: #cf0;}
…略…
.entry p  {margin: 0 0 20px 0;
           font-size: 14px;
           line-height: 1.6;}
```

枠の設定をパーツの設定に統合したもの。

TIPS　デザインの設定の適用方法：クラス名で指定できるようにする場合

DESIGN 01の方法ではデザインの設定を適用するのにCSSのセレクタを指定する必要がありますが、CSSフレームワークと同じようにクラス名の指定で適用できるようにすることも可能です。

たとえば、「myframe」というクラス名で適用できるようにする場合、右のように枠の設定のセレクタを「.myframe」と指定しておきます。これで、<div class="entry">に「myframe」というクラス名を指定すれば、記事全体を枠で囲んで表示することができます。

```html
<div class="entry myframe">
  <h1>記事のタイトル</h1>
  <p>この文章は記事の本文です。この文章は記事の…</p>
</div>
```

```css
/* 記事 */
.entry    {padding: 20px;
           background-color: #dfe3e8;}
…略…
.entry p  {margin: 0 0 20px 0;
           font-size: 14px;
           line-height: 1.6;}

/* 枠の設定 */
.myframe {padding: 20px;
          border: solid 1px #aaa;
          border-radius: 10px;
          -webkit-box-shadow: 5px 5px 10px 0 rgba(0,0,0,0.3);
          box-shadow: 5px 5px 10px 0 rgba(0,0,0,0.3);
          background-color: #cf0;}
```

TIPS デザインの設定の適用方法：Sass のミックスイン（@mixin）として利用する場合

Sass ではデザインの設定をミックスインとして定義しておくと簡単に利用することができます。たとえば、右の設定では DESIGN 01 の枠の設定を「myframe」というミックスイン名で定義しています。

```
@mixin myframe {
    padding: 20px;
    border: solid 1px #aaa;
    border-radius: 10px;
    -webkit-box-shadow: 5px 5px 10px 0 rgba(0,0,0,0.3);
    box-shadow: 5px 5px 10px 0 rgba(0,0,0,0.3);
    background-color: #cf0;
}
```

定義したミックスインは @include で呼び出すことができます。たとえば、枠の設定を <div class="entry"> に適用する場合、.entry {～} の中に「@include myframe;」の指定を追加します。これでコンパイルを行うと、P.144 の TIPS「プロパティの指定が重複しないようにする場合」と同じ形式で記述した CSS を生成することができます。

```
/* 記事 */
.entry {
    padding: 20px;
    background-color: #dfe3e8;
    …略…
    p    {margin: 0 0 20px 0;
        font-size: 14px;
        line-height: 1.6;}

    @include myframe;
}
```

TIPS 枠やボタンの設定を簡単に作成できる CSS ジェネレータ

CSS ジェネレータを利用すると、角丸や影などのパラメータをスライダーで調整し、表示を確認しながら枠やボタンの設定を作成することができます。なお、グラデーションの設定は P.163 のジェネレータで作成することも可能です。

CSS matic
http://www.cssmatic.com/

グラデーション、角丸、影の設定を個別に作成することができます。

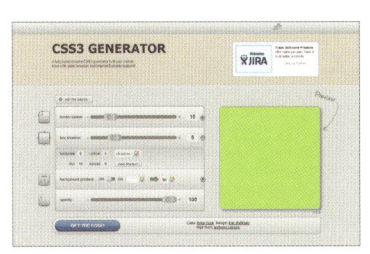

CSS3 GENERATOR
http://www.css3.me/

罫線、背景色、グラデーション、角丸、影を組み合わせて枠の設定を作成することができます。

coveloping{}: CSS BUTTON GENERATOR
http://coveloping.com/tools/css-button-generator

テンプレートからデザインを選択し、罫線、背景色、グラデーション、角丸、影を調整してボタンの設定を作成することができます。

DESIGN 02

枠と見出しを一体化したデザイン

DESIGN 01 の応用形で、枠と見出しを一体化してデザインしたものです。

Finished Parts

記事のタイトル

この文章は記事の本文です。この文章は記事の本文です。この文章は記事の本文です。この文章は記事の本文です。この文章は記事の本文です。この文章は記事の本文です。この文章は記事の本文です。この文章は記事の本文です。

HTML + CSS

```
/* 枠＋見出しの設定 */
…          {padding: 0;
            border: solid 1px #aaa;           ❶
            background-color: #fff;}

… > h1     {margin: 0;
            padding: 10px;
            background-color: #cf0;           ❷
            font-size: 18px;}

… > p      {margin: 10px;}                    ❸
```

LAYOUT

パーツ全体を枠で囲み、枠内の見出しと一体化してデザインした設定です。ここではパーツ全体を太さ1ピクセルのグレーの罫線で囲み、見出しを黄緑色のバーの形にして表示しています。また、罫線と見出しバーの間には余白を入れず、一体化したデザインにしています。

たとえば、ENTRY 01 (P.052) の記事全体を囲む場合、パーツ全体をマークアップした <div class="entry"> に設定を適用します。そのためには、セレクタを「.entry」と指定し、右のように ENTRY 01 の設定の後に追加します。
なお、<div class="entry"> の子階層には <h1> でマークアップした見出しと、<p> でマークアップしたコンテンツを記述しているものとします。ENTRY 01 に設定を1つずつ適用していくと次のようになります。

```html
<div class="entry">
  <h1>記事のタイトル</h1>
  <p>この文章は記事の本文です。この文章は記事の…</p>
</div>
```

```
/* 記事 */
.entry       {padding: 20px;
              background-color: #dfe3e8;}
…略…
              line-height: 1.6;}

/* 枠＋見出しの設定 */
.entry       {padding: 0;
              border: solid 1px #aaa;          ❶
              background-color: #fff;}

.entry > h1  {margin: 0;
              padding: 10px;
              background-color: #cf0;          ❷
              font-size: 18px;}

.entry > p   {margin: 10px;}                   ❸
```

※ここでは ENTRY 01 の画像を削除し、記事のタイトルと文章だけを表示しています。

❶ パーツ全体を罫線で囲む

まずは、パーツ全体を太さ1ピクセルのグレーの罫線で囲むため、<div class="entry"> に DESIGN 01-A-A（P.142）の設定を適用します。ただし、罫線の内側には余白を入れないようにするため、パディング（padding）は0に変更しています。

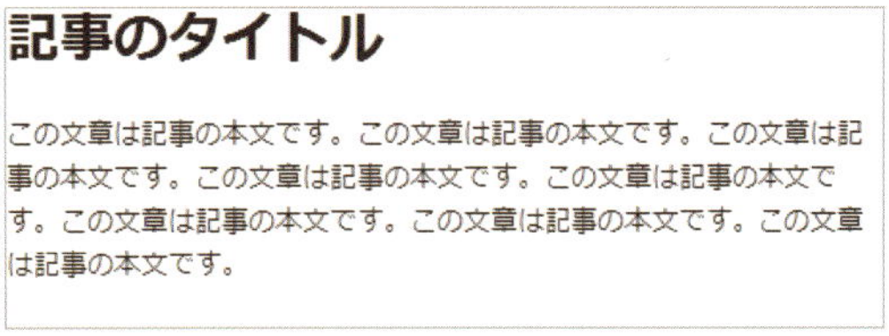

❷ 見出しを黄緑色のバーの形にする

見出しを黄緑色のバーの形にするため、<h1> に DESIGN 01-A-G（P.142）の設定を適用します。バーはコンパクトに表示するため、内側の余白サイズ（padding）を 10px に変更しています。
また、バーの外側には余計な余白を入れないようにするため、マージン（margin）を0に指定。フォントサイズ（font-size）は 18 ピクセルに指定しています。

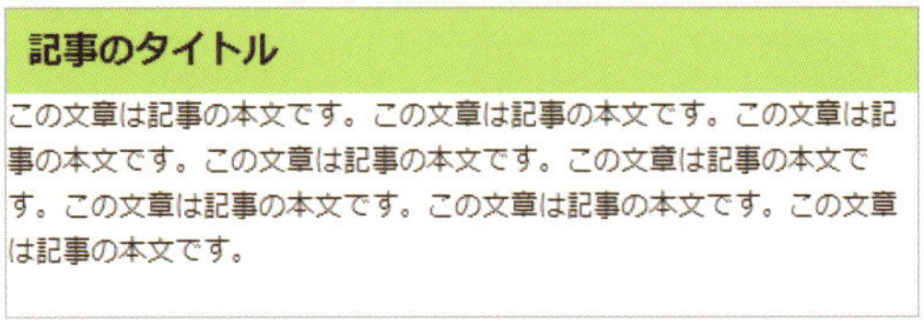

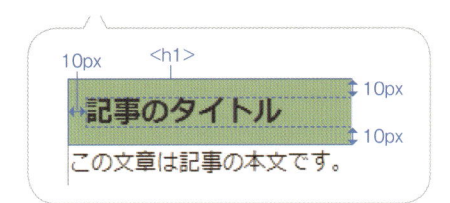

❸ コンテンツまわりの余白サイズを調整する

最後に、コンテンツまわりの余白サイズを調整します。ここでは罫線や見出しバーとの間に 10 ピクセルの余白を入れるため、<p> のマージン（margin）を 10px に指定しています。

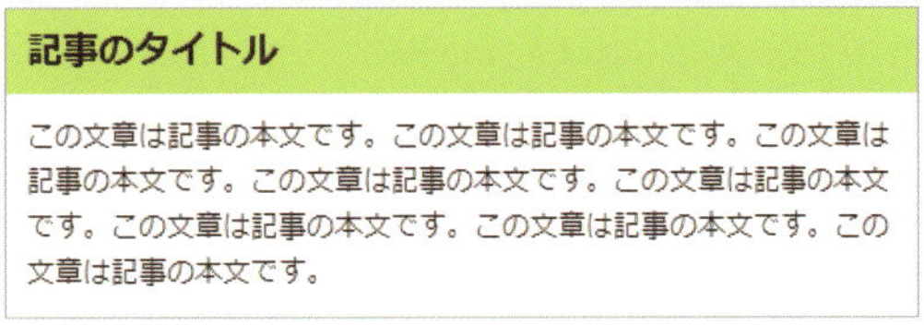

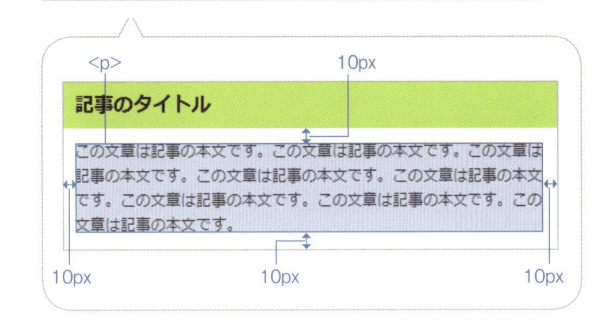

> コンテンツを<p>以外のタグでマークアップしている場合はセレクタを変更して対応します。

DESIGN 02

DESIGN 02-A 枠と見出しを一体化したデザインのアレンジ

DESIGN 01-A と同じように、枠と見出しを一体化したデザインも角丸や背景などを組み合わせてアレンジすることができます。たとえば、DESIGN 02 をベースにアレンジすると次のようになります。

02-A-A

```
…    {padding: 0;
      border: solid 1px #aaa;
      border-radius: 10px;
      background-color: #fff;
      overflow: hidden;}

… > h1 {margin: 0;
        padding: 10px;
        background-color: #cf0;
        font-size: 18px;}

… > p  {margin: 10px;}
```

border-radiusでパーツ全体を囲んだ枠の角を丸くしたものです。ただし、それだけでは見出しバーの角が丸くならないため、overflowを「hidden」と指定し、子要素が角丸の枠からはみ出さないようにしています。

02-A-B

```
…    {padding: 0;
      border: solid 1px #aaa;
      background-color: #fff;}

… > h1 {margin: 0;
        padding: 10px;
        border-bottom:
          solid 1px #aaa;
        background-color: #fff;
        font-size: 18px;}

… > p  {margin: 10px;}
```

見出しバーの背景色（background-color）を白色（#ccc）に変更し、罫線で区切って表示したものです。罫線は見出しの下に入れるため、<h1>のborder-bottomで指定しています。

02-A-C

```
…    {padding: 0 0 1px 0;
      border: solid 1px #aaa;
      background-color: #eec;}

… > h1 {margin: 0;
        padding: 10px;
        background-color: #ac0;
        font-size: 18px;}

… > p  {margin: 10px;}
```

全体を囲んだ罫線（border）を削除し、背景色を薄いカーキ色（#eec）に変更したものです。見出しの背景色も暗い黄緑色（#ac0）に変更しています。また、罫線の削除によって<p>の下マージンが枠の外に挿入されるのを防ぐため、親要素の下パディングを1ピクセルに指定しています。

02-A-D

```
<div class="entry">
  <h1>記事のタイトル</h1>
  <img src="entry.jpg" alt="">
  <p>この文章は記事の本文…</p>
</div>
```

```
…略…
… > p  {margin: 10px;}
… img  {margin: 0;}
```

画像を追加したものです。画像のまわりには余白を入れないように指定しています。

02-A-E

```
<div class="entry">
  <h1>記事のタイトル</h1>
  <p><img src="entry.jpg" alt=""></p>
  <p>この文章は記事の本文…</p>
</div>
```

```
…略…
… > p  {margin: 10px;}
… img  {margin: 0;}
```

DESIGN 02-A-Dの画像を<p>でマークアップしたものです。画像のまわりに余白が入ります。

02-A-F

```
<div class="entry">
  <h1>記事のタイトル</h1>
  <img src="entry.jpg" alt="">
  <p>この文章は記事の本文…</p>
</div>
```

```
…略…
… > p  {margin: 10px;}
… img  {margin: 0;}
```

DESIGN 02-A-Cに画像を追加したものです。

DESIGN 02-B 枠とメニューを一体化したデザイン

縦に並べて見出しをつけたメニューに DESIGN 02 の設定を適用すると、枠とメニューを一体化したデザインにすることができます。設定は ＜div class="menu"＞ に適用するため、セレクタは「.menu」と指定します。

02-B-A

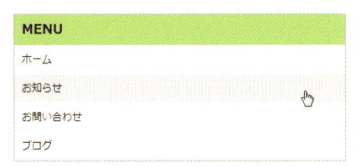

```
<div class="menu">
  <h1>MENU</h1>
  <ul>
    <li><a href="#">ホーム</a></li>
    …略…
  </ul>
</div>
```

```css
/* 枠＋見出しの設定 */
.menu {padding: 0;
    border: solid 1px #aaa;
    background-color: #fff;}

.menu > h1 {margin: 0;
    padding: 10px;
    background-color: #cf0;
    font-size: 18px;}

.menu > p   {margin: 10px;}

.menu li a  {padding-left: 10px;}
```

MENU 01（P.066）にDESIGN 02の設定を適用したものです。リンクのテキストを見出しと揃えて表示するため、字下げの大きさを10ピクセルに指定しています。

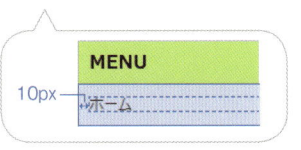

02-B-B

```
<div class="menu">
  <h1>MENU</h1>
  <ul>
    <li><a href="#">ホーム</a></li>
    …略…
  </ul>
</div>
```

```css
/* 枠＋見出しの設定 */
.menu {padding: 0;
    border: solid 1px #aaa;
    border-bottom: none;
    background-color: #fff;}

.menu > h1 {margin: 0;
    padding: 10px;
    background-color: #cf0;
    font-size: 18px;}

.menu > p   {margin: 10px;}

.menu li a  {padding-left: 10px;}
```

リンクを罫線で区切ったMENU 01-A（P.070）にDESIGN 02の設定を適用したものです。そのままでは全体を囲んだ枠の罫線が最後のリンクの下罫線と重複するため、border-bottomを「none」と指定し、余計な下罫線を削除するようにしています。

02-B-C

```
<div class="menu">
  <h1>MENU</h1>
  <ul>
    <li><a href="#">ホーム</a></li>
    …略…
  </ul>
</div>
```

```css
/* 枠＋見出しの設定 */
.menu {padding: 0 0 1px 0;
    background-color: #eec;}

.menu > h1 {margin: 0;
    padding: 10px;
    background-color: #ac0;
    font-size: 18px;}

.menu > p   {margin: 10px;}

.menu li a  {padding-left: 10px;}

.menu li a:hover
    {background-color: #dd5;}
```

MENU 01（P.066）にDESIGN 02-A-Cの設定を適用したものです。枠や見出しの背景色に合わせて、カーソルを重ねたときのリンクの背景色を黄色（#dd5）に指定しています。

DESIGN 03

罫線で区切るデザイン

罫線を区切り線として利用するデザインです。

Finished Parts

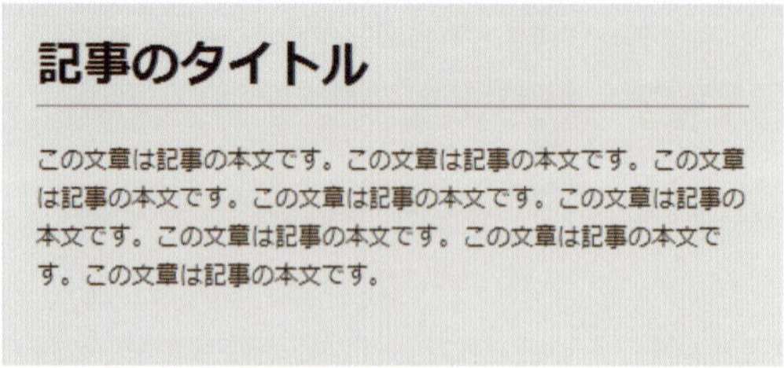

記事のタイトル

この文章は記事の本文です。この文章は記事の本文です。この文章は記事の本文です。この文章は記事の本文です。この文章は記事の本文です。この文章は記事の本文です。この文章は記事の本文です。この文章は記事の本文です。

HTML + CSS

```css
/* 罫線で区切る設定 */
…       {padding-bottom: 0 0 5px 0;
         border-bottom: solid 1px #888;}
```
❶

LAYOUT

罫線は要素を囲むだけでなく、上下左右の各辺に個別に表示することができるため、これを利用して区切り線を表示します。

たとえば、ENTRY 01（P.052）の見出し<h1>の下を罫線で区切る場合、セレクタを「.entry h1」と指定して❶の設定を適用します。ここでは border-bottom を「solid 1px #888」と指定し、要素の下に太さ1ピクセルのグレーの実線を表示するようにしています。また、padding では下パディングを5ピクセルに指定し、罫線とテキストの間隔を調整しています。

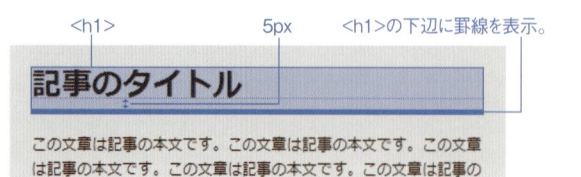

```html
<div class="entry">
  <h1>記事のタイトル</h1>
  <p>この文章は記事の本文です。この文章は記事の…</p>
</div>
```

```css
/* 記事 */
.entry      {padding: 20px;
             background-color: #dfe3e8;}
…略…
             line-height: 1.6;}

/* 罫線で区切る設定 */
.entry h1   {padding-bottom: 5px;
             border-bottom: solid 1px #888;}
```
❶

※ここでは ENTRY 01 の画像を削除し、記事のタイトルと文章だけを表示しています。

<h1>　　　　　5px　　　<h1>の下辺に罫線を表示。

記事のタイトル

この文章は記事の本文です。この文章は記事の本文です。この文章は記事の本文です。この文章は記事の本文です。この文章は記事の

DESIGN 03-A 罫線で区切るデザインのアレンジ

罫線の色や表示位置などを変えることにより、罫線で区切るデザインをアレンジすることができます。
たとえば、DESIGN 03 をベースにアレンジすると次のようになります。

03-A-A

```
…{padding: 5px 0 0 0;
   border-top: solid 1px #888;}
```

要素の上を罫線で区切るようにしたものです。border-topで上辺にグレーの罫線を表示し、上パディングを5ピクセルにしてテキストとの間隔を調整しています。

03-A-B

```
…{padding: 5px 0 5px 0;
   border-bottom: solid 1px #888;
   border-top: solid 1px #888;}
```

要素の上下を罫線で区切るようにしたものです。border-bottomとborder-topで上辺と下辺にグレーの罫線を表示し、上下パディングを5ピクセルにしてテキストとの間隔を調整しています。

03-A-C

```
…{padding: 0 0 5px 0;
   border-bottom: solid 1px #888;
   box-shadow: 0 3px 3px -3px #888;}
```

box-shadowを利用し、DESIGN 03の罫線の下に3ピクセルの影をつけて表示したものです。

03-A-D

```
…{padding: 5px 0 5px 12px;
   border-bottom: solid 1px #888;
   border-left: solid 10px #ed1e79;}
```

border-bottomで表示したグレーの下線に加えて、ピンク色で太さ10ピクセルの罫線を左辺に表示したものです。

03-A-E

```
…{padding: 5px 0 5px 12px;
   border-top: solid 1px #888;
   border-left: solid 10px #ed1e79;}
```

DESIGN 03-A-Dのborder-bottomをborder-topに変更し、グレーの罫線を上辺に表示したものです。

03-A-F

```
…{padding: 0 0 0 12px;
   border-left: solid 15px #ed1e79;}
```

左辺にピンク色の罫線のみを表示したものです。ここでは太さを15ピクセルに設定しています。

DESIGN 04

円形の枠で囲むデザイン

DESIGN 01 や DESIGN 01-A の枠を円形にして表示します。

Finished Parts

HTML + CSS

```
/* 枠の設定 */
…    {padding: 20px;
      border: solid 1px #aaa;
      border-radius: 10px;
      -webkit-box-shadow: 5px 5px 10px 0 rgba(0,0,0,0.3);
      box-shadow: 5px 5px 10px 0 rgba(0,0,0,0.3);
      background-color: #cf0;}          ❶

/* 円形にする設定 */
…    {height: 250px;                    ❷
      width: 250px;
      margin: 0 auto 0 auto;  ❺
      padding: 80px 0 0 0;    ❹
      border-radius: 125px;   ❸
      text-align: center;     ❹
      -moz-box-sizing: border-box;
      -webkit-box-sizing: border-box;   ❷
      box-sizing: border-box;}
```

LAYOUT

HTML タグでマークアップした部分を円形の枠で囲むための設定です。まずは枠のデザインを DESIGN 01（P.140）や DESIGN 01-A（P.142）の設定で指定し、その上で枠を円形にする設定を適用します。

ここでは ENTRY 01（P.052）の記事全体を DESIGN 01 の枠で囲み、円形にして表示します。そのため、CSS のセレクタを「.entry」と指定して次のように設定していきます。

なお、ここでは ENTRY 01 の画像を削除し、円形の枠に収まるように文章量を少なくしています。

```html
<div class="entry">
  <h1>記事のタイトル</h1>
  <p>この文章は記事の本文です。<br>
  この文章は記事の本文です。</p>
</div>
```

```
/* 記事 */
.entry    {padding: 20px;
           background-color: #dfe3e8;}
…略…

/* 枠の設定 */
.entry {padding: 20px;              ❶
        …略…}

/* 円形の設定 */
.entry {height: 250px;              ❷〜❺
        …略…}
```

❶ 枠で囲む

まずは、記事全体を枠で囲んで表示するため、DESIGN 01（P.140）の設定を適用しています。これで、右のように影をつけた黄緑色の枠で囲んで表示することができます。

❷ 円の直径を指定する

円形にして表示するため、横幅（width）と高さ（height）で円の直径を指定します。ここでは 250 ピクセルに指定しています。すると、この段階では 250 × 250 ピクセルの正方形の形になります。
なお、250 ピクセルには罫線とパディングも含めて処理するため、box-sizing を「border-box」と指定しています。

❸ 円形にする

円形にするため、border-radius で角丸の半径として円の半径（250 ÷ 2 ＝ 125px）を指定します。すると、右のように枠が円形になります。ただし、枠の形が変わっても、枠内のテキストの表示には影響しません。
なお、IE8/IE7 は border-radius に未対応なため、円形にはなりません。

❹ テキストの表示位置を調整する

テキストの表示位置を下にずらすため、上パディングを 80 ピクセルに指定します。また、中央揃えにして表示するため、text-align を「center」に指定しています。

❺ パーツ全体を中央に配置する

円形にしたパーツ全体を中央に揃えて表示するため、左右マージンを「auto」に指定しています。これにより、左右に自動的に同じ大きさの余白が挿入され、ブラウザ画面やグリッドの中央に揃えて表示することができます。

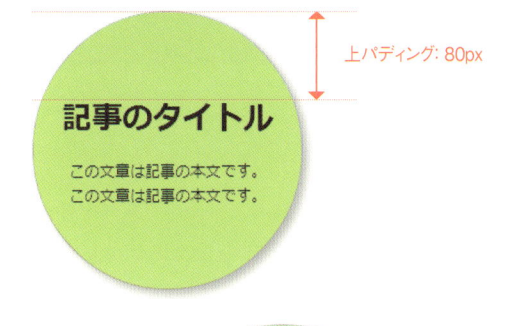

DESIGN 04

DESIGN 04-A　円形の枠のデザインのアレンジ

円形の枠のデザインは、適用する枠の設定によってアレンジすることができます。たとえば、DESIGN 01-A-A ～ 01-A-I（P.142）の各枠を円形にすると次のようになります。

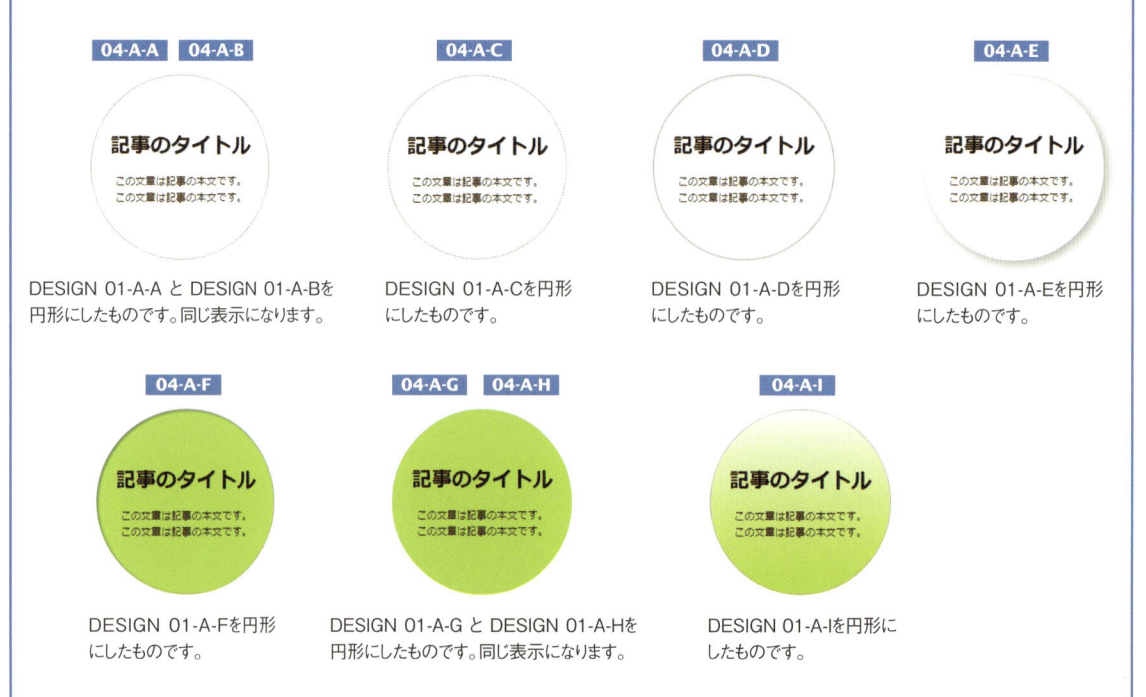

04-A-A　04-A-B
DESIGN 01-A-A と DESIGN 01-A-Bを円形にしたものです。同じ表示になります。

04-A-C
DESIGN 01-A-Cを円形にしたものです。

04-A-D
DESIGN 01-A-Dを円形にしたものです。

04-A-E
DESIGN 01-A-Eを円形にしたものです。

04-A-F
DESIGN 01-A-Fを円形にしたものです。

04-A-G　04-A-H
DESIGN 01-A-G と DESIGN 01-A-Hを円形にしたものです。同じ表示になります。

04-A-I
DESIGN 01-A-Iを円形にしたものです。

DESIGN 04-B　ボタンを円形にする

円形にする設定を適用すると、ボタンを円形にすることもできます。たとえば、BUTTON 01（P.116）に適用すると右のようになります。

ここでは枠の設定のセレクタを「.button」と指定し、円の直径を 100 ピクセルに、上パディングを 40 ピクセルに、角丸の半径（円の半径）を 50 ピクセルに変更しています。また、ボタンを中央に揃えて配置するためには display を「block」と指定しておきます。

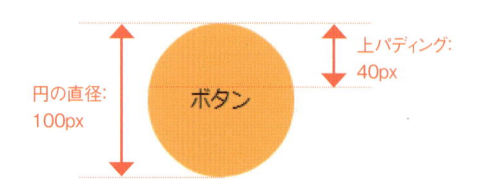

```
/* ボタン */
…略…
/* 円形にする設定 */
.button    {display: block;
            height: 100px;
            width: 100px;
            margin: 0 auto 0 auto;
            padding: 40px 0 0 0;
            border-radius: 50px;
            …略…}
```

円の直径: 100px　上パディング: 40px

DESIGN 04-C 画像を円形に切り抜く

円形にする設定を適用すると、画像を円形に切り抜くことができます。ただし、width と height で指定した横幅と高さに拡縮されるため、縦横比を維持するためには正方形の画像を用意する必要があります。

たとえば、300 × 300 ピクセルの画像（entry-square.jpg）を用意し、円形にする設定を適用すると右のようになります。なお、テキストの表示位置を調整する padding の指定は必要ないので削除します。また、切り抜いた画像を中央に揃えて表示するためには display を「block」と指定しておきます。

正方形の画像:
entry-square.jpg
（300×300ピクセル）。

Bootstrapでは<img>に「img-circle」とクラス名を指定すると、画像を円形に切り抜くことができます。

```
<img src="img/entry-square.jpg" alt="">
```

```
/* 円形にする設定 */
img       {display: block;
           height: 250px;
           width: 250px;
           margin: 0 auto 0 auto;
           padding: 80px 0 0 0;
           border-radius: 125px;
           text-align: center;
           -moz-box-sizing: border-box;
           -webkit-box-sizing: border-box;
           box-sizing: border-box;}
```

DESIGN 04-D 半円形の枠で囲む

DESIGN 04 をベースに次のように指定すると、半円形の枠で囲むことができます。ただし、Android の標準ブラウザでは表示が崩れるという問題が見られます。

❶ 横幅（width）で円の直径を、高さ（height）で半径を指定します。ここでは 250 ピクセルと 125 ピクセルに指定しています。

❷ border-radius では四隅の角丸の半径を指定します。ここでは左上と右上の半径を0に、右下と左下の半径を 125 ピクセルに指定しています。

❸ テキストの表示位置を調整するため、上パディングを 20 ピクセルに変更しています。

円の直径: 250px
上パディング: 20px
円の半径: 125px

```
<div class="entry">
  <h1>ATTENTION</h1>
  <p>INFORMATION</p>
</div>
```

```
…略…
/* 半円形にする設定 */
.entry    {height: 125px; ─────
           width: 250px; ──────  ❶
           margin: 0 auto 0 auto;
           padding: 20px 0 0 0;  ❸
           border-radius: 0 0 125px 125px;  ❷
           text-align: center;
           -moz-box-sizing: border-box;
           -webkit-box-sizing: border-box;
           box-sizing: border-box;}
```

DESIGN 05

吹き出し型の枠で囲むデザイン

枠に三角形をつけて吹き出しの形にして表示します。

▶ Finished Parts

記事のタイトル

この文章は記事の本文です。この文章は記事の本文です。この文章は記事の本文です。この文章は記事の本文です。この文章は記事の本文です。この文章は記事の本文です。この文章は記事の本文です。この文章は記事の本文です。

▶ HTML + CSS

```
/* 枠の設定 */
…        {padding: 20px;
          background-color: #cf0;}      ❶

/* 吹き出し型にする設定 */
…        {position: relative;}  ❸

…:after  {content: '';  ❷
          position: absolute;
          top: 100%;
          left: 40px;                   ❸
          height: 0;
          width: 0;                     ❷
          border: solid 20px transparent;
          border-top-color: #cf0;}  ❹
```

▶ LAYOUT

枠に三角形をつけて、吹き出しの形にする設定です。まずは、DESIGN 01（P.140）やDESIGN 01-A（P.142）の設定を適用して枠で囲み、吹き出し型にする設定を適用します。ただし、吹き出し型では罫線で囲んだり、影をつけて表示する設定は複雑になるので、ここでは背景色だけで構成した枠で囲みます。

そこで、ENTRY 01（P.052）の記事全体をDESIGN 01-A-G（P.142）の枠で囲み、吹き出し型にして表示します。そのため、セレクタを「.entry」と指定して次のように設定していきます。

```
<div class="entry">
  <h1>記事のタイトル</h1>
  <p>この文章は記事の本文です。この文章は記事の…</p>
</div>

/* 記事 */
.entry      {padding: 20px;
             background-color: #dfe3e8;}
…略…

/* 枠の設定 */
.entry      {padding: 20px;
             background-color: #cf0;}   ❶

/* 吹き出し型にする設定 */
.entry      {position: relative;}

.entry:after  {content: "";              ❷～❹
               …略…}
```

※ここではENTRY 01の画像を削除し、記事のタイトルと文章だけを表示しています。

❶ 枠で囲む

まずは、記事全体を枠で囲んで表示します。ここでは DESIGN 01-A-G（P.142）の設定を適用し、背景を黄緑色（#cf0）にした枠で囲んでいます。

❷ 下向きの三角形を追加する

下向きの三角形を追加します。三角形は CSS の罫線を利用して作成することができますが、そのためには罫線を表示するボックスが必要です。そこで、:after セレクタで content を「''」（シングルクォーテーションを2つ続けて記述）と指定し、空文字を追加します。
次に、空文字を太さ 20 ピクセルの透明な罫線で囲むため、border を「solid 1px transparent」と指定します。ただし、上辺の罫線だけは緑色にして表示するため、border-top-color を「#0a0」と指定します。
あとは、width と height を 0 と指定し、罫線のみを表示した形にします。これで、枠の中に緑色の下向きの三角形が追加されます。

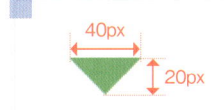

緑色の下向きの三角形が追加される。

右の仕組みにより、太さ20ピクセルの罫線で作成した三角形の大きさは左のようになる。

罫線で三角形を作成できる仕組みは次のようになっています。

ボックスを太さ20ピクセルの罫線で囲み、辺ごとに色を変えて表示すると左のようになります。

ボックスのwidthとheightを0にすると左のようになります。

上辺以外の罫線を透明にすると、下向きの三角形ができます。透明にする辺を変えると、他の向きの三角形も作成可能です。

❸ 三角形の表示位置を指定する

三角形をボックスの下に表示するため、position を利用して表示位置を指定します。まず、黄緑色の枠で囲んだ親要素を基点に位置を指定できるようにするため、<div class="entry"> の position を「relative」と指定します。次に、三角形の表示位置を指定するため、:after セレクタで position を「absolute」、top を「100%」、left を「40px」と指定します。これで、親要素の上から 100%、左から 40px の位置に三角形を揃えて表示することができます。

❹ 三角形の色を変更する

三角形を記事全体を囲んだ枠の背景色と同じ色にします。そこで、border-top-color で指定した緑色（#0a0）を黄緑色（#cf0）に変更します。

DESIGN 05-A 罫線で囲んだ枠を吹き出し型にする

罫線で囲んだ枠を吹き出し型にする場合、三角形も罫線で囲む必要があります。そこで、三角形を2つ追加し、色を変えて重ねることで対応します。ここでは DESIGN 05 をベースに次のように設定していきます。

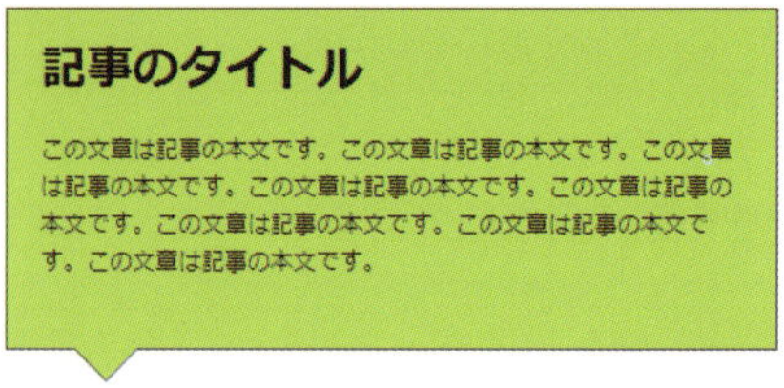

```css
/* 枠の設定 */
.entry     {padding: 20px;
            border: solid 1px #333;              ❶
            background-color: #cf0;}

/* 吹き出し型にする設定 */
.entry     {position: relative;}

.entry:before,
.entry:after {content: "";                       ❷
              position: absolute;
              top: 100%;
              left: 40px;                        ❷
              height: 0;
              width: 0;
              border: solid 20px transparent;
              border-top-color: #333;}

.entry:after {margin-left: 1px;                  ❹
              border-top-color: #cf0;            ❸
              border-width: 19px;}               ❸
```

❶ まず、記事全体を罫線で囲んで表示するため、枠の設定を DESIGN 01-A-A（P.142）の設定に置き換えます。このとき、太さ1ピクセルの黒色（#333）の罫線で囲み、背景を黄緑色（#cf0）にするように指定しています。しかし、三角形に罫線は表示されません。

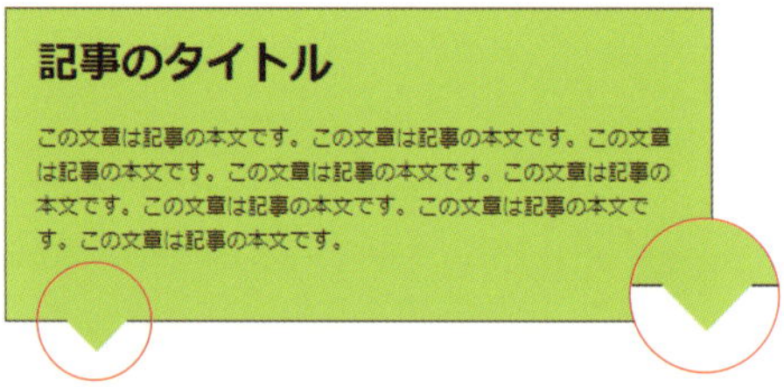

❷ 三角形の色（border-top-color）を罫線と同じ黒色（#333）に変更します。さらに、:before セレクタを追加し、:after セレクタと同じ設定で三角形を追加します。これで、同じ位置に黒色の三角形が2つ重なって表示されます。

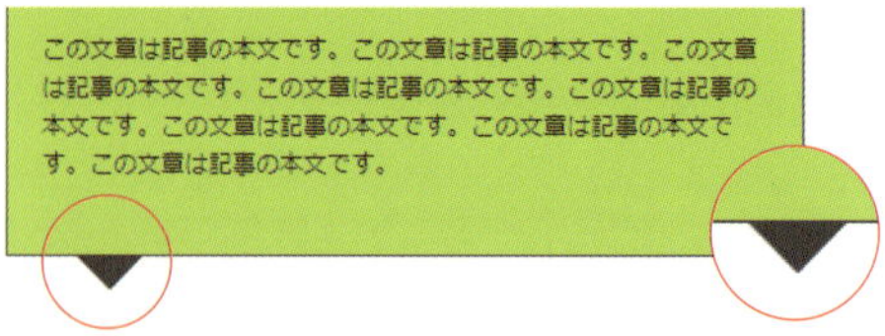

❸ 2つの三角形は :after セレクタで追加した方が上に重なっています。そこで、:after セレクタで追加した三角形の色（border-top-color）を枠の背景と同じ黄緑色（#cf0）に変更します。
また、三角形を構成する罫線の太さを、記事全体を囲んだ罫線の太さ（1px）の分だけ細くするため、border-width を 20px − 1px = 19px と指定しています。

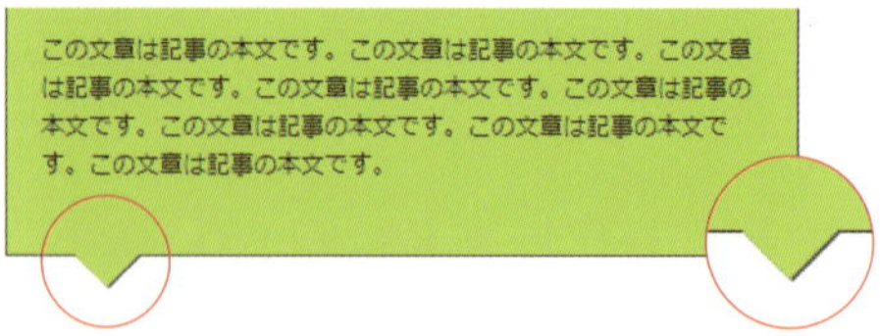

❹ クリーム色にした三角形を記事全体を囲んだ罫線の太さ（1px）の分だけ右にずらして表示するため、margin-left を 1px と指定しています。これで、三角形を罫線で囲んだように見せることができます。

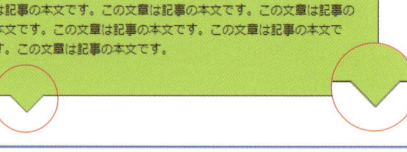

DESIGN 05-B 吹き出し型の枠に影をつける

box-shadowでは:beforeや:afterで追加した三角形に影をつけることができないため、吹き出し型の枠に影をつけるのは困難です。そこで、三角形も含めて影をつけることのできるfilterを利用します。ただし、現在のところfilterに対応しているのはWebKit／Chromium系の最新ブラウザに限られており、-webkit-をつけて指定する必要があります。

たとえば、DESIGN 05-Aに影をつけて表示する場合、-webkit-filterを「drop-shadow(5px 5px 3px rgba(0,0,0,0.3))」と指定します。ここでは枠から右に5ピクセル、下に5ピクセルの位置に、3ピクセルのぼかし（ブラー）をかけた半透明の黒色の影をつけるように指定しています。

なお、iOSやAndroidの高解像度な端末では、filterを適用した要素がぼけて不鮮明に表示されるという問題が発生します。これを回避するためには、-webkit-transformを追加し、「translateZ(0)」と指定しておきます。

```css
/* 枠の設定 */
.entry     {padding: 20px;
            border: solid 1px #aaa;
            background-color: #ffc;}

/* 吹き出し型にする設定 */
.entry
    {position: relative;
    -webkit-filter:
      drop-shadow(5px 5px 3px rgba(0,0,0,0.3));
    -webkit-transform: translateZ(0);}

.entry:before,
.entry:after {content: "";
              position: absolute;
              top: 100%;
              left: 40px;
              height: 0;
              width: 0;
              border: solid 20px transparent;
              border-top-color: #aaa;}

.entry:after {margin-left: 1px;
              border-top-color: #ffc;
              border-width: 19px;}
```

TIPS 吹き出しの設定を簡単に作成できるCSSジェネレータ

CSSジェネレータを利用すると、吹き出しの設定を簡単に作成することができます。右の「CSS ARROW PLEASE!」というジェネレータでは、三角形の表示位置（上、右、下、左）や大きさ、色、罫線の有無などを指定して設定を作成することが可能です。

CSS ARROW PLEASE!
http://cssarrowplease.com/

DESIGN 06

背景画像を利用したデザイン

要素の背景に画像を表示し、テキストを重ねて表示するデザインです。
背景画像は要素の横幅と高さに合わせて拡大縮小して表示されるようにしています。

▶ Finished Parts

▶ HTML + CSS

```
/* 背景画像の設定 */
…   {background-image: url(img/candle.jpg); ❶
     background-position: 50% 50%; ❷
     background-size: cover; ❷
     color: #fff;} ❶
```

背景画像を表示した要素の横幅や高さが変わったときの表示。

▶ LAYOUT

HTMLタグでマークアップした要素に背景画像を表示する設定です。ここではENTRY 01（P.052）の背景に表示するため、セレクタを「.entry」と指定し、❶のbackground-imageでキャンドルの画像（candle.jpg）を表示するように指定しています。また、画像に合わせて文字の色を白色（#fff）にしています。

背景画像は中央を拡大縮小のポイントにして要素の大きさに合わせて表示するため、❷のようにbackground-sizeを「cover」、background-positionを「50% 50%」と指定しています。拡大縮小の仕組みについてはHEADER 07（P.044）を参照してください。

```
<div class="entry">
  <h1>記事のタイトル</h1>
  <p>この文章は記事の本文です。この文章は記事の…</p>
</div>
```

```
/* 記事 */
.entry  {padding: 20px;
         background-color: #dfe3e8;}
…略…

/* 背景画像の設定 */
.entry  {background-image: url(img/candle.jpg); ❶
         background-position: 50% 50%; ❷
         background-size: cover; ❷
         color: #fff;} ❶
```

キャンドルの画像：
candle.jpg
（2000×700px）。

※ここではENTRY 01の画像を削除し、記事のタイトルと文章だけを表示しています。

DESIGN 06-A 背景画像に重ねたテキストに影をつけて読みやすくする

背景画像に重ねたテキストを読みやすくするためには、text-shadow を利用して文字に影をつける方法があります。たとえば、文字の右下に黒色の影をつけると右のようになります。ここでは「2px 2px 5px #000」と指定し、文字から右に2ピクセル、下に2ピクセルずらした位置に、ぼかし幅（ブラー）を5ピクセルにした黒色（#000）の影を表示しています。背景画像を削除すると、次のように影がついていることがわかります。

背景画像を削除したときの表示。

```
/* 背景画像の設定 */
.entry {background-image: url(img/candle.jpg);
        background-position: 50% 50%;
        background-size: cover;
        color: #fff;
        text-shadow: 2px 2px 5px #000;}
```

DESIGN 06-B 背景画像に重ねたテキストを半透明の枠で囲んで読みやすくする

背景画像に重ねたテキストを半透明の枠で囲んで読みやすくすることもできます。たとえば、見出しと文章を半透明な白色の枠で囲んで表示すると右のようになります。このような形で表示するためには、DESIGN 06 をベースに次のように設定していきます。

❶ 半透明の枠で囲みたいテキストを <div> でマークアップし、クラス名を指定します。ここでは「inner」と指定しています。

❷ <div class="inner"> に枠の設定を適用します。ここでは背景色だけで構成した枠で囲むため、DESIGN 01-A-G（P.142）の設定を適用しています。背景色は半透明な白色にするため、background-color を「rgba(255,255,255,0.6)」と指定しています。

❸ 枠の背景色に合わせて文字の色を黒色（#000）に変更しています。

なお、IE8/IE7 は rgba() の指定に未対応です。

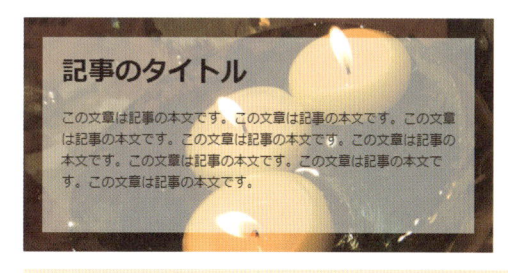

```
<div class="entry">
  <div class="inner">                    ❶
    <h1>記事のタイトル</h1>
    <p>この文章は記事の本文です。この文章は記事の…</p>
  </div>
</div>
```

```
/* 背景画像の設定 */
.entry   {background-image: url(img/candle.jpg);
          background-position: 50% 50%;
          background-size: cover;
          color: #000;}              ❸
/* 枠の設定 */                          ❷
.entry .inner {padding: 20px;
               background-color: rgba(255,255,255,0.6);}
```

DESIGN 07

グラデーションを利用したデザイン

背景色や背景画像の代わりにグラデーションを表示するための設定です。

Finished Parts

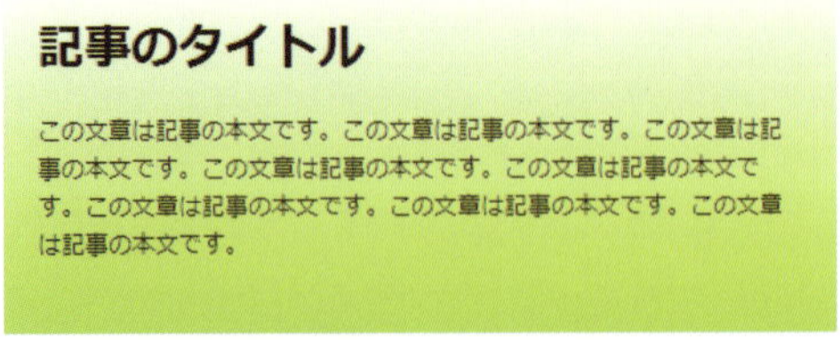

HTML + CSS

```
/* グラデーションの設定 */
…    {background-image:
      linear-gradient(to bottom, #fff 0%, #cf0 100%);} ❶
```

LAYOUT

HTMLタグでマークアップした要素の背景にグラデーションを表示する設定です。グラデーションはlinear-gradient()で作成し、背景画像としてbackground-imageで指定して表示します。たとえば、ENTRY 01（P.052）の背景に白色から黄緑色に変化するグラデーションを表示する場合、セレクタを「.entry」と指定し、linear-gradient()のパラメータを❶のように指定します。ここではグラデーションの方向を上から下（to bottom）に、始点（0%）の色を白色（#fff）に、終点（100%）の色を黄緑色（#cf0）に指定しています。なお、この設定にはChrome、Safari、Firefox、Opera、IE10以上、iOS7以上、Android 4.4以上が対応しています。

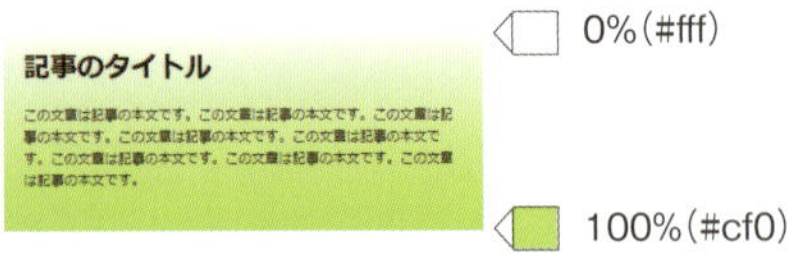

```
<div class="entry">
  <h1>記事のタイトル</h1>
  <p>この文章は記事の本文です。この文章は記事の…</p>
</div>
```

```
/* 記事 */
.entry     {padding: 20px;
            background-color: #dfe3e8;}
…略…

/* グラデーションの設定 */
.entry {background-image:
  linear-gradient(to bottom, #fff 0%, #cf0 100%);} ❶
```

※ここではENTRY 01の画像を削除し、記事のタイトルと文章だけを表示しています。

0%(#fff)
100%(#cf0)

0〜100%の間に色を追加することもできます。

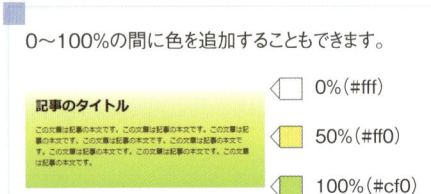

0%(#fff)
50%(#ff0)
100%(#cf0)

```
/* グラデーションの設定 */
…   {background-image:
     linear-gradient(to bottom, #fff 0%, #ff0 50%, #cf0 100%);}
```

DESIGN 07-A 古いブラウザに対応するためのグラデーションの設定

古いブラウザでもグラデーションを表示するためには、次の設定を追加します。

❶ -webkit-gradient() を利用した設定です。iOS4 と Android 3.x 以前に対応することができます。

❷ -webkit-linear-gradient() を利用した設定です。iOS5、iOS6、Android 4.3.x 以前に対応することができます。

❸ IE の独自拡張である filter を利用した設定です。IE9/IE8/IE7 に対応します。また、IE7 に対応する場合は zoom の指定も追加しておきます（ここでは行頭に「*」を付加し、IE7 のみに適用するようにしています）。

```css
/*  グラデーションの設定  */
… {background-image: -webkit-gradient(linear, left top, left bottom, color-stop(0%,#fff), color-stop(100%,#cf0)); ❶
   background-image: -webkit-linear-gradient(top, #fff 0%, #cf0 100%); ❷
   background-image: linear-gradient(to bottom, #fff 0%, #cf0 100%);
   filter: progid:DXImageTransform.Microsoft.gradient( startColorstr='#ffffff', endColorstr='#ccff00',GradientType=0 ); ❸
   *zoom: 1;}
```

DESIGN 07-B SVG を利用したグラデーションの設定

Microsoft の SVG Gradient Background Maker を利用すると、SVG を利用したグラデーションの設定を作成することができます。この設定では Chrome、Safari、Firefox、Opera、IE9 以上、iOS5 以上、Android 4.x 以上に対応することができます。ただし、DESIGN 07-A の filter の設定を適用していると、IE9 ではそちらが優先されてしまうので注意が必要です。

```css
/*  SVGを利用したグラデーションの設定  */
… {background-image:url(data:image/
  svg+xml;base64,PHN…略…3N2Zz4=);}
```

SVG Gradient Background Maker
http://ie.microsoft.com/TESTDRIVE/Graphics/SVGGradientBackgroundMaker/

TIPS グラデーションの設定を簡単に作成できる CSS ジェネレータ

Ultimate CSS Gradient Generator を利用すると、グラデーションの設定を簡単に作成することができます。DESIGN 07-A のように古いブラウザ用の設定も含まれており、「IE9 Support」をチェックすると SVG を利用した設定も含めることができます。

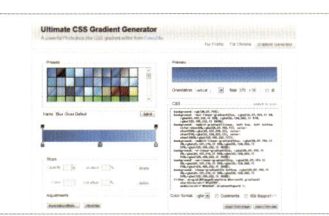

Ultimate CSS Gradient Generator
http://www.colorzilla.com/gradient-editor/

DESIGN 08

パーツを重ねて表示するデザイン

パーツを重ねて表示するデザインです。positionによる位置指定を利用し、
記事パーツの右下にボタンパーツを重ねて表示しています。

▶ Finished Parts

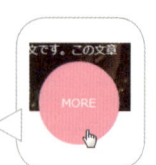

▶ HTML + CSS

```
/* パーツを重ねる設定 */
親要素      {position: relative;}

親要素 …
            {position: absolute;
            bottom: -40px;
            right: 30px;}
```

❷

背景画像を表示した記事の横幅や高さが変わったときの表示。

▶ LAYOUT

DESIGN 06（P.160）で背景画像を表示した記事の右下に、
DESIGN 04-B（P.154）の円形ボタンを重ねて表示したも
のです。このように表示するためには、DESIGN 06 をベー
スに次のように設定していきます。

```
<div class="entry">
  <h1>記事のタイトル</h1>
  <p>この文章は記事の本文です。この文章は記事の…</p>
  <a href="#" class="button">MORE</a>
</div>
```
❶

```
/* 記事 */
…略…
/* ボタン */
.button          {display: inline-block;
                 padding: 10px 30px 10px 30px;
                 background-color: #ed1a7d;
                 color: #fff;
                 font-size: 14px;
                 text-decoration: none;}
.button:hover,
.button:focus   {outline: none;
                 background-color: #ff9bca;}
```
❶

```
/* 円形にする設定 */
…略…

/* パーツを重ねる設定 */
.entry          {position: relative;}

.entry .button {position: absolute;
                bottom: -40px;
                right: 30px;}
```
❶
❷

❶ 円形ボタンを追加する

記事の右下に重ねて表示したい円形ボタン（DESIGN 04-B）の設定を追加します。まず、ボタンのHTMLソースは記事全体をマークアップした <div class="entry"> の中に追加します。これにより、親要素 <div class="entry"> を基点にボタンの表示位置を調整できるようになります。

次に、ボタンのCSSの設定を追加します。このとき、背景色をピンク色（#ed1a7d）に、テキストを白色（#fff）に、カーソルを重ねたときの背景色を薄いピンク色（#ff9bca）に変更しています。

DESIGN 06に円形ボタンを追加したもの。

❷ 円形ボタンの表示位置を指定する

円形ボタンの表示位置を指定します。まず、親要素のを基点に位置を指定できるようにするため、<div class="entry"> の position を「relative」と指定します。

次に、ボタンの表示位置を指定するため、「.entry .button」セレクタで position を「absolute」、bottom を「-40px」、right を「30px」と指定しています。これで、親要素の右下を基点に、右のようにボタンを表示することができます。

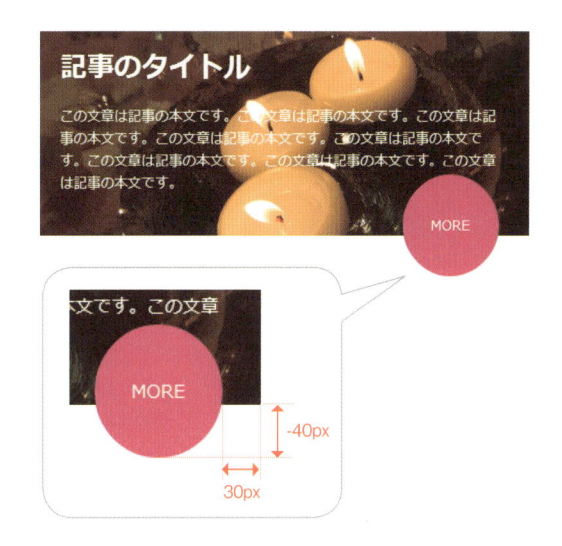

DESIGN 08

TIPS 色の選択

パーツを組み合わせてページを作るときに悩むことになるのが色の選択や配色です。パーツごとにバラバラに色をつけてしまうと、ページ全体のバランスを取るのが難しくなってしまいます。そのため、一般的にはページ内で使用する色を数種類決めて、デザインを整えていきます。

このとき、ネット上には色の選択に役立つサイトがたくさんあります。たとえば、Adobe Kulerというサイトを利用すると、ベースカラーの1色を指定し、バランスの取れる色の組み合わせを簡単に確認することができます。また、他のユーザーが作成した膨大な色の組み合わせを活用することも可能です。

RECIPE 03（P.294）は、右の「Triad」の配色を利用してデザインしています。

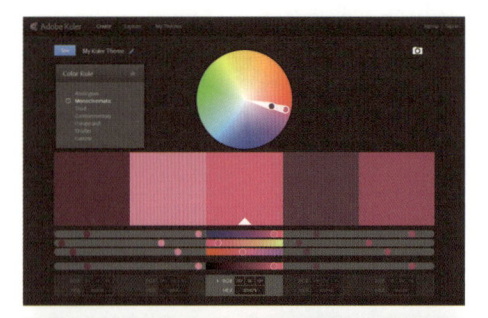

Adobe Kuler
https://kuler.adobe.com/

中央のベースカラーをピンク色（#ed1e79）に指定し、左上の「Color Rule」を「Monochromatic」（上）、「Triad」（下）に設定したもの。

TIPS ネット上のリソースを活用してデザインする

CSSではプロパティの組み合わせによってさまざまなデザインを作り出すことができます。本書ではその一部をほんの少しだけ紹介したにすぎません。ネット上を探すと、多様なデザインパターンを実現するCSSの設定や、便利なジェネレータなどを見つけることができますので、設定をコピーし、本書のパーツに適用して活用してみてください。

ただし、デザインのトレンドや、モバイルまわりの環境など、Webを取り巻く状況は日々変化しています。最新の情報を効率よく得るためには、Web制作に役立つ最新情報を配信しているサイトが役に立ちます。たとえば、右記の「コリス」というサイトでは、最新のデザインテクニックやトレンドなどの情報が数多く紹介されるため、筆者も参考にしています。

コリス（coliss）
http://coliss.com/

CHAPTER 7　Bootstrapを利用したページ作成

- BOOTSTRAP 01　Bootstrapを利用してページを作成するための下準備
- BOOTSTRAP 02　グリッドの用意とパーツの配置
  - 02-A　Bootstrapのグリッドシステム
  - 02-B　グリッドのネスト
  - 02-C　小さい画面でメニューを上に表示する
- BOOTSTRAP 03　CSSに触れることなくBootstrapの機能だけでページを形にする
  - 03-A　ナビゲーションバーのアレンジ
- BOOTSTRAP 04　Bootstrapで形にしたページをテーマでアレンジする
- BOOTSTRAP 05　Bootstrapで形にしたページをCSSでアレンジする

Bootstrap を利用したページの作成

CSS フレームワークの Bootstrap を利用すると、グリッドにパーツを配置し、クラス名を指定していくだけで、簡単にレスポンシブなレイアウトを作成することができます。

たとえば、本章では次の手順でブログの記事ページを作成していきます。このとき、BOOTSTRAP 03 の段階で完成とすることもできますし、BOOTSTRAP 04 や 05 のようにテーマや CSS を使ってアレンジすることも可能です。CSS によるアレンジには Chapter 1〜6 のパーツの設定を利用することができます。

サンプルは閲覧環境の画面サイズに応じて 2 段組みと 1 段組みのレイアウトが切り替わるように設定し、小さい画面ではナビゲーションメニューをトグル型にして表示するように設定していきます。

BOOTSTRAP 01　P.169
Bootstrap を利用してページを作成するための下準備

Bootstrap をダウンロードし、利用するのに必要な設定を行います。

BOOTSTRAP 02　P.174
グリッドの用意とパーツの配置

Bootstrap のグリッドシステムを利用してグリッドを用意し、パーツを配置していきます。

BOOTSTRAP 03　P.184
Bootstrap の機能だけでページを形にする

Bootstrap のクラス名を指定することでパーツをデザインし、ページを形にしていきます。

BOOTSTRAP 04　P.194
Bootstrap で形にしたページをテーマでアレンジする

テーマを適用するだけで見た目の印象を簡単に変えることができます。

BOOTSTRAP 05　P.196
Bootstrap で形にしたページを CSS でアレンジする

CSS を使ってデザインをアレンジしていきます。Bootstrap の設定はそのまま活用することも、上書きして変更することもできます。

BOOTSTRAP 01

Bootstrap を利用して
ページを作成するための下準備

Bootstrap を利用してページを作成していくのに必要な設定を行います。

HTML + CSS

sample.html

```
<!DOCTYPE html>
<html lang="ja">
<head>
<meta charset="UTF-8">
<title>サンプル</title>
<meta name="viewport" content="width=device-width">

<link rel="stylesheet" href="css/bootstrap.min.css"> ❶


<link rel="stylesheet" href="style.css">

<!--[if lt IE 9]>
<script src="http://oss.maxcdn.com/libs/html5shiv/3.7.0/html5shiv-printshiv.min.js"></script>

<script src="http://oss.maxcdn.com/libs/respond.js/1.3.0/respond.min.js"></script> ❹
<![endif]-->

<!--[if lt IE 8]>
<![endif]-->
</head>
<body>


<script src="http://code.jquery.com/jquery.js"></script> ❸
<script src="js/bootstrap.min.js"></script> ❷
</body>
</html>
```

style.css

```
@charset "UTF-8";

@-ms-viewport　　{width: device-width;} ❶

body　　{margin: 0; ❶
　　　　　font-family: 'メイリオ',
　　　　　'Hiragino Kaku Gothic Pro', sans-serif;}
```

BOOTSTRAP 01

▶ SETUP

Bootstrap を利用するためには、BASE（P.014）をベースに次のように Bootstrap の CSS と JavaScript の設定を追加していきます。
まずは、右のサイトから Bootstrap をダウンロードし、解凍してできる以下のフォルダをサーバー上の Web ページから参照できる場所に置きます。ここでは Web ページと同じ場所に設置しています。

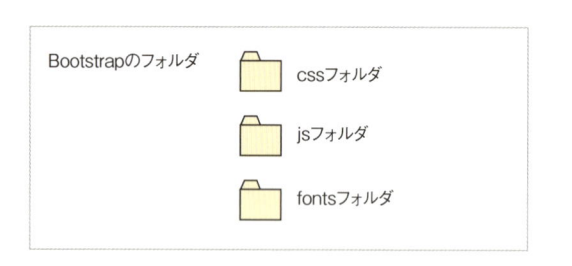

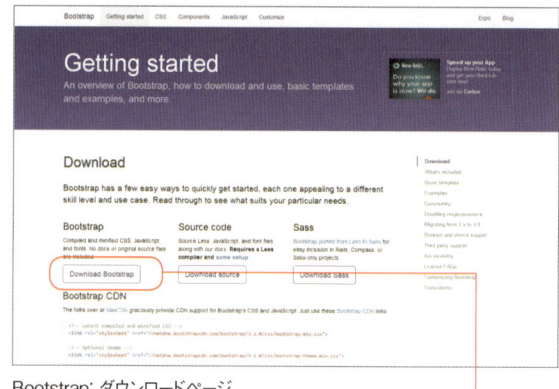

Bootstrap: ダウンロードページ
http://getbootstrap.com/getting-started/#download

「Download Bootstrap」をクリックして Bootstrap をダウンロード。

❶ CSS の設定を追加する

Bootstrap の CSS の設定（「css」フォルダ内の bootstrap.min.css）を <link> で指定します。
このとき、BASE（P.014）で用意した style.css で上書きできるようにするため、Bootstrap の CSS は style.css の指定よりも先に記述し、優先度を低くしておきます。

また、style.css に記述した「@-ms-viewport」と、<body> の「margin: 0」の指定は、Bootstrap の CSS（bootstrap.min.css）に含まれていますので、削除しておきます。

❷ JavaScript の設定を追加する

Bootstrap の JavaScript の設定（「js」フォルダ内の bootstrap.min.js）を <script> で指定します。この設定は </body> の直前に追加します。

❸ jQuery の設定を追加する

Bootstrap の JavaScript を機能させるためには、jQuery が必要です。そこで、jQuery の設定を追加します。Bootstrap のパッケージに jQuery は含まれていないため、ここでは Bootstrap のオフィシャルドキュメントで例示された CDN の URL を指定しています。

❹ IE8 をメディアクエリに対応させる

Bootstrap は IE8 以上に対応していますが、IE8 できちんと表示を行うためには respond.js ライブラリを利用し、IE8 をメディアクエリに対応させることが求められています。そこで、P.019 のように respond.js の設定を追加しています。

本書のサンプルでは Bootstrap のバージョン 3.1.1（2014年2月14日時点での最新版）を使用しています。Bootstrap 3.1.1（bootstrap-3.1.1-dist.zip）については右記のページからダウンロードすることができます。また、本書のダウンロードデータにも収録してありますのでご利用ください。

Bootstrap 3.1.1
https://github.com/twbs/bootstrap/releases/tag/v3.1.1

本書のダウンロードデータ
http://book.mynavi.jp/support/pc/xxxx/

Bootstrapが必要とするjQueryのバージョンについては、下記のURLで確認することができます。URLにはBootstrapのバージョンが含まれているので必要に応じて変更してください。Bootstrap 3.1.1の場合、jQuery 1.9.0以上が求められています。

http://github.com/twbs/bootstrap/blob/v3.1.1/bower.json

BootstrapはTwitterの社員によって開発されたCSSフレームワークです。Twitter社ではさまざまなライブラリを組み合わせてサービスの開発などを行っていましたが、不整合が生じやすく、メンテナンスの負荷が大きいという問題がありました。この問題を解消し、開発効率を高くするために作られたのがBootstrapで、2011年からオープンソースとして公開されています。

TIPS　BootstrapをCDNで利用する

BootstrapはCDNで利用することもできます。CDNのURLは右のサイトで確認し、BootstrapのCSSとJavaScriptのURLを変更します。

```
…略…
<link rel="stylesheet" href="http://netdna.
bootstrapcdn.com/bootstrap/3.1.1/css/
bootstrap.min.css">

<link rel="stylesheet" href="style.css">
…略…
<script src="http://code.jquery.com/jquery.
js"></script>
<script src="http://netdna.bootstrapcdn.com/
bootstrap/3.1.1/js/bootstrap.min.js"></script>
</body>
</html>
```

Bootstrap CDN
http://www.bootstrapcdn.com/

※最新バージョンのURLは「Quickstart」で、古いバージョンのURLは「Legacy」のページで確認できます。

ただし、respond.jsを利用している場合、respond.jsに対してBootstrapのCSSがクロスドメインとなるため、respond.jsが機能を停止します。そこで、この問題を回避するため、次のようにrespond.jsの設定を変更します。

まず、respond.jsをGitHubからダウンロードし、解凍したファイルをWebページと同じ場所に置きます。

respond.js
http://github.com/scottjehl/Respond

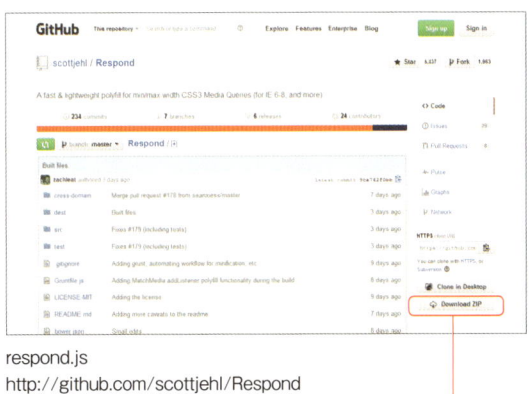

respond.js
http://github.com/scottjehl/Respond

「Download ZIP」をクリック。

❶ CDNで指定したrespond.min.jsのURLを、ダウンロードして解凍したファイルに変更します。respond.min.jsは「dist」フォルダに収録されています。

❷ 解凍したファイルの中から「cross-domain」フォルダ内のrespond.proxy.jsを<script>で指定します。

❸ 解凍したファイルの中から「cross-domain」フォルダ内のrespond.proxy.gifを<link>で指定します。このとき、id属性とrel属性を「respond-redirect」と指定ておきます。

❹ Bootstrap CDNのサーバー上で公開されているrespond-proxy.htmlを<link>で指定します。<link>のid属性とrel属性は「respond-proxy」と指定しておきます。

以上の設定により、クロスドメインでの問題を回避することができます。

なお、❶～❹の設定はIE8以下のみに適用するため、コンディショナルコメント<!--[if lt IE 9]>～<![endif]-->の中に記述しています。

```html
<!DOCTYPE html>
<html lang="ja">
<head>
<meta charset="UTF-8">
<title>SAMPLE</title>
<meta name="viewport" content="width=device-width, initial-scale=1.0">

<link rel="stylesheet" href="http://netdna.bootstrapcdn.com/bootstrap/3.1.1/css/bootstrap.min.css">

<link rel="stylesheet" href="style.css">

<!--[if lt IE 9]>
<script src="http://oss.maxcdn.com/libs/html5shiv/3.7.0/html5shiv-printshiv.min.js"></script>

<link href="http://netdna.bootstrapcdn.com/respond-proxy.html" id="respond-proxy" rel="respond-proxy" /> ❹
<link href="respond/cross-domain/respond.proxy.gif" id="respond-redirect" rel="respond-redirect" /> ❸
<script src="respond/dist/respond.min.js"></script> ❶
<script src="respond/cross-domain/respond.proxy.js"></script> ❷
<![endif]-->

<!--[if lt IE 8]>
<![endif]-->
</head>
<body>


<script src="http://code.jquery.com/jquery.js"></script>
<script src="http://netdna.bootstrapcdn.com/bootstrap/3.1.1/js/bootstrap.min.js"></script>
</body>
</html>
```

TIPS 必要な機能のみを含んだ Bootstrap をダウンロードする

Bootstrap にはさまざまな機能が用意されており、標準のダウンロードではすべての機能を含んだファイルがダウンロードされます。しかし、「Customize and download」ページを利用すると、必要な機能のみを含んだファイルをダウンロードすることもできます。

このページでは、「LESS files」で CSS 関連の、「jQuery plugins」で JavaScript 関連の必要な機能にチェックを付けて、ページ下部の「Compile and Download」をクリックします。たとえば、本章で作成していくサンプルの場合、Bootstrap に以下の機能が含まれていれば作成することが可能です。

CSS 関連

- Typography
- Grid system
- Navbar
    - Forms ※
    - Navs ※
    - Basic utilities ※
- Labels
- Panels
- Wells
- Responsive utilities
- Component animations (for JS)

JavaScript 関連

- Collapse
- Transitions

※を付けた機能は、「Navbar」を選択すると自動的に選択される機能です。JavaScript 関連はナビゲーションバーでトグル型メニューを機能させるために必要になります。

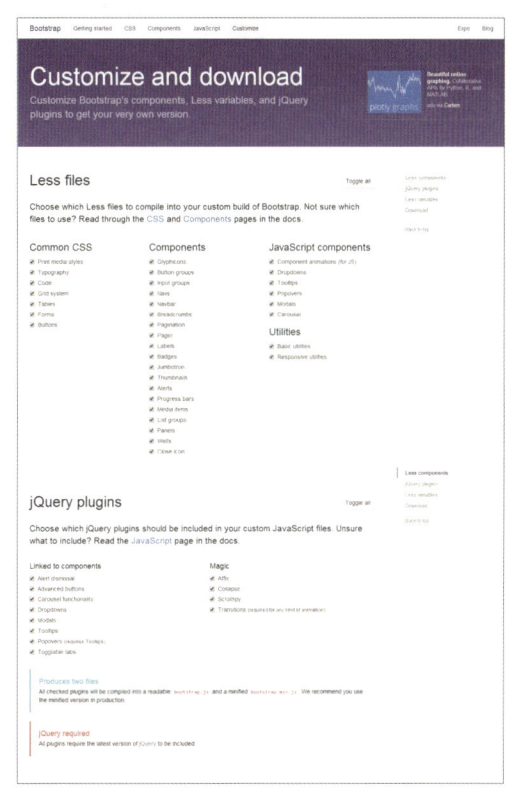

Bootstrap: Customize and download
http://getbootstrap.com/customize/

BOOTSTRAP 02

グリッドの用意とパーツの配置

作成したいページに合わせてBootstrapのグリッドを用意し、パーツを配置していきます。
ここでは各パーツのCSSは適用せず、HTMLソースだけでページの基本構造を作ります。

▶ Finished Page

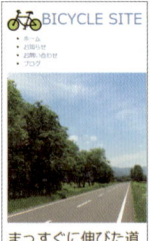

Bootstrapの機能で用意したグリッドにパーツを配置したもの。

▶ どのようなページにするか

まずは、どのようなページにするかを検討し、使用するパーツを決めます。ここでは「まっすぐに伸びた道を自転車で走る」というブログ記事のページを作成するため、次のようにパーツを選択します。

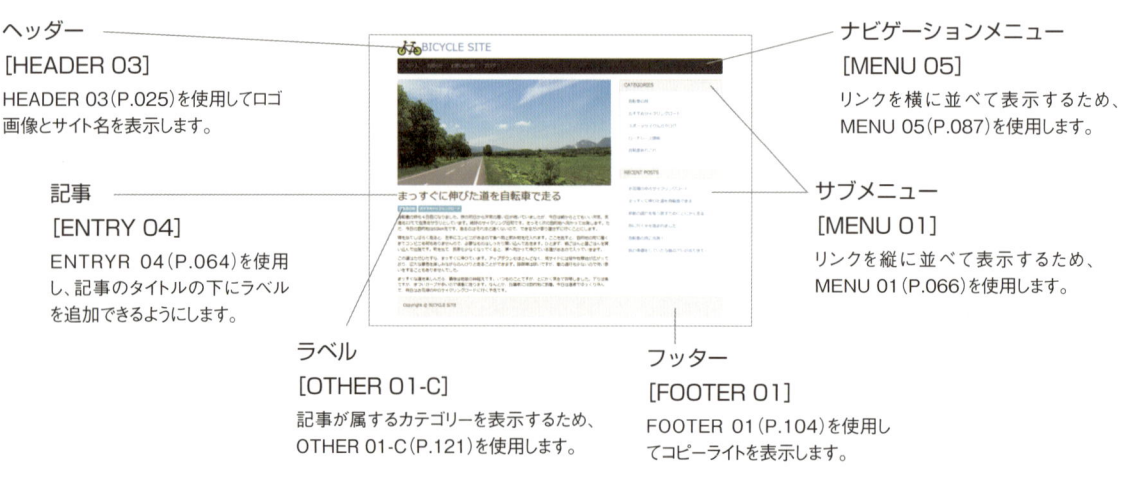

ヘッダー
[HEADER 03]
HEADER 03(P.025)を使用してロゴ画像とサイト名を表示します。

記事
[ENTRY 04]
ENTRYR 04(P.064)を使用し、記事のタイトルの下にラベルを追加できるようにします。

ラベル
[OTHER 01-C]
記事が属するカテゴリーを表示するため、OTHER 01-C(P.121)を使用します。

ナビゲーションメニュー
[MENU 05]
リンクを横に並べて表示するため、MENU 05(P.087)を使用します。

サブメニュー
[MENU 01]
リンクを縦に並べて表示するため、MENU 01(P.066)を使用します。

フッター
[FOOTER 01]
FOOTER 01(P.104)を使用してコピーライトを表示します。

▶ グリッドを用意する

パーツを並べるためのグリッドを用意します。ここではBOOTSTRAP 01（P.169）をベースに設定していきます。まず、Bootstrapのグリッドでは行※を＜div class="row"＞で囲み、その中で行をどう分割していくかを＜div class="col-sm-＊"＞で指定します。

※ グリッドシステムの「row」と「col」に合わせて、ここでは「row」を「行」と表現しています。

```
…略…
<body>

<div class="container">

<div class="row">
<div class="col-sm-12">

</div><!-- col -->
</div><!-- row -->         1行目


<div class="row">
<div class="col-sm-12">

</div><!-- col -->
</div><!-- row -->         2行目


<div class="row">
<div class="col-sm-8">

</div><!-- col -->
<div class="col-sm-4">

</div><!-- col -->
</div><!-- row -->         3行目


<div class="row">
<div class="col-sm-12">

</div><!-- col -->
</div><!-- row -->         4行目

</div><!-- container -->

<script src="http://code.jquery.com/jquery.js"></script>
<script src="js/bootstrap.min.js"></script>
</body>
</html>
```

行の分割は横幅を「12」としたときにいくつに配分するかで指定します。たとえば、1行目、2行目、4行目は1段組みにするため、クラス名を「col-sm-12」と指定しています。
3行目は2段組みにするため、2段組みの1段目と2段目の比率を指定します。ここでは1段目を「8」に、2段目を「4」の比率にするため、クラス名を「col-sm-8」、「col-sm-4」と指定しています。

なお、この状態だと左右に余白が入りません。しかし、独自にパディングやマージンで余白を入れると、グリッドシステムとの間に問題が生じることになります。そこで、余白に関してもグリッドシステムの機能を利用します。
Bootstrapのグリッドシステムでは、余白が必要なものは「container」とクラス名をつけたものの中に記述することになっています。そこで、ここではページ全体を＜div class="container"＞でマークアップしています。

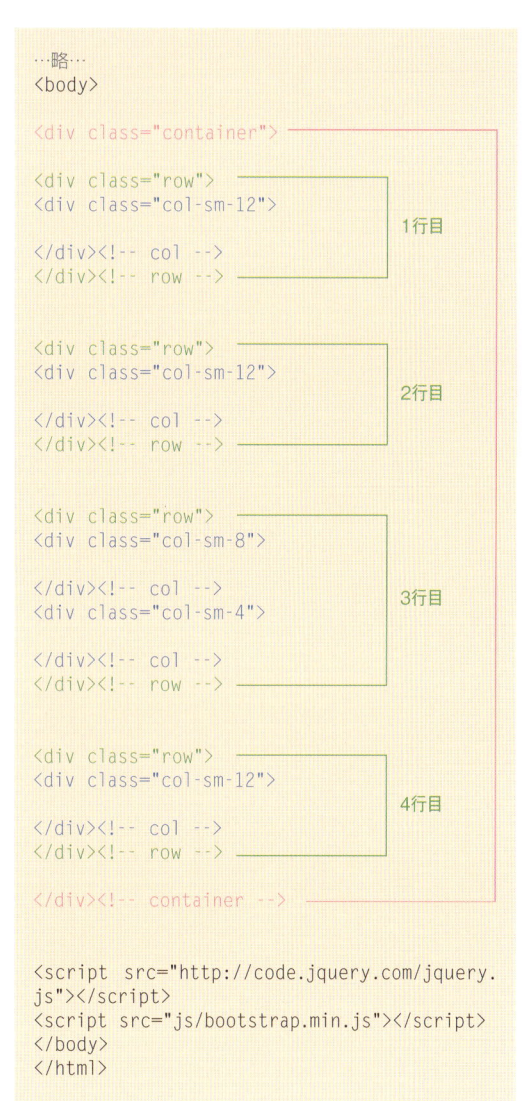

1段組みのグリッドを構成する＜div class="row"＞と＜div class="col-sm-12"＞は省略することもできますが、ここではグリッドの構造をわかりやすくするために記述しています。

4、4、4といった形で配分すると、3段組みにすることもできます。

パーツを配置する

グリッドの中に P.174 で選択したパーツを配置していきます。そのため、各パーツの HTML ソースを <div class="col-sm-＊"> 〜 </div> の中に追加していきます。ここでは、ロゴ画像やサイト名、記事などをブログ記事の内容に置き換えながら追加していきます。

すると、グリッドで指定したように 2 段組みのレイアウトで表示されます。

```
…略…
<div class="container">

<div class="row">
<div class="col-sm-12">

<div class="header">
  <h1><a href="#"><img src="img/bicycle.png"
  alt="" class="logo">BICYCLE SITE</a></h1>
</div>

</div><!-- col -->
</div><!-- row -->


<div class="row">
<div class="col-sm-12">

<div class="menu">
  <ul>
    <li><a href="#">ホーム</a></li>
    <li><a href="#">お知らせ</a></li>
    <li><a href="#">お問い合わせ</a></li>
    <li><a href="#">ブログ</a></li>
  </ul>
</div>

</div><!-- col -->
</div><!-- row -->


<div class="row">
<div class="col-sm-8">

<div class="entry">
  <img src="img/photo.jpg" alt="">

  <h1>まっすぐに伸びた道を自転車で走る</h1>
```

1 行目にヘッダーを配置
[HEADER 03] (P.025)

使用したロゴ画像: bicycle.png
(84×50 ピクセル)

2 行目にナビゲーションメニューを配置
[MENU 05] (P.087)

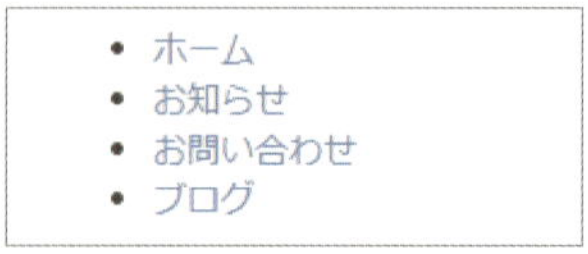

- ホーム
- お知らせ
- お問い合わせ
- ブログ

3 行目の 1 段目に記事を配置
[ENTRY 04] (P.064)

使用した記事の画像:
photo.jpg
(750×360 ピクセル)

```html
    <div class="added">
        <p>
        <a href="#" class="lb">自転車の旅</a>
        <a href="#" class="lb">おすすめサイクリングロード</a>
        </p>
    </div>

    <p>自転車の旅も4日目になりました。旅の初日から天気の悪い日が続いていましたが、今日は朝からとてもいい天気。気温も23℃で空気もサラリとしています。…略…</p>
    …略…
    <p>まっすぐな道を楽しんだら…略…予定です。</p>
</div>

</div> <!-- col -->

<div class="col-sm-4">

<div class="menu">
    <h3>CATEGORIES</h3>
    <ul>
        <li><a href="#">自転車の旅</a></li>
        <li><a href="#">おすすめサイクリングロード</a></li>
        <li><a href="#">スポーツサイクルカタログ</a></li>
        <li><a href="#">ロードレース情報</a></li>
        <li><a href="#">自転車あれこれ</a></li>
    </ul>
</div>

<div class="menu">
    <h3>RECENT POSTS</h3>
    <ul>
        <li><a href="#">お花畑の中のサイクリングロード</a></li>
        <li><a href="#">
        まっすぐに伸びた道を自転車で走る</a></li>
        <li><a href="#">
        移動の遅れを取り戻すためにとにかく走る</a></li>
        <li><a href="#">雨に行く手を阻まれました</a></li>
        <li><a href="#">自転車の旅に出発！</a></li>
        <li><a href="#">
        旅の準備をしていたら昔のアレが出てきて…</a></li>
    </ul>
</div>

</div> <!-- col -->
</div> <!-- row -->

<div class="row">
<div class="col-sm-12">

<div class="footer">
    <p>Copyright &copy; BICYCLE SITE</p>
</div>

</div><!-- col -->
</div><!-- row -->

</div><!-- container -->

<script src="http://code.jquery.com/jquery.js"></script>
…略…
```

記事の中にラベルを追加
[OTHER 01-C] (P.121)

ENTRY 04で用意した`<div class="added">`〜`</div>`の中に、記事が属するカテゴリーへのリンクを2つ追加しています。なお、2つのリンクは1つの段落として`<p>`でマークアップしています。

まっすぐに伸びた道を自転車で走る
自転車の旅 おすすめサイクリングロード

記事のタイトルの下に2つのリンクが表示されます。

3行目の2段目にサブメニューを配置
[MENU 01] (P.066)

ここではカテゴリーメニューと最新記事メニューを表示するため、MENU 01 を2つ追加しています。
また、ページ全体の構造を見て、ここではメニューの見出しを`<h3>`でマークアップするようにしています。これは、`<h2>`レベルの見出しは記事の中で使用するケースが考えられるためです。なお、見出しのマークアップやセクショニングについてはP.007を参照してください。

CATEGORIES
- 自転車の旅
- おすすめサイクリングロード
- スポーツサイクルカタログ
- ロードレース情報
- 自転車あれこれ

RECENT POSTS
- お花畑の中のサイクリングロード
- まっすぐに伸びた道を自転車で走る
- 移動の遅れを取り戻すためにとにかく走る
- 雨に行く手を阻まれました
- 自転車の旅に出発！
- 旅の準備をしていたら昔のアレが出てき…

4行目にフッターパーツを配置
[FOOTER 01] (P.104)

ここではコピーライトのみを記述しています。

Copyright © BICYCLE SITE

レスポンシブWebデザインのブレイクポイントを確認する

ブラウザ画面の横幅を変更してサンプルの表示を確認すると、Bootstrapのグリッドの機能でレスポンシブになっており、レイアウトが切り替わることがわかります。切り替わるポイント（ブレイクポイント）は768ピクセルで、767ピクセル以下では1段組みで、768ピクセル以上では2段組みで表示されます。

768ピクセルがどこからきているかはP.015の表を参照してください。

この段階では画像の横幅や高さは変化しません。

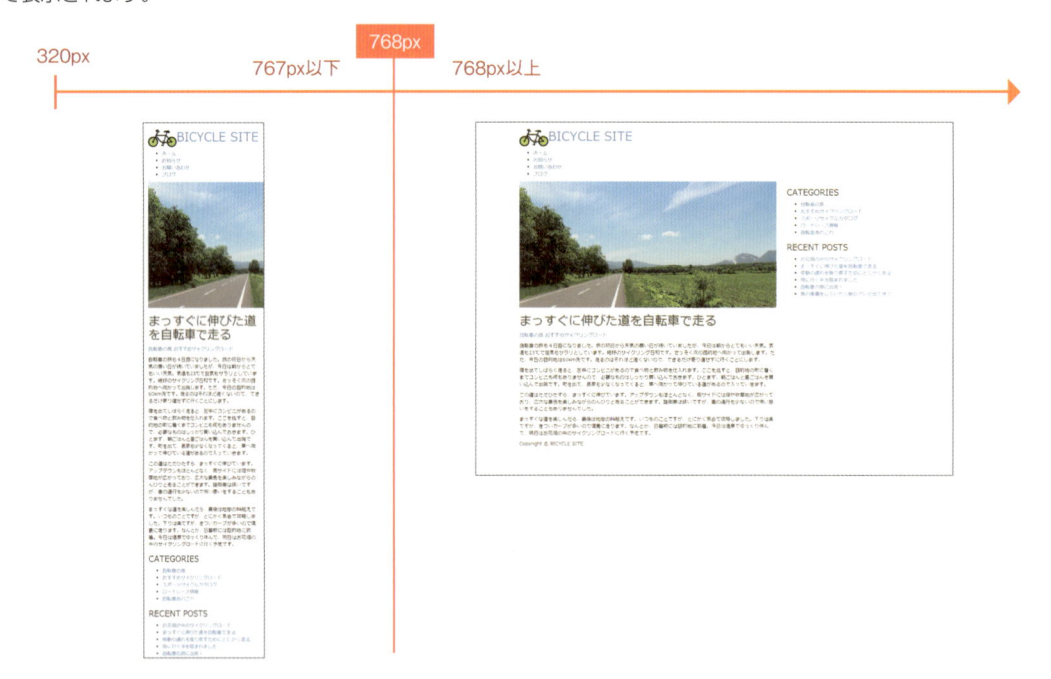

320px　767px以下　768px　768px以上

BOOTSTRAP 02-A　Bootstrapのグリッドシステム

Bootstrapのグリッドシステムは、画面の横幅がブレイクポイントより大きいときに、パーツをどのぐらいの幅で表示するかを「col-＊-＊」というクラス名で指定する仕組みになっています。
たとえば、サンプルの記事のパーツは小画面（ブレイクポイント768px以上）のときに12分の8の幅にするため、「col-sm-8」と指定しています。

用意されたブレイクポイントは768、992、1200ピクセルの3つで、それぞれのときのパーツの幅はcol-sm-＊、col-md-＊、col-lg-＊というクラス名で指定します。これらのクラス名は複合的に使用することも可能です。

	ブレイクポイント		
	768px	992px	1200px
767px以下	768px以上	992px以上	1200px以上
極小 (extra small)	小 (small)	中 (medium)	大 (large)
col-xs-＊	col-sm-＊	col-md-＊	col-lg-＊

たとえば、次のサンプルではA、B、Cの3つの記事を用意し、「col-md-＊」を利用してそれぞれの幅を「4」に指定しています。これにより、中画面（992px以上）では3段組みのレイアウトになります。
さらに、「col-sm-＊」でAの幅を「12」、BとCの幅を「6」に指定しているため、小画面（768px以上）では以下の図のようなレイアウトになります。

なお、極小画面（767px以下）での指定はしていませんが、「col-xs-12」として扱われ、1段組みのレイアウトになります。

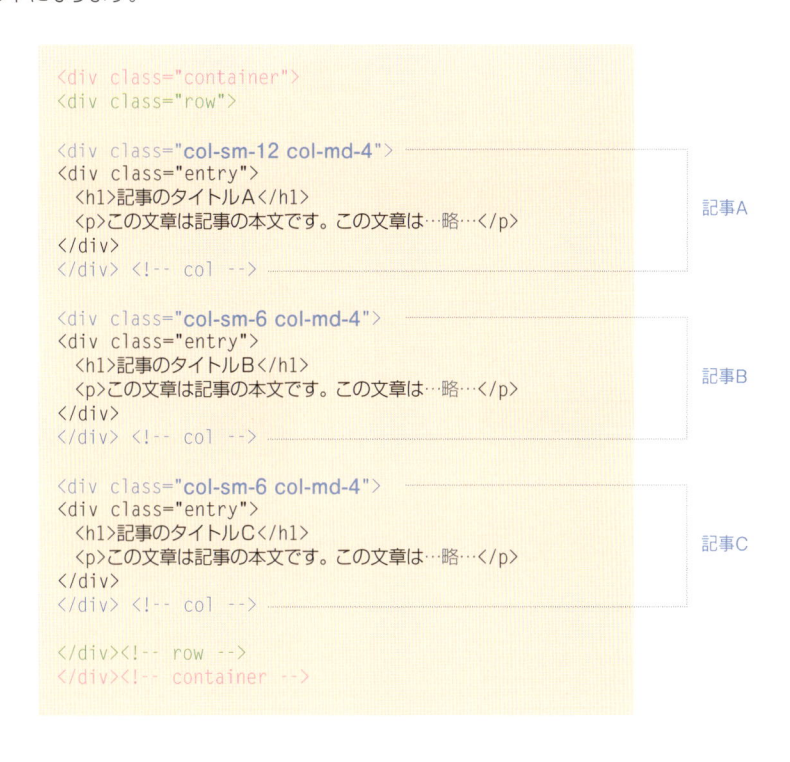

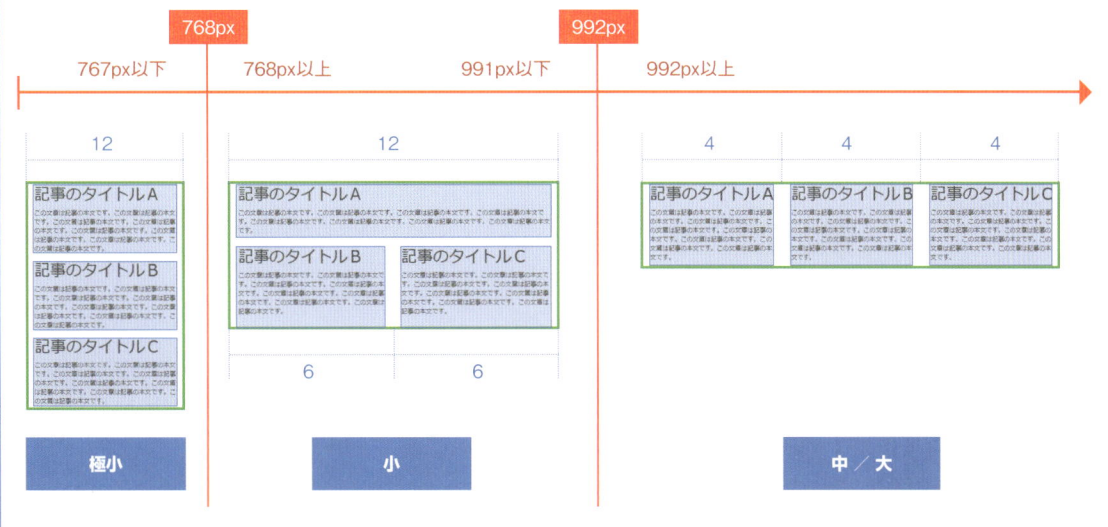

```
<div class="container">
<div class="row">

<div class="col-sm-12 col-md-4">
<div class="entry">
  <h1>記事のタイトルA</h1>
   <p>この文章は記事の本文です。この文章は…略…</p>
</div>
</div> <!-- col -->

<div class="col-sm-6 col-md-4">
<div class="entry">
  <h1>記事のタイトルB</h1>
   <p>この文章は記事の本文です。この文章は…略…</p>
</div>
</div> <!-- col -->

<div class="col-sm-6 col-md-4">
<div class="entry">
  <h1>記事のタイトルC</h1>
   <p>この文章は記事の本文です。この文章は…略…</p>
</div>
</div> <!-- col -->

</div><!-- row -->
</div><!-- container -->
```

記事A
記事B
記事C

768px　　　992px
767px以下　　768px以上　　991px以下　　992px以上

極小　　　小　　　中／大

BOOTSTRAP 02-B | グリッドのネスト

Bootstrapのグリッドは入れ子(ネスト)にすることもできます。たとえば、BOOTSTRAP 02(P.174)で幅を「8」にした記事パーツの段の中に、P.179(前ページ)の3段組みのグリッドを追加すると次のようになります。

子階層のグリッドは、親階層の幅を「12」として処理されます。また、親階層とは独立した形で、ブレイクポイントごとにグリッド内のパーツの幅を変えることができます。

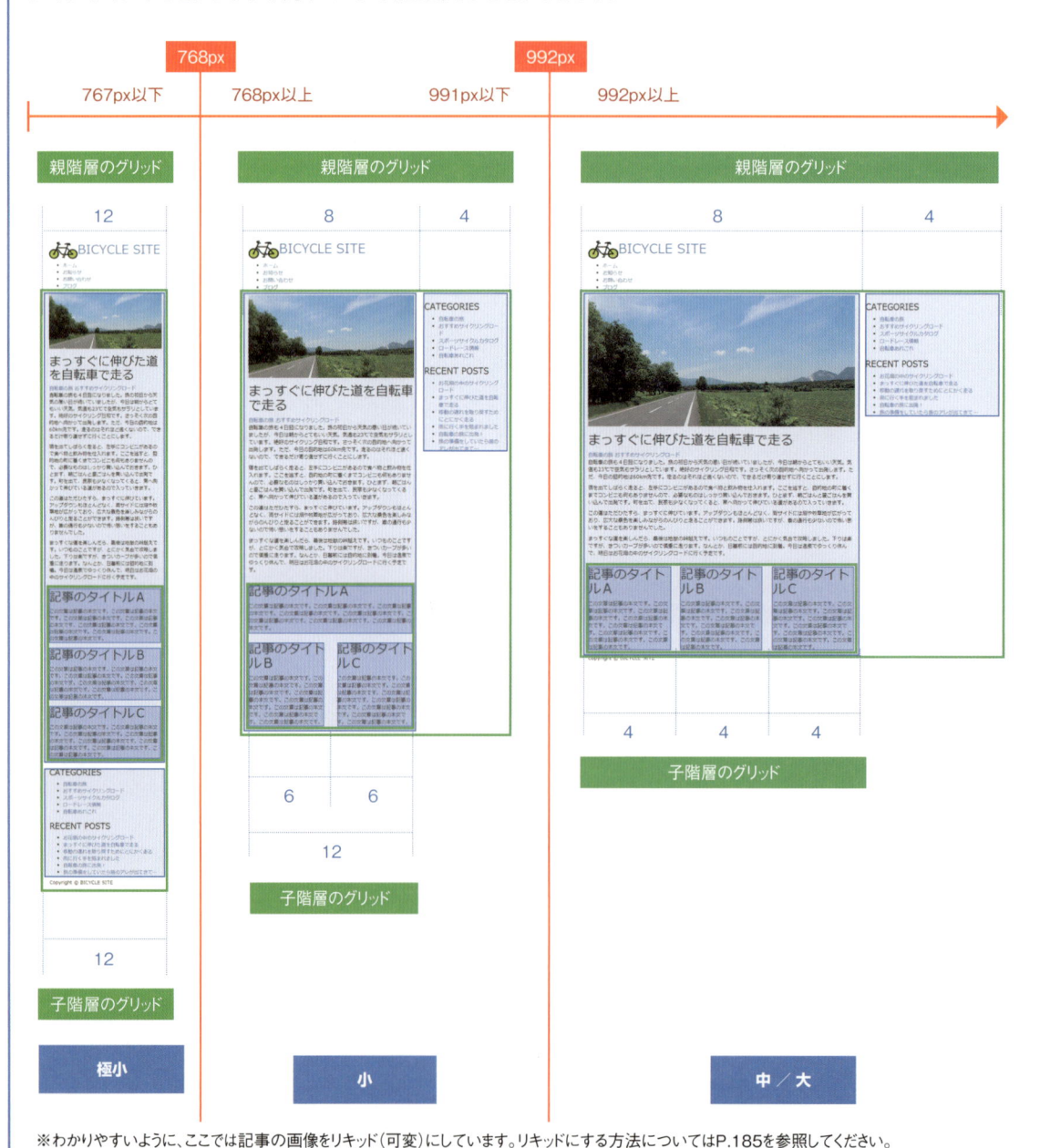

※わかりやすいように、ここでは記事の画像をリキッド(可変)にしています。リキッドにする方法についてはP.185を参照してください。

なお、グリッドは <div class="container"> の中に記述する必要がありますが、親階層のグリッドをマークアップ済みのため、子階層のグリッドを個別にマークアップする必要はありません。

```html
<div class="container">
...
<div class="row">
<div class="col-sm-8">

<div class="entry">
  <img src="img/photo.jpg" alt="" class="img-responsive">
  <h1>まっすぐに伸びた道を自転車で走る</h1>
  …略…
</div>

    <div class="row">

    <div class="col-sm-12 col-md-4">
    <div class="entry">
      <h1>記事のタイトルA</h1>
      <p>この文章は記事の本文です。この文章は…略…</p>
    </div>
    </div> <!-- col -->

    <div class="col-sm-6 col-md-4">
    <div class="entry">
      <h1>記事のタイトルB</h1>
      <p>この文章は記事の本文です。この文章は…略…</p>
    </div>
    </div> <!-- col -->

    <div class="col-sm-6 col-md-4">
    <div class="entry">
      <h1>記事のタイトルC</h1>
      <p>この文章は記事の本文です。この文章は…略…</p>
    </div>
    </div> <!-- col -->

    </div><!-- row -->

</div><!-- col -->
<div class="col-sm-4">

<div class="menu">
  <h3>CATEGORIES</h3>
  …略…
</div>

<div class="menu">
  <h3>RECENT POSTS</h3>
  …略…
</div>

</div><!-- col -->
</div><!-- row -->
...
</div><!-- container -->
```

BOOTSTRAP 02-C 小さい画面でメニューを上に表示する

BOOTSTRAP 02（P.174）で記事の右側にレイアウトしたメニューは、極小画面（767px以下）では記事の下に表示されます。これは、HTMLソースで記事の後にメニューを記述しているためです。

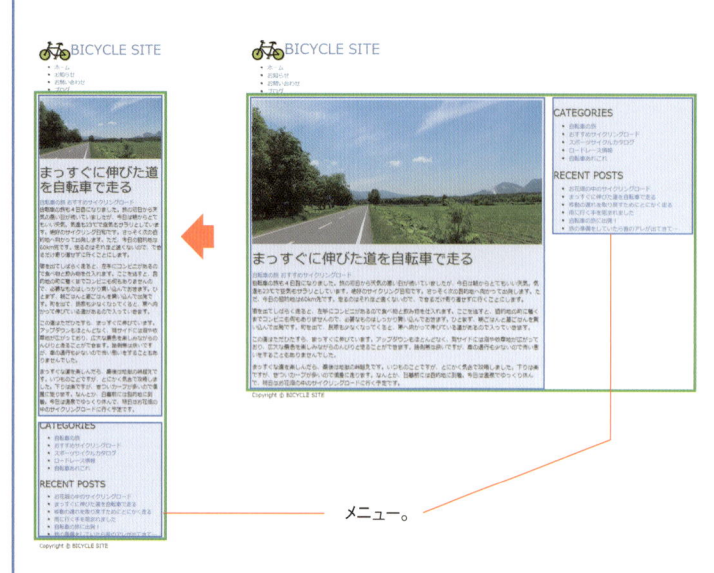

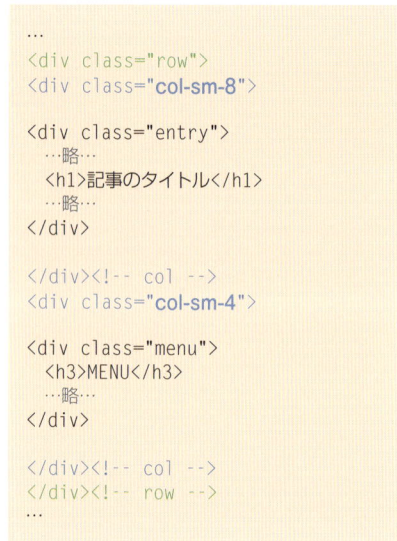

```
…
<div class="row">
<div class="col-sm-8">

<div class="entry">
  …略…
  <h1>記事のタイトル</h1>
  …略…
</div>

</div><!-- col -->
<div class="col-sm-4">

<div class="menu">
  <h3>MENU</h3>
  …略…
</div>

</div><!-- col -->
</div><!-- row -->
…
```

メニュー。

極小画面でメニューを記事の上に表示するためには、HTMLソースでメニューを先に記述します。ただし、画面を大きくするとメニューが記事の左側に表示されてしまいます。

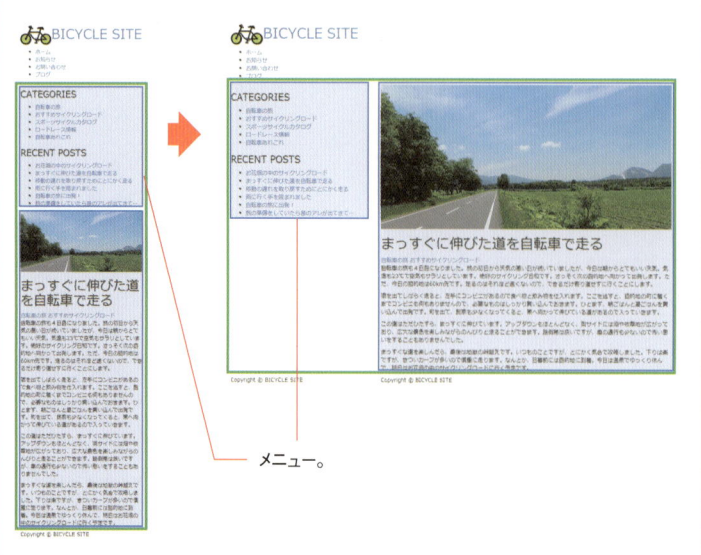

```
…
<div class="row">
<div class="col-sm-4">

<div class="menu">
  <h3>MENU</h3>
  …略…
</div>

</div><!-- col -->
<div class="col-sm-8">

<div class="entry">
  …略…
  <h1>記事のタイトル</h1>
  …略…
</div>

</div><!-- col -->
</div><!-- row -->
…
```

メニュー。

大きい画面で元のレイアウトで表示するためには、次のようにクラス名を指定します。ここでは、大きい画面で表示したときのメニューの配置を右に8幅分、記事の配置を左に4幅分だけずらすように指定しています。

```
...
<div class="row">
<div class="col-sm-4 col-sm-push-8">

<div class="menu">
  <h3>MENU</h3>
  …略…
</div>

</div><!-- col -->
<div class="col-sm-8 col-sm-pull-4">

<div class="entry">
  …略…
  <h1>記事のタイトル</h1>
  …略…
</div>

</div><!-- col -->
</div><!-- row -->
...
```

クラス名の構造からもわかるように、この設定はP.178のブレイクポイントごとに指定することができます。pushでは右方向に、pullでは左方向にずらす幅を指定します。たとえば、「col-md-push-8」と指定すると、中画面（992px以上）のときに右に8幅分ずらすことができます。

※わかりやすいように、ここでは記事の画像をリキッド（可変）にしています。
　リキッドにする方法についてはP.185を参照してください。

BOOTSTRAP 03

CSSに触れることなく
Bootstrapの機能だけでページを形にする

Bootstrapの機能を利用してパーツのデザインを指定し、
ページを形にしていきます。

▶ Finished Parts

Bootstrapの機能でデザインしたパーツ

ナビゲーションバー。
極小画面ではトグル型メニュー
に切り替わります。

ラベル。

ナビゲーションと
パネル。

Well。

▶ Bootstrapを利用したデザインの設定

Bootstrapは、Bootstrapが理解できるクラス名が指定されたパーツに対し、Bootstrapが用意したデザインを適用します。また、<h1>や<p>といった基本的な要素に対しても、Bootstrapは自動的にスタイルを適用します。そのため、CSSに直接ふれることなくページを形にしていくことができます。
ここでは、BOOTSTRAP 02（P.174）をベースに、パーツごとにデザインの設定をしていきます。

▶ 記事をデザインする

まずは、記事を形にしていきます。ただし、<h1>や<p>でマークアップした記事のタイトルや本文にはすでにBootstrapが用意したスタイルが適用され、整えた形で表示されていますので、特にクラス名を指定する必要はありません。

そこで、ここでは画像をリキッドにする設定と、記事が属するカテゴリーの情報をラベルの形で表示する設定を行います。

記事。

❶ 画像をリキッド（可変）にする

画像をリキッドにするため、<img>に「img-responsive」とクラス名を指定します。これで、配置したグリッドの横幅に合わせて画像の大きさが変化するようになります。

```
…略…
<div class="row">
<div class="col-sm-8">

<div class="entry">
  <img src="img/photo.jpg" alt=""
  class="img-responsive"> ❶

<h1>まっすぐに伸びた道を自転車で走る</h1>

<div class="added">
<p>
<a href="#" class="lb label label-info">
  自転車の旅</a>
<a href="#" class="lb label label-info">
  おすすめサイクリングロード</a>         ❷
</p>
</div>

<p>自転車の旅も4日目になりました。…略…</p>
…略…
</div>

</div> <!-- col -->
…略…
```

❷ カテゴリーの情報をラベルとして表示する

記事が属するカテゴリーの情報をラベルとして表示するため、<a>に「label」というクラス名を追加します。また、「label-info」というクラス名も追加し、水色で表示するようにしています。指定できる色に関しては右記を参照してください。

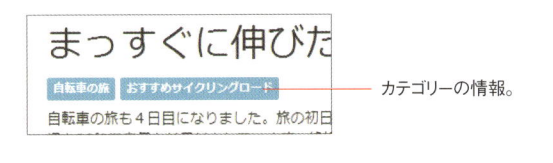

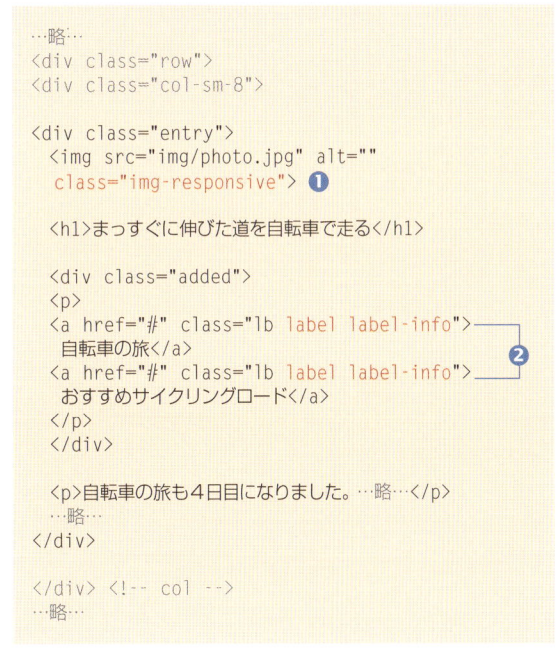

カテゴリーの情報。

下記のページを確認するとわかるように、Bootstrapではキーワードに対して色が割り当てられています。これらは「label」といった形状のキーワードに付加して利用します。

Bootstrapに用意された色のキーワード。

参照： http://getbootstrap.com/css/
　　　 http://getbootstrap.com/components/

▶ リンクを縦に並べたメニューをデザインする（1）

リンクを縦に並べたメニューを形にしていきます。そのため、Bootstrapの「ナビゲーション（Navs）」のデザインを利用します。

❸ メニューをナビゲーションとして表示する

メニューをナビゲーションとして表示するため、`<ul>`に「nav」というクラス名を追加します。これにより、各リンクのリストマークが削除され、シンプルな形で表示されます。

さらに、「nav-pills」というクラス名を追加し、各リンクを角丸のデザインにします。リンクにカーソルを重ねると背景がグレーになり、角丸になっていることが確認できます。
なお、「nav-pills」を指定するとリンクが横並びになってしまうため、「nav-stacked」というクラス名も追加し、縦に並べて表示するようにしています。

メニュー。

リンクにカーソルを重ねたときの表示。

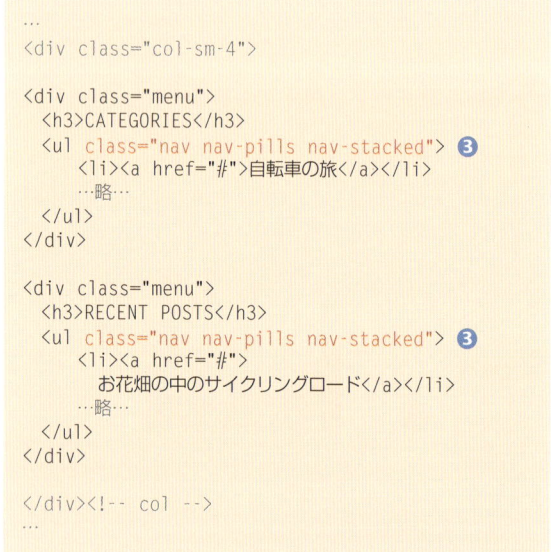

```
…
<div class="col-sm-4">

<div class="menu">
  <h3>CATEGORIES</h3>
  <ul class="nav nav-pills nav-stacked">  ❸
    <li><a href="#">自転車の旅</a></li>
    …略…
  </ul>
</div>

<div class="menu">
  <h3>RECENT POSTS</h3>
  <ul class="nav nav-pills nav-stacked">  ❸
    <li><a href="#">
      お花畑の中のサイクリングロード</a></li>
    …略…
  </ul>
</div>

</div><!-- col -->
…
```

▶ リンクを縦に並べたメニューをデザインする（2）

メニューを他のパーツと区別できるようにします。ここでは枠で囲んで表示するため、Bootstrapの「パネル（Panels）」のデザインを利用します。

❹ メニューをパネルとして表示する

メニューをパネルとして表示するため、全体をマークアップした`<div>`に「panel」というクラス名を追加します。また、「panel-default」というクラス名も追加し、パネル用の色の組み合わせのうち標準のグレーで表示するようにしています。利用できる色に関してはP.185を参照してください。

❺ パネルのヘッダーをマークアップする

パネルのヘッダーとして表示したいものを、<div class="panel-header"> でマークアップします。ここではメニューの見出しをマークアップしています。また、見出しをマークアップした <h3> には「panel-title」というクラス名を追加します。
これにより、見出しの文字サイズなどが調整され、パネルに合わせたコンパクトなデザインで表示することができます。

❻ パネルのボディをマークアップする

パネルのボディとして表示したいものを、<div class="panel-body"> でマークアップします。ここではメニュー本体をマークアップしています。

```
...
<div class="col-sm-4">

<div class="menu panel panel-default">  ❹
    <div class="panel-heading">
        <h3 class="panel-title">CATEGORIES</h3>  ❺
    </div>
    <div class="panel-body">
        <ul class="nav nav-pills nav-stacked">
            <li><a href="#">自転車の旅</a></li>          ❻
            …略…
        </ul>
    </div>
</div>
<div class="menu panel panel-default">  ❹
    <div class="panel-heading">
        <h3 class="panel-title">RECENT POSTS</h3>  ❺
    </div>
    <div class="panel-body">
        <ul class="nav nav-pills nav-stacked">
            <li><a href="#">
                お花畑の中のサイクリングロード</a></li>    ❻
            …略…
        </ul>
    </div>
</div>

</div><!-- col -->
...
```

パネルのヘッダー。
パネルのボディ。

▶ フッターをデザインする

フッターのデザインを指定していきます。しかし、Bootstrap にはフッターのためのクラス名は用意されていません。そこで、枠で囲んで他のパーツと区別できるようにします。
このとき、メニューと同じようにパネルとして表示するという選択肢もありますが、マークアップを追加しなければなりません。ここではもっとシンプルに枠で囲んで表示するため、Bootstrap の「Well」というデザインを利用します。

フッター。

7 フッターを枠で囲んで表示する

フッターを枠で囲んで表示するため、全体をマークアップした <div> に「well」というクラス名を追加します。すると、背景がグレーの枠で囲んで表示されます。この枠の内側には薄い影のエフェクトがつけられています。

```
...
<div class="row">
<div class="col-sm-12">

<div class="footer well"> ❼
  <p>Copyright &copy; BICYCLE SITE</p>
</div>

</div><!-- col -->
</div><!-- row -->
...
```

フッターを囲んだ枠の表示。

▶ ナビゲーションメニューをデザインする

サイト名の下に配置したナビゲーションメニューは横に並べて表示します。さらに、小さい画面でもメニューの表示が崩れないように表示するため、ここでは Bootstrap の「ナビゲーションバー（NavBar）」のデザインを利用します。

Bootstrap のナビゲーションバーとして表示すると、極小画面（767px 以下）では次のようにトグル型のメニューの形に切り替わる仕組みになっています。

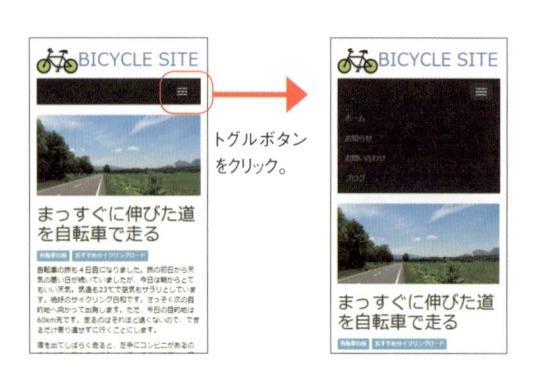

ナビゲーションバー。

トグルボタンをクリック。

ただし、機能させるためには次のようにクラス名の指定とマークアップを行う必要があります。

```
...
<div class="row">
<div class="col-sm-12">

<div class="menu navbar navbar-inverse"> ❽
  <div class="navbar-header">
     <button type="button"
       class="navbar-toggle"
       data-toggle="collapse"  ⓬
       data-target=".navbar-collapse"> ⓬
        <span class="sr-only">メニュー</span>      ⓫
        <span class="icon-bar"></span>
        <span class="icon-bar"></span>
        <span class="icon-bar"></span>
     </button>
  </div>

  <div class="navbar-collapse collapse">
     <ul class="nav navbar-nav navbar-left"> ❾
        <li><a href="#">ホーム</a></li>          ❿
        <li><a href="#">お知らせ</a></li>
        <li><a href="#">お問い合わせ</a></li>
        <li><a href="#">ブログ</a></li>
     </ul>
  </div>
</div>

</div><!-- col -->
</div><!-- row -->
...
```

8 ナビゲーションバーの形で表示する

ナビゲーションバーの形で表示するためには、メニュー全体をマークアップした<div>に「navbar」というクラス名を追加します。また、ナビゲーションバー用の色の組み合わせのうち、黒色で表示するため「navbar-inverse」というクラス名も追加しています。

なお、ナビゲーションバーに関してはP.185の色の組み合わせは用意されていないため、標準のグレーとなる「navbar-default」か、黒色となる「navbar-inverse」を指定します。

navbar-defaultでの表示（グレー）。

navbar-inverseでの表示（黒）。

9 ブレイクポイントごとにリンクの並びを変更する

P.178のブレイクポイントに応じてリンクの並びを変更するため、<ul>に「nav」と「navbar-nav」というクラス名を追加します。これにより、大・中・小画面（768px以上）では横に並べて、極小画面（767px以下）では縦に並べて表示されます。

また、横並びの際にはナビゲーションバーの左側に揃えて表示するため、「navbar-left」というクラス名も追加しています。

10 極小画面ではトグル型メニューの形で表示する（1）

極小画面（767px以下）ではトグル型メニューの形で表示するように設定していきます。
まずは、極小画面でリンクを表示したときにトグル型に最適化したデザインで表示するため、リンク全体を<div>でマークアップし、クラス名を「navbar-collapse」と指定します。
さらに、極小画面ではリンクを非表示にするため、「collapse」というクラス名も追加しておきます。

11 極小画面ではトグル型メニューの形で表示する（2）

隠したリンクの代わりに、トグルボタンを用意します。そこで、ボタンを構成する<button type="button" class="navbar-toggle">を追加し、<div class="navbar-header">でマークアップします。

トグルボタンには、トグルボタンであることを示す3本線のアイコンを表示します。Bootstrapでは<button>〜</button>内に空の<span>を3つ記述し、クラス名を「icon-bar」と指定することで表示するように設計されています。
また、音声ブラウザにトグルボタンの存在を知らせるため、「メニュー」というテキスト情報も追加します。この情報はブラウザ画面には表示しないようにするため、「sr-only」とクラス名を指定しておきます。

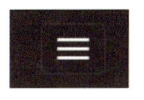

トグルボタンの表示。3本線は<span class="icon-bar">で構成している。

Bootstrap 3.xには標準で「Glyphicons」というアイコンフォントが用意されていますが、3本線のアイコンは含まれていません。そのため、現状のBootstrapでは<span>を3つ記述して3本線を表示するようになっています。

12 極小画面ではトグル型メニューの形で表示する（3）

トグルボタンを押すことによって、⑩で隠したリンクの表示・非表示を切り替えることができるようにしていきます。

まずは、JavaScriptでトグルボタンを機能させるため、<button>にdata-toggle属性を追加し、値を「collapse」と指定します。

次に、data-target属性を追加し、トグルボタンで表示をオン・オフしたいターゲットを指定します。ここでは<div class="navbar-collapse collapse">でマークアップしたリンクをターゲットとするため、「.navbar-collapse」と指定しています。これにより、トグルボタンを押すと、BootstrapのJavaScriptによってリンクの表示・非表示が切り替わります。

BOOTSTRAP 03

▶ Bootstrapに用意されたクラス名

以上で、サンプルは完成です。CSS に触れることなしに、Bootstrap に用意されたクラス名を指定していくだけでも、このレベルの Web デザインを行うことができます。

なお、Bootstrap にはさまざまなクラス名が用意されていますので、必要に応じて使い分けるようにします。用意されたクラス名や、クラス名とともに必要とされるマークアップについては、下記のページで確認することができます。

CSS
http://getbootstrap.com/css/

Components
http://getbootstrap.com/components/

Bootstrapのクラス名の指定で完成したページ。

BOOTSTRAP 03-A ナビゲーションバーのアレンジ

Bootstrap のナビゲーションバーは次のような形にアレンジすることもできます。

03-A-A
リンクをナビゲーションバーの右側に配置する

リンクをナビゲーションバーの右側に配置する場合、P.189 の❾で指定した「navbar-left」というクラス名を「navbar-right」に変更します。

「navbar-left」でリンクを左側に配置したもの。

「navbar-right」でリンクを右側に配置したもの。

```
<div class="menu navbar navbar-inverse">
    <div class="navbar-header">
        …
    </div>

    <div class="navbar-collapse collapse">
        <ul class="nav navbar-nav navbar-right">
            <li><a href="#">ホーム</a></li>
            <li><a href="#">お知らせ</a></li>
            <li><a href="#">お問い合わせ</a></li>
            <li><a href="#">ブログ</a></li>
        </ul>
    </div>
</div>
…
```

03-A-B
サイト名をナビゲーションバーに入れる

ナビゲーションバーの左端にサイト名を入れる場合、<div class="navbar-header"> の中にサイト名を追加します。サイト名をナビゲーションバーに合わせたデザインで表示するためには、<a> でマークアップし、クラス名を「navbar-brand」と指定します。

なお、極小画面でトグル型メニューに切り替わった場合にも、サイト名はバーの左端に表示されます。

サイト名。

トグルボタンをクリックしてメニューを表示したもの。

```
<div class="menu navbar navbar-inverse">
  <div class="navbar-header">
    <button type="button"
      class="navbar-toggle"
      data-toggle="collapse"
      data-target=".navbar-collapse">
      ...
    </button>
    <a href="#" class="navbar-brand">BICYCLE SITE</a>
  </div>
  ...
```

03-A-C
サイト名にロゴ画像を付けてナビゲーションバーに入れる

サイト名にはロゴ画像を付けてナビゲーションバーに入れることもできます。ただし、ロゴ画像が大きいとナビゲーションバーの表示が崩れてしまいます。そこで、ロゴ画像はサイト名の行の高さ（20px）に収まる大きさで用意し、<a class="navbar-brand"> 〜 </a> 内に追加します。ここでは次のように高さ20ピクセルのロゴ画像を使用しています。

ロゴ画像:
bicycle-34x20w.png（34×20ピクセル）。

ロゴ画像。

トグルボタンをクリックしてメニューを表示したもの。

```
<div class="menu navbar navbar-inverse">
  <div class="navbar-header">
    <button type="button"
      class="navbar-toggle"
      data-toggle="collapse"
      data-target=".navbar-collapse">
      ...
    </button>
    <a href="#" class="navbar-brand">
      <img src="img/bicycle-34x20w.png" alt="">
      SAMPLE SITE
    </a>
  </div>
  ...
```

■ サイト名の行の高さは、Bootstrapが適用するCSSの設定によって決まります。適用されている設定を確認する方法についてはP.192を参照してください。

■ 大きい画像を入れて、CSSでナビゲーションバーの表示を調整することもできます。詳しくはRECIPE 03（P.294）を参照してください。

TIPS 適用されたCSSの設定を確認する方法

BOOTSTRAP 03（P.184）ではCSSに触れることなくWebデザインを行いました。しかし、CSSを使用していないというわけではなく、指定したクラス名に対し、BootstrapのCSS(bootstrap.min.css）の設定が適用されています。
どのような設定が適用されているのかを確認することができれば、設定を上書きしてデザインをアレンジするのも容易になります。そこで、ここでは主要ブラウザに標準で用意された機能を利用し、適用されたCSSの設定を確認する方法を紹介します。

■ Chrome

Elementsパネル。　　　　　ナビゲーションバー <div class="navbar"> を選択。

虫眼鏡ツール。　　　　　　　　　　CSSを確認。

Chromeでは［ツール＞デベロッパーツール］で「Elements」パネルを開き、確認したい要素を選択します。要素は虫眼鏡ツールで選択するか、要素を右クリックして［要素を検証］を選択、もしくはHTMLソース上で直接選択します。すると、右側の「Styles」と「Computer」タブで要素に適用されたCSSの設定を確認できます。

要素にカーソルを重ねたときに適用される設定を確認するためには、「Styles」タブの右上の「Toggle Element State」ボタンをクリックし、「:hover」にチェックを付けます。

Operaは内部的にChromeと同じレンダリングエンジンを利用しているため、Chromeと同じツールでCSSを確認できます。

■ Safari

リソースパネル。　　　　　ナビゲーションバー <div class="navbar"> を選択。

検査モードツール。　　CSSを確認。

Safariでは、［開発＞Webインスペクタを表示］で「リソース」パネルを開き、確認したい要素を選択します。要素は検査モードツールで選択するか、要素を右クリック（control＋クリック）して［要素の詳細を表示］を選択、もしくはHTMLソース上で直接選択します。すると、右側の「計算済み」、「ルール」、「メトリックス」タブで要素に適用されたCSSの設定を確認できます。

Safariで［開発］メニューを表示するためには、［Safari＞環境設定］で「詳細」タブを開き、「メニューバーに"開発"メニューを表示」にチェックを付ける必要があります。

要素にカーソルを重ねたときに適用される設定をSafariで確認するためには、各タブの上部に用意された「Hover」にチェックを付けます。

■ Firefox

インスペクタパネル。　ナビゲーションバー <div class="navbar"> を選択。

選択ツール。　　　　　　　　　　　　CSSを確認。

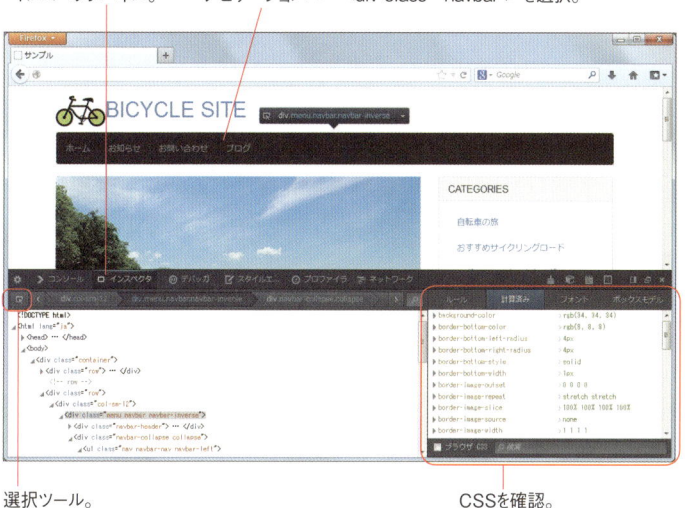

Firefox では［Web 開発＞開発ツールを表示］を選択し、「インスペクタ」パネルを開いて確認したい要素を選択します。要素は選択ツールで選択するか、要素を右クリックして［要素を調査］を選択、もしくは HTML ソース上で直接選択します。
すると、右側の「ルール」、「計算済み」、「ボックスモデル」タブで要素に適用された CSS の設定を確認できます。

要素にカーソルを重ねたときに適用される設定を確認するには、選択中の要素の吹き出しで▼をクリックし、「:hover」を選択する。

■ Internet Explorer

インスペクタパネル。　ナビゲーションバー <div class="navbar"> を選択。

選択ツール。　　　　　　　　　　　　CSSを確認。

Internet Explorer 11 では［F12 開発者ツール］を選択し、「DOM Explorer」画面を開いて確認したい要素を選択します。要素は選択ツールで選択するか、要素を右クリックして［要素を検査］を選択、もしくは HTML ソース上で直接選択します。
すると、右側の「スタイル」、「トレース」、「属性」、「レイアウト」タブで要素に適用された CSS の設定を確認できます。

カーソルを重ねたときに適用される設定を確認するには、選択ツールで要素を選択し、各タブが表示されるまでカーソルを重ねておきます。

IE10以前でも、［F12 開発者ツール］の「HTMLタブ」を利用することにより、要素に適用されたCSSを確認することができます。

BOOTSTRAP 04

Bootstrapで形にしたページを
テーマでアレンジする

テーマを利用することで、Bootstrapで作成したページの見た目の印象を簡単に変えることができます。

▶ テーマを利用したデザインのアレンジ

Bootstrapで作成したページのデザインは、「テーマ」や「テンプレート」と呼ばれるものでアレンジすることができます。このうち、CSSファイルのみで構成されたものを利用すると、簡単にデザインをアレンジすることが可能です。

▶ Bootstrapのオプショナルテーマでアレンジする

Bootstrapには標準で用意されたオプショナルテーマがあり、フラットなデザインをグラデーションを利用したデザインにアレンジすることができます。たとえば、BOOTSTRAP 03（P.184）に適用すると右のようになります。
オプショナルテーマのCSSファイル（bootstrap-theme.min.css）はP.170でダウンロードした「css」フォルダに含まれているので、<link>で指定して適用します。このとき、Bootstrap本体のCSS（bootstrap.min.css）よりも後に記述し、優先度を高くして設定を上書きします。

標準のナビゲーションバーやパネルの表示。

オプショナルテーマを適用したときのナビゲーションバーやパネルの表示。

BOOTSTRAP 03にオプショナルテーマを適用したもの。

```
...
<meta name="viewport" content="width=device-width">

<link rel="stylesheet" href="css/bootstrap.min.css">

<link rel="stylesheet" href="css/bootstrap-theme.min.css">

<link rel="stylesheet" href="style.css">
...
```

Bootswatchのテーマでアレンジする

Bootswatchというサイトでは、色やフォントをアレンジしたテーマをダウンロードすることができます。
利用するためには、「Download」をクリックしてテーマをダウンロードします。ダウンロードしたファイルはBootstrapのCSS（bootstrap.min.css）と同じファイル名になっているので、置き換えて利用します。

Bootswatch
http://bootswatch.com/

BOOTSTRAP 03をBootswatchのテーマでアレンジしたもの。

PaintStrapのテーマでアレンジする

PaintStrapというサイトでは、Adobe Kuler（P.166）やCOLOURloversのカラースキームを利用してテーマを作成することができます。また、Galleryページには作成済みのテーマが数多く登録されており、ダウンロードすることが可能です。ダウンロードしたファイルはBootstrapのCSS（bootstrap.min.css）と同じファイル名になっているので、置き換えて利用します。

PaintStrap Gallery
http://paintstrap.com/ja/gallery/

※ テーマは色の種類、鮮やかさ、明るさで絞り込んで検索することができます。

※ 元になっているカラースキームのライセンスを確認した上で利用することが求められています。

BOOTSTRAP 03をPaintStrapのテーマでアレンジしたもの。

BOOTSTRAP 05

BOOTSTRAP 05

Bootstrapで形にしたページをCSSでアレンジする

CSSを利用することでBootstrapの設定を上書きし、Bootstrapで形にしたページのデザインをアレンジしていきます。

▶ Finished Parts

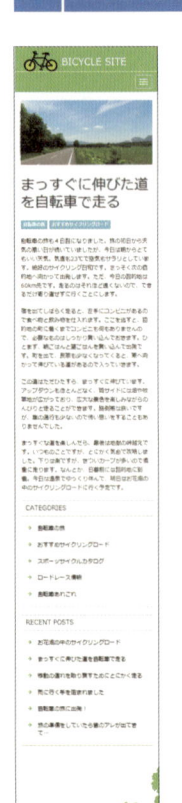

HEADER 03（P.025）の設定でヘッダーの背景色などをアレンジ。

MENU 05（P.087）の設定でナビゲーションバーの背景色や文字の色などをアレンジ。

極小画面でトグルボタンをクリックしたときの表示。

ENTRY 04（P.064）の設定で段落の間隔などをアレンジ。

FOOTER 04-A（P.112）の設定でフッターの背景をアレンジ。

サブメニューをMENU 03-C（P.078）とDESIGN 02-A-B（P.148）の設定でアレンジ。

196

▶ CSSを利用したデザインのアレンジ

Bootstrapで作成したページのデザインは、自分でCSSを用意してアレンジすることができます。どこまでアレンジするかも自分次第です。

たとえば、Bootstrapのクラス名で適用されているデザインはそのまま生かし、色や間隔を調整することでアレンジすることもできますし、クラス名を外してデザインを入れ替えることも可能です。

ここでは、BOOTSTRAP 03（P.184）をベースに、パーツごとにChapter 1～Chapter 6のCSSの設定を適用してアレンジしていきます。なお、CSSの設定はstyle.cssに追加していきます。

style.cssはP.014で用意した外部スタイルシートファイルです。BootstrapのCSSファイル（bootstrap.min.css）は編集しません。

特別な環境を用意しなくてもデザインをアレンジすることができるため、ここではCSSでBootstrapの設定を上書きする方法を紹介しています。

なお、LESSやSassを利用し、Bootstrapが用意した変数でアレンジする方法（P.212）もあります。

▶ ヘッダーのデザインをアレンジする

まずは、ロゴ画像とサイト名を表示したヘッダーのデザインをアレンジしていきます。ヘッダー部分にはBootstrapのクラス名は指定していませんが、画像や文字にはBootstrapのスタイルが適用されています。

ここではヘッダーの背景色やサイト名の文字の色などを変更するため、HEADER 03（P.025）のCSSの設定を適用し、表示をアレンジしていきます。

```
@charset "UTF-8";

body         {font-family: 'メイリオ',
              'Hiragino Kaku Gothic Pro', sans-serif;}

/* ヘッダー */
.header       {padding: 20px;
               background-color: #dfe3e8;}

.header h1    {margin: 0;
               font-size: 20px;
               line-height: 1;}

.header h1 a  {color: #000;
               text-decoration: none;}

.header .logo {margin: 0 10px 0 0;
               border: none;
               vertical-align: -15px;}
```
❶

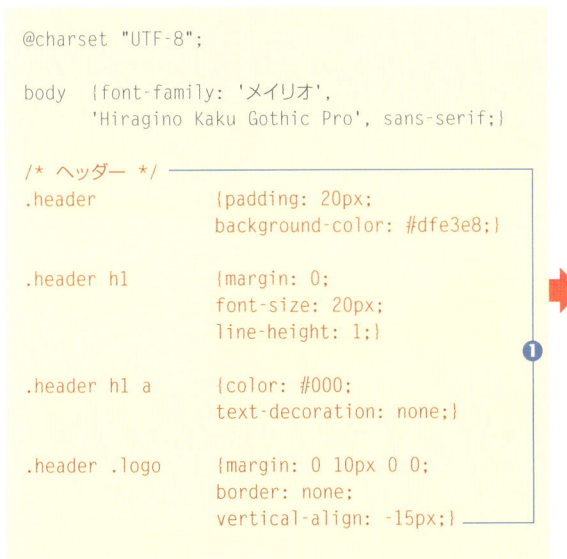

```
@charset "UTF-8";

body         {font-family: 'メイリオ',
              'Hiragino Kaku Gothic Pro', sans-serif;}

/* ヘッダー */
.header       {padding: 10px 10px 0 10px;  ❷
               background-color: #8abc60;} ❸

.header h1    {margin: 0;
               font-size: 24px;  ❹
               line-height: 1;}

.header h1 a  {color: #fff;  ❹
               text-decoration: none;}

.header .logo {margin: 0 10px 0 0;
               border: none;
               vertical-align: -15px;}
```

❶ HEADER 03 の設定を適用する

まずは、HEADER 03（P.025）の CSS の設定を style.css に追加します。すると、Bootstrap の設定が上書きされ、ヘッダーが HEADER 03 の設定で表示されます。これにより、Bootstrap がサイト名の上下に入れていた余白は削除され、<div class="header"> のパディングで上下左右に 20 ピクセルの余白を入れた形になります。

❷ パディングを変更する

ヘッダーはコンパクトに表示するため、<div class="header"> のパディング（padding）を 20 ピクセルから 10 ピクセルに変更しています。また、下パディングは 0 にして、ロゴ画像の下に余白を入れないようにしています。

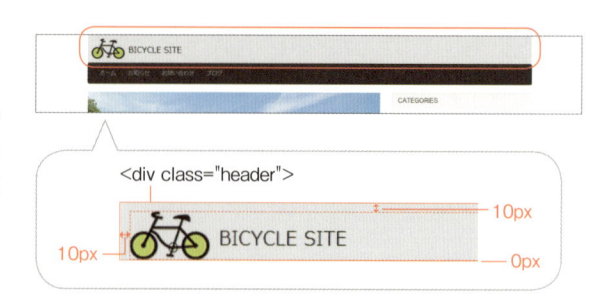

❸ 背景色を変更する

ヘッダーの背景を黄緑色にするため、<div class="header"> の背景色（background-color）を「#8abc60」に変更しています。

❹ サイト名のデザインを変更する

背景色に合わせて、サイト名の色（color）を白色に、フォントサイズ（font-size）を 24 ピクセルに変更しています。

▶ 記事のデザインをアレンジする

次に、記事のデザインをアレンジしていきます。Bootstrap はタイトルや本文にもスタイルを適用しますが、英文が基本となっているため、日本語の文章ではどうしても段落の間隔や行間が狭い印象になってしまいます。そこで、ENTRY 04（P.064）の CSS の設定を適用し、調整を行います。

```
...
.header .logo      {margin: 0 10px 0 0;
                    border: none;
                    vertical-align: -15px;}

/* 記事 */
.entry             {padding: 20px;
                    background-color: #dfe3e8;}

.entry img         {max-width: 100%;
                    height: auto;
                    margin: 0 0 30px 0;
                    vertical-align: bottom;}

.entry h1          {margin: 0 0 20px 0;
                    font-size: 28px;
                    line-height: 1.2;}

.entry p           {margin: 0 0 20px 0;
                    font-size: 14px;
                    line-height: 1.6;}

.entry .added      {margin: 0 0 20px 0;}
```

❺

```
...
.header .logo      {margin: 0 10px 0 0;
                    border: none;
                    vertical-align: -15px;}

/* 記事 */
.entry             {padding: 0; ❻
                    background-color: #dfe3e8;} ❽

.entry img         {max-width: 100%;
                    height: auto;
                    margin: 0 0 30px 0;
                    vertical-align: bottom;}

.entry h1          {margin: 0 0 20px 0;
                    font-size: 28px; ❼
                    line-height: 1.2;}

.entry p           {margin: 0 0 20px 0;
                    font-size: 14px;
                    line-height: 1.6;}

.entry .added      {margin: 0 0 20px 0;}
```

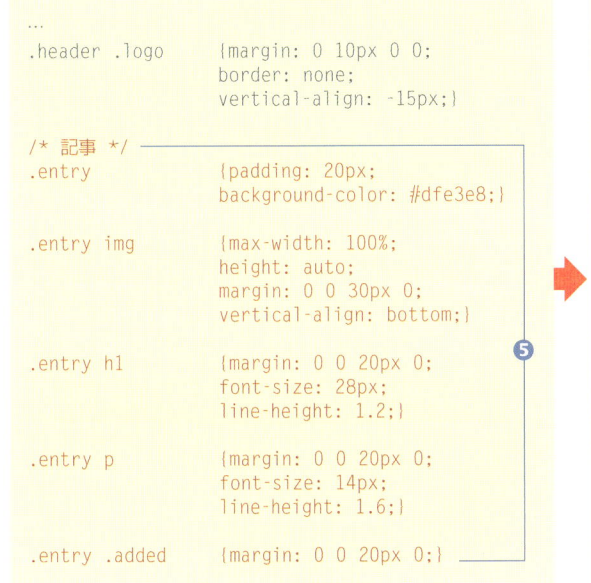

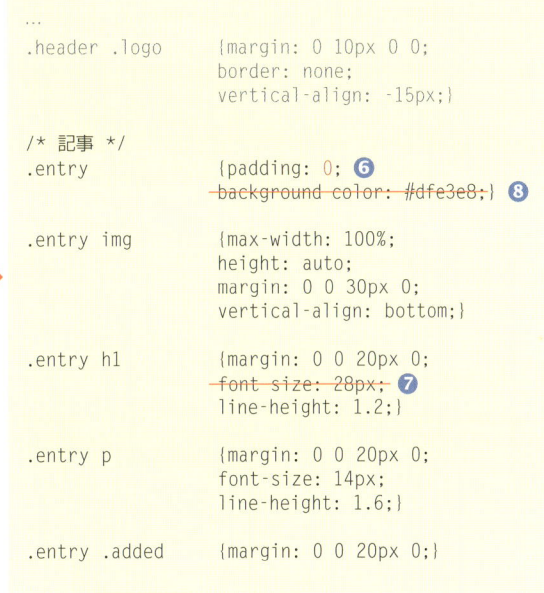

❺ ENTRY 04 の設定を適用する

まずは、ENTRY 04（P.064）の CSS の設定を style.css に追加します。すると、Bootstrap の設定は上書きされ、タイトルと本文は ENTRY 04 で指定したフォントサイズ、行の高さ、間隔で表示されます。

ラベルについては、ENTRY 04 ではデザインを指定していないため、これまで通り Bootstrap の「ラベル」のデザインで表示されます。ここでは Bootstrap のデザインをそのまま使用しますが、アレンジする場合には OTHER 01-C（P.121）の設定を利用してください。

❻ 記事のまわりの余白を削除する

記事のまわりには ENTRY 04 の設定で 20 ピクセルの余白が挿入されます。しかし、この余白は Bootstrap がナビゲーションバーの下部やグリッドの段の間に入れた余白に付け加えられるため、ナビゲーションバーやメニューとの間隔が大きくなってしまいます。
そこで、記事のまわりには余白を追加せず、Bootstrap が挿入した余白だけを使用してレイアウトします。そのため、<div class="header"> のパディング（padding）を 0 に変更し、余白を削除しています。

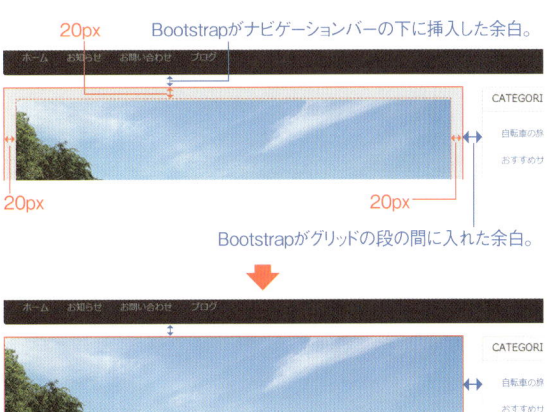

20px　Bootstrapがナビゲーションバーの下に挿入した余白。

20px　　　　　　　　　　　　　20px
Bootstrapがグリッドの段の間に入れた余白。

20pxの余白を削除したもの。

❼ タイトルのフォントサイズを変更する

<h1> でマークアップした記事のタイトルは、Bootstrap の設定では 36 ピクセルのフォントサイズで表示されていましたが、ENTRY 04 の設定でひとまわり小さな 28 ピクセルになっています。
ここでは、Bootstrap の設定を使用して大きく表示するため、フォントサイズ（font-size）の設定を削除しています。

Bootstrapの設定（36pxのフォントサイズ）で表示したもの。

❽ 背景色を削除する

グレーの背景色を削除するため、background-color の指定を削除しています。

> ❼❽ のように Bootstrap の設定を使用したい場合や、デザインの指定が不要な場合には、CSS の設定を削除します。
>
> なお、❻ のように余白を削除するケースでも、padding の設定を削除することで余白を削除することができます。しかし、余白は後から調整が必要になるケースが多いことから、サンプルでは値を「0」とすることで余白を削除しています。

背景色が削除されます。

▶ サブメニューのデザインをアレンジする（1）

記事の横に表示したサブメニューのデザインをアレンジしていきます。ここではアイコンフォントを利用して矢印のリストマークを表示するため、MENU 03-C（P.078）の設定を適用します。

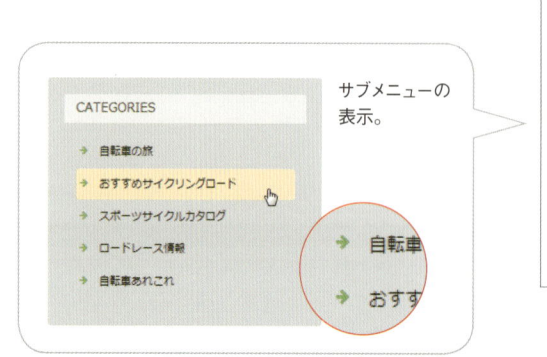

サブメニューの表示。

```
...
<meta name="viewport" content="width=device-
width">

<link rel="stylesheet" href="http://netdna.
bootstrapcdn.com/font-awesome/4.0.3/css/font-
awesome.css"> ❾

<link rel="stylesheet" href="css/bootstrap.min.css">
…略…
<div class="col-sm-4">

<div class="submenu panel panel-default"> ❿
  <div class="panel-heading">
      <h3 class="panel-title">CATEGORIES</h3>
  </div>
  <div class="panel-body">
      <ul class="nav nav-pills nav-stacked">
        <li><a href="#">自転車の旅</a></li>
          …略…
      </ul>
  </div>
</div>
```

```
<div class="submenu panel panel-default"> ❿
  <div class="panel-heading">
      <h3 class="panel-title">RECENT POSTS</h3>
  </div>
  <div class="panel-body">
      <ul class="nav nav-pills nav-stacked">
        <li><a href="#">
          お花畑の中のサイクリングロード</a></li>
          …略…
      </ul>
  </div>
</div>

</div><!-- col -->
</div><!-- row -->
...
```

```
...
.entry .added      {margin: 0 0 20px 0;}

/* メニュー（サブメニュー） */
.menu              {padding: 20px;
                    background-color: #dfe3e8;}

.menu h1           {margin: 0 0 10px 0;
                    font-size: 18px;
                    line-height: 1.2;}

.menu ul,
.menu ol           {margin: 0;
                    padding: 0;
                    font-size: 14px;
                    line-height: 1.4;
                    list-style: none;}

.menu li a         {position: relative;
                    display: block;
                    padding: 10px 5px 10px 30px;
                    color: #000;
                    text-decoration: none;}

.menu li a:hover   {background-color: #eee;}

.menu li a:before  {position: absolute;
                    left: 5px;
                    top: 10px;
                    content: '\f061';
                    color: #f80;
                    font-family: 'FontAwesome';
                    font-size: 20px;
                    line-height: 1;}
```

➒ ➔

```
...
.entry .added      {margin: 0 0 20px 0;}

/* メニュー（サブメニュー） */
.submenu           {padding: 20px;
                    background-color: #dfe3e8;}

.submenu h1        {margin: 0 0 10px 0;
                    font-size: 18px;
                    line-height: 1.2;}     ⓫

.submenu ul,
.submenu ol        {margin: 0;
                    padding: 0;
                    font-size: 14px;
                    line-height: 1.4;
                    list-style: none;}

.submenu li a      {position: relative;
                    display: block;
                    padding: 10px 5px 10px 30px;
                    color: #000;
                    text-decoration: none;}

.submenu li a:hover {background-color: #fec;} ⓭

.submenu li a:before {position: absolute;
                    left: 5px;
                    top: 12px; ⓬
                    content: '\f061';
                    color: #8abc60; ⓬
                    font-family: 'FontAwesome';
                    font-size: 12px ⓬
                    line-height: 1;}
```

❿ クラス名を変更。

⑨ MENU 03-C の設定を適用する

まずは、MENU 03-C（P.078）の CSS の設定を style.css に追加します。このとき、Font Awesome というアイコンフォントを使用するため、P.078 の <link> の設定も追加します。
すると、Bootstrap のメニューの設定は上書きされ、リンクの行頭に矢印のリストマークが表示されます。しかし、サンプルではサブメニューだけでなく、ヘッダーの下に表示したナビゲーションメニューにも MENU 03 の設定が適用されてしまいます。これは、どちらも Chapter 3 のパーツを配置し、クラス名が同じ「menu」になっているためです。

ナビゲーションメニュー：<div class="menu navbar navbar-inverse">

サブメニュー：<div class="menu panel panel-default">

⑩ サブメニューのクラス名を変更する

サブメニューだけに MENU 03-C の設定を適用するため、サブメニューのクラス名を「menu」から「submenu」に変更します。それに合わせて、CSS のセレクタのクラス名も「.menu」から「.submenu」に変更します。

サブメニュー：<div class="submenu panel panel-default">

⑪ 見出しの設定を削除する

メニューの見出し用の設定は「.submenu h1」セレクタで指定していますが、見出しのマークアップは P.177 で <h3> に変更しているため、適用されていません。見出しに適用されているのは、P.187 で指定した Bootstrap のパネルの設定です。ここではそのままパネルの設定で表示するため、見出しの設定を削除しています。

見出しの表示。Bootstrap のパネルの設定で表示されています。

⑫ リストマークの大きさや色を調整する

ページのデザインに合わせて、リストマークの大きさや色を調整します。ここでは小さな黄緑色の矢印にするため、アイコンの色（color）を「#8abc60」、フォントサイズ（font-size）を「12px」、上からの表示位置（top）を「12px」に変更しています。

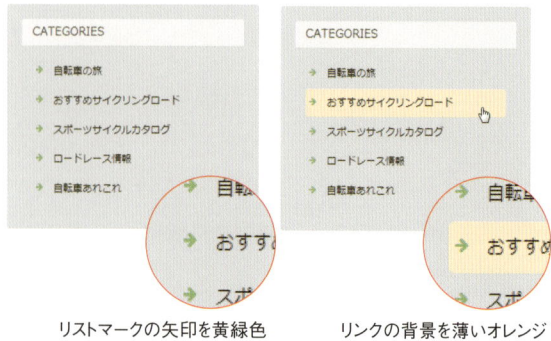

リストマークの矢印を黄緑色にして表示したもの。

リンクの背景を薄いオレンジ色にしたもの。

⑬ カーソルを重ねたときの背景色を変更する

リンクにカーソルを重ねたときの背景色は MENU 03-C の設定でグレーになっています。ここでは薄いオレンジ色にするため、background-color を「#fec」に変更しています。

サブメニューのデザインをアレンジする（2）

サブメニューの枠と見出しのデザインをアレンジしていきます。ここでは DESIGN 02-A-B（P.148）の設定を適用し、背景を白色にして、メニュー全体と見出しの上下をグレーの罫線で区切ったシンプルなデザインにします。

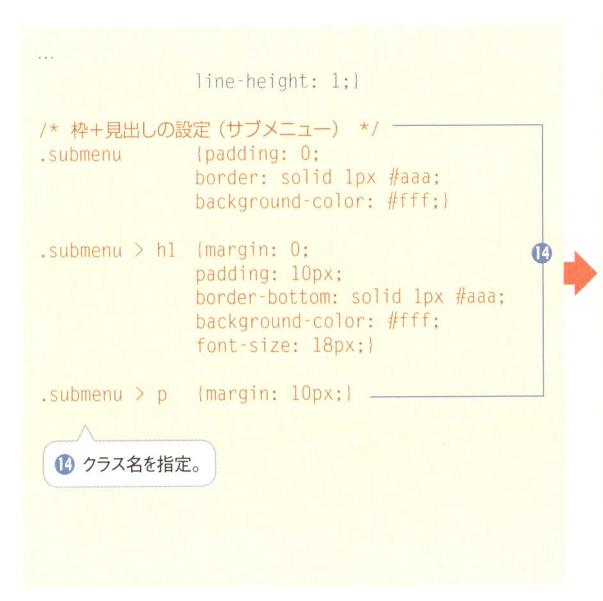

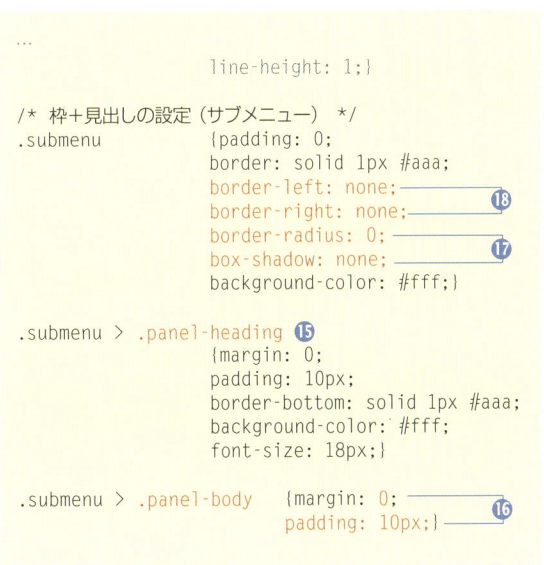

```
...
             line-height: 1;}

/* 枠+見出しの設定（サブメニュー） */
.submenu      {padding: 0;
               border: solid 1px #aaa;
               background-color: #fff;}

.submenu > h1 {margin: 0;
               padding: 10px;
               border-bottom: solid 1px #aaa;
               background-color: #fff;
               font-size: 18px;}

.submenu > p  {margin: 10px;}
```

⑭ クラス名を指定。

```
...
             line-height: 1;}

/* 枠+見出しの設定（サブメニュー） */
.submenu      {padding: 0;
               border: solid 1px #aaa;
               border-left: none;
               border-right: none;
               border-radius: 0;
               box-shadow: none;
               background-color: #fff;}

.submenu > .panel-heading ⑮
              {margin: 0;
               padding: 10px;
               border-bottom: solid 1px #aaa;
               background-color: #fff;
               font-size: 18px;}

.submenu > .panel-body     {margin: 0;
                            padding: 10px;} ⑯
```

⑱ ⑰

⑭ DESIGN 02-A-B の設定を適用する

DESIGN 02-A-B の設定をサブメニューに適用するため、クラス名を「.submenu」と指定して style.css に追加します。すると、サブメニューが右のようにグレー（#aaa）の罫線で囲んだ形で表示されます。

ただし、DESIGN 02-A-B の設定では「.submenu > h1」セレクタで見出しの背景を白色（#fff）に指定していますが、グレーの背景になっていることがわかります。

見出しの背景はグレーで表示されます。

⓯ 見出しの背景色を変更する

見出しの背景がグレーになっているのは、Bootstrapが P.187 でパネル用に追加した <div class="panel-heading"> に対して背景の設定を適用しているためです。この設定を上書きするためには、「.submenu > h1」セレクタを「.submenu > .panel-heading」に変更します。これで、見出しの背景が白色になります。

見出しの背景が白色になります。

⓰ メニュー本体のまわりの余白サイズを変更する

メニュー本体のまわりには、P.187 でパネル用に追加した <div class="panel-body"> に対し、Bootstrap によって 15px のパディングが挿入されています。この設定を上書きするためには、「.submenu > p」セレクタを「.submenu > .panel-body」に変更し、padding を指定します。ここでは 10px に指定し、見出しとリンクの左端を揃えるようにしています。なお、DESIGN 2-A-B で指定していた margin は 0 に変更し、余計な余白を追加しないようにしておきます。

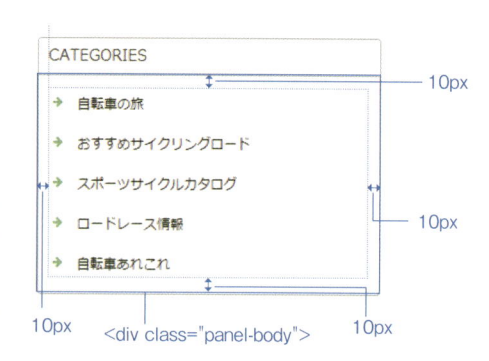

⓱ 角丸と影を削除する

Bootstrap のパネルの設定により、メニュー全体を囲んだ罫線は角丸で、非常に薄い影をつけた形で表示されています。ここではこれらを削除するため、border-radius を「0」に、box-shadow を「none」に指定しています。

角丸と影の表示が削除されます。

⓲ 左右の罫線を削除する

ここでは左右の罫線を削除し、上下を罫線で区切ったデザインにします。そこで、border-left と border-right を「none」と指定しています。

ナビゲーションバーのデザインをアレンジする

ナビゲーションバーのデザインをアレンジしていきます。ただし、Bootstrapで作成したナビゲーションバーは極小画面でトグル型メニューに切り替わるなど、複雑な構成になっています。そのため、基本的にBootstrapの設定をそのまま利用します。

ここではナビゲーションバーの背景色、リンクの文字の色、リンクにカーソルを重ねたときの背景色をアレンジするため、MENU 05（P.087）の設定のうち、必要な設定だけを利用してアレンジしていきます。最終的には㉑〜㉕を追加するだけでアレンジできます。

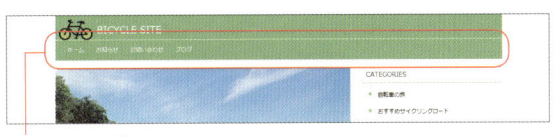

ナビゲーションバー。

リンクにカーソルを重ねたときの表示。

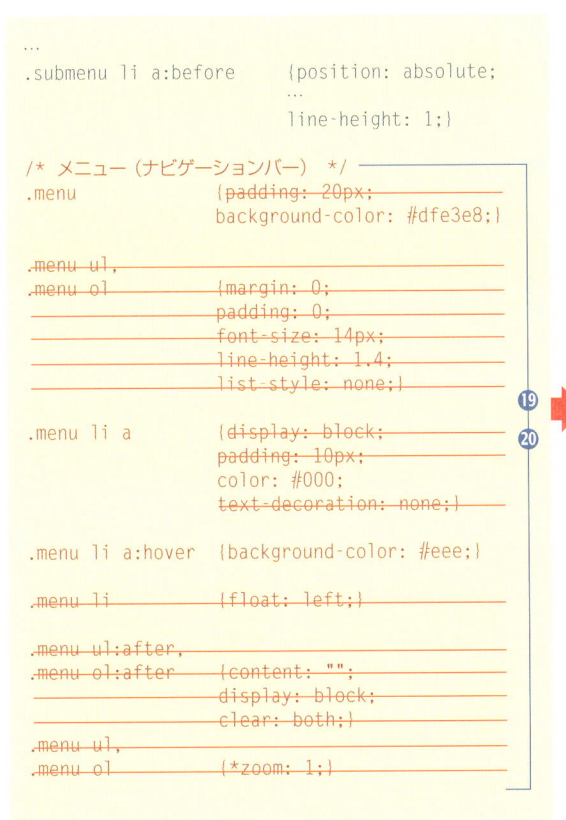

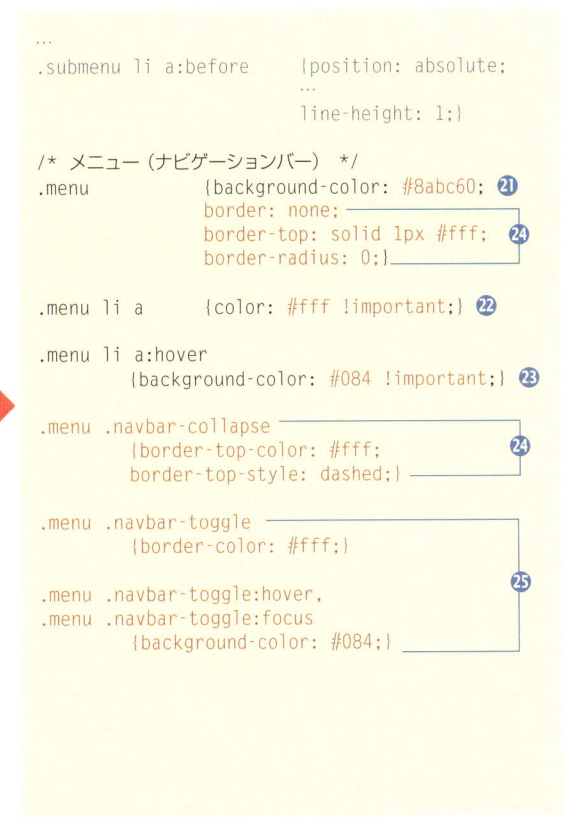

極小画面での表示。

```
...
.submenu li a:before    {position: absolute;
                         ...
                         line-height: 1;}

/* メニュー（ナビゲーションバー） */
.menu                    {padding: 20px;
                         background-color: #dfe3e8;}

.menu ul,
.menu ol                 {margin: 0;
                         padding: 0;
                         font-size: 14px;
                         line-height: 1.4;
                         list-style: none;}

.menu li a               {display: block;
                         padding: 10px;
                         color: #000;
                         text-decoration: none;}

.menu li a:hover         {background-color: #eee;}

.menu li                 {float: left;}

.menu ul:after,
.menu ol:after           {content: "";
                         display: block;
                         clear: both;}
.menu ul,
.menu ol                 {*zoom: 1;}
```

⑲ ⑳

```
...
.submenu li a:before    {position: absolute;
                         ...
                         line-height: 1;}

/* メニュー（ナビゲーションバー） */
.menu                    {background-color: #8abc60;  ㉑
                         border: none;
                         border-top: solid 1px #fff;  ㉔
                         border-radius: 0;}

.menu li a              {color: #fff !important;}  ㉒

.menu li a:hover
                        {background-color: #084 !important;}  ㉓

.menu .navbar-collapse
                        {border-top-color: #fff;
                         border-top-style: dashed;}  ㉔

.menu .navbar-toggle
                        {border-color: #fff;}

.menu .navbar-toggle:hover,
.menu .navbar-toggle:focus
                        {background-color: #084;}  ㉕
```

⑲ MENU 05 の設定を適用する

まずは、MENU 05（P.087）の CSS の設定を style.css に追加します。すると、Bootstrap のナビゲーションバーの設定が上書きされ、背景色などが MENU 05 の設定で表示されます。
しかし、極小画面でトグルボタンを押してリンクを表示すると、縦に並ばず、横に並んで表示されてしまいます。これは、MENU 05 のリンクを横に並べる設定が優先して適用されているためです。

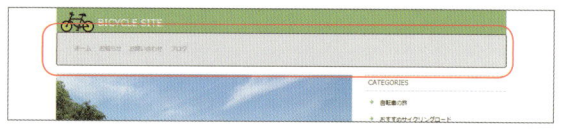

極小画面での表示。

⑳ Bootstrap の設定で表示する

ナビゲーションバーは Bootstrap の設定で表示するため、MENU 05 の不要な設定を削除します。ここでは㉑、㉒、㉓で使用する設定を残して削除しています。

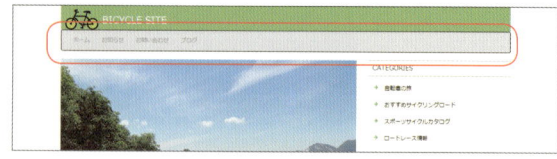

㉑ ナビゲーションバーの背景色を変更する

ナビゲーションバーの背景色をヘッダーと同じ黄緑色にします。そのため、「.menu」セレクタの background-color を「#8abc60」に変更しています。

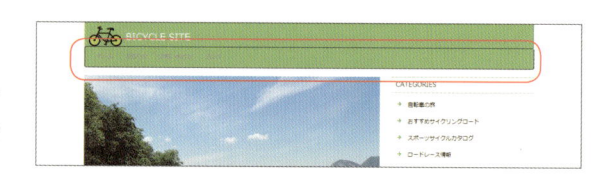

㉒ リンクの文字の色を変更する

リンクの文字の色を白色にするため、「.menu li a」セレクタの color を「#fff」に変更します。しかし、文字の色は変化せず、Bootstrap の設定でグレーで表示されたままとなります。これは、MENU 05 の設定よりも Bootstrap の設定の優先度が高いためと考えられます。
このような場合、優先して適用したい設定の末尾に「!important」をつけて記述すると、文字の色を白色にすることができます。極小画面にした場合も問題なく表示されることを確認しておきます。

!importantをつけずに文字の色を指定したときの表示。

!importantをつけて文字の色を指定したときの表示。

!importantを使用したくない場合、Bootstrapと同じセレクタで指定します。たとえば、文字の色は「.navbar-inverse .navbar-nav>li>a」セレクタで指定すると、Bootstrapの設定を上書きすることができます。Bootstrapのセレクタは、P.192のブラウザの機能を利用して確認することができます。

極小画面での表示。

23 カーソルを重ねたときの背景色を変更する

リンクにカーソルを重ねたときの背景色を緑色にするため、「.menu li a:hover」セレクタの background-color を「#084」に変更します。ただし、この場合も Bootstrap の設定の優先度が高くなるので、!important をつけて指定しています。

> !importantを使用せずに背景色を変更する場合には、「.navbar-inverse .navbar-nav > li > a:hover」セレクタで背景色を指定します。

リンクにカーソルを重ねたときの表示。

極小画面での表示。

24 罫線の表示を変更する

Bootstrap の設定により、ナビゲーションバーは黒色の角丸の罫線で囲んで表示されています。ここではこの罫線と角丸を削除するため、「.menu」セレクタで border を「none」、border-radius を「0」と指定しています。その上で、ヘッダーとの間を白色の罫線で区切るため、border-top を「solid 1px #fff」と指定しています。

また、極小画面ではトグルメニューを開いたときに表示される区切り線を白色の破線に変更するため、「.menu .navbar-collapse」セレクタで border-top-color を「#fff」に、border-top-style を「dashed」と指定しています。
なお、ここでは罫線の色と種類だけを指定し、太さは指定しません。これは、Bootstrap が画面サイズに応じて区切り線の表示・非表示を切り替えるのに太さの設定を利用しており、上書きしないようにするためです。

ヘッダーとメニューバーの間が白色の罫線で区切って表示されます。

極小画面での表示。

トグルメニューを開いたときに表示される区切り線。

25 トグルボタンの表示を変更する

極小画面で表示されるトグルボタンは黒色の罫線で囲んで表示されています。ここでは罫線の色を白色に変更するため、「.menu .navbar-toggle」セレクタで border-color を「#fff」と指定しています。
また、カーソルを重ねたときや、トグルメニューを開いたときにボタンの背景を緑色にするため、「.menu .navbar-toggle:hover」セレクタと「.menu .navbar-toggle:focus」セレクタで background-color を「#084」と指定しています。

極小画面でのトグルボタンの表示。

フッターのデザインをアレンジする

フッターのデザインを調整していきます。ここでは、フッターに適用したBootstrapの「well」のデザインを使用せず、FOOTER 04-A（P.112）の設定で表示するようにします。そこで、㉖のようにBootstrapのクラス名「well」を削除し、㉗のようにFOOTER 04-Aの設定を追加します。これで、フッターを囲んでいた枠がなくなり、背景画像（footer.png）を表示したデザインにすることができます。ここではFOOTER 04-Aの設定は変更せず、そのまま使用しています。

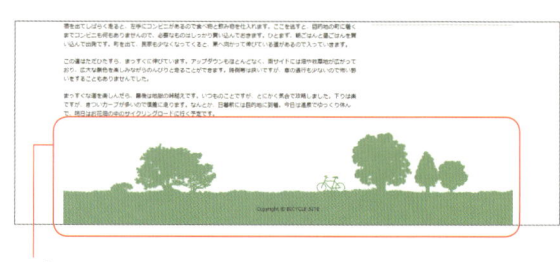

フッター。

```
...
<div class="row">
<div class="col-sm-12">

<div class="footer well"> ㉖
  <p>Copyright &copy; BICYCLE SITE</p>
</div>

</div><!-- col -->
</div><!-- row -->
...
```

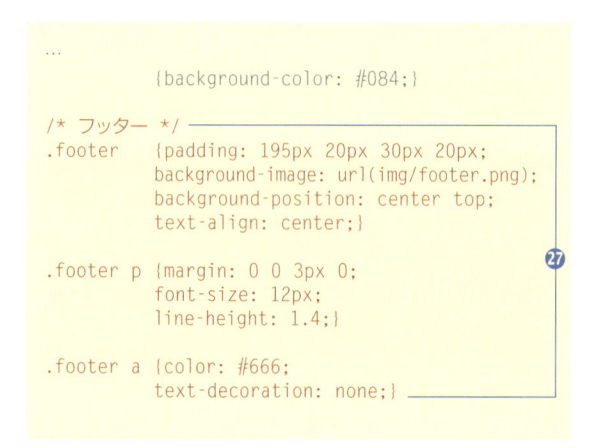

```
...
            {background-color: #084;}

/* フッター */
.footer     {padding: 195px 20px 30px 20px;
             background-image: url(img/footer.png);
             background-position: center top;
             text-align: center;}

.footer p {margin: 0 0 3px 0;
           font-size: 12px;
           line-height: 1.4;}

.footer a  {color: #666;
            text-decoration: none;}
```
㉗

パーツを画面の横幅いっぱいに表示する

パーツを画面の横幅いっぱいに表示するためには、Bootstrapのグリッドのマークアップを変更します。ここでは、ヘッダー、ナビゲーションバー、フッターを横幅いっぱいに表示するように設定していきます。

ヘッダー。

ナビゲーションバー。

極小画面でも横幅いっぱいに表示されます。

フッター。

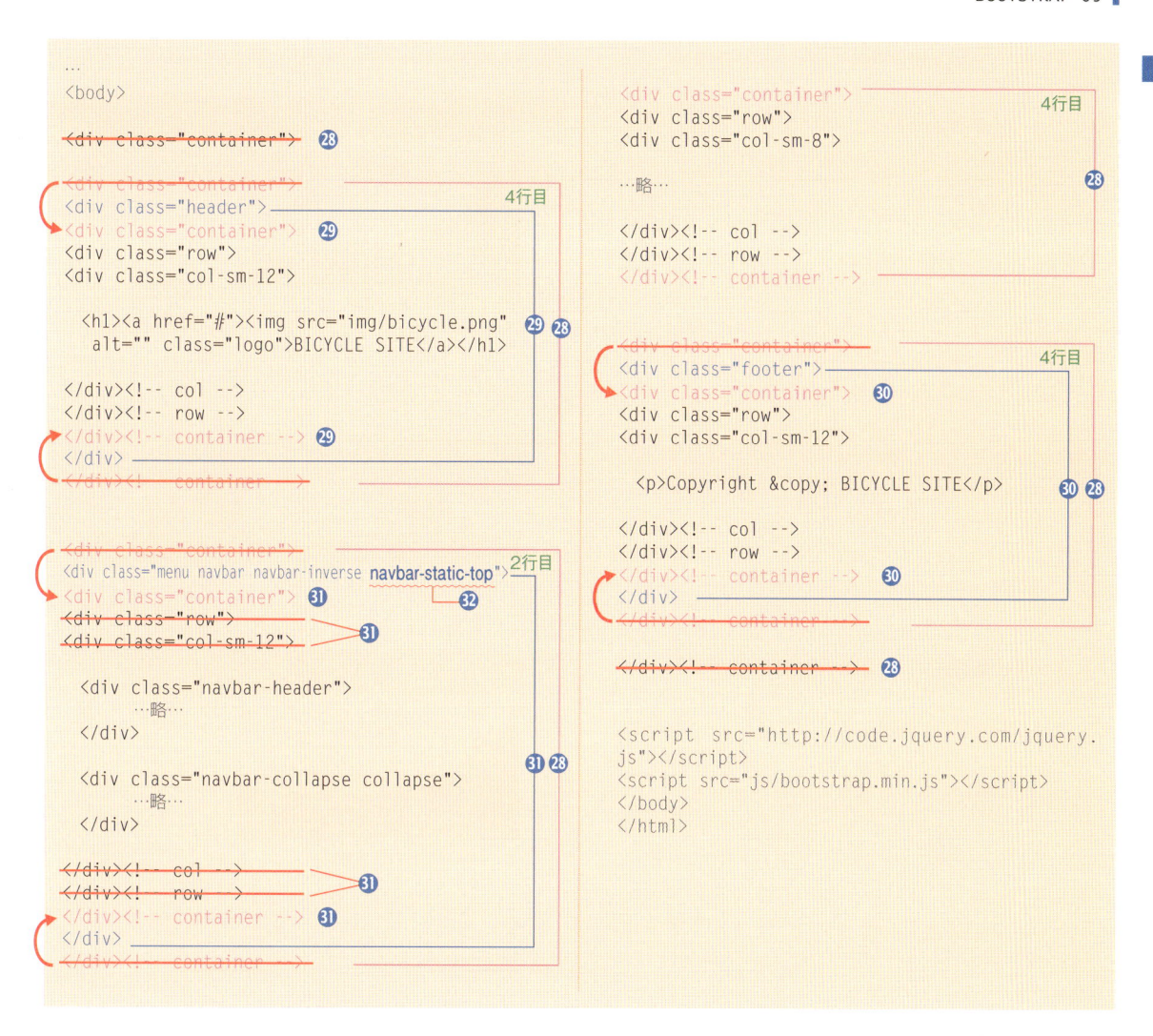

```
...
<body>
  <div class="container">  ㉘
  <div class="container">
  <div class="header">     ㉙
  <div class="container">  ㉙
  <div class="row">
  <div class="col-sm-12">

    <h1><a href="#"><img src="img/bicycle.png"
    alt="" class="logo">BICYCLE SITE</a></h1>  ㉙ ㉘

  </div><!-- col -->
  </div><!-- row -->
  </div><!-- container -->  ㉙
  </div>
  </div><!-- container -->


  <div class="container">
  <div class="menu navbar navbar-inverse navbar-static-top">  2行目
  <div class="container">  ㉛   ㉜
  <div class="row">        ㉛
  <div class="col-sm-12">  ㉛

    <div class="navbar-header">
      …略…
    </div>

    <div class="navbar-collapse collapse">  ㉛ ㉘
      …略…
    </div>

  </div><!-- col -->       ㉛
  </div><!-- row -->
  </div><!-- container -->  ㉛
  </div>
  </div><!-- container -->
```

```
  <div class="container">                  4行目
  <div class="row">
  <div class="col-sm-8">
                                            ㉘
  …略…

  </div><!-- col -->
  </div><!-- row -->
  </div><!-- container -->


  <div class="container">                  4行目
  <div class="footer">
  <div class="container">  ㉚
  <div class="row">
  <div class="col-sm-12">

    <p>Copyright &copy; BICYCLE SITE</p>  ㉚ ㉘

  </div><!-- col -->
  </div><!-- row -->
  </div><!-- container -->  ㉚
  </div>
  </div><!-- container -->  ㉘

<script src="http://code.jquery.com/jquery.js"></script>
<script src="js/bootstrap.min.js"></script>
</body>
</html>
```

㉘ グリッドの各行を <div class="container"> でマークアップする

まずは、グリッドの左右の余白を行ごとにコントロールできるようにするため、ページ全体に適用していた <div class="container"> を、各行に対して適用します。

なお、このようにマークアップを変更しても、ページの表示には影響しません。

1行目 ヘッダー
2行目 ナビゲーションバー
3行目 記事
4行目 フッター

<div class="container">でマークアップ。

29 ヘッダーを画面の横幅いっぱいに表示する

まずはヘッダーを画面の横幅いっぱいに表示します。しかし、ヘッダーを構成するボックス <div class="header"> はグリッドの中に入っているので、他のパーツと横幅を揃えた形で表示されています。これを画面の横幅いっぱいに表示するためには、<div class="header"> をグリッドの外に出します。

一方、ヘッダーの中身（ロゴ画像とサイト名）についてはグリッドレイアウトでコントロールできるようにします。そのため、グリッドの設定 <div class="container">、<div class="row">、<div class="col-sm-12"> は削除せず、<div class="header"> の中に記述した形にします。

30 フッターを画面の横幅いっぱいに表示する

次に、フッターを画面の横幅いっぱいに表示します。そこで、ヘッダーのときと同じように、フッターを構成するボックス <div class="footer"> をグリッドの外に出します。

また、フッターの中身（コピーライト）もヘッダーの中身と同じように、グリッドレイアウトでコントロールできるようにします。そこで、グリッドの設定 <div class="container">、<div class="row">、<div class="col-sm-12"> は削除せず、<div class="footer"> の中に記述した形にします。

31 ナビゲーションバーを画面の横幅いっぱいに表示する

ナビゲーションバーも画面の横幅いっぱいに表示します。そこで、ヘッダーやフッターと同じようにナビゲーションバーを構成するボックス <div class="menu navbar navbar-inverse"> をグリッドの外に出します。

ナビゲーションバーの中身については極小画面でトグル型メニューに切り替わるなど、独自にレスポンシブに対応していおり、グリッドの中に記述する必要がありません。そこで、グリッドを構成する <div class="row"> と <div class="col-sm-12"> は削除します。ただし、ナビゲーションバーの中身を他のパーツと揃えて表示するため、左右の余白をコントロールする <div class="container"> だけは残しておきます。

32 リンクの左側の余白を削除する

ナビゲーションバーのリンクの左側には 15px の余白が入っています。この余白を削除し、リンクの左側を他のパーツと揃えて表示するためには、<div class="menu navbar navbar-inverse"> に「navbar-static-top」というクラス名を追加します。

> ㉔（P.207）で削除したナビゲーションバーの角丸は、このクラス名の指定によって削除することもできます。

「navbar-static-top」というクラス名を指定していないときの表示。リンクの左側に余白が入っています。

「navbar-static-top」というクラス名を指定したときの表示。リンクの左側の余白が削除されます。

33 ヘッダーの左右の余白を削除する

ヘッダーを画面の横幅いっぱいに表示した場合、極小画面では❷でヘッダーの左右に入れた 10px の余白が表示に影響を与えます。グリッドシステムで左右に確保される 15 ピクセルの余白に加算され、ヘッダーの中身が他のパーツより右にずれてしまいます。

他のパーツと揃えるためには、<div class= "header"> の左右パディングを「0」に変更します。

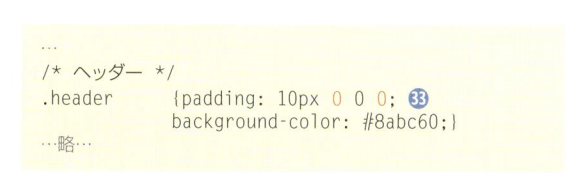

極小画面での表示。

<div class="header"> の左パディング: 10px
グリッドシステムで確保される余白: 15px

余計な余白を削除したときの表示。

グリッドシステムで確保される余白: 15px

```
…
/* ヘッダー */
.header       {padding: 10px 0 0 0;  ㉝
              background-color: #8abc60;}
…略…
```

TIPS　LESS や Sass を利用したデザインのアレンジ

Bootstrapのナビゲーションバー（Navbar）のデザインは、CSSプリプロセッサ（メタ言語）のLESSやSassを利用すると、変数の値を変更するだけでアレンジすることができます。LESSやSass関連のファイルはP.170のページでダウンロードすることができます。

また、LESSやSassの環境を用意しなくても、「Customize and download」ページの「LESS variables」を利用すると、変数の値を変更したBootstrapの設定ファイルをダウンロードすることが可能です。たとえば、ナビゲーションバーの黒色の背景色を変更したい場合、「@navbar-inverse-bg」という変数の値を変更し、ページ下部の「Compile and Download」をクリックします。

Customize and downloadページ（http://getbootstrap.com/customize/）に用意されたナビゲーションバー（NavBar）関連の変数。

TIPS　ナビゲーションバーにドロップダウンメニューを追加する

Bootstrapのナビゲーションバーにドロップダウンメニューを追加する場合、MENU 02（P.071）のように子階層のメニュー（青字）を追加し、Bootstrapのクラス名などの設定（赤字）を追加します。また、色をアレンジする場合はCSSの設定も追加します。

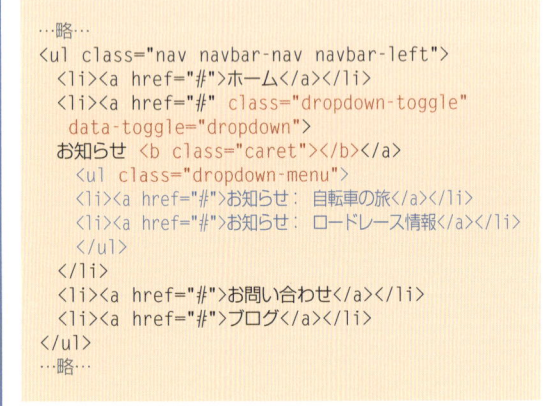

```
…略…
<ul class="nav navbar-nav navbar-left">
  <li><a href="#">ホーム</a></li>
  <li><a href="#" class="dropdown-toggle"
    data-toggle="dropdown">
  お知らせ <b class="caret"></b></a>
    <ul class="dropdown-menu">
      <li><a href="#">お知らせ：自転車の旅</a></li>
      <li><a href="#">お知らせ：ロードレース情報</a></li>
    </ul>
  </li>
  <li><a href="#">お問い合わせ</a></li>
  <li><a href="#">ブログ</a></li>
</ul>
…略…
```

```
…略…
.menu .dropdown-menu {background-color: #8abc60;}
.navbar-inverse .navbar-nav>.open>a,
.navbar-inverse .navbar-nav>.open>a:hover,
.navbar-inverse .navbar-nav>.open>a:focus
                {background-color: #084;}
```

BOOTSTRAP 05のナビゲーションバーにドロップダウンメニューを追加したもの。

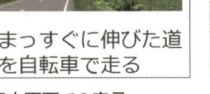

極小画面での表示。

CHAPTER8　Foundationを利用したページ作成

- FOUNDATION 01　Foundationを利用してページを作成するための下準備
- FOUNDATION 02　グリッドの用意とパーツの配置
  - 02-A　Foundationのグリッドシステム
  - 02-B　グリッドのネスト
  - 02-C　小さい画面でメニューを上に表示する
- FOUNDATION 03　CSSに触れることなくFoundationの機能だけでページを形にする
  - 03-A　トップバーのアレンジ
- FOUNDATION 04　Foundationで形にしたページをCSSでアレンジする

FOUNDATION

Foundation を利用したページの作成

CSS フレームワークの Foundation を利用すると、Bootstrap と同じようにグリッドにパーツを配置し、クラス名を指定していくだけでレスポンシブなページを作成することができます。
制作手順も同じで、FOUNDATION 03 の段階で完成とすることもできますし、FOUNDATION 04 のように CSS を使ってアレンジすることもできます。CSS によるアレンジには Chapter 1～6 のパーツの設定を利用することが可能です。なお、Foundation は CSS でアレンジすることを前提に、より Web デザイナー向けに設計されていることから、Bootstrap の「テーマ」に相当するものは用意されていません。

ここでは Bootstrap との機能的な比較ができるように、同じ構造のページを作成します。そのため、閲覧環境の画面サイズに応じて 2 段組みと 1 段組みのレイアウトが切り替わるように設定し、小さい画面ではナビゲーションメニューをトグル型にして表示するように設定していきます。

FOUNDATION 01　P.215
Foundation を利用してページを作成するための下準備
Foundation をダウンロードし、利用するのに必要な設定を行います。

FOUNDATION 02　P.218
グリッドの用意とパーツの配置
Foundation のグリッドシステムを利用してグリッドを用意し、パーツを配置していきます。

FOUNDATION 03　P.228
Foundation の機能だけでページを形にする
Foundation のクラス名を指定することでパーツをデザインし、ページを形にしていきます。

FOUNDATION 04　P.236
Foundation で形にしたページを CSS でアレンジする
CSS を使ってデザインをアレンジしていきます。Foundation の設定はそのまま活用することも、上書きして変更することもできます。

FOUNDATION 01

Foundation を利用して
ページを作成するための下準備

Foundation を利用してページを作成していくのに必要な設定を行います。

▶ HTML + CSS

sample.html

```html
<!DOCTYPE html>
<html lang="ja">
<head>
<meta charset="UTF-8">
<title>サンプル</title>
<meta name="viewport" content="width=device-width">

<link rel="stylesheet" href="css/normalize.css"> ❶
<link rel="stylesheet" href="css/foundation.min.css"> ❶

<link rel="stylesheet" href="style.css">

<!--[if lt IE 9]>
<script src="http://oss.maxcdn.com/libs/html5shiv/3.7.0/html5shiv-printshiv.min.js"></script> ❸
<![endif]-->

<!--[if lt IE 8]>
<![endif]-->

<script src="js/vendor/modernizr.js"></script> ❸
</head>
<body>


<script src="js/vendor/jquery.js"></script>
<script src="js/foundation.min.js"></script>
<script>
  $(document).foundation();
</script>                                     ❷
</body>
</html>
```

style.css

```css
@charset "UTF-8";

@-ms-viewport   {width: device-width;}

body    {margin: 0; ❶
        font-family: 'メイリオ',
        'Hiragino Kaku Gothic Pro', sans-serif;}
```

FOUNDATION 01

▶ SETUP

Foundationを利用するためには、BASE（P.014）にFoundationのCSSとJavaScriptの設定を追加していきます。まずは、右のダウンロードページからFoundationをダウンロードし、解凍したフォルダをサーバー上のWebページから参照できる場所に置きます。ここではWebページと同じ場所に置いています。

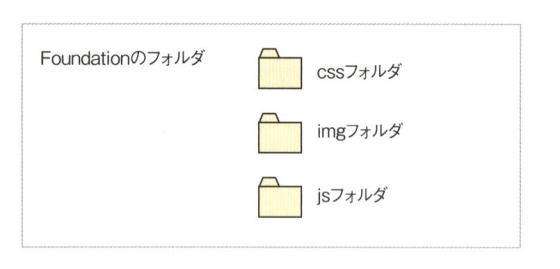

Foundationのフォルダ
- cssフォルダ
- imgフォルダ
- jsフォルダ

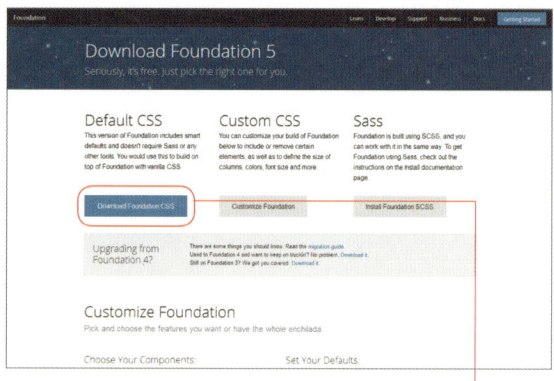

Foundation: ダウンロードページ
http://foundation.zurb.com/develop/download.html

「Download Foundation CSS」をクリックしてFoundationをダウンロード。

❶ CSSの設定を追加する

FoundationのCSSの設定（「css」フォルダ内のfoundation.min.css）を<link>で指定します。また、「css」フォルダに同梱されているnormalize.cssも指定します。normalize.cssはブラウザごとのデフォルトスタイルシートによるレンダリングの差異をなくすためのライブラリです。

なお、これらの指定はBASE 01で用意したstyle.cssよりも先に記述し、style.cssで上書きできるようにしておきます。

また、BASE 01でstyle.cssに記述した<body>の「margin: 0」の指定は、FoundationのCSS（foundation.min.css）に含まれていますので、削除しておきます。

❷ JavaScriptの設定を追加する

FoundationのJavaScriptの設定（「js」フォルダ内のfoundation.min.js）を<script>で指定します。また、このJavaScriptを機能させるためにはjQueryが必要なため、「js」フォルダ内に同梱されたjquery.jsを指定し、「$(document).foundation();」というコードも追加しておきます。
なお、これらの指定は</body>の直前に追加します。

❸ Modernizrの設定を追加する

Modernizrはブラウザが特定の機能に対応しているかどうかを判別するためのライブラリで、Foundationでもタッチデバイスの判別などに利用しています。そこで、「js」フォルダ内のmodernizr.jsを<script>で指定します。

また、ModernizrにはIE8以下をHTML5に対応させるhtml5shivライブラリの機能が含まれています。そのため、BASE 01で用意したhtml5shivの指定は削除します。

本書のサンプルではFoundationのバージョン5.1.1（2014年2月14日時点での最新版）を使用しています。Foundation 5.1.1（foundation-5.1.1.zip）については本書のダウンロードデータにも収録してありますのでご利用ください。

本書のダウンロードデータ
http://book.mynavi.jp/support/pc/xxxx/

Foundationが使用している各種ライブラリについては、下記のサイトで詳細を確認できます。

normalize.css
https://github.com/necolas/normalize.css

jQuery
http://jquery.com/

Modernizr
http://modernizr.com/

Foundationはプロダクトデザインを行うZURB社が開発しているフレームワークです。ZURB社のプロジェクトで開発効率を高くするために使用されてきたもので、2011年にMIT licensedに基づき、フリーで利用できる形でリリースされました。

多くのパーツが用意されたBootstrapと比較すると、Foundationには基本的なパーツのみが用意され、そのデザインもシンプルです。これは開発者のポリシーによるもので、Foundationをベースに利用者がカスタマイズしていくことが前提となっています。

TIPS 必要な機能のみを含んだFoundationをダウンロードする

Foundationにはさまざまな機能が用意されており、標準のダウンロードではすべての機能を含んだファイルがダウンロードされます。しかし、ダウンロードページの「Customize Foundation」を利用すると、必要な機能のみを含んだファイルをダウンロードすることができます。

たとえば、本章で作成していくサンプルの場合、Foundationに以下の機能が含まれていれば作成することが可能です。

・Grid
・Side Nav
・Type
・Labels
・Panels
・Top Bar

「Customize Foundation」でこれらの機能にチェックをつけて、ページ下部の「Download Custom Build」をクリックすると、選択した機能のみを含んだFoundationをダウンロードすることができます。

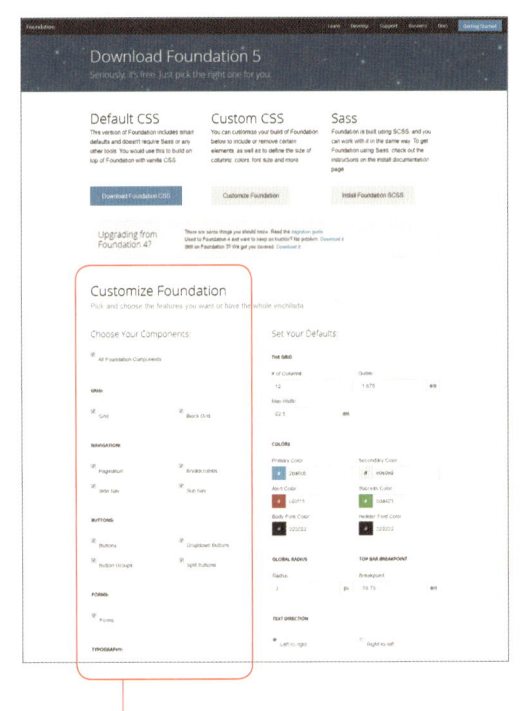

Customize Foundation
http://foundation.zurb.com/develop/download.html

FOUNDATION 02

グリッドの用意とパーツの配置

Foundation のグリッドを用意し、パーツを配置していきます。ここでは各パーツの CSS は適用せず、HTML ソースだけでページの基本構造を作ります。

▶ Finished Page

Foundationの機能で用意したグリッドにパーツを配置したもの。

▶ どのようなページにするか

どのようなページにするかを検討し、使用するパーツを決めます。ここでは Bootstrap との機能的な比較ができるように、Foundation でも同じブログ記事のページを作成していきます。そのため、パーツも同じものを使用します。

ヘッダー
[HEADER 03]
HEADER 03(P.025)を使用してロゴ画像とサイト名を表示します。

記事
[ENTRY 04]
ENTRYR 04(P.064)を使用し、記事のタイトルの下にラベルを追加します。

ラベル
[OTHER 01-C]
記事が属するカテゴリーを表示するため、OTHER 01-C(P.121)を使用します。

ナビゲーションメニュー
[MENU 05]
リンクを横に並べて表示するため、MENU 05(P.087)を使用します。

サブメニュー
[MENU 01]
リンクを縦に並べて表示するため、MENU 01(P.066)を使用します。

フッター
[FOOTER 01]
FOOTER 01(P.104)を使用してコピーライトを表示します。

グリッドを用意する

パーツを並べるためのグリッドを用意します。ここでは FOUNDATION 01（P.215）をベースに設定していきます。Foundationのグリッドでは行※を＜div class="row"＞で囲み、その中で行をどう分割していくかを＜div class="columns medium-＊"＞で指定します。

※ グリッドシステムの「row」と「col」に合わせて、ここでは「row」を「行」と表現しています。

```
...
<body>

<div class="row">
<div class="columns medium-12">

</div><!-- columns -->
</div><!-- row -->        1行目


<div class="row">
<div class="columns medium-12">

</div><!-- columns -->
</div><!-- row -->        2行目


<div class="row">
<div class="columns medium-8">

</div><!-- columns -->
<div class="columns medium-4">

</div><!-- columns -->
</div><!-- row -->        3行目


<div class="row">
<div class="columns medium-12">

</div><!-- columns -->
</div><!-- row -->        4行目


<script src="js/vendor/jquery.js"></script>
<script src="js/foundation.min.js"></script>
<script>
  $(document).foundation();
</script>
</body>
</html>
```

行の分割はBootstrapと同様に横幅を「12」としたときにいくつに配分するかで指定します。

たとえば、1行目、2行目、4行目は1段組みにするため、クラス名を「medium-12」と指定しています。

3行目は2段組みにするため、2段組みの1段目と2段目の比率を指定します。ここでは1段目を「8」に、2段目を「4」の比率にするため、クラス名を「medium-8」、「medium-4」と指定しています。

なお、Bootstrapでは左右に余白が必要なものは＜div class="container"＞の中に記述することになっていましたが、Foundationでは行を構成する＜div class="row"＞によって自動的に余白が挿入されます。

Bootstrapでは1段組みの行のマークアップを省略することができましたが、Foundationでは省略せずに記述します。これは、行を構成する＜div class="row"＞が左右の余白をコントロールする機能も持っているためです。グリッドシステムとは別に左右に余白を入れると問題が生じることになるため、余白の調整はグリッドシステムにまかせるようにします。

4、4、4と配分すると、3段組みにすることもできます。

FOUNDATION 02

▶ パーツを配置する

Bootstrapのときと同じように、P.218で選択したパーツを配置していきます。そのため、各パーツののHTMLソースをグリッドの<div class="columns medium-＊">〜</div>の中に追加していきます。このとき、ロゴ画像やサイト名、記事などをブログ記事の内容に置き換えながら追加していきます。

表示を確認すると、グリッドで指定したように2段組みのレイアウトになります。

```
…略…
<body>

<div class="row">
<div class="columns medium-12">

<div class="header">
  <h1><a href="#"><img src="img/bicycle.png"
  alt="" class="logo">BICYCLE SITE</a></h1>
</div>

</div><!-- columns -->
</div><!-- row -->


<div class="row">
<div class="columns medium-12">

<div class="menu">
  <ul>
      <li><a href="#">ホーム</a></li>
      <li><a href="#">お知らせ</a></li>
      <li><a href="#">お問い合わせ</a></li>
      <li><a href="#">ブログ</a></li>
  </ul>
</div>

</div><!-- columns -->
</div><!-- row -->


<div class="row">
<div class="columns medium-8">

<div class="entry">
  <img src="img/photo.jpg" alt="">

  <h1>まっすぐに伸びた道を自転車で走る</h1>
```

1行目にヘッダーを配置
[HEADER 03] (P.025)

使用したロゴ画像: bicycle.png
（84×50ピクセル）

2行目にナビゲーションメニューを配置
[MENU 05] (P.087)

- ホーム
- お知らせ
- お問い合わせ
- ブログ

3行目の1段目に記事を配置
[ENTRY 04] (P.064)

使用した記事の画像:
photo.jpg
（750×360ピクセル）

```
  <div class="added">
    <p>
    <a href="#" class="lb">自転車の旅</a>
    <a href="#" class="lb">おすすめサイクリングロー
    ド</a>
    </p>
  </div>

  <p>自転車の旅も４日目になりました。旅の初日から天気の悪
  い日が続いていましたが、今日は朝からとてもいい天気。気温
  も23℃で空気もサラリとしています。…略…</p>
  …略…
  <p>まっすぐな道を楽しんだら…略…予定です。</p>
</div>

</div><!-- columns -->

<div class="columns medium-4">

<div class="menu">
  <h3>CATEGORIES</h3>
  <ul>
    <li><a href="#">自転車の旅</a></li>
    <li><a href="#">おすすめサイクリングロード</a></li>
    <li><a href="#">スポーツサイクルカタログ</a></li>
    <li><a href="#">ロードレース情報</a></li>
    <li><a href="#">自転車あれこれ</a></li>
  </ul>
</div>

<div class="menu">
  <h3>RECENT POSTS</h3>
  <ul>
    <li><a href="#">お花畑の中のサイクリングロード</a></li>
    <li><a href="#">
      まっすぐに伸びた道を自転車で走る</a></li>
    <li><a href="#">
      移動の遅れを取り戻すためにとにかく走る</a></li>
    <li><a href="#">雨に行く手を阻まれました</a></li>
    <li><a href="#">自転車の旅に出発！</a></li>
    <li><a href="#">
      旅の準備をしていたら昔のアレが出てきて…</a></li>
  </ul>
</div>

</div><!-- columns -->
</div> <!-- row -->

<div class="row">
<div class="columns medium-12">

<div class="footer">
  <p>Copyright &copy; BICYCLE SITE</p>
</div>

</div><!-- columns -->
</div><!-- row -->

<script src="js/vendor/jquery.js"></script>
…略…
```

記事の中にラベルを追加
[OTHER 01-C]（P.121）

ENTRY 04で用意した<div class="added">〜</div>の中に、記事が属するカテゴリーへのリンクを2つ追加しています。なお、2つのリンクは1つの段落として<p>でマークアップしています。

自転車の旅 おすすめサイクリングロード

記事のタイトルの下に2つのリンクが表示されます。

3行目の2段目にサブメニューを配置
[MENU 01]（P.066）

ここではカテゴリーメニューと最新記事メニューを表示するため、MENU 01 を2つ追加しています。
また、ページ全体の構造を見て、ここではメニューの見出しを<h3>でマークアップするようにしています。これは、<h2>レベルの見出しは記事の中で使用するケースが考えられるためです。なお、見出しのマークアップやセクショニングについてはP.007を参照してください。

CATEGORIES
- 自転車の旅
- おすすめサイクリングロード
- スポーツサイクルカタログ
- ロードレース情報
- 自転車あれこれ

RECENT POSTS
- お花畑の中のサイクリングロード
- まっすぐに伸びた道を自転車で走る
- 移動の遅れを取り戻すためにとにかく走る
- 雨に行く手を阻まれました
- 自転車の旅に出発！
- 旅の準備をしていたら昔のアレが出てきて…

4行目にフッターパーツを配置
[FOOTER 01]（P.104）

ここではコピーライトのみを記述しています。

Copyright © BICYCLE SITE

FOUNDATION 02

▶ レスポンシブWebデザインのブレイクポイントを確認する

ブラウザ画面の横幅を変更していくと、Foundationのグリッドシステムではブレイクポイントが641ピクセルに設定されていることがわかります。640ピクセル以下では1段組み、641ピクセル以上では2段組みのレイアウトになります。

ブレイクポイントが640ピクセルになっていることにより、どのような端末が1段組み・2段組みのレイアウトで表示されるかはP.015の表を参照してください。

320px / 640px以下 / 641px / 641px以上

FOUNDATION 02-A　Foundationのグリッドシステム

FoundationのグリッドシステムもBootstrapと同じ仕組みになっており、画面の横幅がブレイクポイントより大きいときに、パーツをどのぐらいの幅で表示するかを右のクラス名で指定します。
たとえば、サンプルの記事のパーツは中画面（ブレイクポイント641px以上）のときに12分の8の幅にするため、「medium-8」と指定しています。

用意されたブレイクポイントは641と1025ピクセルの2つで、それぞれのときのパーツの幅はsmall-*、medium-*、large-*というクラス名で指定します。これらのクラス名は複合的に使用することも可能です。

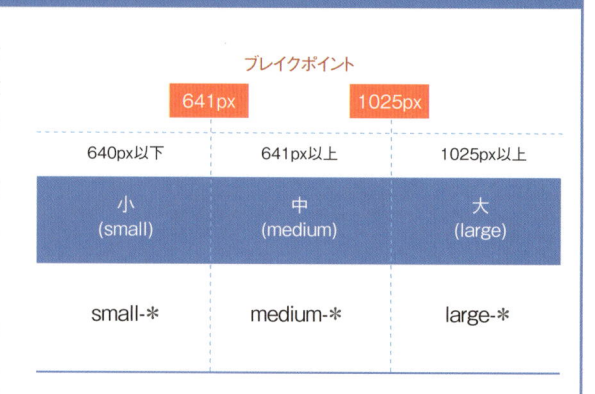

ブレイクポイント		
641px		1025px
640px以下	641px以上	1025px以上
小 (small)	中 (medium)	大 (large)
small-*	medium-*	large-*

たとえば、BOOTSTRAP 02-A（P.178）のサンプルと同じように、A、B、Cの3つの記事を用意し、大画面（1025px以上）で3段組みにするためには、「large-*」を利用してそれぞれの幅を「4」に指定します。

さらに、中画面（641px以上）で1段組み＋2段組みのレイアウトにするためには、「medium-*」でAの幅を「12」、BとCの幅を「6」に指定します。

なお、小画面（640px以下）での指定はしていませんが、「small-12」として扱われ、1段組みのレイアウトになります。

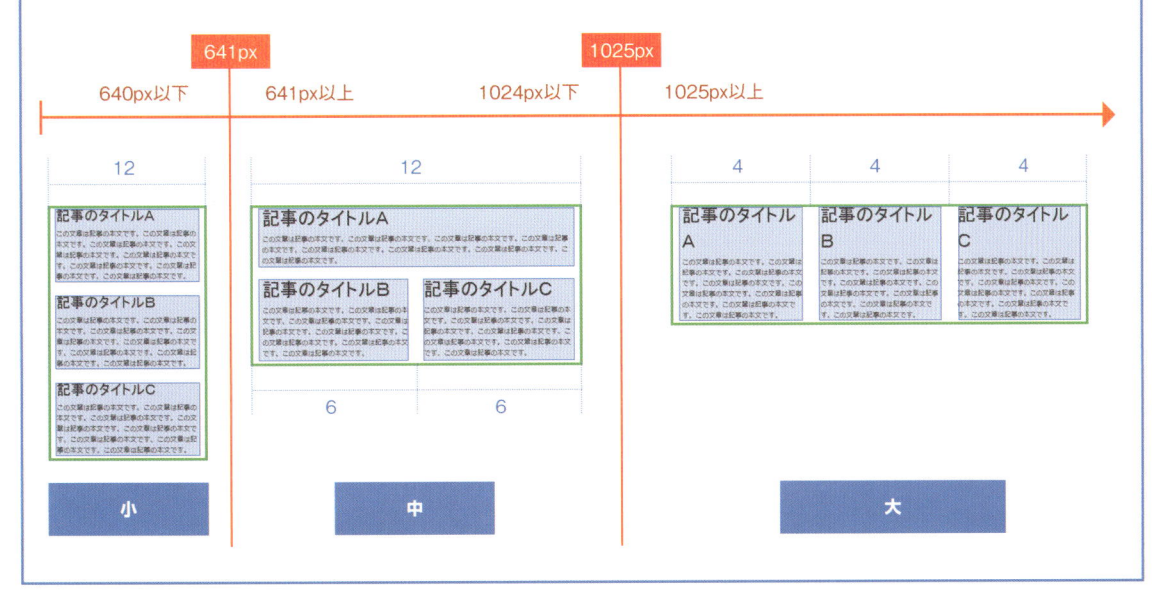

```
<div class="row">

<div class="columns medium-12 large-4">
<div class="entry">
  <h1>記事のタイトルA</h1>
  <p>この文章は記事の本文です。この文章は…略…</p>
</div>
</div> <!-- columns -->

<div class="columns medium-6 large-4">
<div class="entry">
  <h1>記事のタイトルB</h1>
  <p>この文章は記事の本文です。この文章は…略…</p>
</div>
</div> <!-- columns -->

<div class="columns medium-6 large-4">
<div class="entry">
  <h1>記事のタイトルC</h1>
  <p>この文章は記事の本文です。この文章は…略…</p>
</div>
</div> <!-- columns -->

</div><!-- row -->
```

FOUNDATION 02

FOUNDATION 02-B グリッドのネスト

Foundationのグリッドも、Bootstrapのグリッドと同じように入れ子（ネスト）にし、親階層の幅を「12」としてレイアウトすることができます。たとえば、幅を「8」にした記事パーツの段の中に、P.223（前ページ）の3段組みのグリッドを追加すると次のようになります。

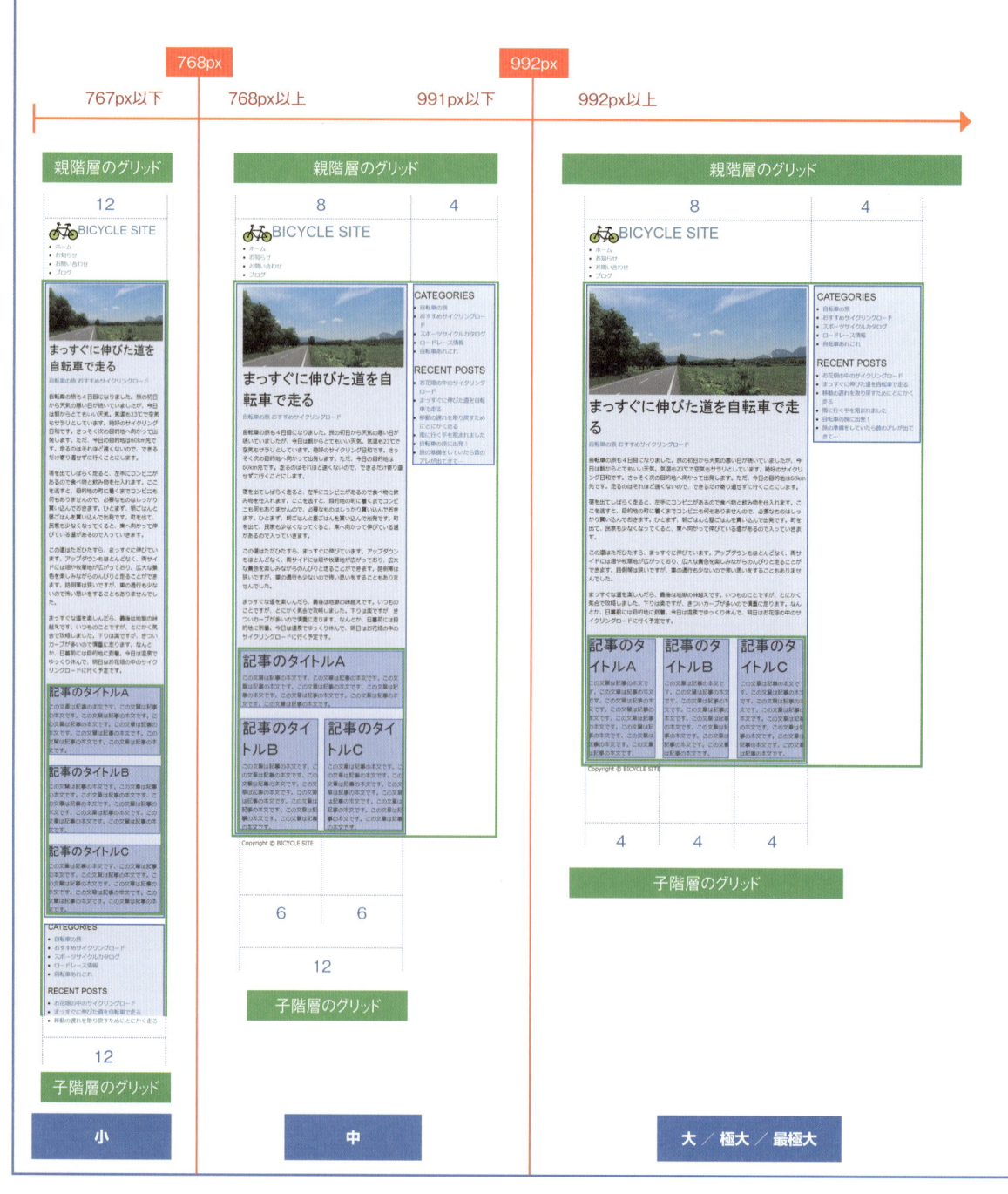

	768px	992px
767px以下	768px以上 991px以下	992px以上
小	中	大／極大／最極大

```html
...
<div class="row">
<div class="columns medium-8">

<div class="entry">
  <img src="img/entry.jpg" alt="">
  <h1>まっすぐに伸びた道を自転車で走る</h1>
  …略…
  <p>まっすぐな道を楽しんだら、最後は…略…</p>
</div>


  <div class="row">

  <div class="columns medium-12 large-4">
  <div class="entry">
   <h1>記事のタイトルA</h1>
   <p>この文章は記事の本文です。この文章は…略…</p>
  </div>
  </div> <!-- columns -->

  <div class="columns medium-6 large-4">
  <div class="entry">
   <h1>記事のタイトルB</h1>
   <p>この文章は記事の本文です。この文章は…略…</p>
  </div>
  </div> <!-- columns -->

  <div class="columns medium-6 large-4">
  <div class="entry">
   <h1>記事のタイトルC</h1>
   <p>この文章は記事の本文です。この文章は…略…</p>
  </div>
  </div> <!-- columns -->

  </div><!-- row -->

</div><!-- columns -->
<div class="columns medium-4">

<div class="menu">
  <h3>CATEGORIES</h3>
   …略…
</div>

<div class="menu">
  <h3>RECENT POSTS</h3>
   …略…
</div>

</div><!-- columns -->
</div><!-- row -->
…
```

親階層のグリッド

子階層のグリッド

記事A

記事B

記事C

記事

サブメニュー

FOUNDATION 02

FOUNDATION 02-C　小さい画面でメニューを上に表示する

FOUNDATION 02（P.218）で記事の右側にレイアウトしたメニューは、小画面（640px以下）では記事の下に表示されます。これは、HTMLソースで記事の後にメニューを記述しているためです。

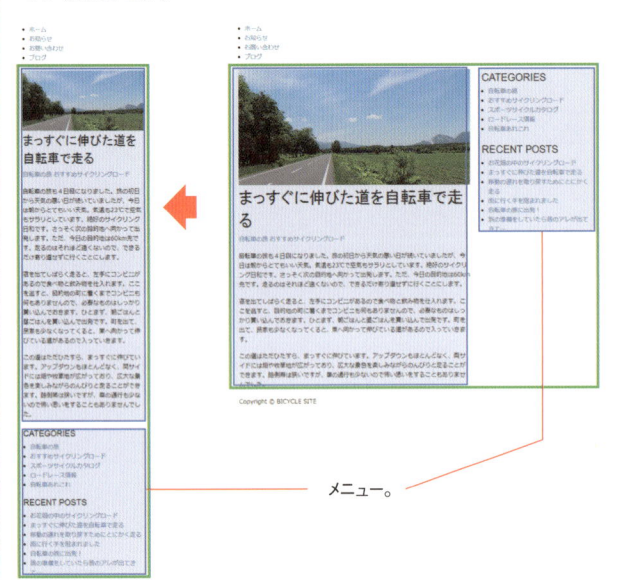

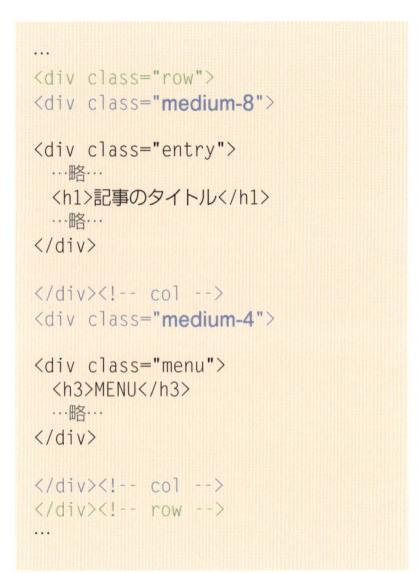

```
...
<div class="row">
<div class="medium-8">

<div class="entry">
  …略…
  <h1>記事のタイトル</h1>
  …略…
</div>

</div><!-- col -->
<div class="medium-4">

<div class="menu">
  <h3>MENU</h3>
  …略…
</div>

</div><!-- col -->
</div><!-- row -->
...
```

小画面でメニューを記事の上に表示するためには、HTMLソースでメニューを先に記述します。ただし、画面を大きくするとメニューが記事の左側に表示されます。

```
...
<div class="row">
<div class="medium-4">

<div class="menu">
  <h3>MENU</h3>
  …略…
</div>

</div><!-- col -->
<div class="medium-8">

<div class="entry">
  …略…
  <h1>記事のタイトル</h1>
  …略…
</div>

</div><!-- col -->
</div><!-- row -->
...
```

大きい画面で元のレイアウトで表示するためには、次のようにクラス名を指定します。これらは P.182 の Bootstrap のクラス名と同様の機能を持つもので、ここでは大きい画面で表示したときのメニューの配置を右に8幅分、記事の配置を左に4幅分だけずらすように指定しています。

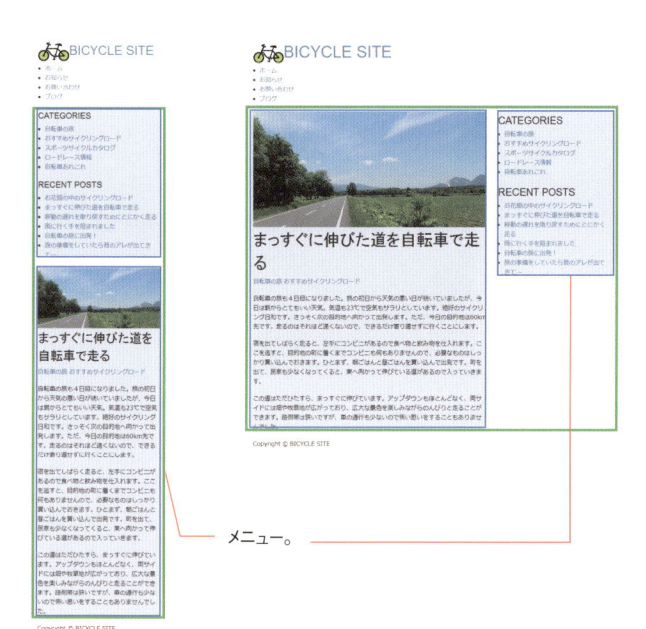

```
...
<div class="row">
<div
 class="medium-4 medium-push-8">

<div class="menu">
  <h3>MENU</h3>
  …略…
</div>

</div><!-- col -->
<div
 class="medium-8 medium-pull-4">

<div class="entry">
   …略…
   <h1>記事のタイトル</h1>
   …略…
</div>

</div><!-- col -->
</div><!-- row -->
...
```

メニュー。

クラス名の構造からもわかるように、この設定は P.222 のブレイクポイントごとに指定することができ、push では右方向に、pull では左方向にずらす幅を指定します。たとえば、「medium-push-8」と指定すると、中画面（641px 以上）のときに右に8幅分ずらすことができます。

FOUNDATION 03

CSSに触れることなく Foundationの機能だけでページを形にする

Foundationの機能を利用してパーツのデザインを指定し、ページを形にしていきます。

➤ Finished Parts

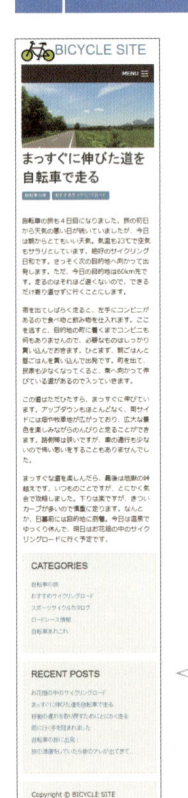

Foundationの機能でデザインしたパーツ

トップバー。小画面ではトグル型メニューに切り替わります。

ラベル。

パネル。

サイドナビゲーションとパネル。

➤ Foundationを利用したデザインの設定

Bootstrapのときと同じように、Foundationが用意したデザインでパーツを表示するためには、Foundationが理解できるクラス名を指定していきます。また、<h1>や<p>といった基本的な要素に対しては、クラス名を指定しなくてもFoundationが自動的にスタイルを適用します。そのため、CSSに直接ふれることなくページを形にしていくことができます。

ここでは、FOUNDATION 02（P.218）をベースに、パーツごとにデザインの設定をしていきます。

記事をデザインする

まずは、記事をデザインしていきます。ただし、<h1>や<p>でマークアップした記事のタイトルや本文にはFoundationが用意したスタイルが適用され、表示が整えられています。Bootstrapと比べると、文字サイズや行の高さなどが大き目に設定されており、そのままの設定でも日本語の文章を読みやすいレイアウトで表示することができます。

また、画像にはリキッド(可変)にする設定が適用されるため、配置したグリッドの横幅に合わせて自動的に大きさが変わるようになっています。

このように、標準で適用される設定で表示が整うため、記事に関しては特にクラス名を指定する必要がありません。ここでは記事が属するカテゴリーの情報をラベルの形で表示する設定のみを行います。

❶ カテゴリーの情報をラベルとして表示する

記事が属するカテゴリーの情報をラベルとして表示するため、<a>に「label」というクラス名を追加します。また、「radius」というクラス名も追加し、ラベルの角を少しだけ丸くしています。色に関するクラス名も用意されていますが、ここでは標準の青色で表示するため、指定していません。
なお、Foundationに用意された色や角丸のクラス名に関しては次ページを参照してください。

カテゴリーの情報。

記事。

```
...
<div class="row">
<div class="columns medium-8">

<div class="entry">
  <img src="img/photo.jpg" alt="">

  <h1>まっすぐに伸びた道を自転車で走る</h1>

  <div class="added">
  <p>
  <a href="#" class="lb label radius">自転車の旅</a>
  <a href="#" class="lb label radius">
    おすすめサイクリングロード</a>
  </p>
  </div>

  <p>自転車の旅も4日目になりました。旅の初日から天気の悪い日が続いていましたが、…略…</p>
  …略…
</div>

</div><!-- columns -->
...
```

FOUNDATION 03

Foundationでは次のキーワードに対して色や角丸のスタイルが割り当てられています。これらは「label」といった形状のキーワードに付加して利用します。キーワードを付加しなかった場合、青色で、角丸なしのスタイルで表示されます。詳しくは下記のページを参照してください。

参照： http://foundation.zurb.com/docs/

Foundationに用意された色のキーワード。

Foundationに用意された角丸のキーワード。

▶ リンクを縦に並べたメニューをデザインする（1）

リンクを縦に並べたメニューをデザインしていきます。ここでは、Foundationの「サイドナビゲーション（Side Nav）」のデザインを利用します。

❷ メニューをサイドナビゲーションとして表示する

Foundationのサイドナビゲーションとして表示するため、<ul>に「side-nav」というクラス名を追加します。これにより、各リンクのリストマークが削除され、文字サイズがひとまわり小さくなります。

ただし、サイドナビゲーションではリンクにカーソルを重ねても文字の色や背景は変化しません。表示を変える必要がある場合、P.242の⓮のように自分でCSSを用意して設定する必要があります。

メニュー。

リンクにカーソルを重ねても表示は変化しません。

```
…
<div class="columns medium-4">

<div class="menu">
  <h3>CATEGORIES</h3>
  <ul class="side-nav"> ❷
    <li><a href="#">自転車の旅</a></li>
    …略…
  </ul>
</div>

<div class="menu">
  <h3>RECENT POSTS</h3>
  <ul class="side-nav"> ❷
    <li><a href="#">お花畑の中のサイクリングロード</a></li>
    …略…
  </ul>
</div>

</div><!-- columns -->
…
```

▶ リンクを縦に並べたメニューをデザインする（2）

メニューを他のパーツと区別できるようにするため、枠で囲んで表示します。そこで、Foundationの「パネル（Panels）」のデザインを利用します。

❸ メニューを枠で囲んで表示する

メニューを枠で囲んで表示するため、全体をマークアップした<div>に「panel」というクラス名を追加します。すると、グレーの罫線で囲んで表示され、背景も薄いグレーになります。

「radius」というクラス名を追加すると、パネルの枠を角丸にすることもできます。

radiusを指定していないときのパネルの表示。

radiusを指定したときのパネルの表示。

```
...
<div class="columns medium-4">

<div class="menu panel"> ❸
  <h3>CATEGORIES</h3>
  <ul class="side-nav">
    <li><a href="#">自転車の旅</a></li>
    …略…
  </ul>
</div>

<div class="menu panel"> ❸
  <h3>RECENT POSTS</h3>
  <ul class="side-nav">
    <li><a href="#">お花畑の中のサイクリングロード</a></li>
    …略…
  </ul>
</div>

</div><!-- columns -->
...
```

▶ フッターをデザインする

フッターのデザインを指定します。ただし、フッターのためのクラス名は、Bootstrapと同じようにFoundationにも用意されていません。そこで、メニューと同じように枠で囲んで表示します。

❹ フッターを枠で囲んで表示する

Foundationの「パネル」のデザインを利用し、フッターを枠で囲んで表示します。そのため、全体をマークアップした<div>に「panel」というクラス名を追加します。

```
...
<div class="row">
<div class="columns medium-12">

<div class="footer panel"> ❹
  <p>Copyright &copy; BICYCLE SITE</p>
</div>

</div><!-- columns -->
</div><!-- row -->
```

FOUNDATION 03

▶ ナビゲーションメニューをデザインする

サイト名の下に配置したナビゲーションメニューは横に並べ、バーの形にして表示します。さらに、小さい画面でもメニューが崩れないようにするため、Foundationの「トップバー（Top Bar）」のデザインを利用します。

Foundationのトップバーとして表示すると、小画面（640px以下）では次のようにトグル型のメニューの形に切り替わる仕組みになっています。

ナビゲーションバーをFoundationのトップバーとして表示したもの。

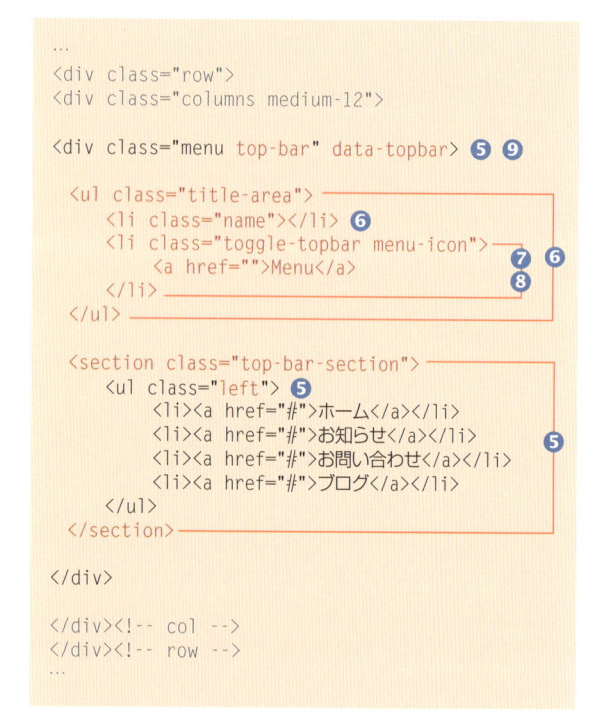

トグルボタンをクリック。

ただし、機能させるためには右のようにクラス名の指定とマークアップを行う必要があります。

なお、トップバーの下には余白が挿入されません。余白を入れるためには、P.247の㉖のように自分でCSSを用意して設定します。

```
...
<div class="row">
<div class="columns medium-12">

<div class="menu top-bar" data-topbar> ❺ ❾

    <ul class="title-area">
        <li class="name"></li> ❻
        <li class="toggle-topbar menu-icon">  ❼ ❻
            <a href="">Menu</a>
        </li> ❽
    </ul>

    <section class="top-bar-section">
        <ul class="left"> ❺
            <li><a href="#">ホーム</a></li>
            <li><a href="#">お知らせ</a></li>   ❺
            <li><a href="#">お問い合わせ</a></li>
            <li><a href="#">ブログ</a></li>
        </ul>
    </section>

</div>

</div><!-- col -->
</div><!-- row -->
...
```

❺ トップバーの形で表示する

トップバーの形で表示するためには、メニュー全体をマークアップした<div>に「top-bar」というクラス名を追加します。さらに、リンクを横に並べて表示するため、<ul>全体を新規に<section>でマークアップし、クラス名を「top-bar-section」と指定します。<ul>には「left」というクラス名を追加し、リンクをバーの左側に揃えて表示するように指定しておきます。
これで、メニューがダークグレーのバーの形で表示され、リンクにカーソルを重ねると背景が黒色に変わるようになります。

ダークグレーのバーの形で表示されます。

リンクにカーソルを重ねると背景が黒色になります。

> Foundation 5.1.1ではクラス名「top-bar-section」を<section>以外の要素に指定すると、小画面でトグルボタンが機能しなくなります。そのため、ここでは<div>ではなく<section>を使用しています。なお、<section>はHTML5のセクショニング・コンテンツに属する要素の1つで、本書での扱いについてはP.007を参照してください。

この段階で小画面での表示を確認すると、リンクが非表示となり、メニューとして機能しなくなります。ただし、複数のリンクのうち、1つ目のリンクだけは表示されてしまいます。

❻ 小画面ではトグル型メニューの形で表示する（1）

小画面（640px以下）ではトグル型メニューの形で表示するように設定していきます。
まず、小画面で1つ目のリンクが表示されないようにするため、空の\<ul\>と\<li\>を追加し、それぞれのクラス名を「title-area」、「name」と指定します。これで、トップバーには何も表示されない状態になります。

❼ 小画面ではトグル型メニューの形で表示する（2）

隠したリンクの代わりにトグルボタンを用意するため、「Menu」というテキストを追加し、\<li\>、\<a\>でマークアップします。\<li\>には「toggle-topbar」とクラス名を指定し、トグルボタンとして表示するように指定します。

❽ 小画面ではトグル型メニューの形で表示する（3）

トグルボタンであることを示すアイコンを表示するため、「Menu」をマークアップした\<li\>に「menu-icon」というクラス名を追加します。

> FoundationではCSSでボックスに影を付けるbox-shadowの機能（P.141）を利用して、3本線のアイコンを表示しています。

❾ 小画面ではトグル型メニューの形で表示する（4）

最後に、JavaScriptでトグルボタンを機能させるため、全体をマークアップした\<div\>に「data-topbar」属性を追加します。これで、トグルボタンをクリックしてリンクの表示・非表示を切り替えることができるようになります。

FOUNDATION 03

▶ Foundationに用意されたクラス名

以上で、サンプルは完成です。Bootstrapと同じようにCSSに触れることなく、Foundationに用意されたクラス名を指定していくだけでも、このレベルでWebデザインを行うことができます。

なお、Foundationに用意されたクラス名や、クラス名とともに必要とされるマークアップについては、下記のページで確認することができます。

Foundation Documentation
http://foundation.zurb.com/docs/

Foundationのクラス名の指定で完成したページ。

FOUNDATION 03-A トップバーのアレンジ

Foundationのトップバーも、Bootstrapのナビゲーションバーと同じようにアレンジすることができます。

03-A-A
リンクをトップバーの右側に配置する

リンクをトップバーの右側に配置する場合、P.232の❺で指定した「left」というクラス名を「right」に変更します。

「left」でリンクを左側に配置したもの。

「right」でリンクを右側に配置したもの。

```
<div class="menu top-bar" data-topbar>

  <ul class="title-area">
     ...
  </ul>

  <section class="top-bar-section">
     <ul class="right">
            <li><a href="#">ホーム</a></li>
            <li><a href="#">お知らせ</a></li>
            <li><a href="#">お問い合わせ</a></li>
            <li><a href="#">ブログ</a></li>
     </ul>
  </section>

</div>
  ...
```

■ サイト名をトップバーに入れる

トップバーの左端にサイト名を入れる場合、<li class="name">の中にサイト名を追加します。サイト名をトップバーに合わせたデザインで表示するためには、<h1>と<a>でマークアップします。

なお、小画面でトグル型メニューに切り替わった場合にも、サイト名はバーの左端に表示されます。

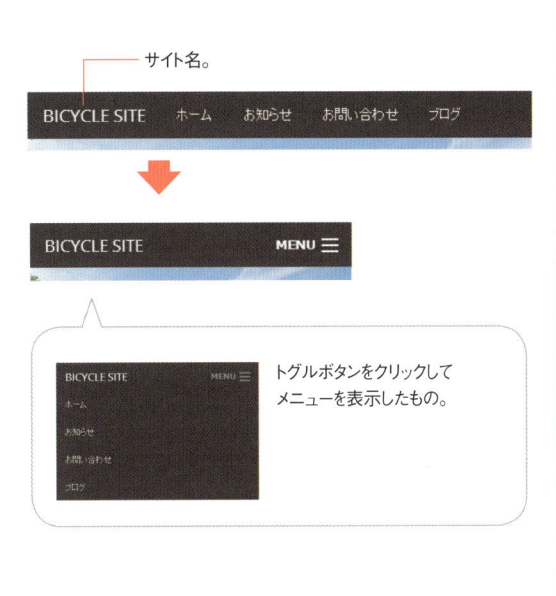

```
<div class="menu top-bar" data-topbar>

  <ul class="title-area">
      <li class="name">
          <h1><a href="#">BICYCLE SITE</a></h1>
      </li>
      <li class="toggle-topbar menu-icon">
          <a href=""><span>Menu</span></a>
      </li>
  </ul>
  ...
```

サイト名。

トグルボタンをクリックしてメニューを表示したもの。

■ サイト名にロゴ画像を付けてトップバーに入れる

サイト名にはロゴ画像を付けてトップバーに入れることもできます。ただし、ロゴ画像が大きいとトップバーの表示が崩れてしまいます。そこで、ロゴ画像はサイト名の行の高さ（45px）に収まる大きさで用意し、<h1><a>〜</a></h1>内に追加します。ここでは次のように高さ30ピクセルのロゴ画像を使用しています。

ロゴ画像:
bicycle-50x30w.png（50×30ピクセル）。

ロゴ画像。

```
<div class="menu top-bar" data-topbar>

  <ul class="title-area">
      <li class="name">
          <h1><a href="#">
          <img src="img/bicycle-50x30w.png" alt="">
          BICYCLE SITE
          </a></h1>
      </li>
      <li class="toggle-topbar menu-icon">
          <a href=""><span>Menu</span></a>
      </li>
  </ul>
  ...
```

トグルボタンをクリックしてメニューを表示したもの。

サイト名の行の高さは、Foundationが適用するCSSの設定によって決まります。適用されている設定を確認する方法についてはP.192を参照してください。

FOUNDATION 04

Foundationで形にしたページを CSSでアレンジする

CSSを利用することでFoundationの設定を上書きし、Foundationで形にしたページのデザインをアレンジしていきます。

▶ Finished Parts

HEADER 03（P.025）の設定でヘッダーの背景色などをアレンジ。

MENU 05（P.087）の設定でナビゲーションバーの背景色や文字の色などをアレンジ。

サブメニューをMENU 03-C（P.078）とDESIGN 02-A-B（P.148）の設定でアレンジ。

ENTRY 04（P.064）の設定で段落の間隔などをアレンジ。

FOOTER 04-A（P.112）の設定でフッターの背景をアレンジ。

小画面でトグルボタンをクリックしたときの表示。

CSSを利用したデザインのアレンジ

FoundationにはBootstrapのようにCSSファイルのみでデザインをアレンジできる「テーマ」といったものは用意されていません。Foundationに用意されたデザインはシンプルなもので、そこから先は各自がCSSを用意してアレンジしていくように考えられているためです。

そこで、FOUNDATION 03（P.228）をベースに、Chapter 1〜Chapter 6のCSSの設定をstyle.cssに追加し、Foundationの設定を上書きする形でアレンジしていきます。どこまでアレンジするかは自分次第です。ここではBOOTSTRAP 05（P.196）と同じようにアレンジしていきます。

style.cssはP.014で用意した外部スタイルシートファイルです。FoundationのCSSファイル（foundation.min.css）は編集しません。

特別な環境を用意しなくてもデザインをアレンジすることができるため、ここではCSSでFoundationの設定を上書きする方法を紹介しています。ただし、Foundationではマイナーバージョンアップでも CSSのセレクタが変更される傾向があり、この方法では上書き用の設定もその都度修正しなければなりません。こうした修正の手間を回避するためには、Sassを利用する方法（P.252）もあります。

ヘッダーのデザインをアレンジする

まずは、ロゴ画像とサイト名を表示したヘッダーのデザインをアレンジしていきます。ロゴ画像とサイト名にはFoundationのクラス名は指定していませんが、画像や文字にはFoundationのスタイルが適用されています。
ここではヘッダーの背景色やサイト名のフォントサイズなどをアレンジします。そこで、Bootstrapのときと同じようにHEADER 03（P.025）のCSSの設定を適用し、次のように指定していきます。

```
@charset "UTF-8";

@-ms-viewport     {width: device-width;}

body    {font-family: 'メイリオ',
         'Hiragino Kaku Gothic Pro', sans-serif;}

/* ヘッダー */
.header          {padding: 20px;
                  background-color: #dfe3e8;}

.header h1       {margin: 0;
                  font-size: 20px;
                  line-height: 1;}

.header h1 a     {color: #000;
                  text-decoration: none;}

.header .logo    {margin: 0 10px 0 0;
                  border: none;
                  vertical-align: -15px;}  ❶
```

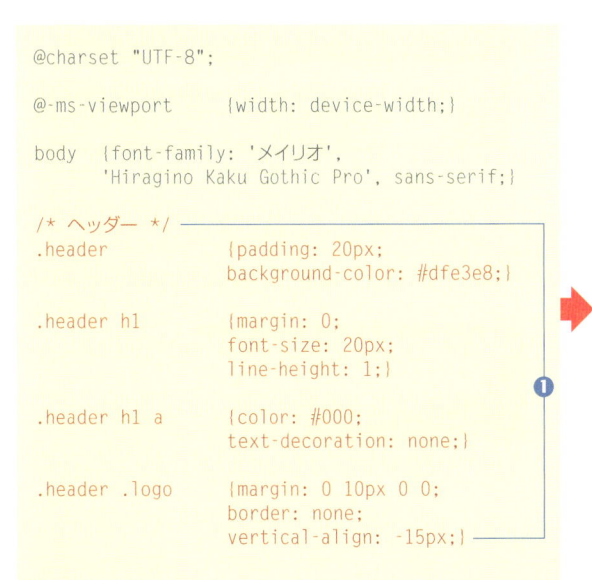

```
@charset "UTF-8";

@-ms-viewport     {width: device-width;}

body    {font-family: 'メイリオ',
         'Hiragino Kaku Gothic Pro', sans-serif;}

/* ヘッダー */
.header          {padding: 10px 10px 0 10px;  ❷
                  background-color: #8abc60;  ❸
                  border-bottom: solid 1px #fff;}  ❺

.header h1       {margin: 0;
                  font-size: 24px;  ❹
                  line-height: 1;}

.header h1 a     {color: #fff;  ❹
                  text-decoration: none;}

.header .logo    {margin: 0 10px 0 0;
                  border: none;
                  vertical-align: -15px;}
```

❶ HEADER 03 の設定を適用する

まずは、HEADER 03（P.025）の CSS の設定を style.css に追加します。すると、Foundationの設定は上書きされ、ロゴ画像とサイト名は HEADER 03 の設定で表示されます。これにより、Foundation がサイト名の上下に入れていた余白は削除され、親要素 <div> のパディングで上下左右に 20 ピクセルの余白を入れた形になります。

❷ パディングを変更する

ヘッダーはコンパクトに表示するため、<div class="header"> のパディング（padding）を 20 ピクセルから 10 ピクセルに変更しています。また、下パディングは 0 にして、ロゴ画像の下に余白を入れないようにしています。

❸ 背景色を変更する

ヘッダーの背景を黄緑色にするため、<div class="header"> の背景色（background-color）を「#8abc60」に変更しています。

❹ サイト名のデザインを変更する

背景色に合わせて、サイト名の色（color）を白色に、フォントサイズ（font-size）を 24 ピクセルに変更しています。

❺ ヘッダーの下に区切り線を入れる

ヘッダーの下に白色の区切り線を入れるため、<div class="header"> の border-bottom を「solid 1px #fff」と指定しています。

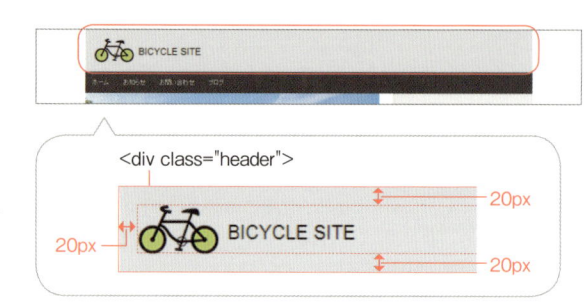

▶ 記事のデザインをアレンジする

次に、記事のデザインをアレンジしていきます。記事のタイトルや本文には Foundation の設定が適用され、読みやすくなるように行の高さや間隔などが調整されていますので、必要に応じて調整します。

ここでは、画像とタイトルの間隔や、タイトルや本文のフォントサイズを調整するため、ENTRY 04（P.064）の CSS の設定を適用してアレンジしていきます。

```
...
.header .logo     {margin: 0 10px 0 0;
                   border: none;
                   vertical-align: -15px;}

/* 記事 */
.entry            {padding: 20px;
                   background-color: #dfe3e8;}

.entry img        {max-width: 100%;
                   height: auto;
                   margin: 0 0 30px 0;
                   vertical-align: bottom;}

.entry h1         {margin: 0 0 20px 0;
                   font-size: 28px;
                   line-height: 1.2;}

.entry p          {margin: 0 0 20px 0;
                   font-size: 14px;
                   line-height: 1.6;}

.entry .added     {margin: 0 0 20px 0;}
```

❻

```
...
.header .logo     {margin: 0 10px 0 0;
                   border: none;
                   vertical-align: -15px;}

/* 記事 */
.entry            {padding: 0; ❽
                   background-color: #dfe3e8;} ❾

.entry img        {max-width: 100%;
                   height: auto;
                   margin: 0 0 30px 0;
                   vertical-align: bottom;}

.entry h1         {margin: 0 0 20px 0;
                   font-size: 36px; ❼
                   line-height: 1.2;}

.entry p          {margin: 0 0 20px 0;
                   font-size: 14px;
                   line-height: 1.6;}

.entry .added     {margin: 0 0 20px 0;}
```

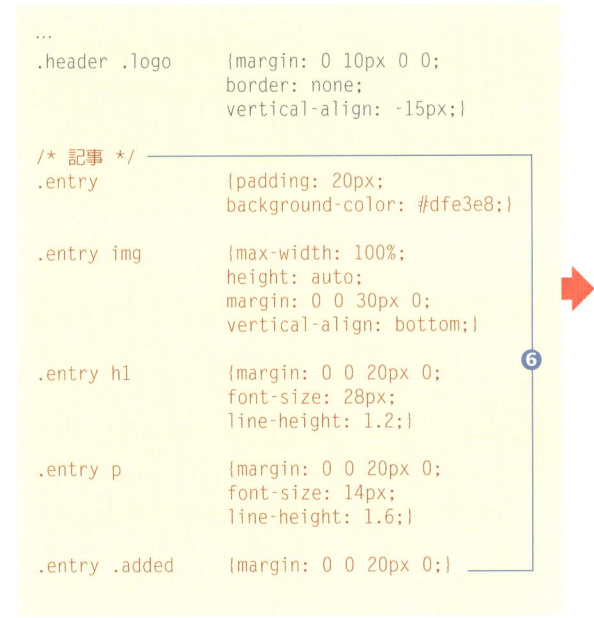

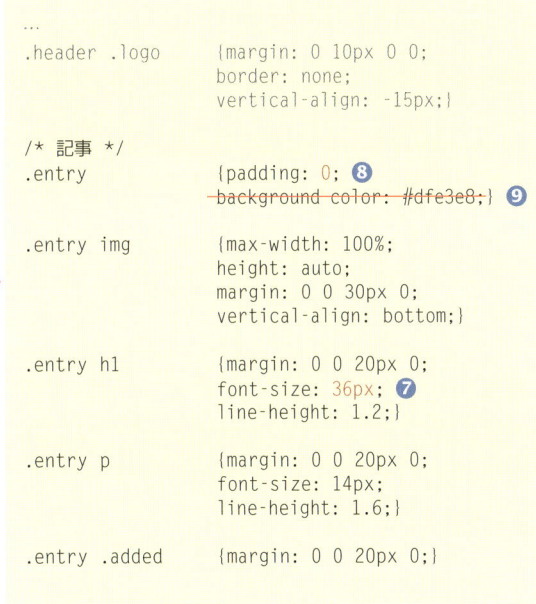

❻ ENTRY 04 の設定を適用する

まず、ENTRY 04（P.064）の CSS の設定を style.css に追加します。すると、Foundation の設定が上書きされ、画像とタイトルの間隔が広くなります。

また、タイトルと本文のフォントサイズは、Foundation の設定では 2.75rem（44px）と 1rem（16px）で表示されていましたが、ENTRY 04 の設定により、それぞれ 28px と 14px で表示されるようになります。

ラベルについては、ENTRY 04 ではデザインを指定していないため、これまで通り Foundation の「ラベル」のデザインで表示されます。ここでは Foundation のデザインをそのまま使用しますが、アレンジする場合には OTHER 01-C（P.121）の設定を利用してください。

> rem はルート要素 <html> のフォントサイズに対する比率で大きさを指定する単位です。Foundation では <html> に対して font-size:100% が適用されているので、ブラウザで設定されたフォントサイズが基準となります。主要ブラウザではフォントサイズが 16px に設定されているため、1rem＝16px、2.75rem＝44px となります。

❼ タイトルのフォントサイズを変更する

タイトルをもう少し大きくするため、フォントサイズ（font-size）を 28 ピクセルから 36 ピクセルに変更しています。

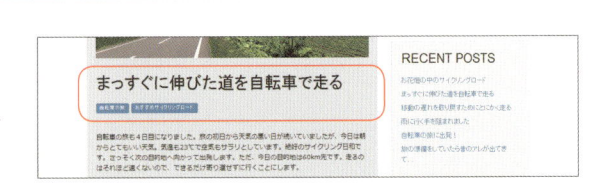

❽ パディングを調整する

ENTRY 04 の設定により、記事のまわりにはパディングによって 20 ピクセルの余白が挿入されます。この余白は Foundation がグリッドの段の間に入れた余白に付け加えられるため、右側のメニューとの間隔が大きくなってしまいます。また、上パディングによってトップバーとの間に余白が入りますが、ここの余白は後からトップバー側で挿入します。

そこで、記事のまわりには余白を追加せず、Foundation が挿入した余白だけを使用してレイアウトします。そのため、親要素 <div class="header"> のパディングを 0 に変更しています。

❾ 背景色を削除する

グレーの背景色を削除するため、background-color の指定を削除しています。

❾のようにデザインの指定が不要な場合には、CSSの設定を削除します。ただし、余白については後から調整が必要になるケースが多いので、❽ではpaddingの設定を削除せず、値を「0」とすることで余白を削除しています。

▶ サブメニューのデザインをアレンジする (1)

記事の横に表示したサブメニューのデザインをアレンジしていきます。ここではアイコンフォントを利用して矢印のリストマークを表示するため、MENU 03-C (P.078) の設定を適用します。

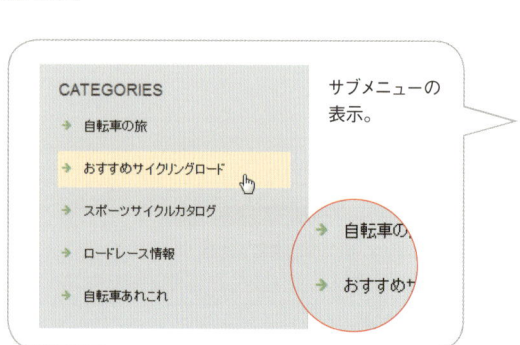

```html
...
<meta name="viewport" content="width=device-width">

<link rel="stylesheet" href="http://netdna.bootstrapcdn.com/font-awesome/4.0.3/css/font-awesome.css"> ❿

<link rel="stylesheet" href="css/normalize.css">
…略…
<div class="columns medium-4">

<div class="submenu panel"> ⓫
  <h3>CATEGORIES</h3>
  <ul class="side-nav">
      <li><a href="#">自転車の旅</a></li>
      …略…
  </ul>
</div>
```

```html
<div class="submenu panel"> ⓫
  <h3>RECENT POSTS</h3>
  <ul class="side-nav">
      <li><a href="#">お花畑の中のサイクリングロード</a></li>
      …略…
  </ul>
</div>

</div><!-- columns -->
</div><!-- row -->
...
```

```css
...
.entry .added     {margin: 0 0 20px 0;}

/* メニュー（サブメニュー） */
.menu             {padding: 20px;
                   background-color: #dfe3e8;}

.menu h1          {margin: 0 0 10px 0;
                   font-size: 18px;
                   line-height: 1.2;}

.menu ul,
.menu ol          {margin: 0;
                   padding: 0;
                   font-size: 14px;
                   line-height: 1.4;
                   list-style: none;}

.menu li a        {position: relative;
                   display: block;
                   padding: 10px 5px 10px 30px;
                   color: #000;
                   text-decoration: none;}

.menu li a:hover  {background-color: #eee;}

.menu li a:before {position: absolute;
                   left: 5px;
                   top: 10px;
                   content: '\f061';
                   color: #f80;
                   font-family: 'FontAwesome';
                   font-size: 20px;
                   line-height: 1;}
```

➡

```css
...
.entry .added     {margin: 0 0 20px 0;}

/* メニュー（サブメニュー） */
.submenu          {padding: 20px;
                   background-color: #dfe3e8;}

.submenu h3       {margin: 0 0 10px 0;
                   font-size: 18px;
                   line-height: 1.2;}

.submenu ul,
.submenu ol       {margin: 0;
                   padding: 0;
                   font-size: 14px;
                   line-height: 1.4;
                   list-style: none;}

.submenu li a     {position: relative;
                   display: block;
                   padding: 10px 5px 10px 30px;
                   color: #000 !important; ⓮
                   text-decoration: none;}

.submenu li a:hover  {background-color: #fec;} ⓮

.submenu li a:before {position: absolute;
                      left: 5px;
                      top: 12px; ⓭
                      content: '\f061';
                      color: #8abc60; ⓭
                      font-family: 'FontAwesome';
                      font-size: 12px ⓭
                      line-height: 1;}
```

⓬ セレクタを変更。

⓫ クラス名を変更。

❿ MENU 03 の設定を適用する

まずは、MENU 03-C（P.078）の CSS の設定を style.css に追加します。このとき、Font Awesome というアイコンフォントを使用するため、P.078 の <link> の設定も追加します。

すると、Foundation のメニューの設定は上書きされ、リンクの行頭に右矢印のリストマークが表示されます。しかし、記事の右にあるメニューだけでなく、トップバーにも MENU 03-C の設定が適用されてしまいます。これは、どちらも Chapter 3 のパーツを配置し、クラス名が同じ「menu」になっているためです。

トップバー: <div class="menu top-bar" data-topbar>

サブメニュー: <div class="menu panel">

⓫ サブメニューのクラス名を変更する

サブメニューだけに MENU 03-C の設定を適用するため、サブメニューのクラス名を「menu」から「submenu」に変更します。それに合わせて、CSS のセレクタのクラス名も「.menu」から「.submenu」に変更します。

サブメニュー: <div class="submenu panel">

⓬ 見出しのフォントサイズを変更する

メニューの見出しの設定は「.submenu h1」セレクタで指定していますが、見出しのマークアップは P.221 で <h3> に変更しており、適用されていません。そのため、Foundation の設定で 1.6875rem（27px）になっています。ここではひとまわり小さいフォントサイズ（18px）で表示するため、セレクタを「.submenu h1」から「.submenu h3」に変更しています。

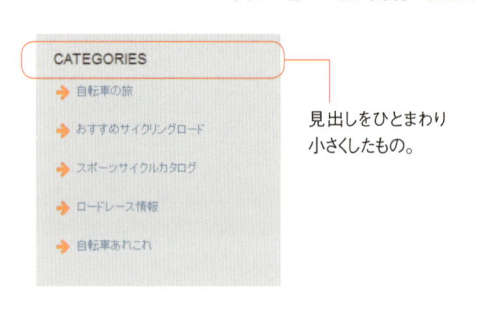

見出しをひとまわり小さくしたもの。

⓭ リストマークの大きさや色を調整する

ページのデザインに合わせて、リストマークの大きさや色を調整します。ここでは小さな黄緑色の矢印にするため、アイコンの色（color）を「#8abc60」、フォントサイズ（font-size）を「12px」、上からの表示位置（top）を「12px」に変更しています。

リストマークの矢印を黄緑色にして表示したもの。

リンクの文字を黒色に、カーソルを重ねたときの背景色を薄いオレンジ色にしたときの表示。

⓮ リンクの文字や背景の色を変更する

まず、リンクにカーソルを重ねたときの背景色は MENU 03-C の設定でグレーになっていますが、薄いオレンジ色にするため、background-color を「#fec」に変更しています。

次に、リンクの文字の色は MENU 03-C よりも Foundation の設定が優先して適用され、水色になっています。ここでは MENU 03-C の黒色の設定で表示するため、color の設定の末尾に「!important」を追加し、優先度が高くなるようにしています。

!importantを使用したくない場合、Foundationと同じセレクタで指定します。Foundation 5.1.1の場合、リンクの文字の色は「.side-nav li a:not(.button)」セレクタで指定されています。Foundationが使用しているセレクタは、P.192のブラウザの機能を利用して確認することができます。

▶ サブメニューのデザインをアレンジする(2)

サブメニューの枠と見出しのデザインをアレンジしていきます。ここでは DESIGN 02-A-B (P.148) の設定を適用し、背景を白色にして、メニュー全体と見出しの上下をグレーの罫線で区切ったシンプルなデザインにします。

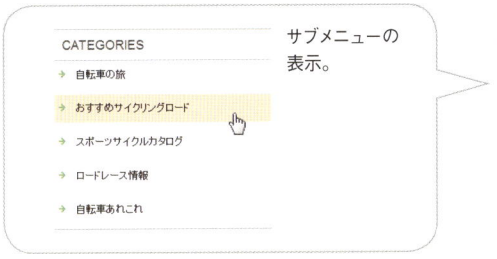

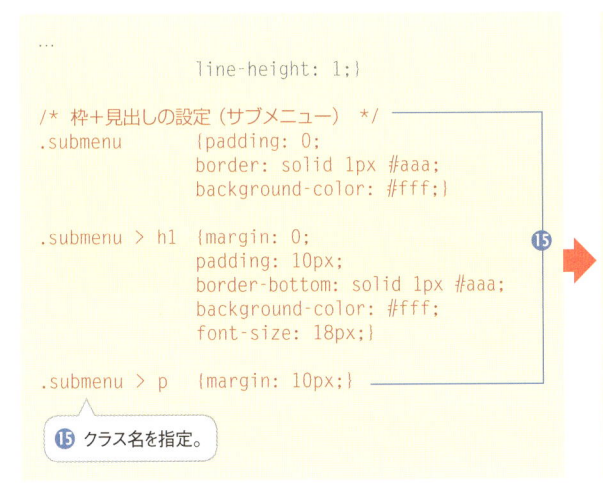

サブメニューの表示。

```
              line-height: 1;}
/* 枠＋見出しの設定（サブメニュー） */
.submenu        {padding: 0;
                border: solid 1px #aaa;
                background-color: #fff;}

.submenu > h1   {margin: 0;
                padding: 10px;
                border-bottom: solid 1px #aaa;
                background-color: #fff;
                font-size: 18px;}

.submenu > p    {margin: 10px;}
```

⑮

⑮ クラス名を指定。

```
              line-height: 1;}
/* 枠＋見出しの設定（サブメニュー） */
.submenu        {padding: 0;
                border: solid 1px #aaa;
                border-left: none;
                border-right: none;
                background-color: #fff;}

.submenu > h3   {margin: 0;
                padding: 10px;
                border-bottom: solid 1px #aaa;
                background-color: #fff;
                font-size: 18px;}

.submenu > p    {margin: 10px;}
```

⑱
⑯ セレクタを変更。
⑰

⑮ DESIGN 02-A-B の設定を適用する

DESIGN 02-A-B の設定をサブメニューに適用するため、クラス名を「.submenu」と指定して style.css に追加します。すると、サブメニューが右のようにグレー (#aaa) の罫線で囲んだ形で表示されます。

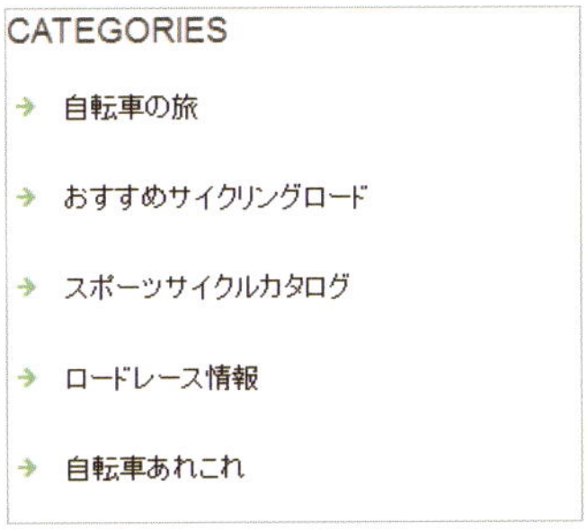

サブメニュー全体がグレーの罫線で囲んで表示されます。

FOUNDATION 04

⓰ 見出しの下に区切り線を表示する

DESIGN 02-A-B の設定では、「.submenu > h1」セレクタで見出しの下にグレーの区切り線を表示するように指定してあります。この設定をサブメニューの見出しに適用するため、セレクタを「.submenu > h3」に変更します。

見出しの下に区切り線が表示されます。

サブメニュー本体と枠の間に余白は入れません。

⓱ 不要な設定を削除する

「.submenu > p」セレクタの「p」を「ul」に変更すると、サブメニュー本体と枠の間に余白を入れることができます。しかし、ここでは余白を入れずに表示するため、設定を削除しています。

⓲ 左右の罫線を削除する

ここでは左右の罫線を削除し、上下を罫線で区切ったデザインにします。そこで、border-left と border-right を「none」と指定しています。

▶ トップバーのデザインをアレンジする

トップバーのデザインをアレンジしていきます。ただし、Foundation で作成したトップバーは小画面でトグル型メニューに切り替わるなど、複雑な構成になっています。そのため、基本的に Foundation の設定をそのまま利用します。

ここではトップバーの背景色を黄緑色に、リンクにカーソルを重ねたときの背景色を緑色にするため、MENU 05（P.087）の設定のうち、必要な設定だけを利用してアレンジしていきます。最終的には㉑〜㉖を追加するだけでアレンジできます。

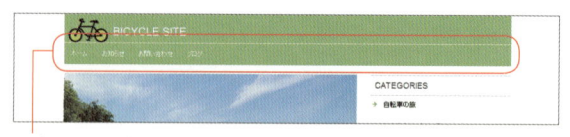

ナビゲーションバー。

リンクにカーソルを重ねたときの表示。

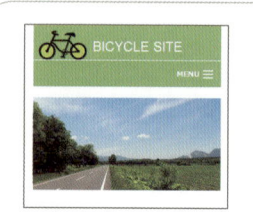

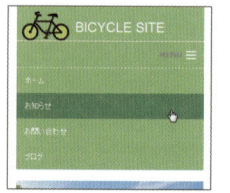

小画面での表示。

```
...
.submenu > ul          {margin: 10px;}

/* メニュー（トップバー） */
.menu                  {padding: 20px;
                        background-color: #dfe3e8;}

.menu ul,
.menu ol               {margin: 0;
                        padding: 0;
                        font-size: 14px;
                        line-height: 1.4;
                        list-style: none;}

.menu li a             {display: block;
                        padding: 10px;
                        color: #000;
                        text-decoration: none;}

.menu li a:hover       {background-color: #eee;}

.menu li               {float: left;}

.menu ul:after,
.menu ol:after         {content: "";
                        display: block;
                        clear: both;}
.menu ul,
.menu ol               {*zoom: 1;}
```

```
...
.submenu > ul          {margin: 10px;}

/* メニュー（トップバー） */
.menu    {margin-bottom: 20px;} ㉖

.menu,
.top-bar-section li:not(.has-form) a:not(.button),
.top-bar.expanded .title-area
         {background-color: #8abc60;} ㉑

.top-bar-section li:not(.has-form) a:not(.button):hover
         {background-color: #084;} ㉔

.top-bar.expanded .title-area
         {border-bottom: dashed 1px #fff;} ㉕
```

⑲ **MENU 05 の設定を適用する**

まずは、MENU 05（P.087）の CSS の設定を style.css に追加します。すると、Foundation のトップバーの設定が部分的に上書きされ、リンクがトップバーからずれた位置に表示されます。

これは、MENU 05 の「.menu」セレクタの設定により、トップバーを構成する <div class="menu top-bar"> の内側に 20 ピクセルのパディングが挿入されるためです。さらに、<div class="menu top-bar"> には Foundation によって height:45px や overflow:visible が適用されていることから、トップバーは高さ 45 ピクセルに固定され、トップバーに収まらない中身ははみ出した形で表示されます。その結果、MENU 05 の下パディングの大きさは表示に反映されず、中身のリンクがはみ出した表示になります。

なお、リンクを構成する <a> には Foundation によって line-height:45px が適用されているため、トップバーと同じ高さで表示されます。

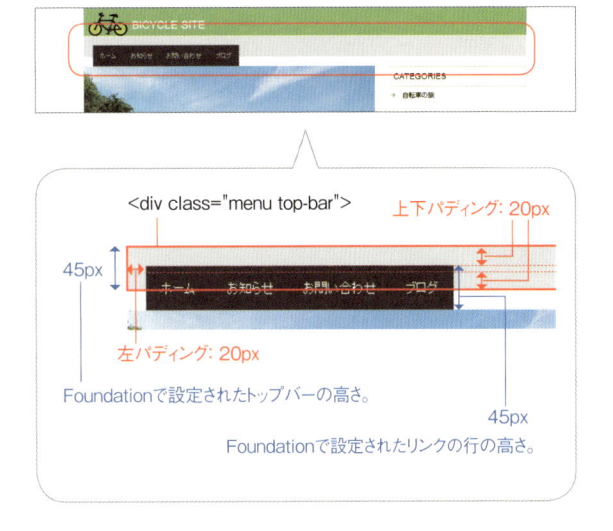

⑳ Foundation の設定で表示する

表示が崩れないようにするためには、トップバーは Foundation の設定で表示します。そこで、パディングの設定も含めて、MENU 05 の不要な設定を削除します。ここではリンクにカーソルを重ねたときの背景色をアレンジしたいので、「.menu li a:hover」セレクタの background-color の設定だけは残しておきます。

Foundationで設定されたトップバーの高さ。

㉑ トップバーの背景色を変更する

トップバーの背景色をヘッダーと同じ黄緑色にします。そのため、「.menu」セレクタの background-color を「#8abc60」に変更しています。しかし、リンク部分の背景色は変化しません。

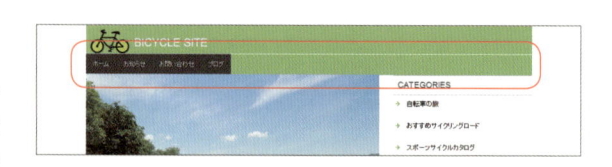

㉒ リンクの背景色を変更する

リンク部分 <a> の背景色を変更します。しかし、「.menu li a」セレクタでは Foundation の設定よりも優先度が低く、背景色を変更することができません。⑭の設定や Bootstrap のときのように !important をつけて優先度を高くする方法もありますが、トップバーではトグルボタンなどの表示にも影響し、デザインが崩れる原因となります。

そこで、Foundation が背景色の指定に使用している「.top-bar-section li:not(.has-form) a:not(.button)」セレクタを ㉑の設定に追加します。すると、リンクの背景が黄緑色に変わります。

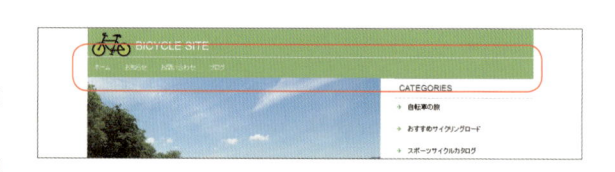

Foundationが使用しているセレクタは、P.192のブラウザの機能を利用して確認することができます。

㉓ トグル型メニューを開いたときの背景色を変更する

小画面でトグル型のメニューを開くと、トップバーの背景色が変わっていないことがわかります。この部分の背景色を変えるためには、Foundation が背景色の指定に使用している「.top-bar.expanded .title-area」セレクタを ㉑の設定に追加します。

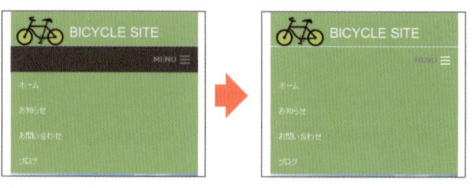

小画面でトグル型のメニューを開いたときの表示。

24 カーソルを重ねたときの背景色を変更する

リンクにカーソルを重ねたときの背景色を緑色にするため、「.menu li a:hover」セレクタの background-color の値を「#084」にします。しかし、背景色は Foundation の設定のまま、黒色で表示されます。これは MENU 05 の設定よりも、Foundation の設定の優先度が高くなっているためです。

そこで、「.menu li a:hover」セレクタを、Foundation が背景色の指定に使用している「.top-bar-section li:not(.has-form) a:not(.button):hover」セレクタに変更します。これで、背景色を緑色にすることができます。

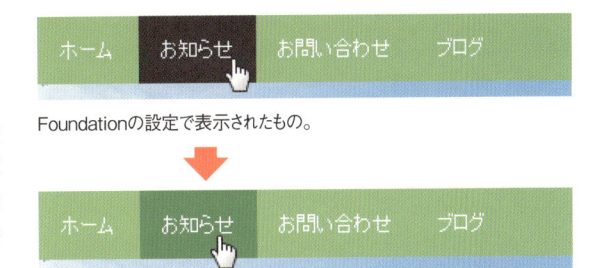

Foundationの設定で表示されたもの。

「.top-bar-section li a:not(.button):hover」セレクタで背景色を指定したときの表示。背景色が緑色になります。

小画面での表示。

25 トグル型メニューに区切り線を表示する

小画面でトグル型メニューを開いたときに、トップバーとメニューの間に区切り線を表示します。そこで、「.top-bar-section li a:not(.button)」セレクタを追加し、border-bottom を「dashed 1px #fff」と指定しています。これで太さ1ピクセルの白色の破線が区切り線として表示されます。

小画面での表示。

トグル型メニューを開いたときに区切り線が表示されます。

26 トップバーの下に余白を入れる

トップバーの下に余白を入れ、記事やサブメニューとの間隔を調整します。そこで、メニュー全体をマークアップした <div class="menu top-bar"> の下マージンを 20 ピクセルに指定しています。

<div class="menu top-bar">

下マージン:20px

フッターのデザインをアレンジする

フッターのデザインを調整します。ここでは、フッターに適用したFoundationの「パネル」のデザインを使用せず、FOOTER 04-A（P.112）の設定で表示するようにします。そこで、㉗のようにFoundationのクラス名「panel」を削除し、㉘のようにFOOTER 04-Aの設定を追加します。これで、フッターを囲んでいた枠がなくなり、背景画像（footer.png）を表示したデザインにすることができます。ここではFOOTER 04-Aの設定は変更せず、そのまま使用しています。

フッター。

```
...
<div class="row">
<div class="columns medium-12">

<div class="footer panel">　㉗
  <p>Copyright &copy; BICYCLE SITE</p>
</div>

</div><!-- columns -->
</div><!-- row -->
...
```

```
...
                {border-bottom: dashed 1px #fff;}

/* フッター */
.footer     {padding: 195px 20px 30px 20px;
             background-image: url(img/footer.png);
             background-position: center top;
             text-align: center;}

.footer p   {margin: 0 0 3px 0;
             font-size: 12px;
             line-height: 1.4;}                         ㉘

.footer a   {color: #666;
             text-decoration: none;}
```

指定したフォントで見出しを表示する

サンプルの場合、テキストの表示にはP.014で日本語フォント（メイリオまたはヒラギノ角ゴPro）を使用するように指定しています。しかし、<h1>〜<h6>でマークアップした見出し部分は指定したフォントで表示されていません。これは、Foundationの欧文フォントを使用する設定が優先して適用されているためです。

指定したフォントで表示するためには、㉙のように日本語フォントを指定したセレクタにh1〜h6の指定を追加します。これで、Foundationの設定を上書きし、メイリオまたはヒラギノ角ゴProで表示することができます。

```
@charset "UTF-8";

@-ms-viewport   {width: device-width;}

body,
h1, h2, h3, h4, h5, h6
     {font-family: 'メイリオ',
      'Hiragino Kaku Gothic Pro', sans-serif;}  ㉙
...
```

パーツを画面の横幅いっぱいに表示する

パーツを画面の横幅いっぱいに表示するためには、Foundationのグリッドのマークアップを変更します。ここでは、ヘッダー、トップバー、フッターを横幅いっぱいに表示するように設定していきます。

ヘッダー。
トップバー。
フッター。

小画面でも横幅いっぱいに表示されます。

```
...
<body>
~~<div class="row">~~
~~<div class="columns medium 12">~~      ㉚
<div class="header">
~~<div class="row">~~
~~<div class="columns medium-12">~~

    <h1><a href="#"><img src="img/bicycle.png"
    alt="" class="logo">BICYCLE SITE</a></h1>

~~</div><!-- columns -->~~
~~</div><!-- row -->~~
</div>
~~</div><!-   columns   >~~
~~</div><!-   row   >~~           ㉚


~~<div class="row">~~
~~<div class="columns medium-12">~~      ㉜
<div class="contain-to-grid">
<div class="menu top-bar" data-topbar>

    <ul class="title-area">
        …略…
    </ul>
```
㉜ ㉝

```
        <section class="top-bar-section">
            …略…
        </section>

    </div>
</div>
~~</div><!   columns   >~~            ㉜
~~</div><!   row   >~~

<div class="row">
…略…
</div><!-- row -->

~~<div class="row">~~
~~<div class="columns medium 12">~~      ㉛
<div class="footer">
~~<div class="row">~~
~~<div class="columns medium-12">~~

    <p>Copyright &copy; BICYCLE SITE</p>

~~</div><!-- columns -->~~
~~</div><!-- row -->~~
</div>
~~</div><!   columns   >~~
~~</div><!   row   >~~                  ㉛

<script src="js/vendor/jquery.js"></script>
...
```

```
...
/* ヘッダー */
.header      {padding: 10px 0 0 0;  ㉟
              background-color: #8abc60;
              border-bottom: solid 1px #fff;}
…略…
```

```
/* メニュー（トップバー） */
.contain-to-grid,   ㉞ セレクタを追加。
.menu        {margin-bottom: 20px;}

.contain-to-grid,   ㉞ セレクタを追加。
.menu,
.top-bar-section li a:not(.button),
.top-bar.expanded .title-area
            {background-color: #8abc60;}
...
```

㉚ ヘッダーを画面の横幅いっぱいに表示する

まずはヘッダーを画面の横幅いっぱいに表示します。しかし、ヘッダーを構成するボックス <div class="header"> はグリッドの中に入っているので、他のパーツと横幅を揃えた形で表示されています。これを画面の横幅いっぱいに表示するためには、<div class="header"> をグリッドの外に出します。

一方、ヘッダーの中身（ロゴ画像とサイト名）についてはグリッドレイアウトでコントロールできるようにします。そこで、グリッドの設定 <div class="row"> と <div class="columns medium-12"> は削除せず、<div class="footer"> の中に記述した形にします。

㉛ フッターを画面の横幅いっぱいに表示する

次に、フッターを画面の横幅いっぱいに表示します。そこで、ヘッダーのときと同じように、フッターを構成するボックス <div class="footer"> をグリッドの外に出します。

また、フッターの中身（コピーライト）もヘッダーの中身と同じように、グリッドレイアウトでコントロールできるようにします。そこで、グリッドの設定 <div class="row"> と <div class="columns medium-12"> は削除せず、<div class="footer"> の中に記述した形にします。

㉜ トップバーを画面の横幅いっぱいに表示する（1）

トップバーも画面の横幅いっぱいに表示します。そこで、フッターと同じようにトップバーを構成するボックス <div class="menu top-bar" data-topbar> をグリッドの外に出します。ただし、トップバーの中身については小画面でトグル型メニューに切り替わるなど、独自にレスポンシブに対応しており、グリッドの中に記述する必要がありません。そこで、グリッドを構成する <div class="row"> と <div class="columns medium-12"> は削除します。

すると、トップバーは画面の横幅いっぱいに表示されますが、トップバーの中身はバーの左端に揃えて表示されます。これは、Foundation で左右の余白をコントロールしている <div class="row"> を削除したためです。

トップバーの左端。

㉝ トップバーを画面の横幅いっぱいに表示する（2）

トップバーの中身の左右に余白を入れ、他のパーツに揃えて表示するためには、トップバー全体を <div class="contain-to-grid"> でマークアップします。この要素は <div class="row"> に代わるものとして、Foundation がトップバー用に用意しているものです。

これで、右のようにリンクの文字の左端が他のパーツに揃えて表示されます。ただし、<div class="contain-to-grid"> に Foundation が適用する設定により、トップバーの両端が黒色になり、㉖でトップバーの下に入れた余白も削除されます。

`<div class="menu top-bar">`

他のパーツの左端。

㉞ トップバーを画面の横幅いっぱいに表示する（3）

トップバー全体を黄緑色にして、下に余白を入れて表示するため、㉝で適用された Foundation の設定を上書きします。そこで、トップバーの背景色（background-color）と余白（margin-bottom）の指定が <div class="contain-to-grid"> にも適用されるようにセレクタを追加しています。

`<div class="menu top-bar">`

下マージン:20px

㉟ ヘッダーの左右の余白を削除する

ヘッダーを画面の横幅いっぱいに表示した場合、小画面では❷でヘッダーの左右に入れた 10px の余白が表示に影響を与えます。グリッドシステムで左右に確保される 15 ピクセルの余白に加算され、ヘッダーの中身が他のパーツより右にずれてしまいます。

他のパーツと揃えるためには、<div class="header"> の左右パディングを「0」に変更します。

小画面での表示。

<div class="header">の左パディング: 10px
グリッドシステムで確保される余白: 15px

余計な余白を削除したときの表示。

グリッドシステムで確保される余白: 15px

TIPS　Sassを利用したデザインのアレンジ

FoundationのトップバーのデザインをCSSで上書きしてアレンジしようとすると、㉒〜㉕（P.246-247）のようにFoundationが使用しているセレクタを確認しながら指定しなければなりません。これに対し、Foundationが開発に使用しているCSSプリプロセッサ（メタ言語）のSassを利用すると、変数の値を変更するだけでアレンジすることができます。ただし、Sassの環境を用意する必要があります。

たとえば、トップバーの黒色の背景色を変更したい場合、「$topbar-bg-color」という変数の値を変更してコンパイルします。なお、FoundationのSass関連のファイルはP.216でダウンロードしたファイルには含まれていませんので、コマンドラインでインストールするか、GitHubからダウンロードして利用します。

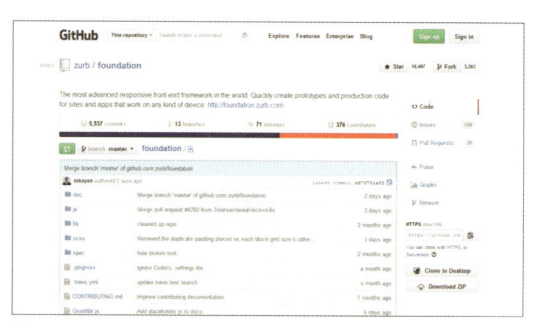

GitHub: Foundation
https://github.com/zurb/foundation

TIPS　トップバーにドロップダウンメニューを追加する

Foundationのトップバーにドロップダウンメニューを追加する場合、MENU 02（P.071）のように子階層のメニュー（青字）を追加し、Foundationのクラス名（赤字）を指定します。また、色をアレンジする場合はCSSの設定も追加します。

```
<div class="contain-to-grid">
<div class="menu top-bar" data-topbar>
…略…
  <section class="top-bar-section">
  <ul class="left">
    <li><a href="#">ホーム</a></li>
    <li class="has-dropdown"><a href="#">お知らせ</a>
      <ul class="dropdown">
        <li><a href="#">お知らせ：自転車の旅</a></li>
        <li><a href="#">お知らせ：ロードレース情報</a></li>
      </ul>
    </li>
    <li><a href="#">お問い合わせ</a></li>
    <li><a href="#">ブログ</a></li>
  </ul>
  </section>
</div>
</div>
```

FOUNDATION 04のトップバーにドロップダウンメニューを追加したもの。

小画面での表示。子階層のメニューは右にスライドして表示されます。

```
…略…
.top-bar-section ul  {background:#8abc60;}
```

CHAPTER9　フレームワークを利用しないページ作成 N

NO-FRAMEWORK 01　パーツを配置して1段組みのレイアウトでページを形にする
NO-FRAMEWORK 02　段組みの設定を追加して2段組みのレイアウトにする
NO-FRAMEWORK 03　レスポンシブにして1段組みと2段組みのレイアウトを切り替える
NO-FRAMEWORK 04　コンテンツ全体が横に広がりすぎないようにする
NO-FRAMEWORK 05　パーツのデザインをアレンジする

| NO-FRAMEWORK 01

フレームワークを利用しないページの作成

CSSフレームワークを利用せずにページを作成する場合も、ページを形にして動作させることを最優先に作業していき、最後にデザインのアレンジを行います。ただし、段組みやレスポンシブの設定も含めて、すべての設定を自分で用意しなければなりません。そこで、まずは小さい画面用の1段組みのレイアウトでパーツを並べ、モバイルファーストでページを形にします。そして、それをベースに段組みやレスポンシブの設定を追加していきます。

ここでは、Bootstrap（P.167）やFoundation（P.213）を利用した場合とどのように違うかを比較するため、同じ構造のページを作成します。そのため、閲覧環境の画面サイズに応じて2段組みと1段組みのレイアウトが切り替わるように設定します。ただし、ナビゲーションメニューについてはスクリプトの利用が必要になるトグル型メニューへの切り替えは行わず、CSSのみでリンクの横幅が変わるように設定します。

NO-FRAMEWORK 01　P.255
パーツを配置して
1段組みのレイアウトにする

Chapter 1〜5のパーツを配置して1段組みのレイアウトを作ります。

NO-FRAMEWORK 02　P.258
段組みの設定を追加して
2段組みのレイアウトにする

記事とサブメニューを横に並べ、2段組みのレイアウトにします。

NO-FRAMEWORK 03　P.260
レスポンシブにして1段組みと
2段組みを切り替える

画面の横幅に応じて1段組みと2段組みのレイアウトが切り替わるようにします。

NO-FRAMEWORK 04　P.262
コンテンツ全体の横幅や左右の余白をコントロールして
ページを形にする

パーツから独立した形で全体の横幅や左右の余白をコントロールできるようにします。この段階でページの基本的な形は完成です。

NO-FRAMEWORK 05　P.265
パーツのデザインをアレンジして
ページを仕上げる

CSSでパーツのデザインをアレンジして、ページを仕上げていきます。

NO-FRAMEWORK 01

パーツを配置して
1段組みのレイアウトでページを形にする

モバイルファーストでパーツを配置し、
小さい画面用の1段組みのレイアウトでページを形にします。

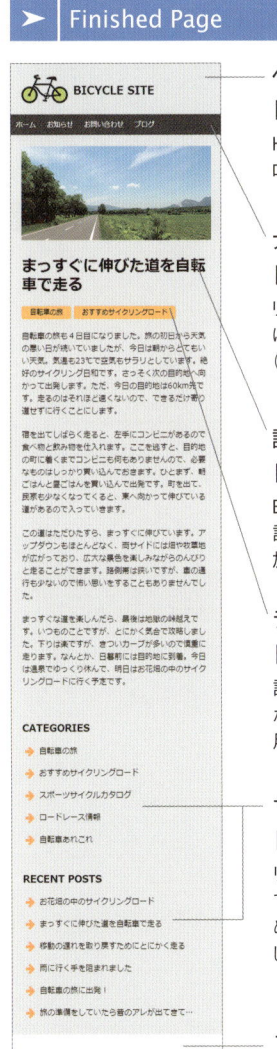

▶ Finished Page

ヘッダー
[HEADER 03]
HEADER 03（P.025）を使用して
ロゴ画像とサイト名を表示します。

ナビゲーションメニュー
[MENU 05-A]
リンクを横に並べてコンパクト
に表示するため、MENU 05-A
（P.088）を使用します。

記事
[ENTRY 04]
ENTRYR 04（P.064）を使用し、
記事のタイトルの下にラベルを追
加できるようにします。

ラベル
[OTHER 01-C]
記事が属するカテゴリーを表示する
ため、OTHER 01-C（P.121）を使
用します。

サブメニュー
[MENU 03-C]
リンクを縦に並べ、アイコンフォント
でリストマークをつけて表示するた
め、MENU 03-C（P.078）を使用
します。

フッター
[FOOTER 04-A]
FOOTER 04-A（P.112）を使用し
てコピーライトを表示します。

▶ どのようなページにするか

どのようなページにするかを検討し、使用するパーツを決め
ます。ここでは Bootstrap や Foundation を利用した場合
とどのように違うのかを比較できるようにするため、同じブ
ログ記事のページを作成します。そこで、左のパーツを使用
し、小さい画面では1段組みで、大きい画面では2段組みで
表示するように設定していきます。

小さい画面用の
レイアウト

大きい画面用の
レイアウト

▶ パーツを配置する

使用することにしたパーツをページに配置します。そのため、
BASE（P.014）を用意し、次ページのように sample.
html と style.css に各パーツの設定を追加していきます。

このとき、各パーツの設定は小さい画面で表示する順に追加
していきます。また、並べたパーツを区別しやすくするため、
ここではナビゲーションバーとフッターの背景色を黒色と白
色にしています。

NO-FRAMEWORK 01

sample.html

```html
…
<meta name="viewport" content="width=device-width">
<link href="http://netdna.bootstrapcdn.com/font-
awesome/4.0.3/css/font-awesome.css" rel="stylesheet">
<link rel="stylesheet" href="style.css">
<!--[if lt IE 9]>
<script src="http://oss.maxcdn.com/libs/html5shiv/
s3.7.0/html5shiv-printshiv.min.js"></script>
<script src="http://oss.maxcdn.com/libs/respond.
js/1.3.0/respond.min.js"></script>
<![endif]-->
…略…
<body>

<div class="header">
  <h1><a href="#"><img src="img/bicycle.png"
  alt="" class="logo">BICYCLE SITE</a></h1>
</div>

<div class="menu">
  <ul>
      <li><a href="#">ホーム</a></li>
      …略…
  </ul>
</div>

<div class="entry">
  <img src="img/photo.jpg" alt="">
  <h1>まっすぐに伸びた道を自転車で走る</h1>

  <div class="added">
  <p>
  <a href="#" class="lb">自転車の旅</a>
  <a href="#" class="lb">おすすめサイクリングロード</a>
  </p>
  </div>

  <p>自転車の旅も4日目になりました。旅の初日…略…</p>
</div>

<div class="submenu">
  <h3>CATEGORIES</h3>
  <ul>
      <li><a href="#">自転車の旅</a></li>
      …略…
  </ul>
</div>

<div class="submenu">
  <h3>RECENT POSTS</h3>
  <ul>
      <li><a href="#">お花畑の中のサイクリングロード</a></li>
      …略…
  </ul>
</div>

<div class="footer">
  <p>Copyright &copy; BICYCLE SITE</p>
</div>

</body>
</html>
```

MENU 03-Cで使用するアイコンフォントの設定を追加。

IE8/IE7でもメディアクエリ(P.261)に対応するため、P.019のrespond.jsの設定を追加。

ヘッダーを配置
[HEADER 03]（P.025）

使用したロゴ画像: bicycle.png
（84×50ピクセル）

ナビゲーションメニューを配置
[MENU 05-A]（P.088）

記事を配置
[ENTRY 04]（P.064）

使用した記事の画像: photo.jpg
（750×360ピクセル）

記事の中にラベルを追加
[OTHER 01-C]（P.121）

ENTRY 04の<div class="added">～</div>の中に、記事が属するカテゴリーへのリンクを2つ追加しています。また、2つのリンクは1つの段落として<p>でマークアップしています。

サブメニューを配置
[MENU 03-C]（P.078）

ここでは2つのサブメニューを配置し、ナビゲーションメニューと区別できるようにクラス名を「submenu」に変更しています。
また、ページ全体の構造を見て、見出しのマークアップを<h3>に変更しています。見出しのマークアップやセクショニングについてはP.007を参照してください。

フッターを配置
[FOOTER 04-A]（P.112）

ここではコピーライトのみを記述しています。

```css
...
           'Hiragino Kaku Gothic Pro', sans-serif;}

/* ヘッダー */
.header          {padding: 20px;
   …略…
                  vertical-align: -15px;}

/* メニュー（ナビゲーションメニュー） */
.menu            {padding: 20px;
                  background-color: #333;}
   …略…
.menu li a       {display: block;
                  padding: 10px;
                  color: #fff;
                  text-decoration: none;}

.menu li a:hover {background-color: #084;}
   …略…
.menu ol         {*zoom: 1;}


/* 記事 */
.entry           {padding: 20px;
   …略…
.entry .added    {margin: 0 0 20px 0;}

/* ラベル */
.lb              {display: inline-block;
   …略…
.lb:focus        {outline: none;}


/* メニュー（サブメニュー） */
.submenu         {padding: 20px;
                  background-color: #dfe3e8;}

.submenu h3      {margin: 0 0 10px 0;
                  font-size: 18px;
                  line-height: 1.2;}

.submenu ul,
.submenu ol      {margin: 0;
                  padding: 0;
                  font-size: 14px;
                  line-height: 1.4;
                  list-style: none;}

.submenu li a    {position: relative;
                  …略…}

.submenu li a:hover {background-color: #eee;}

.submenu li a:before {position: absolute;
                  …略…
                  line-height: 1;}


/* フッター */
.footer          {padding: 195px 20px 30px 20px;
   …略…
.footer a        {color: #666;
                  text-decoration: none;}
```

style.css

――― ヘッダーの CSS を追加
[HEADER 03] (P.025)

――― ナビゲーションメニューの CSS を追加
[MENU 05-A] (P.088)

ナビゲーションメニューの背景色（background-color）を黒色（#333）に変更し、それに合わせてリンクの文字の色（color）を白色（#fff）に、カーソルを重ねたときの背景色を緑色（#084）にしています。

――― 記事の CSS を追加
[ENTRY 04] (P.064)

――― ラベルの CSS を追加
[OTHER 01-C] (P.121)

――― サブメニューの CSS を追加
[MENU 03-C] (P.078)

HTMLで変更したクラス名と見出しのマークアップに合わせてセレクタを変更します。ここでは、「.menu」を「.submenu」に、「h1」を「h3」に変更しています。

――― フッターの CSS を追加
[FOOTER 04-A] (P.112)

FOOTER 04-Aの設定を利用し、背景を白色（ページの背景色）で表示するようにしています。

NO-FRAMEWORK 02

段組みの設定を追加して2段組みのレイアウトにする

記事とサブメニューを横に並べ、2段組みのレイアウトにします。

Finished Parts

この段階では、画面の横幅を小さくしても2段組みのレイアウトで表示されます。

HTML + CSS

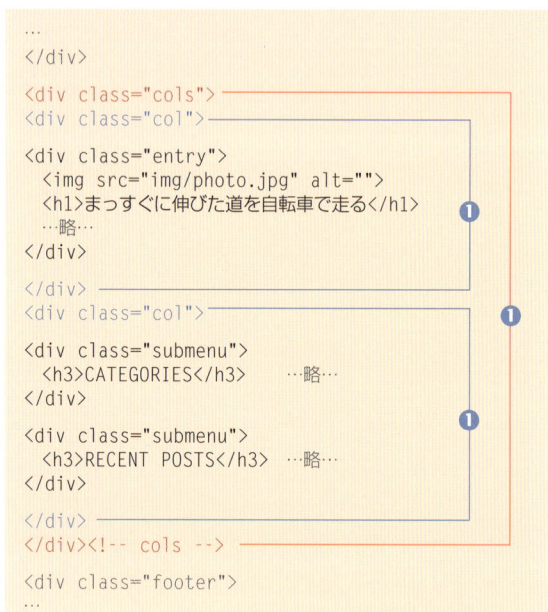

```
...
</div>
<div class="cols">
<div class="col">

<div class="entry">
  <img src="img/photo.jpg" alt="">
  <h1>まっすぐに伸びた道を自転車で走る</h1>
  …略…
</div>

</div>
<div class="col">

<div class="submenu">
  <h3>CATEGORIES</h3>   …略…
</div>

<div class="submenu">
  <h3>RECENT POSTS</h3>  …略…
</div>

</div>
</div><!-- cols -->

<div class="footer">
...
```

```
...
.footer a              {color: #666;
                        text-decoration: none;}

/* 段組み */
.col                   {float: left;
                        width: 48.5%;
                        margin-left: 3%;
                        *clear: right;}

.col:first-child       {margin-left: 0;}

.cols:after            {content: "";
                        display: block;
                        clear: both;}
.cols                  {*zoom: 1;}

/* 段ごとの横幅 */
.col:first-child             {width: 65%;}

.col:first-child + .col {width: 32%;}
```

LAYOUT

大きい画面では記事とサブメニューを横に並べて表示します。そこで、OTHER 04-B-A（P.137）の設定を利用して次のように2段組みの設定を行います。

❶ 段組みの各段をマークアップする

まず、1段目に表示する記事と、2段目に表示するサブメニューを、それぞれ右のように <div class="col"> でマークアップします。さらに、全体を <div class="cols"> マークアップします。

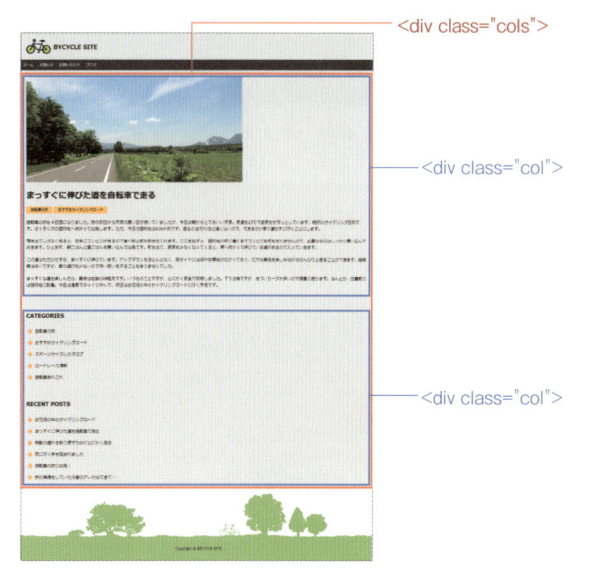

❷ 2段組みにする

OTHER 04-B-A（P.137）の CSS の設定を適用します。すると、❶でマークアップした記事とメニューが2段組みのレイアウトで表示されます。ただし、OTHER 04-B-A では各段の横幅を48.5%に、段の間の余白を3%に指定してありますので、1段目と2段目は同じ横幅になります。

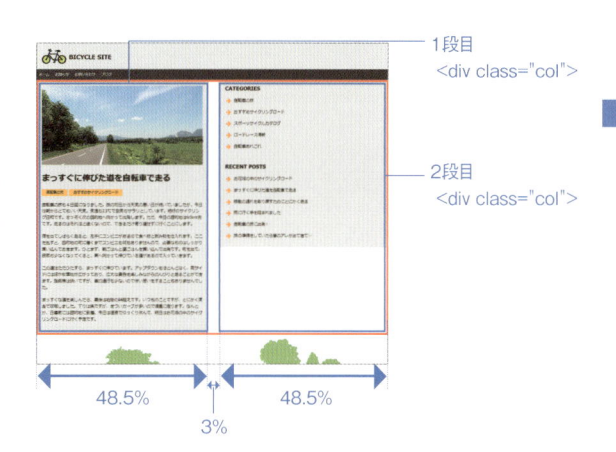

❸ 各段の横幅を変更する

各段の横幅を変更するため、OTHER 04-A（P.136）の設定を追加し、1段目と2段目の横幅を指定します。ここでは1段目を65%、2段目を32%の横幅に指定しています。なお、横幅は間の余白3%を含めて、合計が100%になるように指定します。

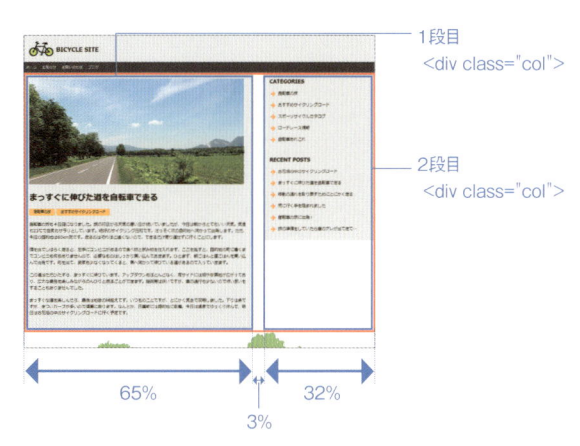

NO-FRAMEWORK 03

レスポンシブにして
1段組みと2段組みのレイアウトを切り替える

メディアクエリの機能を利用して、ブラウザ画面の横幅に応じて
1段組みと2段組みのレイアウトが切り替わるようにします。

Finished Parts

❶ 768px

767px以下　　　768px以上

HTML + CSS

```
…
.footer a                   {color: #666;
                             text-decoration: none;}

@media (min-width: 768px) {

/* 段組み */
.col                        {float: left;
…略…
/* 段ごとの横幅 */
.col:first-child            {width: 65%;}

.col:first-child + .col     {width: 32%;}

} /* @media */
```

❷

LAYOUT

画面サイズの異なる多様な閲覧環境に合わせてページを表示するため、小さい画面では1段組み、大きい画面では2段組みのレイアウトで表示します。このように画面の大きさに合わせてレイアウトを変化させる手法は「レスポンシブWebデザイン」と呼ばれ、CSSのメディアクエリの機能を利用して設定します。ここではNO-FRAMEWORK 02（P.258）をベースに、次のように設定していきます。

❶ ブレイクポイントを決める

まずは、レイアウトを切り替える画面の横幅（ブレイクポイント）を何ピクセルにするかを決めます。ここでは画面の大きなタブレットやPC環境では2段組みのレイアウトで表示するため、P.015の表を参考に768ピクセルをブレイクポイントにします。

❷ ブレイクポイントでレイアウトを切り替える

ブレイクポイント（768ピクセル）でレイアウトを切り替えるため、NO-FRAMEWORK 02で追加した段組みの設定を @media (min-width: 768px) {～} で囲みます。
これで、段組みの設定はブラウザ画面の横幅が768ピクセル以上の場合だけに適用されるようになります。その結果、ブラウザ画面の横幅が768ピクセル以上の場合は2段組、767ピクセル以下の場合は1段組みのレイアウトになります。

TIPS メディアクエリの利用

メディアクエリの機能を利用すると、出力デバイスの特性（大きさや向きなど）に応じてCSSを適用することができます。
たとえば、ブラウザ画面の横幅に応じてCSSを適用する場合、右のようにmin-widthまたはmax-widthで横幅の条件を指定します。複数の条件を「and」で区切って指定することも可能です。

```
@media (min-width: 768px) { CSSの設定 }
```
ブラウザ画面の横幅が768ピクセル以上の場合に適用。

```
@media (max-width: 767px) { CSSの設定 }
```
ブラウザ画面の横幅が767ピクセル以下の場合に適用。

```
@media (min-width: 768px) and (max-width: 900px)
                                  { CSSの設定 }
```
ブラウザ画面の横幅が768ピクセル以上～900ピクセル以下の場合に適用。

■ IE8/IE7はメディアクエリの機能に未対応です。対応させる場合には、respond.js（P.019）というライブラリを利用します。

NO-FRAMEWORK 04

コンテンツ全体が横に広がりすぎないようにする

コンテンツ全体が横に広がりすぎないように、横幅の最大値と左右の余白を指定します。

Finished Parts

HTML + CSS

```
...
<body>

<div class="container">

<div class="header">
  <h1><a href="#"><img src="img/bicycle.png" alt=""
  class="logo">BICYCLE SITE</a></h1>
</div>
…略…

<div class="footer">
  <p>Copyright &copy; BICYCLE SITE</p>
</div>

</div> <!-- container -->

</body>
</html>
```

❶

```
...
.footer a            {color: #666;
                      text-decoration: none;}

/* コンテナ */
.container           {max-width: 1024px;   ❷
                      margin: 0 auto;      ❸
                      padding: 0 10px 0 10px;} ❹


@media (min-width: 768px) {
…略…
} /* @media */
```

LAYOUT

大きな画面ではコンテンツ全体が横に広がりすぎて読みづらくなってしまいます。そこで、横幅の最大値を指定し、一定の横幅以上に広がらないようにします。また、横幅に合わせて左右の余白も調整します。ここでは、NO-FRAMEWORK 03（P.260）をベースに設定していきます。

❶ 横幅をコントロールできるようにする

横幅の最大値はパーツごとに指定することもできますが、個別に指定する手間やレスポンシブでレイアウトが変わることを考慮すると、パーツからは独立した形でコントロールできるようにします。そこで、コンテンツ全体を <div class="container"> でマークアップします。

❷ 横幅の最大値を指定する

<div class="container"> の横幅の最大値を max-width で指定します。ここでは P.015 の表を参考に 1024 ピクセルに設定しています。これで、コンテンツ全体の横幅が 1024 ピクセル以上には広がらなくなり、画面の左端に表示されます。

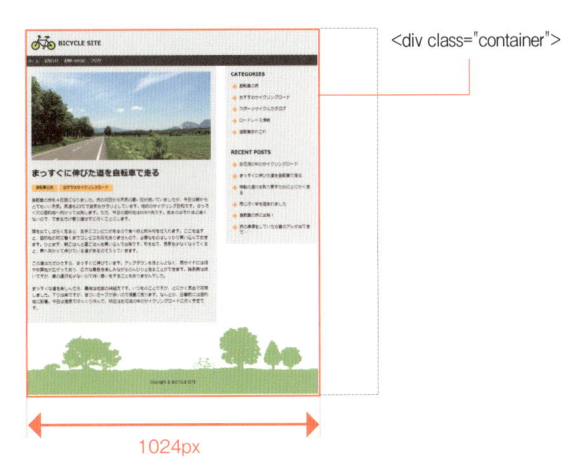

❸ 左右の余白を調整する（1）

左右の余白を調整して、中央に揃えて表示します。このとき、左右の余白もパーツから独立した形でコントロールするため、<div class="container"> の左右マージンを「auto」と指定します。これで、自動的に左右に同じ大きさの余白が挿入され、コンテンツ全体を画面の中央に配置することができます。

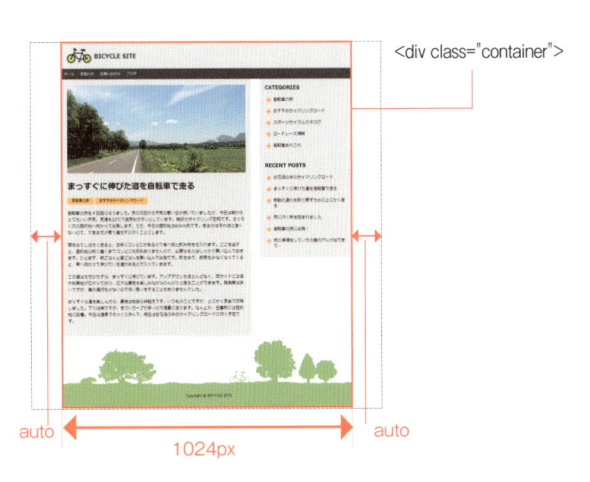

❹ 左右の余白を調整する（2）

画面を小さくして 1024 ピクセルの横幅が確保できなくなると、コンテンツが画面の横幅いっぱいにレイアウトされ、両サイドに余白が入らなくなります。そこで、両サイドに最小限確保する余白として、<div class="container"> の左右パディングを「10px」と指定しています。この余白は大きい画面では「auto」に含まれ、表示には影響しません。

余白: なし　　余白: なし　　余白: なし　　余白: auto

余白: 10px　　余白: 10px　　余白: 10px　　余白: auto（10px含む）

コンテンツ全体の横幅と左右の余白については、CSSフレームワークではグリッドシステムでコントロールするようになっています。たとえば、Bootstrapでは<div class="container">（P.175）で、Foundationでは<div class="row">（P.219）でコントロールしています。

NO-FRAMEWORK 05

パーツのデザインをアレンジする

各パーツのCSSの設定を変更したり、Chapter 6「デザイン」の設定を適用して、
パーツのデザインをアレンジしていきます。

➤ Finished Parts

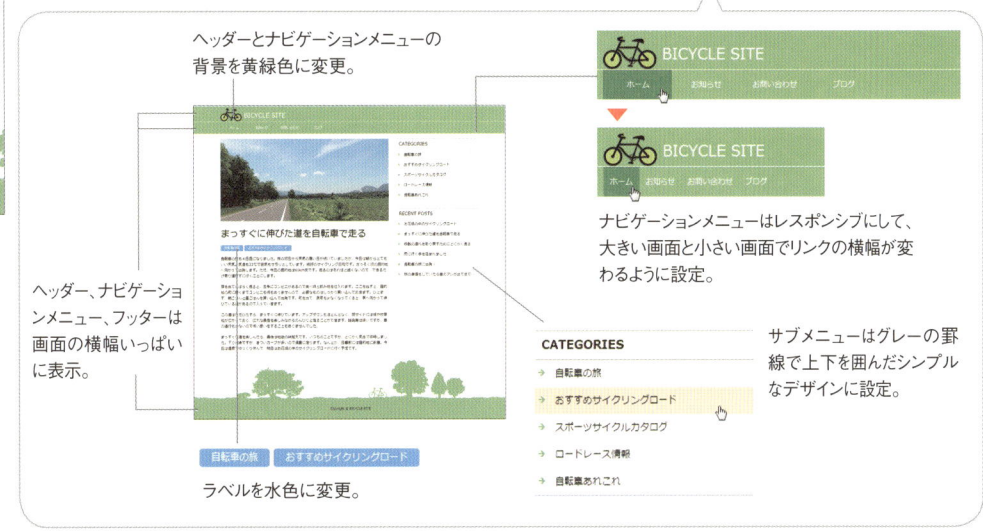

ヘッダーとナビゲーションメニューの背景を黄緑色に変更。

ヘッダー、ナビゲーションメニュー、フッターは画面の横幅いっぱいに表示。

ラベルを水色に変更。

ナビゲーションメニューはレスポンシブにして、大きい画面と小さい画面でリンクの横幅が変わるように設定。

サブメニューはグレーの罫線で上下を囲んだシンプルなデザインに設定。

パーツのデザインのアレンジ

NO-FRAMEWORK 01（P.255）で適用したCSSの設定により、どのパーツも基本的なレイアウトはできています。そこで、ここからは背景色や余白サイズなどを調整してページを仕上げていきます。罫線で囲むといった装飾が必要な場合はChapter 6「デザイン」（P.139）の設定を利用します。

ヘッダーのデザインをアレンジする

ロゴ画像とサイト名を表示したヘッダーには、HEADER 03（P.025）のCSSを適用してあります。ここでは、BootstrapやFoundationのときと同じように背景を黄緑色に変更します。

```css
…
/* ヘッダー */
.header      {padding: 10px 10px 0 10px;   ❶
              background-color: #8abc60;   ❷
              border-bottom: solid 1px #fff;}  ❹

.header h1   {margin: 0;
              font-size: 24px;   ❸
              line-height: 1;}

.header h1 a {color: #fff;   ❸
              text-decoration: none;}
```

❶ パディングを変更する

ヘッダーはコンパクトに表示するため、<div class="header">のパディング（padding）を20ピクセルから10ピクセルに変更しています。また、下パディングは0にして、ロゴ画像の下に余白を入れないようにしています。

❷ 背景色を変更する

ヘッダーの背景を黄緑色にするため、<div class="header">の背景色（background-color）を「#8abc60」に変更しています。

❸ サイト名のデザインを変更する

背景色に合わせて、サイト名の色（color）を白色に、フォントサイズ（font-size）を24ピクセルに変更しています。

❹ ヘッダーの下に区切り線を入れる

ヘッダーの下に白色の区切り線を入れるため、<div class="header">のborder-bottomを「solid 1px #fff」と指定しています。

ナビゲーションメニューのデザインをアレンジする

ナビゲーションメニューには MENU 05-A（P.088）の設定を適用してあります。パーツを区別しやすいように背景を黒色にしていましたが、ここではヘッダーに合わせて黄緑色に変更します。
また、レスポンシブの設定を行い、ブラウザ画面の横幅によってリンクの横幅が変わるようにします。

```css
…
/* メニュー（ナビゲーションメニュー） */
.menu           {margin-bottom: 20px;  ❼
                 padding: 0;
                 background-color: #8abc60;}  ❺
…略…
.menu li a      {display: block;
                 padding: 15px 10px 15px 10px;  ❻
                 color: #fff;
                 text-decoration: none;}
…略…
```

```css
@media (min-width: 768px) {

/* 段組み */
…略…
.col:first-child + .col   {width: 32%;}

/* メニュー（ナビゲーションメニュー） */
.menu li        {width: 110px;      ❽
                 text-align: center;}

} /* @media */
```

❺ 背景色を変更する

ナビゲーションバーの背景を黄緑色にするため、<div class="header"> の背景色（background-color）を「#8abc60」に変更しています。

❻ リンクの高さを調整する

リンクの高さを調整し、少しだけ大きくします。そこで、<a> の上下パディングを 10 ピクセルから 15 ピクセルに変更しています。

❼ ナビゲーションメニューの下に余白を入れる

ナビゲーションメニューの下に余白を入れ、記事やメニューとの間隔を調整します。そこで、<div class="menu"> の下マージンを 20 ピクセルに指定しています。

❽ 大きい画面ではリンクの横幅を大きくする

ナビゲーションメニューでは各リンクを文字数に合わせた横幅でコンパクトに表示しています。しかし、大きい画面でコンパクトに表示する必要はありません。
そこで、ブラウザ画面の横幅がブレイクポイント（768ピクセル）より大きい場合は MENU 05-C（P.090）の設定を適用し、各リンクの横幅を 110 ピクセルにします。そのため、MENU 05-C の設定は @media (min-width: 768px) {〜} の中に追加しています。

ブラウザ画面の横幅を 767 ピクセル以下にした場合、これまでと同じようにリンクがコンパクトに表示されることを確認しておきます。

大きい画面での表示。

小さい画面での表示。

▶ 記事のデザインをアレンジする

記事には ENTRY 04（P.064）の CSS の設定を適用してありますが、ここでは次のようにアレンジしています。

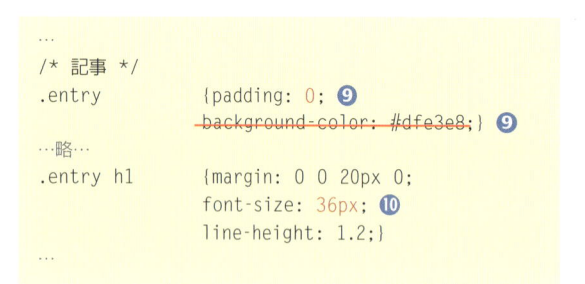

```
…
/* 記事 */
.entry          {padding: 0;  ❾
                 background-color: #dfe3e8;}
…略…
.entry h1       {margin: 0 0 20px 0;
                 font-size: 36px;  ❿
                 line-height: 1.2;}
…
```

❾ 記事のまわりの余白と背景色を削除する

記事のまわりにはパディングで 20 ピクセルの余白を入れてあります。しかし、記事のまわりの余白は P.262 の <div class="container">、P.260 の段組み、P.267 のナビゲーションメニューで調整済みです。そこで、<div class="entry"> の padding を「0」に変更し、パディングで入れた余白を削除しています。
また、グレーの背景色を削除するため、background-color の指定を削除しています。

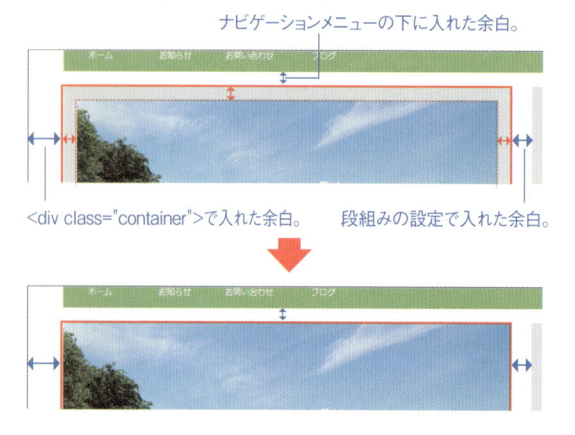

↔ … 記事のまわりにパディングで入れた余白: 20px

ナビゲーションメニューの下に入れた余白。

<div class="container">で入れた余白。　　段組みの設定で入れた余白。

> デザインの指定が不要な場合にはCSSの設定を削除します。ただし、余白については後から調整が必要になるケースが多いので、paddingの設定は削除せず、値を「0」とすることで余白を削除しています。

⑩ タイトルのフォントサイズを変更する

記事のタイトルをを大きくするため、フォントサイズ（font-size）を 28 ピクセルから 36 ピクセルに変更しています。

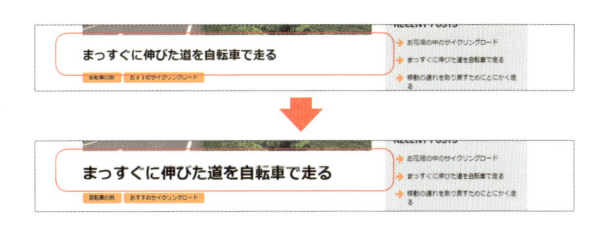

▶ ラベルのデザインをアレンジする

記事が属するカテゴリーのリンクには、OTHER 01-C（P.121）のラベルのデザインを適用してあります。ここでは背景色をオレンジ色から水色に変更するため、⑪のようにbackground-color を「#0ae」と指定しています。
また、背景色に合わせて color を「#fff」に変更し、文字を白色で表示するようにしています。

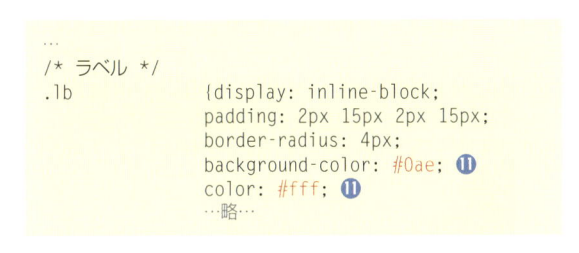

```
...
/* ラベル */
.lb            {display: inline-block;
                padding: 2px 15px 2px 15px;
                border-radius: 4px;
                background-color: #0ae; ⑪
                color: #fff; ⑪
                …略…
```

▶ サブメニューのデザインをアレンジする（1）

サブメニューには MENU 03-C（P.078）の CSS の設定を適用し、矢印のリストマークをつけて表示してあります。ここではリストマークの大きさや色を調整します。

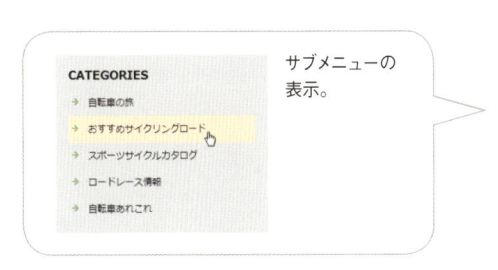

サブメニューの表示。

```
...
/* メニュー（サブメニュー） */
.submenu             {padding: 20px;
                      background-color: #dfe3e8;}
…略…

.submenu li a:hover  {background-color: #fec;} ⑬

.submenu li a:before {position: absolute;
                      left: 5px;
                      top: 12px; ⑫
                      content: '\f061';
                      color: #8abc60; ⑫
                      font-family: 'FontAwesome';
                      font-size: 12px; ⑫
                      line-height: 1;}
```

⑫ リストマークの大きさや色を調整する

ページのデザインに合わせて、リストマークの大きさや色を調整します。ここでは小さな黄緑色の矢印にするため、アイコンの色（color）を「#8abc60」、フォントサイズ（font-size）を「12px」、上からの表示位置（top）を「12px」に変更しています。

リストマークの矢印を黄緑色にして表示したもの。

リンクの背景を薄いオレンジ色にしたもの。

⑬ カーソルを重ねたときの背景色を変更する

リンクにカーソルを重ねたときの背景色は MENU 03-C の設定でグレーになっています。ここでは薄いオレンジ色にするため、background-color を「#fec」に変更しています。

▶ サブメニューのデザインをアレンジする（2）

サブメニューの枠と見出しのデザインをアレンジしていきます。ここでは DESIGN 02-A-B（P.148）の設定を適用し、サブメニュー全体と見出しの上下をグレーの罫線で区切ったシンプルなデザインにします。

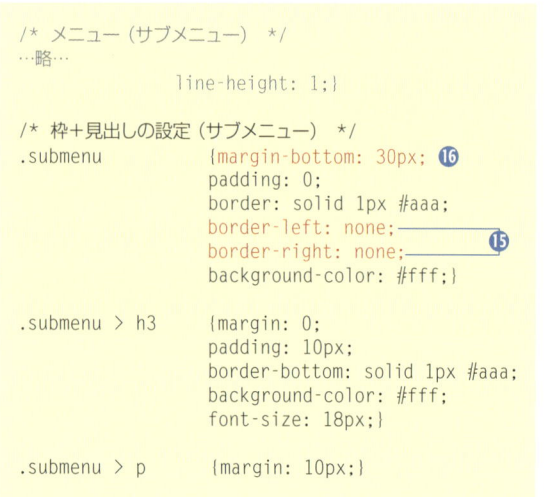

サブメニューの表示。

```
/* メニュー（サブメニュー）	*/
…略…
			line-height: 1;}

/* 枠+見出しの設定（サブメニュー）	*/
.submenu		{padding: 0;
			border: solid 1px #aaa;
			background-color: #fff;}

.submenu > h3	{margin: 0;
			padding: 10px;
			border-bottom: solid 1px #aaa;
			background-color: #fff;
			font-size: 18px;}

.submenu > p	{margin: 10px;}
```

⑭ h3に変更。

⑭ クラス名を指定。

```
/* メニュー（サブメニュー）	*/
…略…
			line-height: 1;}

/* 枠+見出しの設定（サブメニュー）	*/
.submenu		{margin-bottom: 30px;   ⑯
			padding: 0;
			border: solid 1px #aaa;
			border-left: none;
			border-right: none;      ⑮
			background-color: #fff;}

.submenu > h3	{margin: 0;
			padding: 10px;
			border-bottom: solid 1px #aaa;
			background-color: #fff;
			font-size: 18px;}

.submenu > p	{margin: 10px;}
```

14 枠で囲んで表示する

サブメニューをグレーの枠で囲んで表示するため、DESIGN 02-A-B（P.148）の設定を適用します。そこで、クラス名を「.submenu」と指定して設定を追加しています。また、サブメニューの見出しのマークアップに合わせて、「h1」で指定したセレクタは「h3」に変更しています。

サブメニュー全体がグレーの罫線で囲んで表示され、見出しの下には区切り線が挿入されます。

15 左右の罫線を削除する

ここでは左右の罫線を削除し、上下を罫線で区切ったデザインにします。そこで、border-left と border-right を「none」と指定しています。

左右の罫線を削除したときの表示。

16 サブメニューの間隔を調整する

縦に2つ並べたサブメニューの間隔を調整するため、<div class="submenu"> の下マージンを30ピクセルに指定しています。

▶ 見出しを細字で表示する

<h1>〜<h6>でマークアップした見出しは、ブラウザのデフォルトスタイルシートによって太字で表示されます。ここでは細字で表示するため、⑰のようにfont-weightを「normal」と指定しています。

なお、この設定は他のパーツの設定よりも前に記述し、パーツごとの設定で上書きできるようにしておきます。

```
...
body    {margin: 0;
         font-family: 'メイリオ',
         'Hiragino Kaku Gothic Pro', sans-serif;}

h1, h2, h3, h4, h5, h6      {font-weight: normal;}   ⑰

/* コンテナ */
...
```

見出しが細字で表示されます。

NO-FRAMEWORK 05

パーツを画面の横幅いっぱいに表示する

パーツを画面の横幅いっぱいに表示するためには、P.262で追加した<div class="container">のマークアップを変更します。ここでは、ヘッダー、ナビゲーションメニュー、フッターを横幅いっぱいに表示するように設定していきます。

ヘッダー。
トップバー。
フッター。

小さい画面でも横幅いっぱいに表示されます。

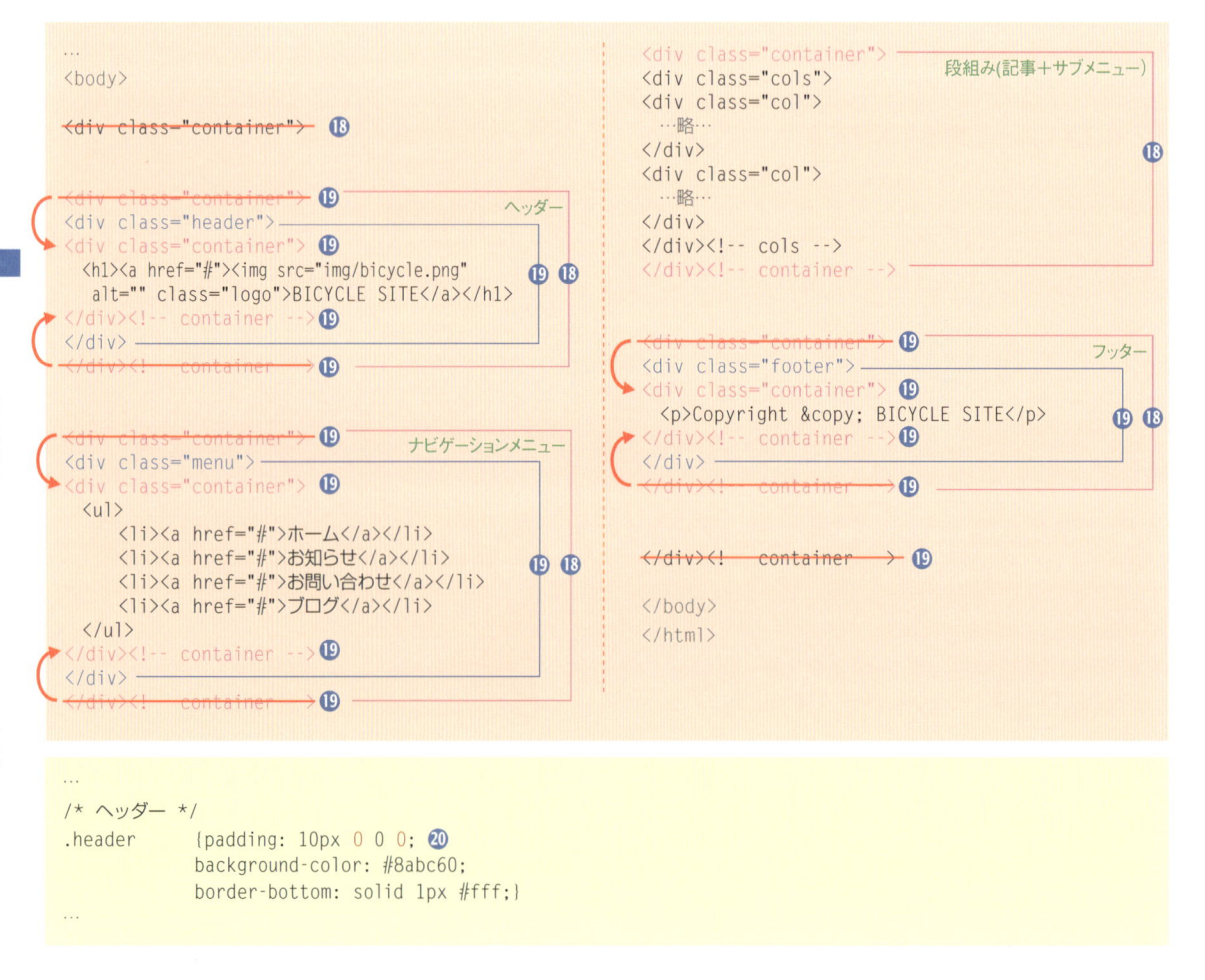

```
…
<body>

<div class="container">  ⑱

<div class="container">  ⑲
<div class="header">                          ヘッダー
<div class="container">  ⑲
  <h1><a href="#"><img src="img/bicycle.png"
    alt="" class="logo">BICYCLE SITE</a></h1>  ⑲ ⑱
</div><!-- container -->  ⑲
</div>
</div><!-- container -->  ⑲

<div class="container">  ⑲       ナビゲーションメニュー
<div class="menu">
<div class="container">  ⑲
  <ul>
    <li><a href="#">ホーム</a></li>
    <li><a href="#">お知らせ</a></li>
    <li><a href="#">お問い合わせ</a></li>    ⑲ ⑱
    <li><a href="#">ブログ</a></li>
  </ul>
</div><!-- container -->  ⑲
</div>
</div><!-- container -->  ⑲
```

```
<div class="container">              段組み(記事+サブメニュー)
<div class="cols">
<div class="col">
  …略…
</div>                                        ⑱
<div class="col">
  …略…
</div>
</div><!-- cols -->
</div><!-- container -->

<div class="container">  ⑲           フッター
<div class="footer">  ⑲
  <p>Copyright &copy; BICYCLE SITE</p>  ⑲ ⑱
</div><!-- container -->  ⑲
</div>
</div><!-- container -->  ⑲

</div><!-- container -->  ⑲

</body>
</html>
```

```
…
/* ヘッダー */
.header    {padding: 10px 0 0 0;  ⑳
            background-color: #8abc60;
            border-bottom: solid 1px #fff;}
…
```

⑱ 各パーツを <div class="container"> でマークアップする

まず、<div class="container"> でコンテンツ全体をマークアップするのをやめ、各パーツをマークアップします。このとき、段組みでレイアウトしたパーツは段組み全体で1つのパーツと考え、右のようにマークアップします。

なお、このようにマークアップを変更しても、ページの表示には影響しません。

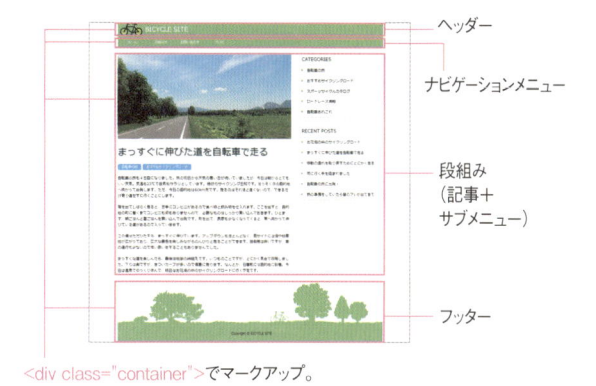

ヘッダー
ナビゲーションメニュー
段組み（記事＋サブメニュー）
フッター

<div class="container"> でマークアップ。

⑲ ヘッダー、ナビゲーションメニュー、フッターを画面の横幅いっぱいに表示する

ヘッダー、ナビゲーションメニュー、フッターを画面の横幅いっぱいに表示します。
そのためには、<div class="container"> を、各パーツの親要素 <div class="header">、<div class="menu">、<div class="footer"> の中に記述します。これにより、各パーツの親要素が画面の横幅いっぱいに表示されるようになります。
一方、各パーツの中身は <div class="container"> でマークアップされた形になり、他のパーツと揃えて表示することができます。

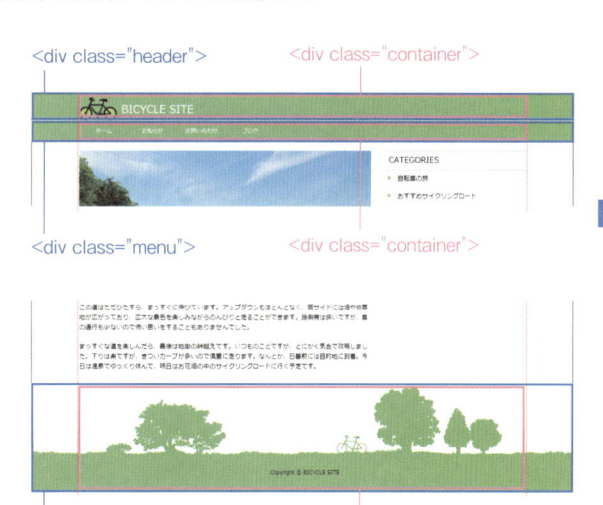

<div class="header">　　　　<div class="container">

<div class="menu">　　　　<div class="container">

<div class="footer">　　　　<div class="container">

⑳ ヘッダーの左右の余白を削除する

ヘッダーを画面の横幅いっぱいに表示した場合、小さい画面では❶でヘッダーの左右に入れた10pxの余白が表示に影響を与えます。P.264 で <div class="container"> の左右に最小限確保した10pxの余白に加算され、ヘッダーの中身が他のパーツより右にずれてしまいます。
他のパーツと揃えるためには、<div class="header"> の左右パディングを「0」に変更します。

小さい画面での表示。

<div class="header">の左パディング: 10px
<div class="container">が確保する余白: 10px

余計な余白を削除したときの表示。

<div class="container">が確保する余白: 10px

TIPS　CSSフレームワークのグリッドシステムにおける余白の扱い

本書で用意したOTHER 04（P.134）の段組みでは、各段の左側に余白を入れ、1段目の余白だけを削除して扱っています。これは昔ながらの設定方法で、IE7にも対応しています。

CSSフレームワークを利用せずに構成した段組み

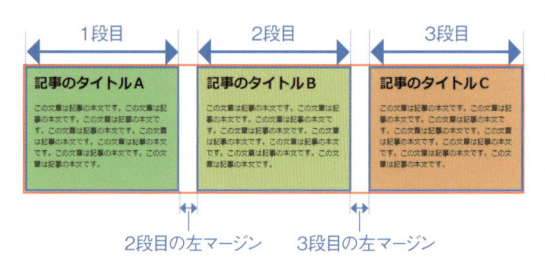

一方、現状のBootstrapやFoundationのグリッドシステムでは、各段の両サイドに15pxずつの余白を入れて扱っています。そのため、1段目の余白だけを削除するといった手間がかからず、BOOTSTRAP 02-A（P.178）やFOUNDATION 02-A（P.222）のようにグリッドの構成を柔軟に変化させることも容易になります。

CSSフレームワークを利用して構成した段組み

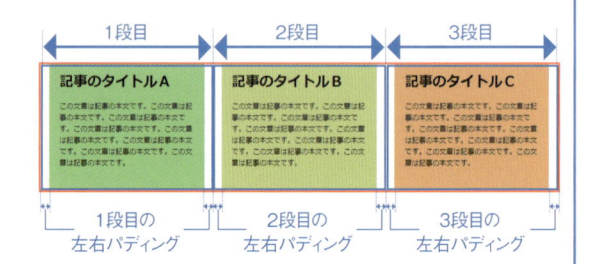

ただし、各段の横幅に余白を含めて処理するため、IE7には未対応となります。

また、グリッドを入れ子にした場合には左右の15pxが加算され、他のパーツと横が揃わないといった問題が発生します。こうした問題を避けるため、BootstrapやFoundationでは親要素＜div class="row"＞の左右マージンを「-15px」に設定し、必要に応じてよけいな余白が入らないようにしています。

CHAPTER10 レシピ

RECIPE 01 プロモーションサイト
RECIPE 02 プロモーションサイトのコンテンツページ
RECIPE 03 ビジネスサイト
RECIPE 04 ショップサイト

RECIPE 01

プロモーションサイト

商品やサービスなどに関する情報をまとめたプロモーションサイト系のページです。
ここでは「Football Data Collection」という架空のアプリについて紹介するページを
Bootstrap を利用して作成していきます。

▶ Finished Page

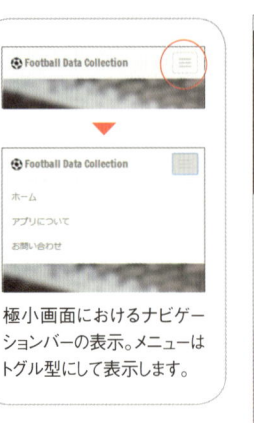

極小画面におけるナビゲーションバーの表示。メニューはトグル型にして表示します。

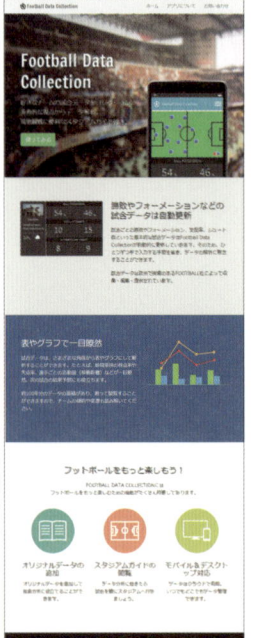

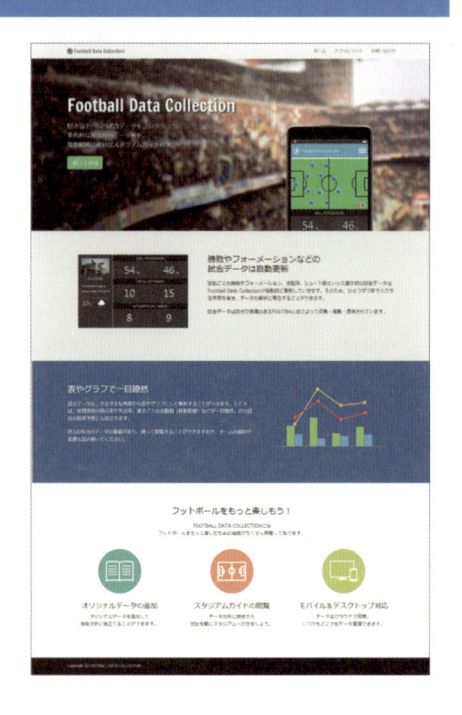

使用するパーツ

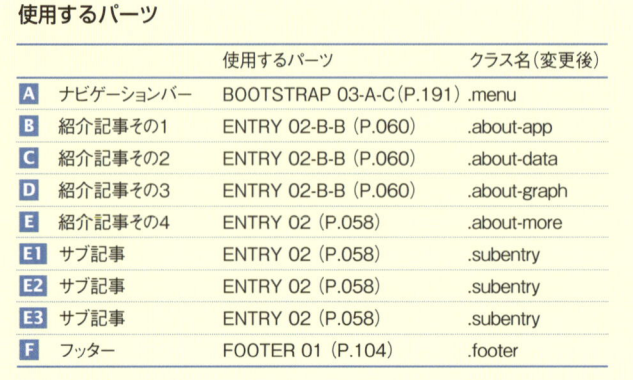

	使用するパーツ	使用するパーツ	クラス名（変更後）
A	ナビゲーションバー	BOOTSTRAP 03-A-C（P.191）	.menu
B	紹介記事その1	ENTRY 02-B-B（P.060）	.about-app
C	紹介記事その2	ENTRY 02-B-B（P.060）	.about-data
D	紹介記事その3	ENTRY 02-B-B（P.060）	.about-graph
E	紹介記事その4	ENTRY 02（P.058）	.about-more
E1	サブ記事	ENTRY 02（P.058）	.subentry
E2	サブ記事	ENTRY 02（P.058）	.subentry
E3	サブ記事	ENTRY 02（P.058）	.subentry
F	フッター	FOOTER 01（P.104）	.footer

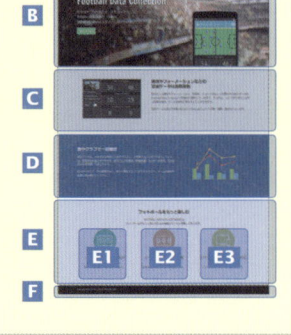

どのようなページにするか

プロモーションサイト系のページでは次のようなポイントを押さえながらページを形にしていきます。

すべてのパーツを画面の横幅いっぱいに表示する

このサンプルでは E1 ～ E3 を除くすべてのパーツを画面の横幅いっぱいに表示します。さらに、パーツごとに右のように背景を指定してデザインを仕上げます。

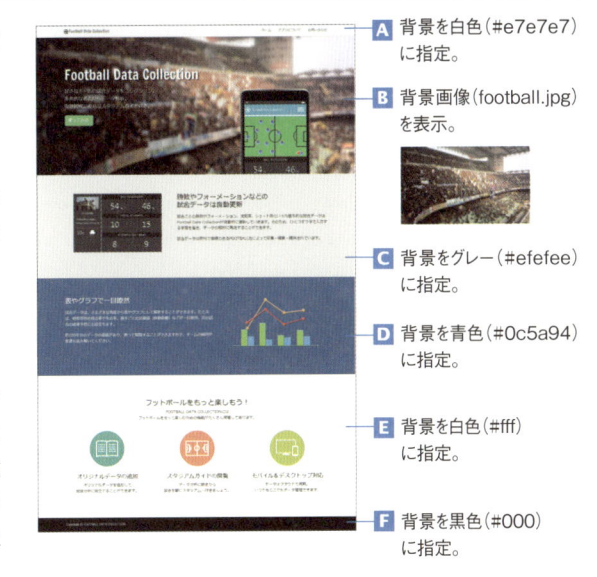

A 背景を白色（#e7e7e7）に指定。

B 背景画像（football.jpg）を表示。

C 背景をグレー（#efefee）に指定。

D 背景を青色（#0c5a94）に指定。

E 背景を白色（#fff）に指定。

F 背景を黒色（#000）に指定。

説明記事のテキストと画像は2段組みにする

説明記事のテキストと画像は横に並べ、2段組みのレイアウトにします。このとき、ENTRY 03（P.061）のように float は利用せず、Bootstrap のグリッドで2段組みを用意してレイアウトします。これにより、極小画面（767px 以下）では1段組みのレイアウトに切り替え、テキストと画像を上下に並べて表示することができます。

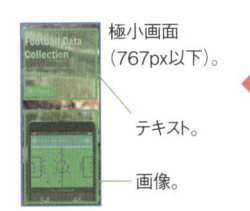

極小画面（767px 以下）。
テキスト。
画像。

小画面～（768px 以上）。
テキスト。 画像。

Bootstrap の機能だけでページを形にする

Bootstrap の機能だけでページを形にしていきます。そこで、BOOTSTRAP 01（P.169）を用意し、各パーツの HTML ソースを追加していきます。

このとき、各パーツの CSS は適用しませんが、Bootstrap が用意したデザインで利用できるものがある場合はクラス名を指定して適用していきます。それにより、この段階でも右のようにページを形にすることができます。

グリッドは Bootstrap のグリッドシステム（P.178）を利用して A ～ F のパーツごとに用意し、1段組みまたは2段組みを構成します。ただし、E1 ～ E3 については、E のグリッドの中に3段組みのグリッドを用意して配置します。

なお、画面の横幅いっぱいに表示するパーツは、パーツ全体をマークアップした親要素 <div> をグリッドの外に出して記述していきます。詳しくは、BOOTSTRAP 05 の「パーツを画面の横幅いっぱいに表示する」（P.208）を参照してください。

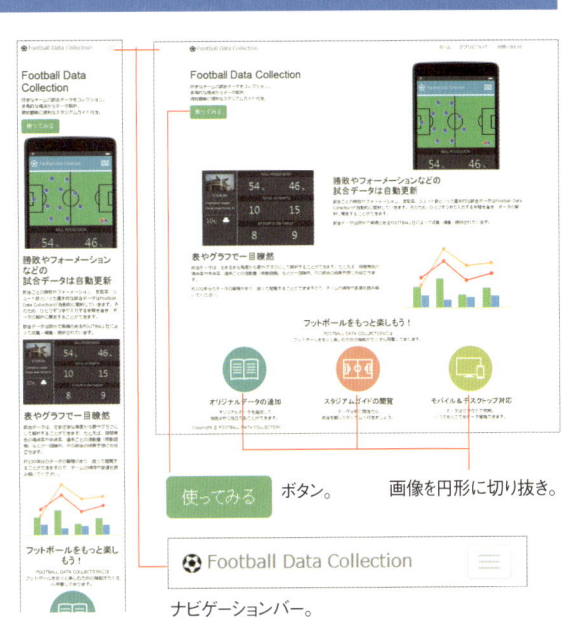

ボタン。
画像を円形に切り抜き。
ナビゲーションバー。

RECIPE 01

sample.html

```
...
<meta name="viewport" content="width=device-width">

<link href='http://fonts.googleapis.com/css?family=
Francois+One' rel='stylesheet' type='text/css'> ❶

<link rel="stylesheet" href="css/bootstrap.min.css">
...
<body>

<div class="menu navbar ─────────────────── ❷
 navbar-default navbar-static-top"> ❸ ❹
<div class="container">
  <div class="navbar-header">
    <button type="button"
      class="navbar-toggle"
      data-toggle="collapse"
      data-target=".navbar-collapse">
        <span class="sr-only">メニュー</span>
        <span class="icon-bar"></span>
        <span class="icon-bar"></span>
        <span class="icon-bar"></span>
    </button>
    <a href="#" class="navbar-brand">
      <img src="img/football-logo.png" alt="">
      Football Data Collection
    </a>
  </div>

  <div class="navbar-collapse collapse">
    <ul class="nav navbar-nav navbar-right"> ❺
      <li><a href="#">ホーム</a></li>
      <li><a href="#">アプリについて</a></li>
      <li><a href="#">お問い合わせ</a></li>
    </ul>
  </div>
</div><!-- container -->
</div>


<div class="about-app"> ─────────────────── ❻
<div class="container">
<div class="row">
<div class="col-sm-7"> ─────────────── ❼ 1段目
  <h1>Football Data Collection</h1>
  <p>好きなチームの試合データをコレクション。<br>
  多角的な視点からデータ解析。<br>
  現地観戦に便利なスタジアムガイド付き。</p>

  <p><a href="#" class="button btn btn-success
  btn-lg">使ってみる</a></p> ❾
</div><!-- col -->
<div class="col-sm-5"> ─────────────── ❼ 2段目
  <img src="img/football-app.png" alt=""
  class="img-responsive center-block"> ❽
</div><!-- col -->
</div><!-- row -->
</div>
</div>
```

- Webフォント（Google Fonts）の設定を追加。ここでは「Francois One」というフォントを利用できるようにしています。
  http://www.google.com/fonts/specimen/Francois+One

A ナビゲーションバーを追加する

❷ 1段組みのグリッドを用意してBOOTSTRAP 03-A-C（P.191）の設定を追加。

❸ バーを白色にするためクラス名「navbar-inverse」を「navbar-default」に変更。

❹ 角丸を削除し、バーを最適なデザインで表示するため、クラス名「navbar-static-top」を追加。

❺ メニューを右に配置するため、クラス名「navbar-left」を「navbar-right」に変更。

B 紹介記事その1を追加する

❻ 2段組みのグリッドを用意してENTRY 02-B-B（P.060）の設定を追加。クラス名を「entry」から「about-app」に変更。

❼ 記事の見出しと本文を1段目に、画像（football-app.png）を2段目に記述。

❽ Bootstrapで画像をリキッドにして段の中央に配置するため、クラス名を「img-responsive」、「center-block」と指定。

❾ OTHER 01（P.116）のボタンの設定<a>を追加し、段落の1つとして<p>でマークアップ。Bootstrapで緑色のボタンの形にするため、クラス名を「btn」、「btn-success」、「btn-lg」と指定しています。

C 紹介記事その2を追加する

⑩ 2段組みのグリッドを用意し、ENTRY 02-B-B(P.060)の設定を追加。クラス名を「entry」から「about-data」に変更。

⑪ 記事の画像(football-graph.png)を1段目に、見出しと本文を2段目に記述。

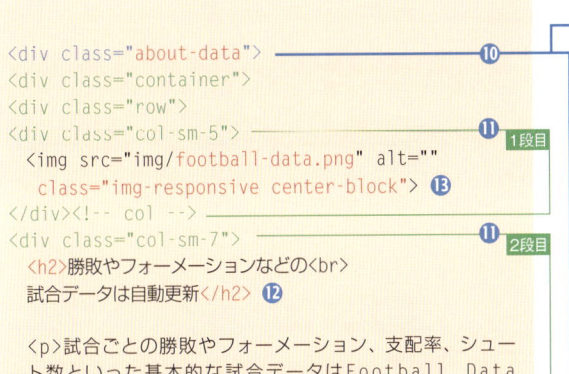

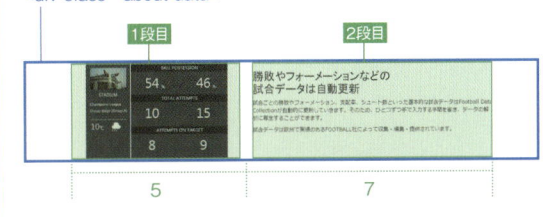

```
<div class="about-data">                           ⑩
<div class="container">
<div class="row">
<div class="col-sm-5">                             ⑪ 1段目
  <img src="img/football-data.png" alt=""
    class="img-responsive center-block"> ⑬
</div><!-- col -->
<div class="col-sm-7">                             ⑪ 2段目
  <h2>勝敗やフォーメーションなどの<br>
  試合データは自動更新</h2> ⑫

  <p>試合ごとの勝敗やフォーメーション、支配率、シュー
  ト数といった基本的な試合データはFootball Data
  Collectionが自動的に更新していきます。そのため、ひとつ
  ずつ手で入力する手間を省き、データの解析に専念すること
  ができます。</p>

  <p>試合データは欧州で実績のあるFOOTBALL社によって収
  集・編集・提供されています。</p>
</div><!-- col -->
</div><!-- row -->
</div><!-- container -->
</div>
```

<div class="about-data">

1段目 / 2段目

5 / 7

⑫ 見出しのマークアップを<h2>に変更。

⑬ Bootstrapで画像をリキッドにして段の中央に配置するため、クラス名を「img-responsive」、「center-block」と指定。

D 紹介記事その3を追加する

⑭ 2段組みのグリッドを用意し、ENTRY 02-B-B(P.060)の設定を追加。クラス名を「entry」から「about-graph」に変更。

⑮ 記事の見出しと本文を1段目に、画像(football-graph.png)を2段目に記述。

```
<div class="about-graph">                          ⑭
<div class="container">
<div class="row">
<div class="col-sm-7">                             ⑮ 1段目
  <h2>表やグラフで一目瞭然</h2> ⑯

  <p>試合データは、さまざまな角度から表やグラフにして解析
  することができます。たとえば、時間帯別の得点率や失点率、
  選手ごとの活動量（移動距離）などが一目瞭然。次の試合の
  結果予想にも役立ちます。</p>

  <p>約100年分のデータの蓄積があり、遡って閲覧すること
  ができますので、チームの傾向や変遷も読み解いてくださ
  い。</p>
</div><!-- col -->
<div class="col-sm-5">                             ⑮ 2段目
  <img src="img/football-graph.png" alt=""
    class="img-responsive center-block"> ⑰
</div><!-- col -->
</div><!-- row -->
</div><!-- container -->
</div>
```

<div class="about-data">

1段目 / 2段目

7 / 5

⑯ 見出しのマークアップを<h2>に変更。

⑰ Bootstrapで画像をリキッドにして段の中央に配置するため、クラス名を「img-responsive」、「center-block」と指定。

RECIPE 01

```html
<div class="about-more text-center">
<div class="container">
<div class="row">
<div class="col-sm-12">

  <h2>フットボールをもっと楽しもう！</h2>
  <p>FOOTBALL DATA COLLECTIONには<br>フットボール
  をもっと楽しむための機能がたくさん用意してあります。
  </p>

  <div class="row">
  <div class="col-sm-4">
      <div class="subentry">
          <img src="img/icon-data.png" alt=""
           class="img-circle center-block">
          <h3>オリジナルデータの追加</h3>
          <p>オリジナルデータを追加して<br>独自分析に役
          立てることができます。</p>
      </div>
  </div><!-- col -->
  <div class="col-sm-4">
      <div class="subentry">
          <img src="img/icon-stadium.png" alt=""
           class="img-circle center-block">
          <h3>スタジアムガイドの閲覧</h3>
          <p>データ分析に飽きたら<br>試合を観にスタジア
          ムへ行きましょう。</p>
      </div>
  </div><!-- col -->
  <div class="col-sm-4">
      <div class="subentry">
          <img src="img/icon-device.png" alt=""
           class="img-circle center-block">
          <h3>モバイル＆デスクトップ対応</h3>
          <p>データはクラウドで同期。<br>いつでもどこで
          もデータ管理できます。</p>
      </div>
  </div><!-- col -->
  </div><!-- row -->

</div><!-- col -->
</div><!-- row -->
</div><!-- container -->
</div>
```

E 紹介記事その4を追加する

⑱ 1段組みのグリッドを用意し、ENTRY 02（P.058）の設定を追加。クラス名を「entry」から「about-more」に変更。また、Bootstrapでテキストを中央揃えにするため、「text-center」というクラス名も追加しています。

⑲ 見出しのマークアップを<h2>に変更。

E1 E2 E3 サブ記事を追加する

⑳ E のグリッドの中に3段組みのグリッドを用意し、各段にENTRY 02（P.058）の設定を追加。クラス名を「entry」から「subentry」に変更。

㉑ Bootstrapで画像を円形に切り抜き、中央揃えにするため、クラス名を「img-circle」、「center-block」と指定。円形に切り抜く仕組みについてはP.155を参照してください。

㉒ 見出しのマークアップを<h3>に変更。

```html
<div class="footer">
<div class="container">
<div class="row">
<div class="col-sm-12">
  <p>Copyright &copy;
  FOOTBALL DATA COLLECTION</p>
</div><!-- col -->
</div><!-- row -->
</div> <!-- container -->
</div>
```

F フッターを追加する

㉓ 1段組みのグリッドを用意し、FOOTER 01（P.104）の設定を追加。コピーライトのみを記述した形にしています。

Copyright © FOOTBALL DATA COLLECTION

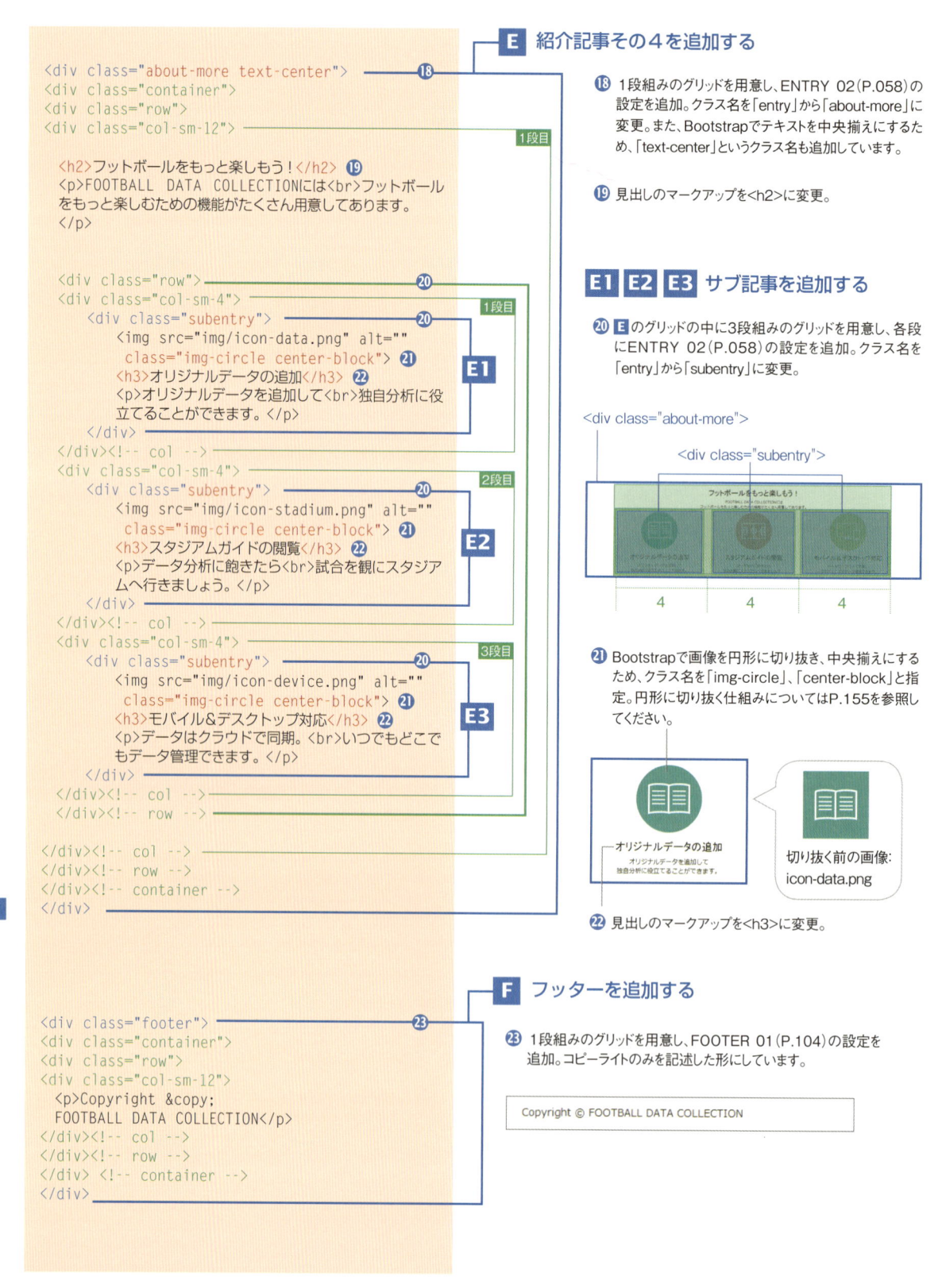

CSSでデザインをアレンジする

各パーツの CSS の設定を適用し、レイアウトやデザインを
調整してページを仕上げていきます。

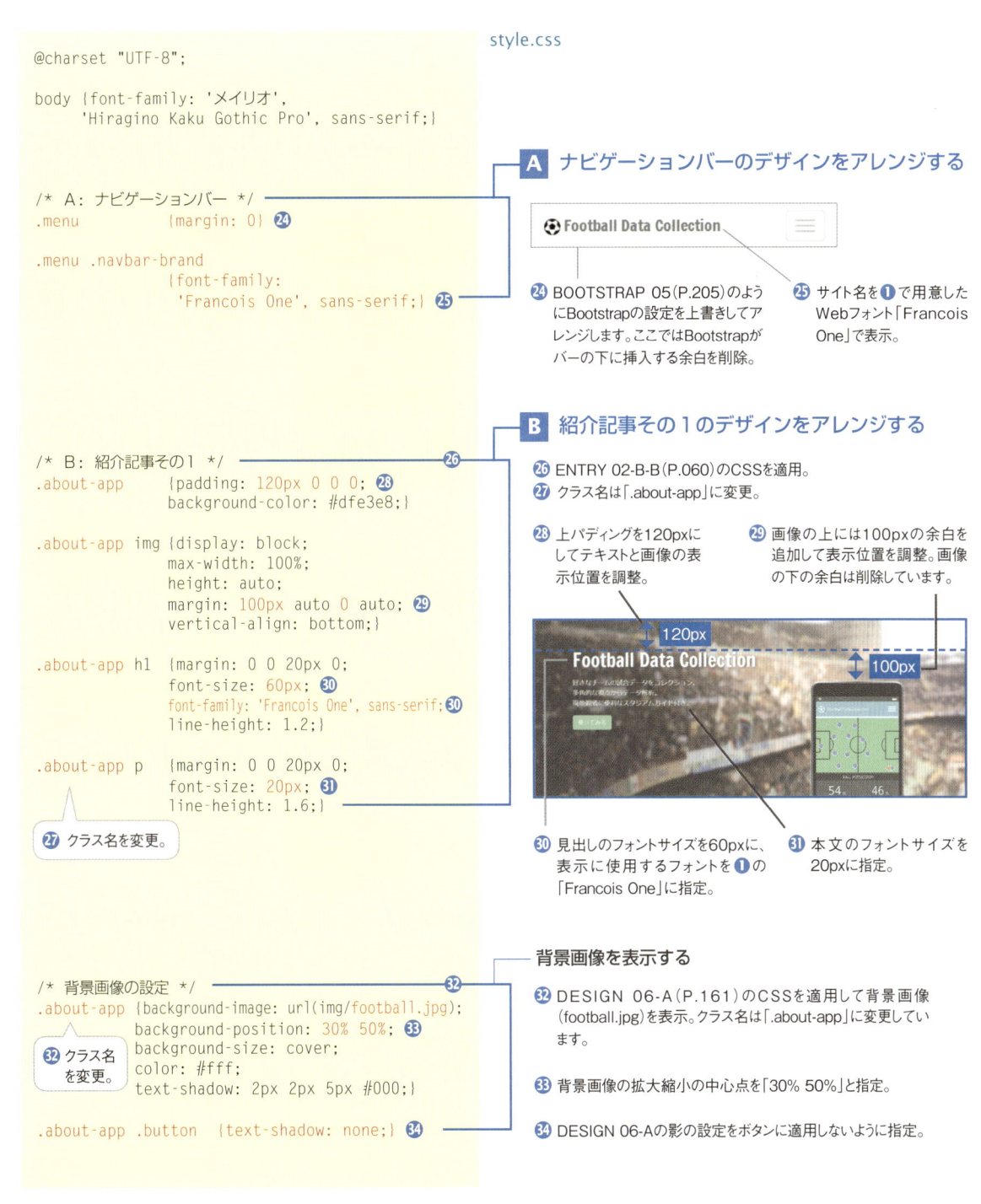

style.css

```css
@charset "UTF-8";

body {font-family: 'メイリオ',
      'Hiragino Kaku Gothic Pro', sans-serif;}


/* A: ナビゲーションバー */
.menu           {margin: 0;} ㉔

.menu .navbar-brand
                {font-family:
                 'Francois One', sans-serif;} ㉕




/* B: 紹介記事その1 */                      ㉖
.about-app      {padding: 120px 0 0 0; ㉘
                 background-color: #dfe3e8;}

.about-app img {display: block;
                max-width: 100%;
                height: auto;
                margin: 100px auto 0 auto; ㉙
                vertical-align: bottom;}

.about-app h1  {margin: 0 0 20px 0;
                font-size: 60px; ㉚
                font-family: 'Francois One', sans-serif;㉚
                line-height: 1.2;}

.about-app p   {margin: 0 0 20px 0;
                font-size: 20px; ㉛
                line-height: 1.6;}


㉗ クラス名を変更。




/* 背景画像の設定 */                          ㉜
.about-app {background-image: url(img/football.jpg);
            background-position: 30% 50%; ㉝
            background-size: cover;
            color: #fff;
            text-shadow: 2px 2px 5px #000;}

㉜ クラス名
   を変更。

.about-app .button  {text-shadow: none;} ㉞
```

A ナビゲーションバーのデザインをアレンジする

⚽ Football Data Collection　　≡

㉔ BOOTSTRAP 05(P.205)のよう
   にBootstrapの設定を上書きしてア
   レンジします。ここではBootstrapが
   バーの下に挿入する余白を削除。

㉕ サイト名を❶で用意した
   Webフォント「Francois
   One」で表示。

B 紹介記事その1のデザインをアレンジする

㉖ ENTRY 02-B-B(P.060)のCSSを適用。
㉗ クラス名は「.about-app」に変更。

㉘ 上パディングを120pxに
   してテキストと画像の表
   示位置を調整。

㉙ 画像の上には100pxの余白を
   追加して表示位置を調整。画像
   の下の余白は削除しています。

↕120px
Football Data Collection
↕100px

㉚ 見出しのフォントサイズを60pxに、
   表示に使用するフォントを❶の
   「Francois One」に指定。

㉛ 本文のフォントサイズを
   20pxに指定。

背景画像を表示する

㉜ DESIGN 06-A(P.161)のCSSを適用して背景画像
   (football.jpg)を表示。クラス名は「.about-app」に変更してい
   ます。

㉝ 背景画像の拡大縮小の中心点を「30% 50%」と指定。

㉞ DESIGN 06-Aの影の設定をボタンに適用しないように指定。

RECIPE 01

```
/* メディアクエリの設定 */
@media (max-width: 450px) {                    ㉟

    .about-app        {padding: 60px 0 0 0;}
    .about-app h1     {font-size: 46px;}
    .about-app p      {font-size: 14px;}

} /* @media */
```

横幅450px以下の画面ではコンパクトに表示する

㉟ ブラウザ画面の横幅が小さくなったときにはパーツをコンパクトに表示するため、P.261のメディアクエリの設定を追加。ここではBootstrapのブレイクポイントとは関係なく、本文に余計な改行が入り始める横幅450pxをブレイクポイントとし、450px以下の画面では次のように余白とフォントサイズが変わるように指定しています。

横幅450px以下の画面での表示

㉟の設定をしていないときの表示
- 上パディング: 100px
- 見出し<h1>のフォントサイズ: 60px
- 本文<p>のフォントサイズ: 20px

㉟の設定をしたときの表示
- 上パディング: 60px
- 見出し<h1>の文字サイズ: 46px
- 本文<p>の文字サイズ: 14px

```
/* C: 紹介記事その2 */                          ㊱
.about-data          {padding: 80px 0 80px 0;    ㊲
                      background-color: #efefee;} ㊳

.about-data img      {display: block;
                      max-width: 100%;
                      height: auto;
                      margin: 0 auto 30px auto;
                      vertical-align: bottom;}

.about-data h2       {margin: 0 0 20px 0;
                      font-size: 28px;
                      line-height: 1.2;}
       ㊱ h2に変更。

.about-data p        {margin: 0 0 20px 0;
                      font-size: 16px;           ㊴
                      line-height: 1.6;}
       ㊱ クラス名を変更。
```

C 紹介記事その2のデザインをアレンジする

㊱ ENTRY 02-B-B（P.060）のCSSを適用。セレクタのクラス名は「.about-data」に、「h1」は「h2」に変更しています。

㊲ 余白を大きく入れるため、上下パディングを80pxに指定。

㊳ 背景色をグレー（#efefee）に指定。

㊴ 本文のフォントサイズを16pxに指定。

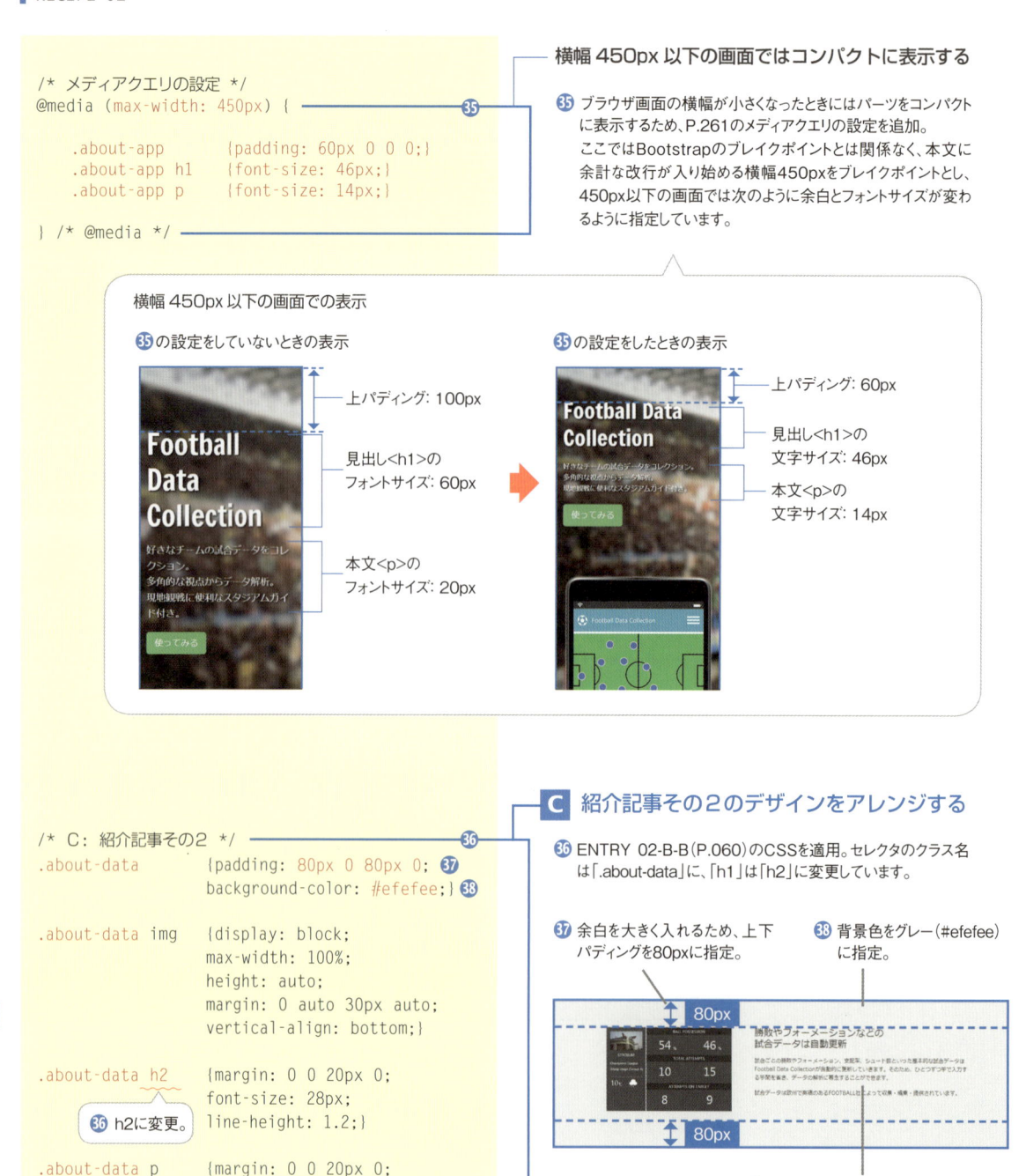

B～Fの各パーツの左右の余白は、Bootstrapのグリッドでコントロールします。そのため、㉟、㊲、㊶、㊻、㊿のpaddingで左右パディングの値は「0」に指定しています。

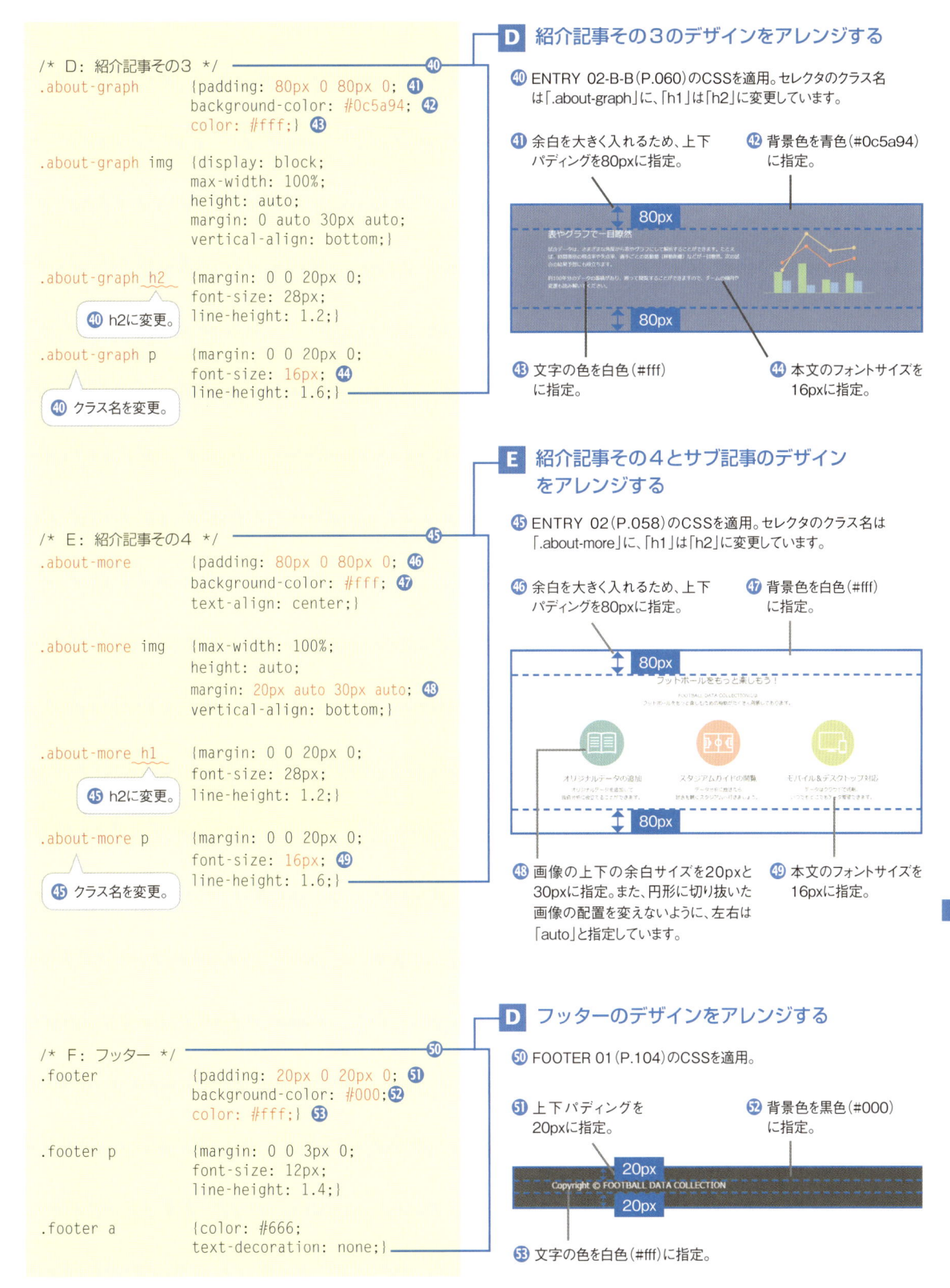

```
/* D: 紹介記事その3 */ ㊵
.about-graph       {padding: 80px 0 80px 0; ㊶
                   background-color: #0c5a94; ㊷
                   color: #fff;} ㊸

.about-graph img   {display: block;
                   max-width: 100%;
                   height: auto;
                   margin: 0 auto 30px auto;
                   vertical-align: bottom;}

.about-graph h2    {margin: 0 0 20px 0;
                   font-size: 28px;
                   line-height: 1.2;}
```

㊵ h2に変更。

```
.about-graph p     {margin: 0 0 20px 0;
                   font-size: 16px; ㊹
                   line-height: 1.6;}
```

㊵ クラス名を変更。

D 紹介記事その3のデザインをアレンジする

㊵ ENTRY 02-B-B（P.060）のCSSを適用。セレクタのクラス名は「.about-graph」に、「h1」は「h2」に変更しています。

㊶ 余白を大きく入れるため、上下パディングを80pxに指定。

㊷ 背景色を青色（#0c5a94）に指定。

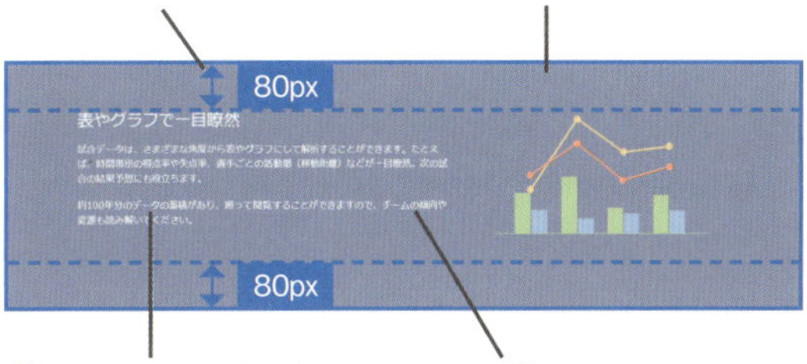

㊸ 文字の色を白色（#fff）に指定。

㊹ 本文のフォントサイズを16pxに指定。

```
/* E: 紹介記事その4 */ ㊺
.about-more        {padding: 80px 0 80px 0; ㊻
                   background-color: #fff; ㊼
                   text-align: center;}

.about-more img    {max-width: 100%;
                   height: auto;
                   margin: 20px auto 30px auto; ㊽
                   vertical-align: bottom;}

.about-more h1     {margin: 0 0 20px 0;
                   font-size: 28px;
                   line-height: 1.2;}
```

㊺ h2に変更。

```
.about-more p      {margin: 0 0 20px 0;
                   font-size: 16px; ㊾
                   line-height: 1.6;}
```

㊺ クラス名を変更。

E 紹介記事その4とサブ記事のデザインをアレンジする

㊺ ENTRY 02（P.058）のCSSを適用。セレクタのクラス名は「.about-more」に、「h1」は「h2」に変更しています。

㊻ 余白を大きく入れるため、上下パディングを80pxに指定。

㊼ 背景色を白色（#fff）に指定。

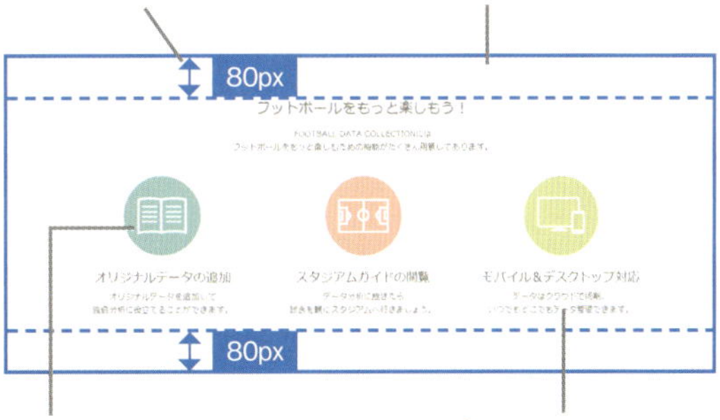

㊽ 画像の上下の余白サイズを20pxと30pxに指定。また、円形に切り抜いた画像の配置を変えないように、左右は「auto」と指定しています。

㊾ 本文のフォントサイズを16pxに指定。

```
/* F: フッター */ ㊿
.footer            {padding: 20px 0 20px 0; (51)
                   background-color: #000; (52)
                   color: #fff;} (53)

.footer p          {margin: 0 0 3px 0;
                   font-size: 12px;
                   line-height: 1.4;}

.footer a          {color: #666;
                   text-decoration: none;}
```

D フッターのデザインをアレンジする

㊿ FOOTER 01（P.104）のCSSを適用。

(51) 上下パディングを20pxに指定。

(52) 背景色を黒色（#000）に指定。

(53) 文字の色を白色（#fff）に指定。

RECIPE 02

プロモーションサイトのコンテンツページ

RECIPE 01（P.276）のデザインをベースにコンテンツページを作成したものです。
ここではコンテンツとして勝敗表をレイアウトし、パンくずリストや3段組みの大きな
フッターを用意してページを形にしています。

▶ Finished Page

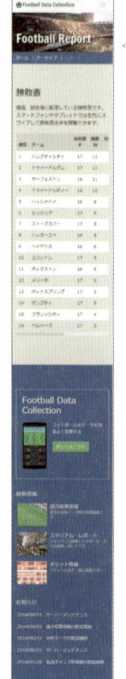

極小画面におけるナビゲーションバーの表示。メニューはトグル型にして表示します。

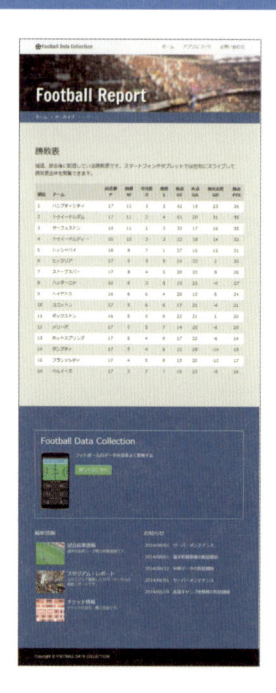

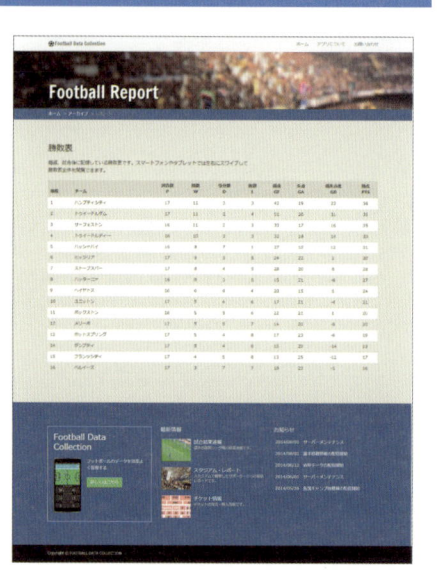

使用するパーツ

	使用するパーツ	使用するパーツ	クラス名（変更後）
A	ナビゲーションバー	RECIPE 01のA（P.278）	.menu
B	ヘッダー	RECIPE 01のB（P.278）	.header
C	パンくずリスト	MENU 05-G（P.093）	.menu-bc
D	記事	ENTRY 01（P.052）	.entry
E	フッター大	OTHER 05（P.138）	.footer-info
E1	プロモーション情報	ENTRY 03（P.061）	.promo
E2	画像付きメニュー	MENU 04（P.082）	.menu-pickup
E3	画像なしメニュー	MENU 01（P.066）	.menu-recent
F	フッター	RECIPE 01のF（P.280）	.footer

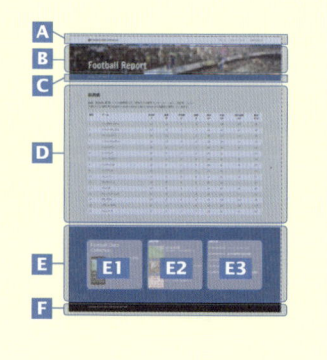

▶ どのようなページにするか

コンテンツページでは次のようなポイントを押さえながらページを形にしていきます。

■ すべてのパーツを画面の横幅いっぱいに表示する

このサンプルでも、RECIPE 01（P.276）と同じように **E1** ～ **E3** を除くすべてのパーツを画面の横幅いっぱいに表示します。各パーツの背景は右のように指定します。

■ 大きなフッターを用意する

ページ下部には大きなフッターを用意し、メニューなどを3段組みでレイアウトします。この3段組みは BOOTSTRAP 02-A（P.178）のグリッドで構成し、画面の横幅に応じて次のように変化するようにしています。

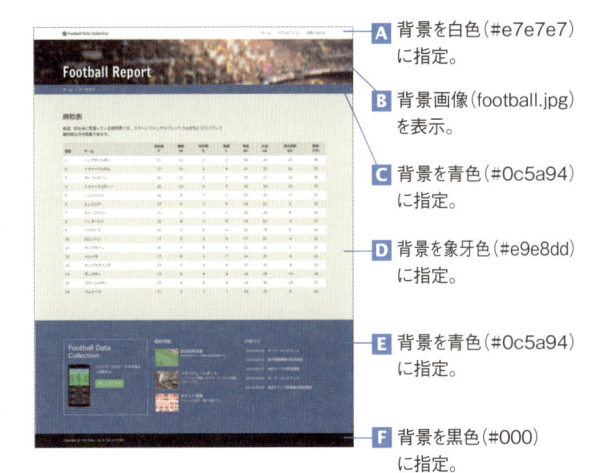

A 背景を白色（#e7e7e7）に指定。
B 背景画像（football.jpg）を表示。
C 背景を青色（#0c5a94）に指定。
D 背景を象牙色（#e9e8dd）に指定。
E 背景を青色（#0c5a94）に指定。
F 背景を黒色（#000）に指定。

極小画面（767px以下）。
小画面（768px～991px）。
中画面～（992px以上）。

▶ Bootstrapの機能だけでページを形にする

まずは、BOOTSTRAP 01（P.169）を用意し、各パーツの HTML ソースを追加していきます。このとき、各パーツの CSS は適用せず、Bootstrap の機能だけを利用して右のようにページを形にします。

グリッドは RECIPE 01 のときと同じように **A** ～ **F** のパーツごとに用意し、パーツ全体をマークアップした親要素 `<div>` をグリッドの外に出して画面の横幅いっぱいに表示するように設定していきます。詳しくは、BOOTSTRAP 05 の「パーツを画面の横幅いっぱいに表示する」（P.208）を参照してください。

また、大きなテーブル（表組み）は極小画面でも閲覧できるようにするため、レスポンシブテーブル（P.133）として表示するように設定します。

レスポンシブテーブル。　　ホーム ／ アーカイブ ／ レポート　　パンくずリスト。

RECIPE 02

sample.html

```html
...
<meta name="viewport" content="width=device-width">

<link href='http://fonts.googleapis.com/css?family=
Francois+One' rel='stylesheet' type='text/css'> ❶

<link rel="stylesheet" href="css/bootstrap.min.css">
...
<body>

<div class="menu navbar
 navbar-default navbar-static-top">  ❷
  <div class="container">
    <div class="navbar-header">
      <button type="button"
        class="navbar-toggle"
        data-toggle="collapse"
        data-target=".navbar-collapse">
          <span class="sr-only">メニュー</span>
          <span class="icon-bar"></span>
          <span class="icon-bar"></span>
          <span class="icon-bar"></span>
      </button>
      <a href="#" class="navbar-brand">
        <img src="img/football-logo.png" alt="">
        Football Data Collection
      </a>
    </div>

    <div class="navbar-collapse collapse">
      <ul class="nav navbar-nav navbar-right">
        <li><a href="#">ホーム</a></li>
        <li><a href="#">アプリについて</a></li>
        <li><a href="#">お問い合わせ</a></li>
      </ul>
    </div>
  </div><!-- container -->
</div>


<div class="header">  ❸
<div class="container">
<div class="row">
<div class="col-sm-7">  ❹   1段目
  <h1>Football Report</h1>
</div><!-- col -->
<div class="col-sm-5">  ❺   2段目

</div><!-- col -->
</div><!-- row -->
</div>
</div>
```

Webフォント（Google Fonts）の設定を追加。ここでは「Francois One」というフォントを利用できるようにしています。
http://www.google.com/fonts/specimen/Francois+One

A ナビゲーションバーを追加する

❷ RECIPE 01の A (P.278)の設定を追加。設定は変更せず、同じ形で表示します。

極小画面ではメニューがトグル型になります。

B ヘッダーを追加する

❸ RECIPE 01の B (P.278)の設定を追加。クラス名を「header」に変更しています。

❹ グリッドの1段目には見出しのみを記述。

❺ グリッドの2段目は空にして、必要に応じて情報を追加できるようにしています。

`<div class="header">`

Football Report |
7 | 5

Football Report

見出しの表示。

C パンくずリストを追加する

```html
<div class="menu-bc">
<div class="container">
<div class="row">
<div class="col-sm-12">
  <ol class="breadcrumb">
     <li><a href="#">ホーム</a></li>
     <li><a href="#">アーカイブ</a></li>
     <li class="active"><a>レポート</a></li>
  </ol>
</div><!-- col -->
</div><!-- row -->
</div><!-- container -->
</div>
```

❻ 1段組みのグリッドを用意してMENU 05-G(P.093)の設定を追加。クラス名を「entry」から「menu-bc」に変更。

❼ <ol>にBootstrapのクラス名「breadcrumb」を指定。背景がグレーになり、リンクがパンくずリストの形で表示されます。

ホーム / アーカイブ / レポート

❽ 表示中のページを示すため、<li>にBootstrapのクラス名「active」を追加。また、<a>でマークアップしているとBootstrapのデザインが適用されないので削除しています。

D 記事を追加する

```html
<div class="entry">
<div class="container">
<div class="row">
<div class="col-sm-12">
  <h2>勝敗表</h2>

<p>毎週、試合後に配信している勝敗表です。スマートフォンやタブレットでは左右にスワイプして勝敗表全体を閲覧できます。</p>

  <div class="table-container table-responsive">
  <table class="table table-striped">
  <thead>
     <tr>
        <th>順位</th>
        <th>チーム</th>
        <th>試合数<br>P</th>
        …略…
        <th>勝点<br>PTS</th>
     </tr>
  </thead>
  <tbody>
     <tr>
        <td>1</td>
        <td>ハンプティシティ</td>
        <td>17</td>
        …略…
        <td>36</td>
     </tr>
     …略…
  </tbody>
  </table>
  </div><!-- table-container -->

</div><!-- col -->
</div><!-- row -->
</div><!-- container -->
</div>
```

❾ 1段組みのグリッドを用意してENTRY 01(P.052)の設定を追加。

❿ 見出しのマークアップを<h2>に変更。

勝敗表
毎週、試合後に配信している勝敗表です。スマートフォンやタブレットでは左右にスワイプして勝敗表全体を閲覧できます。

テーブル（表組み）を追加する

⓫ 勝敗表を表示するため、OTHER 03-E(P.133)の設定を追加。Bootstrapでレスポンシブテーブルとして表示するため、クラス名「table-responsive」を追加しています。

ここでは17行10列のテーブルを作成しています。

⓬ テーブルを罫線で区切り、ストライプにして表示するため、Bootstrapのクラス名「table」、「table-striped」を指定。

RECIPE 02

```html
<div class="footer-info">          ⑬
<div class="container">
<div class="row">
<div class="col-sm-12">

    <h1>CONTENTS</h1>   ⑬

    <div class="row">              ⑭
    <div class="col-sm-12 col-md-4">             1段目
        <div class="promo">         ⑮
            <h3>Football Data Collection</h3>   ⑯
            <img src="img/football.png" alt="">
            <p>フットボールのデータを効率よく管理する</p>        E1
            <p><a href="#" class="button btn
            btn-success">詳しくはこちら</a></p>   ⑰
        </div>
    </div> <!-- col -->
    <div class="col-sm-6 col-md-4">              2段目
        <div class="menu-pickup">   ⑱
            <h3>最新情報</h3>   ⑲
            <ul>
                <li>
                <a href="#">
                <img src="img/fb-thumb01.jpg" alt="">
                <p class="title">試合結果速報</p>            E2
                <p class="desc">週末の各国リーグ戦の結果
                速報です。</p>
                </a>
                </li>
                …略…
            </ul>
        </div>
    </div> <!-- col -->
    <div class="col-sm-6 col-md-4">              3段目
        <div class="menu-recent">   ⑳
            <h3>お知らせ</h3>   ㉑
            <ul>
                <li><a href="#">2014/08/01
                サーバーメンテナンス</a></li>             E3
                …略…
            </ul>
        </div>
    </div> <!-- col -->
    </div><!-- row -->

</div><!-- col -->
</div><!-- row -->
</div><!-- container -->
</div>

<div class="footer">               ㉒
<div class="container">
<div class="row">
<div class="col-sm-12">
  <p>Copyright &copy;
  FOOTBALL DATA COLLECTION</p>
</div><!-- col -->
</div><!-- row -->
</div> <!-- container -->
</div>
```

E フッター大を追加する

⑬ 1段組みのグリッドを用意してOTHER 05(P.138)の設定を追加。クラス名を「group」から「footer-info」に変更。見出し<h1>は削除しています。

⑭ BOOTSTRAP 02-A(P.178)のグリッドを追加。各段に **E1**〜**E3** を追加していきます。

E1 プロモーション情報を追加する

⑮ グリッドの1段目にENTRY 03(P.061)の設定を追加。クラス名を「entry」から「promo」に変更し、見出し、画像、本文の順に記述。

⑯ 見出しのマークアップを<h3>に変更。

⑰ OTHER 01(P.116)の設定を追加。緑色のボタンにするため、Bootstrapのクラス名「btn」、「btn-success」を指定。

E2 画像付きメニューを追加する

⑱ グリッドの2段目にMENU 04(P.082)の設定を追加。クラス名を「menu」から「menu-pickup」に変更。

⑲ 見出しのマークアップを<h3>に変更。

E3 画像なしメニューを追加する

⑳ グリッドの3段目にMENU 01(P.066)の設定を追加。クラス名を「menu」から「menu-recent」に変更。

㉑ 見出しのマークアップを<h3>に変更。

F フッターを追加する

㉒ RECIPE 01の **F** (P.280)の設定を追加。設定は変更せず、そのまま使用します。

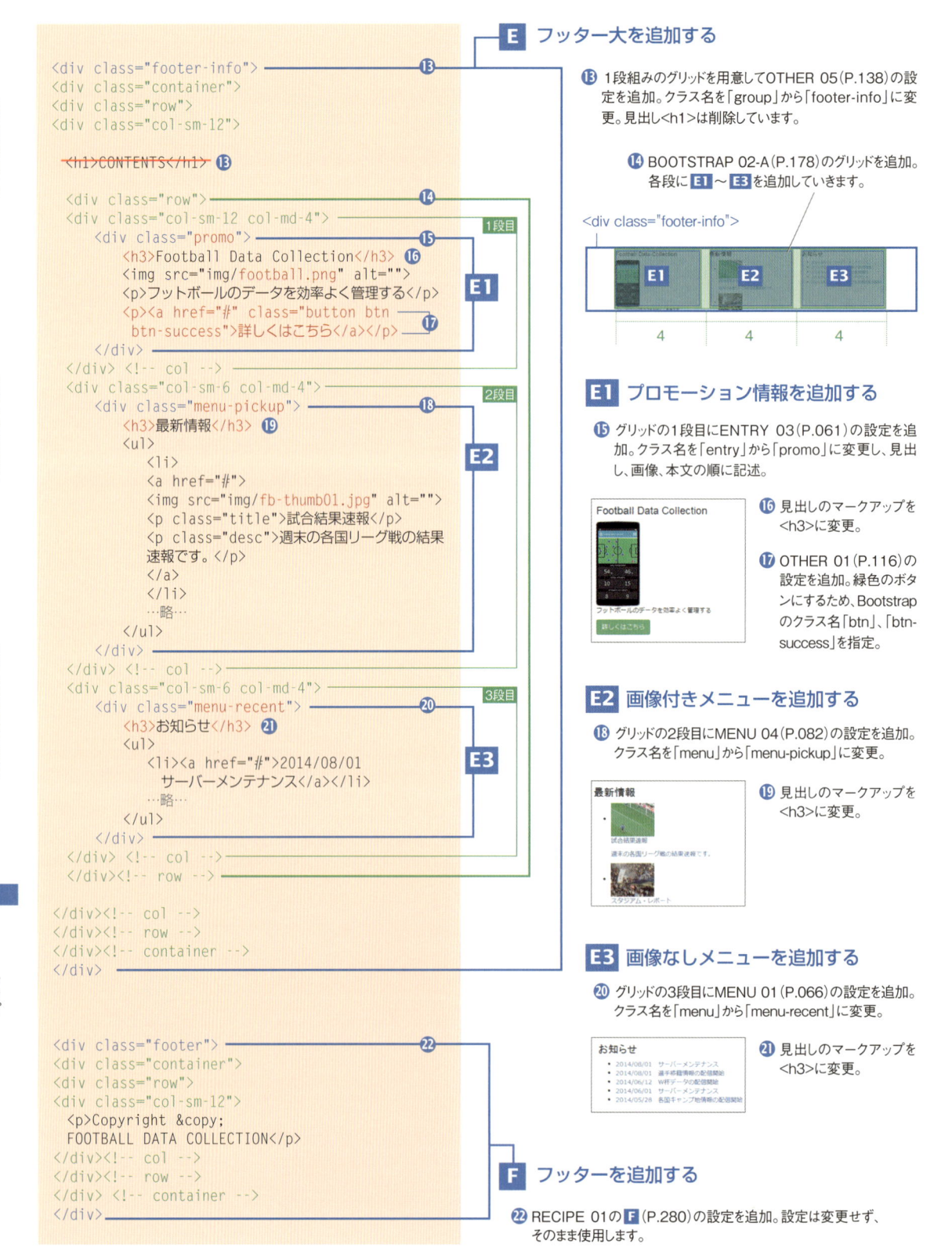

CSSでデザインをアレンジする

各パーツのCSSの設定を適用し、レイアウトやデザインを調整してページを仕上げていきます。

style.css

```css
@charset "UTF-8";

body {font-family: 'メイリオ',
      'Hiragino Kaku Gothic Pro', sans-serif;}


/* A: ナビゲーションバー */                         ㉓
.menu           {margin: 0}

.menu .navbar-brand
  {font-family: 'Francois One', sans-serif;}
```

㉕ クラス名を変更。

```css
/* B: ヘッダー */                                  ㉔
.header         {padding: 100px 0 0 0;  ㉖
                 background-color: #dfe3e8;}

.header img     {display: block;
                 max-width: 100%;
                 height: auto;
                 margin: 100px auto 0 auto;
                 vertical-align: bottom;}

.header h1      {margin: 0 0 20px 0;
                 font-size: 60px;
                 font-family: 'Francois One', sans-serif;
                 line-height: 1.2;}

.header p       {margin: 0 0 20px 0;
                 font-size: 20px;
                 line-height: 1.6;}

/* 背景画像の設定 */
.header         {background-image: url(img/football.jpg);
                 background-position: 30% 50%;
                 background-size: cover;
                 color: #fff;
                 text-shadow: 2px 2px 5px #000;}

.header .button {text-shadow: none;}

/* メディアクエリの設定 */
@media (max-width: 450px) {

    .header     {padding: 60px 0 0 0;}
    .header h1  {font-size: 40px;} ㉗
    .header p   {font-size: 14px;}

} /* @media */
```

A ナビゲーションバーのデザインをアレンジする

㉓ RECIPE 01の A (P.281)のCSSを適用。バーの下の余白が削除され、サイト名が ❶ のWebフォントで表示されます。

B ヘッダーのデザインをアレンジする

㉔ RECIPE 01の B (P.281)のCSSを適用。
㉕ クラス名を「.header」に変更すると、背景にスタジアムの画像 (football.jpg) が表示されます。

㉖ 上パディングを100pxにして見出しの表示位置を調整。

見出しの下には<h1>の下マージンで20pxの余白が入っています。

横幅451px以上の画面での表示

横幅450px以下の画面での表示

㉗ 見出しに改行が入らないようにするため、フォントサイズを46pxから40pxに変更。

RECIPE 02

```css
/* C: パンくずリスト */                                    ㉘
.menu-bc           {padding: 0;  ㉚
                    background-color: #0c5a94;}  ㉛

.menu-bc .breadcrumb {background-color: transparent;}  ㉛

.menu-bc ul,
.menu-bc ol        {margin: 0;
                    padding: 0;
                    font-size: 14px;
                    line-height: 1.4;
                    list-style: none;}

.menu-bc li a      {display: inline-block;
                    padding: 10px 0 10px 0;  ㉝
                    color: #fff;  ㉜
                    text-decoration: none;}

.menu-bc li a[href]:hover
                   {text-decoration: underline;}

.menu-bc li a:not([href])   {color: #888;}

.menu-bc li        {float: left;}  ㉙

.menu-bc li+li:before {content: '\003e';
                    color: #ccc;}  ㉜

.menu-bc ul:after,
.menu-bc ol:after  {content: "";
                    display: block;
                    clear: both;}
.menu-bc ul,
.menu-bc ol        {*zoom: 1;}
```

㉘ クラス名を変更。

```css
/* D: 記事 */                                              ㉜
.entry             {padding: 80px 0 80px 0;  ㉝
                    background-color: #e9e8dd;}  ㉞

.entry img         {max-width: 100%;
                    height: auto;
                    margin: 0 0 30px 0;
                    vertical-align: bottom;}

.entry h2          {margin: 0 0 20px 0;
                    font-size: 28px;
                    line-height: 1.2;}

.entry p           {max-width: 700px;  ㉟
                    margin: 0 0 20px 0;
                    font-size: 16px;  ㉟
                    line-height: 1.6;}
```

C パンくずリストのデザインをアレンジする

㉘ MENU 05-G（P.093）のCSSを適用。クラス名は「.menu-bc」に変更しています。これで、区切り文字が「＞」に変わります。

㉙ Bootstrapの設定でパンくずリストを表示している場合、floatの指定があると崩れるので削除。

㉚ パディングを0にしてコンパクトに表示。

㉛ 背景色を青色（#0c5a94）に指定。また、Bootstrapの背景色の指定を上書きする設定も追加しています。

ホーム ＞ アーカイブ ＞ レポート

㉜ 背景に合わせてリンクを白色（#fff）に、区切り文字を薄いグレー（#ccc）に指定。

㉝ リンクの左右の余白を0に指定。

D 記事のデザインをアレンジする

㉜ ENTRY 01（P.052）のCSSを適用。

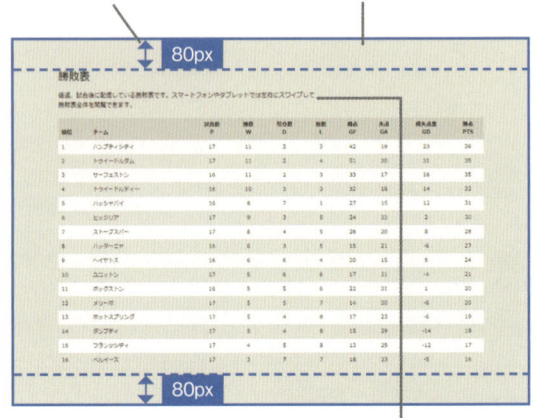

㉝ 余白を大きく入れるため、上下パディングを80pxに指定。

㉞ 背景色を象牙色（#e9e8dd）に指定。

㉟ 本文の横幅の最大値を700pxに、フォントサイズを16pxに指定。

```
/* テーブル */
th              {background-color: #d9d8cc;}  ㊱

tr > :nth-child(n+3) {text-align: center;}  ㊲
```

テーブルのデザインをアレンジする

㊱ OTHER 03の❽（P.128）の設定を追加。見出しセルの背景色を少し暗い象牙色（#d9d8cc）に指定。

㊲ OTHER 03-D（P.132）の設定を追加。3列目以降のすべての列を中央揃えに指定。

```
/* E: フッター大 */                         ㊳
.footer-info     {padding: 80px 0 40px 0;  ㊴
                  background-color: #0c5a94;  ㊵
                  color: #fff;}             ㊵

.footer-info > h1 {margin: 0 0 20px 0;
                   font-size: 36px;}
```

D フッター大のデザインをアレンジする

㊳ OTHER 05（P.138）のCSSを適用。クラス名は「.footer-info」に変更しています。

㊴ 上パディングを80pxに、下パディングを40pxに指定。

㊵ 背景色を青色（#0c5a94）に、文字の色を白色（#fff）に指定。

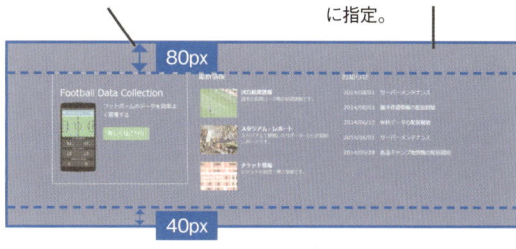

フッター大の上下パディングと各パーツの下マージン

フッター大の下パディングを40pxにしているのは、E1 〜 E3 の各パーツに40pxの下マージンを入れるためです。

これらの下マージンは極小画面で1段組みのレイアウトになったとき、パーツの間に余白を確保するものとなります。

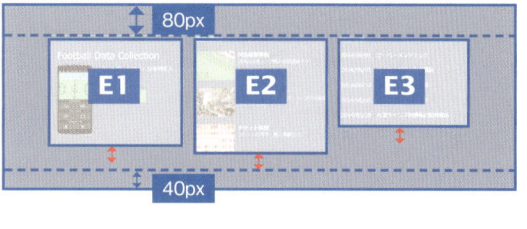

↕ … <div class="footer-info">の上下パディング。
↕ … E1 〜 E3 の下マージン。

```
/* E1: プロモーション情報 */                ㊶
.promo              {margin-bottom: 40px; ㊹
                    padding: 20px;
                    border: solid 1px #fff; ㊷
                    background-color: #dfe3e8;} ㊸

.promo img          {float: left;
                    max-width: 30%;
                    height: auto;
                    margin: 0 20px 10px 0;
                    vertical-align: bottom;}

.promo h3           {margin: 0 0 20px 0;
                    font-size: 28px;
                    line-height: 1.2;}

.promo p            {margin: 0 0 20px 0;
                    font-size: 14px;
                    line-height: 1.6;}

.promo:after        {content: "";
                    display: block;
                    clear: both;}
.promo              {*zoom: 1;}
```

㊶ クラス名を変更。

```
/* E2: 画像付きメニュー */                  ㊺
.menu-pickup        {margin-bottom: 40px; ㊽
                    padding: 0; ㊻
                    background-color: #dfe3e8;} ㊼

.menu-pickup h3     {margin: 0 0 10px 0;
                    font-size: 18px;
                    line-height: 1.2;}
```

㊺ h3に変更。

```
.menu-pickup ul,
.menu-pickup ol     {margin: 0;
                    padding: 0;
                    font-size: 14px;
                    line-height: 1.4;
                    list-style: none;}

.menu-pickup li a {display: block;
                    padding: 10px 5px 10px 5px;
                    color: #fff; ㊾
                    text-decoration: none;}

.menu-pickup li a:hover
                    {background-color: #048;} (51)

.menu-pickup img    {float: left;
                    border: none;}

.menu-pickup p      {margin: 0 0 0 110px;}

.menu-pickup .title {font-size: 16px; ㊾
                    font-weight: bold;} ㊾

.menu-pickup .desc  {color: #ccc; ㊿
                    font-size: 12px;}
```

E1 プロモーション情報のデザインをアレンジする

㊶ ENTRY 03(P.061)のCSSを適用。セレクタのクラス名は「.promo」に、「h1」は「h3」に変更しています。

㊷ DESIGN 01の❷(P.140)の設定を追加。太さ1ピクセルの白色の罫線でパーツ全体を囲むように指定。

㊸ 背景色の指定を削除。Eの背景色で表示。

㊹ 下マージンを40pxに指定。下マージンについてはP.291を参照してください。

E1 画像付きメニューのデザインをアレンジする

㊺ MENU 04(P.082)のCSSを適用。セレクタのクラス名は「.menu-pickup」に、「h1」は「h3」に変更しています。

㊻ パーツのまわりに余白を追加しないようにパディングを「0」に指定。

㊼ 背景色の指定を削除。Eの背景色で表示。

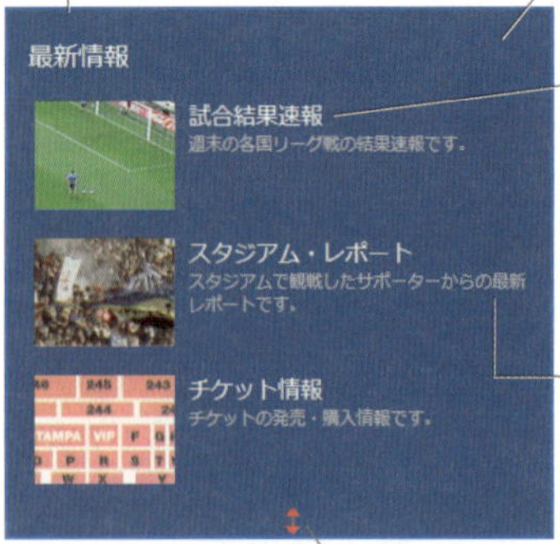

㊾ タイトルを白色(#fff)に、フォントサイズを16pxに指定。太さの指定は削除。

㊿ 説明文を薄いグレー(#ccc)に指定。

㊽ 下マージンを40pxに指定。下マージンについてはP.291を参照してください。

(51) カーソルを重ねたときの背景色を暗い青色(#048)に指定。

```css
.menu-pickup li a:after {content: "";
                 display: block;
                 clear: both;}
.menu-pickup li a {*zoom: 1;}
```

㊺ クラス名を変更。

```css
/* E3: 画像なしメニュー */
.menu-recent        {margin-bottom: 40px;
                     padding: 0;
                     background-color: #dfe3e8;}

.menu-recent h3     {margin: 0 0 10px 0;
                     font-size: 18px;
                     line-height: 1.2;}

.menu-recent ul,
.menu-recent ol     {margin: 0;
                     padding: 0;
                     font-size: 14px;
                     line-height: 1.4;
                     list-style: none;}

.menu-recent li a   {display: block;
                     padding: 10px 5px 10px 5px;
                     color: #fff;
                     text-decoration: none;}

.menu-recent li a:hover
                    {background-color: #048;}
```

㉒ h3に変更。

㉒ クラス名を変更。

E1 画像なしメニューのデザインをアレンジする

㉒ MENU 01（P.066）のCSSを適用。セレクタのクラス名は「.menu-recent」に、「h1」は「h3」に変更しています。

㉝ パーツのまわりに余白を追加しないようにパディングを「0」に指定。

㊴ 背景色の指定を削除。Eの背景色で表示。

㊶ リンクを白色（#fff）に指定。

㊵ 下マージンを40pxに指定。下マージンについてはP.291を参照してください。

㊷ カーソルを重ねたときの背景色を暗い青色（#048）に指定。

F フッターのデザインをアレンジする

```css
/* F: フッター */
.footer             {padding: 20px 0 20px 0;
                     background-color: #000;
                     color: #fff;}

.footer p           {margin: 0 0 3px 0;
                     font-size: 12px;
                     line-height: 1.4;}

.footer a           {color: #666;
                     text-decoration: none;}
```

㊸ RECIPE 01のF（P.283）のCSSを適用。背景が黒色の表示になります。

RECIPE 03

ビジネスサイト

ビジネス系サイトのページをBootstrapを利用して作成したものです。ページ上部にはカルーセルを大きく配置し、情報を効率よく伝えるようにしています。また、コンテンツ部分は2段組みで構成し、最新情報や企業概要などを配置できるようにしています。

▶ Finished Page

極小画面におけるナビゲーションバーの表示。メニューはトグル型にして表示します。

カルーセルの表示。自動的に切り替わります。

	使用するパーツ	使用するパーツ	クラス名（変更後）
A	ナビゲーションバー	BOOTSTRAP 03-A-C (P.191)	.menu
B	グローバルメニュー	MENU 05-F (P.092)	.global
C	カルーセル	Bootstrapのカルーセル	-
D	2段組みのグリッド	BOOTSTRAP 02 (P.174)	-
D1	新着情報メニュー	MENU 04-A (P.086)	.new
D2	企業概要	ENTRY 01 (P.052)	.entry
D3	サブメニュー	MENU 04 (P.082)	.submenu
E	フッター	FOOTER 01 (P.104)	.footer

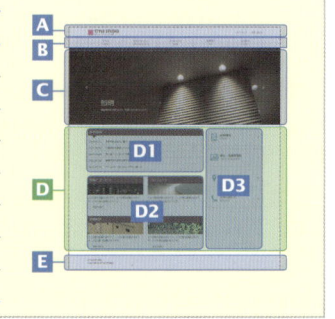

▶ どのようなページにするか

■ メニューはトグル型にして表示する

ページ上部にレイアウトした A と B のメニューは、極小画面では1つのトグル型のメニューにして表示します。

■ カルーセルで情報を表示する

Bootstrap のカルーセルの機能を利用して画像に見出しと文章を重ねたものを3種類用意し、自動再生のスライドショー形式で表示します。カルーセルの大きさは画像によって決まり、ブラウザ画面に合わせて横幅と高さが変化します。

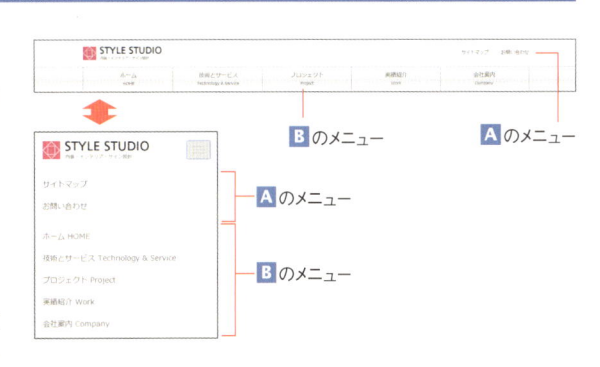

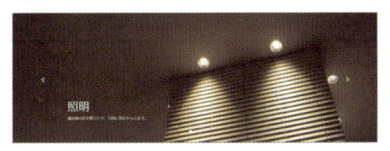

■ メインコンテンツを3段階に変化させる

Bootstrap のグリッドシステム（P.178）で作った2段組み D の中には、もう1つグリッドシステムで作った2段組み D2 を入れ子で用意します。このとき、D と D2 のブレイクポイントを、それぞれ中（medium：992px 以上）と小（small：768px 以上）に設定することで、右のように3段階に変化するように設定します。

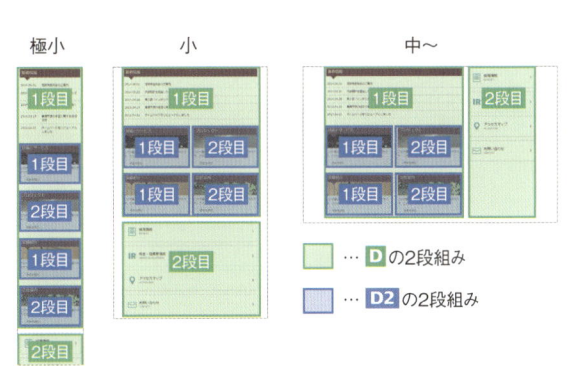

▶ Bootstrap の機能だけでページを形にする

BOOTSTRAP 01（P.169）を用意し、各パーツの HTML ソースを追加していきます。このとき、各パーツの CSS は適用せず、Bootstrap の機能だけを利用して右のようにページを形にします。

グリッドは Bootstrap のグリッドシステム（P.178）を利用してパーツごとに用意し、1段組みまたは2段組みを構成します。また、A、B、C、E については画面の横幅いっぱいに表示するように設定していきます。設定方法について詳しくは、BOOTSTRAP 05 の「パーツを画面の横幅いっぱいに表示する」（P.208）を参照してください。

RECIPE 03

sample.html

```
...
<meta name="viewport" content="width=device-width">

<link href="http://netdna.bootstrapcdn.com/font-awesome/
4.0.3/css/font-awesome.css" rel="stylesheet"> ❶

<link rel="stylesheet" href="css/bootstrap.min.css">
...
<body>

<div class="menu navbar                          ❷
 navbar-default navbar-static-top"> ❸ ❹
 <div class="container">
   <div class="navbar-header">
     <button type="button"
      class="navbar-toggle"
      data-toggle="collapse"
      data-target=".navbar-collapse">
        <span class="sr-only">メニュー</span>
        <span class="icon-bar"></span>
        <span class="icon-bar"></span>
        <span class="icon-bar"></span>
     </button>
     <a href="#" class="navbar-brand">
       <img src="img/studio.png"
        alt="STYLE STUDIO" width="200"> ❻
     </a>
   </div>

   <div class="navbar-collapse collapse">
     <ul class="nav navbar-nav navbar-right"> ❺
       <li><a href="#">ホーム</a></li>
       <li><a href="#">アプリについて</a></li>
       <li><a href="#">お問い合わせ</a></li>
     </ul>
   </div>
</div><!-- container -->
</div>


<div class="global navbar-default navbar-static-top"> ❽ ❼
<div class="container">
  <div class="navbar-collapse collapse">
    <ul class="nav navbar-nav"> ❿
      <li><a href="#">ホーム <span>HOME</span></a></li>
      …略…
      <li><a href="#">会社案内 <span>Company</span></a></li> ❾
    </ul>
  </div>
</div><!-- container -->
</div>
```

アイコンフォントFont Awesome（P.078）の設定を追加。

A ナビゲーションバーを追加する

❷ 1段組みのグリッドを用意して BOOTSTRAP 03-A-C（P.191）の設定を追加。

❸ バーを白色にするためクラス名「navbar-inverse」を「navbar-default」に変更。

❹ バーの角丸を削除して最適なデザインで表示するため、クラス名「navbar-static-top」を追加。

❺ メニューを右に配置するため、クラス名「navbar-left」を「navbar-right」に変更。

❻ サイト名は画像（studio.png）で表示。

サイト名の画像：studio.png（400×76ピクセル）

サイト名の画像は2倍の大きさで作成した高解像度版を用意。そのため、HEADER 05-A（P.039）のように2分の1に縮小する必要があります。ただし、Bootstrapのみでページを形にする場合、CSSの代わりにwidth属性を追加し、縮小後の横幅を指定します。ここでは200pxに指定しています。

B グローバルメニューを追加する

❼ 1段組みのグリッドを用意してMENU 05-F（P.092）の設定を追加。クラス名を「menu」から「global」に変更。

極小画面では A のトグル型メニューに含めて表示するため、次のように設定します。

❽ 背景色などを A と揃えて表示するため、クラス名「navbar-default」、「navbar-static-top」を追加。

❾ 極小画面では A のトグル型メニューに含めて表示するため、<div class="navbar-collapse collapse">でマークアップ。

❿ Bootstrapのブレイクポイントに応じてリンクの並びを変更するため、<ul>にクラス名「nav」、「navbar-nav」を追加。

```html
<div id="carousel-example-generic"
 class="carousel slide" data-ride="carousel">    ——⓫
  <!-- Indicators -->
  <ol class="carousel-indicators">    ——⓭
    <li data-target="#carousel-example-generic"
      data-slide-to="0" class="active"></li>
    <li data-target="#carousel-example-generic"
      data-slide-to="1"></li>
    <li data-target="#carousel-example-generic"
      data-slide-to="2"></li>
  </ol>

  <!-- Wrapper for slides -->
  <div class="carousel-inner">
    <div class="item active">    ——⓬  1枚目
      <img src="img/photo01.jpg" alt="">
      <div class="carousel-caption">
        <h3>照明</h3>
        <p>構造物の形を際立たせ、空間に奥行を与えます。</p>
      </div>
    </div>

    <div class="item">    ——⓬  2枚目
      <img src="img/photo02.jpg" alt="">
      <div class="carousel-caption">
        <h3>内装・フローリング</h3>
        <p>色合いやトーンを含め、細部までトータルで設計します。</p>
      </div>
    </div>

    <div class="item">    ——⓬  3枚目
      <img src="img/photo03.jpg" alt="">
      <div class="carousel-caption">
        <h3>インテリア</h3>
        <p>室内にアクセントを置き、楽しみを加えます。</p>
      </div>
    </div>
  </div>

  <!-- Controls -->
  <a class="left carousel-control"    ——⓮
    href="#carousel-example-generic" data-slide="prev">
    <span class="glyphicon glyphicon-chevron-left"></span>
  </a>
  <a class="right carousel-control"
    href="#carousel-example-generic" data-slide="next">
    <span class="glyphicon glyphicon-chevron-right"></span>
  </a>
</div>
```

C カルーセルを追加する

⓫ Bootstrapのカルーセルを追加。ここでは、下記のページから「Examples」の設定をコピーして追加しています。なお、画面の横幅いっぱいに表示するため、グリッドの設定は追加しません。

Bootstrap: Carousel
http://getbootstrap.com/javascript/#carousel

⓬ カルーセルに表示する内容は<div class="item">内に記述。ここでは3枚分の設定を記述し、1枚目として表示するものには「active」というクラス名を追加しています。
画像は<img>で指定し、画像に重ねる見出しと文章は<div class="carousel-caption">内に記述します。

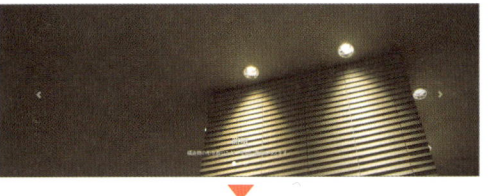

⓭ 中央下部に白丸を表示する設定。

⓮ 左右にナビゲーションの矢印を表示する設定。

この段階では、見出しと文章は中央揃えで小さく表示されます。

RECIPE 03

```
<div class="container">
<div class="row">
<div class="col-md-8">                                    ⑮  1段目

  <div class="new">                                       ⑯
    <h2>新着情報</h2>  ⑯
    <ul>
      <li>
      <a href="#">
      <time datetime="2014-06-01">2014.06.01</time>
      <p class="title">定時株主総会のご案内</p>     D1
      </a>
      </li>
      …略…
    </ul>
  </div>

<div class="row">                                         ⑰
  <div class="col-sm-6">                                  ⑰   1段目
    <div class="entry">                                   ⑰
      <h2>技術とサービス</h2>
      <img src="img/point01.jpg" alt="" class="img-responsive">
      <p>STYLE STUDIOは内装やインテリアの設計・コーディ
      ネイト・デザインを提供します。</p>
      <p><a href="#" class="button btn
      btn-default">続きを読む</a></p>
    </div>
  </div><!-- col -->
  <div class="col-sm-6">                                        2段目
    <div class="entry">                                   ⑰
      <h2>プロジェクト</h2>
      <img src="img/point02.jpg" alt="" class="img-responsive">
      <p>大規模案件から個人宅のリフォームまで、さまざまな
      プロジェクトに対応します。</p>
      <p><a href="#" class="button btn
      btn-default">続きを読む</a></p>
    </div>
  </div><!-- col -->
</div><!-- row -->

<div class="row">                                         ⑰
  <div class="col-sm-6">                                        1段目
    <div class="entry">                                   ⑰
      <h2>実績紹介</h2>
      <img src="img/point03.jpg" alt="" class="img-responsive">
      <p>これまでに携わったプロジェクトの記録です。ショッ
      ピングモールの実績を追加しました。</p>
      <p><a href="#" class="button btn
      btn-default">続きを読む</a></p>
    </div>
  </div><!-- col -->
  <div class="col-sm-6">                                        2段目
    <div class="entry">                                   ⑰
      <h2>オフィス案内</h2>
      <img src="img/point04.jpg" alt="" class="img-responsive">
      <p>弊社のオフィスや常駐スタッフをご紹介します。アン
      テナショップもご利用ください。</p>
      <p><a href="#" class="button btn
      btn-default">続きを読む</a></p>
    </div>
  </div><!-- col -->
</div><!-- row -->

</div><!-- col -->
```

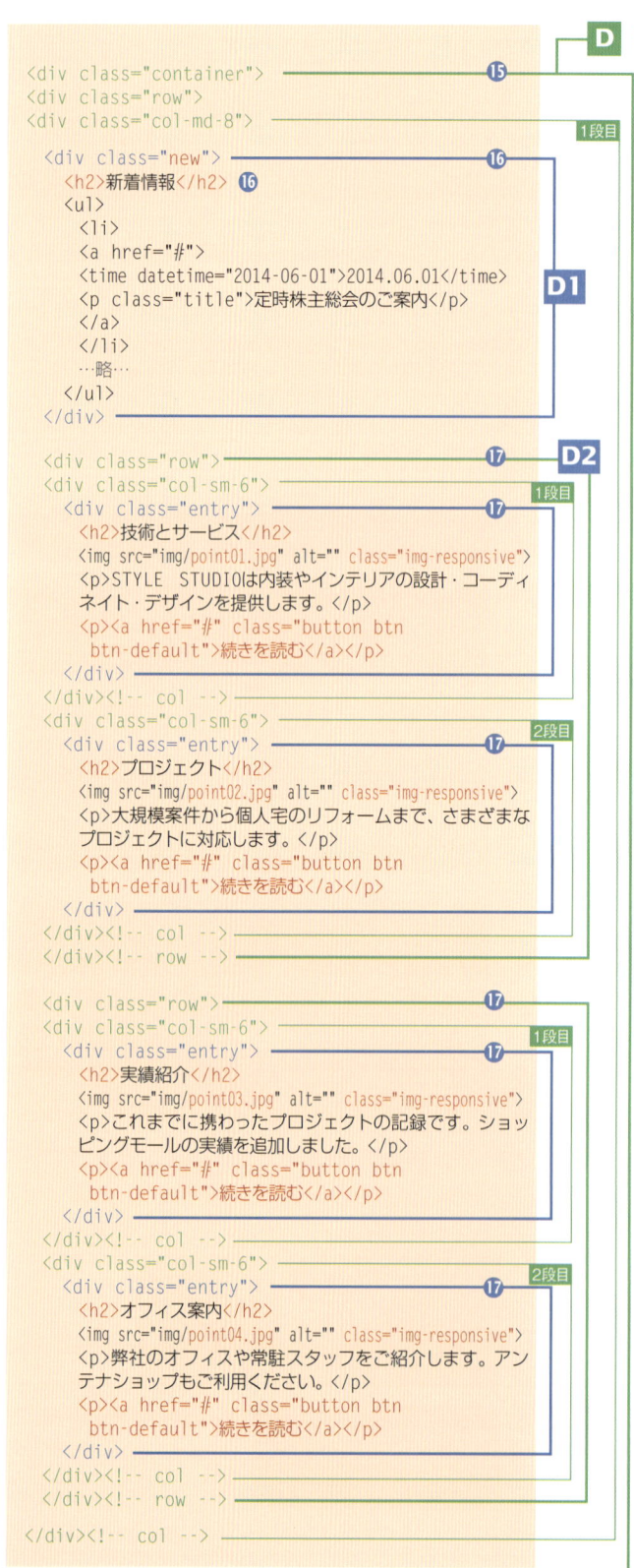

D　2段組みのグリッドを追加する

⑮　2段組みのグリッドを追加し、1段目に **D1** と **D2** を、2段目に **D3** を配置していきます。

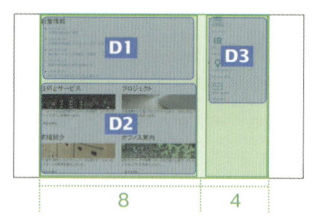

8　4

D1　新着情報メニューを追加する

⑯　MENU 04-A（P.086）の設定を追加。
クラス名を「menu」から「new」に、見出しのマークアップを<h2>に変更しています。

D2　企業概要を追加する

⑰　2段組みのグリッドを2つ用意。
各段にENTRY 01（P.052）の設定を追加します。

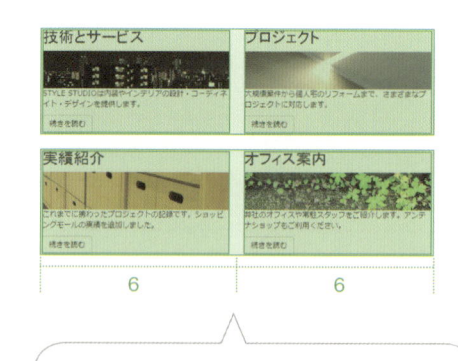

6　6

ENTRY 01の設定は、見出し、画像、文章の順に記述し、以下のように変更しています。

見出しのマークアップを<h2>に変更。

画像を可変にするため、Bootstrapのクラス名「img-responsive」を追加。

ボタンを表示するためOTHER 01（P.116）の設定を追加。クラス名「btn」、「btn-default」を追加してBootstrapでボタンの形にしています。

```
<div class="col-md-4">

  <div class="submenu">
    <h1>MENU</h1>
    <ul>
      <li>
      <a href="#">
      <img src="img/icon01.png" alt="">
      <p class="title">採用情報</p>
      <p class="desc">RECRUIT</p>
      </a>
      </li>

      <li>
      <a href="#">
      <img src="img/icon02.png" alt="">
      <p class="title">株主・投資家情報</p>
      <p class="desc">INVESTOR RELATIONS</p>
      </a>
      </li>

      <li>
      <a href="#">
      <img src="img/icon03.png" alt="">
      <p class="title">アクセスマップ</p>
      <p class="desc">ACCESS MAP</p>
      </a>
      </li>

      <li>
      <a href="#">
      <img src="img/icon04.png" alt="">
      <p class="title">お問い合わせ</p>
      <p class="desc">CONTACT</p>
      </a>
      </li>
    </ul>
  </div>

</div><!-- col -->
</div><!-- row -->
</div><!-- container -->


<div class="footer">
<div class="container">
<div class="row">
<div class="col-sm-12">
  <p>STYLE STUDIO</p>
  <p>Copyright &copy; STYLE STUDIO</p>
</div><!-- col -->
</div><!-- row -->
</div><!-- container -->
</div>


<script src="http://code.jquery.com/jquery.js"></script>
<script src="js/bootstrap.min.js"></script>
</body>
</html>
```

2段目

D3 サブメニューを追加する

⑱ MENU 04（P.082）の設定を追加。クラス名は「menu」から「submenu」に変更しています。

⑲ メニューの見出しはここでは使用しないので削除。

リンクごとにアイコン画像（55×45ピクセル）を表示しています。

E フッターを追加する

⑳ 1段組みのグリッドを用意してFOOTER 01（P.104）の設定を追加。サイト名とコピーライトを記述しています。

RECIPE 03

▶ CSSでデザインをアレンジする

各パーツのCSSの設定を適用し、レイアウトやデザインを調整してページを仕上げていきます。

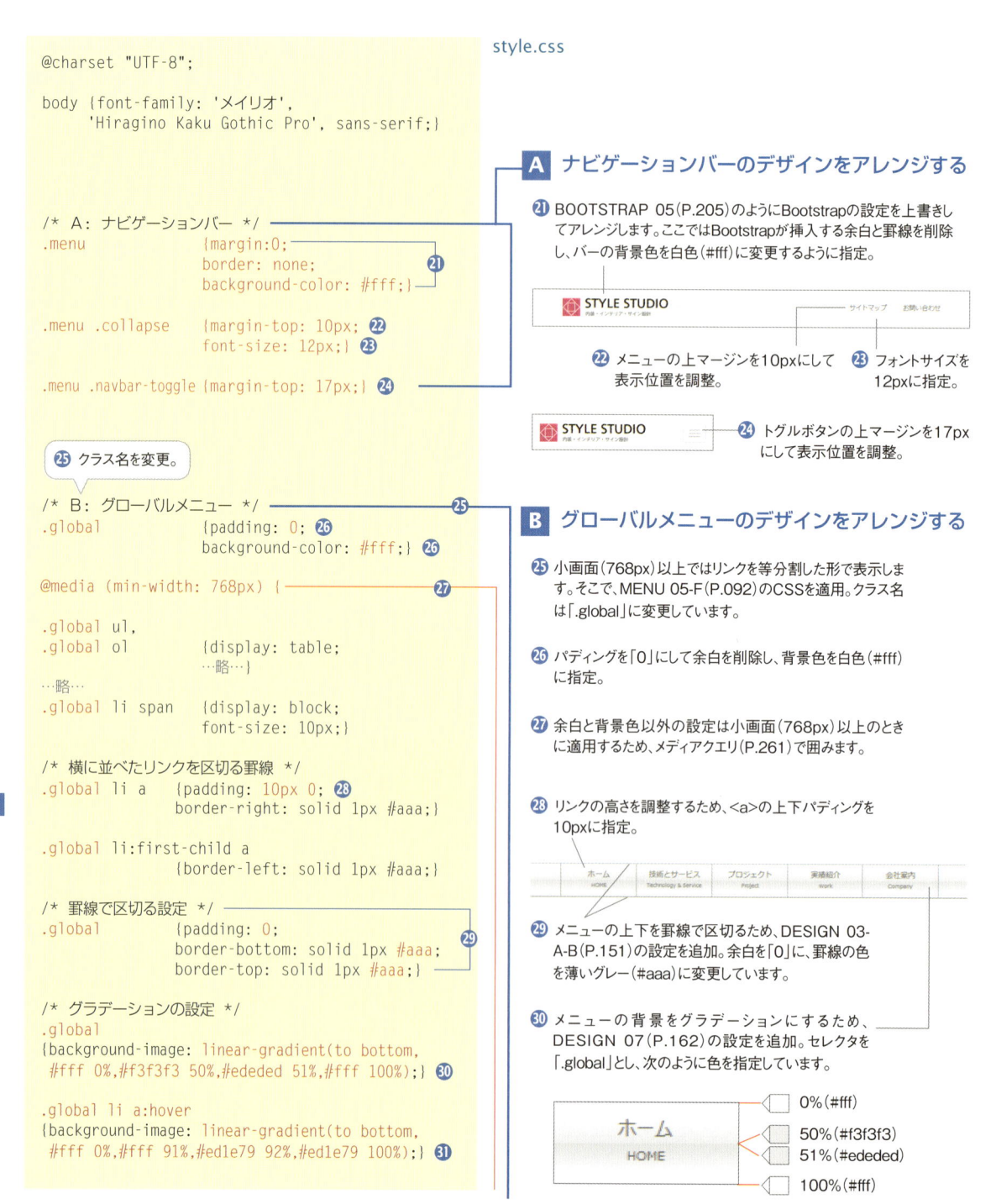

style.css

```css
@charset "UTF-8";

body {font-family: 'メイリオ',
      'Hiragino Kaku Gothic Pro', sans-serif;}


/*  A: ナビゲーションバー  */
.menu                {margin:0;
                      border: none;
                      background-color: #fff;}   ㉑

.menu .collapse      {margin-top: 10px;   ㉒
                      font-size: 12px;}   ㉓

.menu .navbar-toggle {margin-top: 17px;}   ㉔


㉕ クラス名を変更。

/*  B: グローバルメニュー  */   ㉕
.global              {padding: 0;   ㉖
                      background-color: #fff;}   ㉖

@media (min-width: 768px) {   ㉗

.global ul,
.global ol           {display: table;
                      …略…}
…略…
.global li span      {display: block;
                      font-size: 10px;}

/*  横に並べたリンクを区切る罫線  */
.global li a         {padding: 10px 0;   ㉘
                      border-right: solid 1px #aaa;}

.global li:first-child a
                     {border-left: solid 1px #aaa;}

/*  罫線で区切る設定  */
.global              {padding: 0;
                      border-bottom: solid 1px #aaa;
                      border-top: solid 1px #aaa;}   ㉙

/*  グラデーションの設定  */
.global
{background-image: linear-gradient(to bottom,
 #fff 0%,#f3f3f3 50%,#ededed 51%,#fff 100%);}   ㉚

.global li a:hover
{background-image: linear-gradient(to bottom,
 #fff 0%,#fff 91%,#ed1e79 92%,#ed1e79 100%);}   ㉛
```

A ナビゲーションバーのデザインをアレンジする

㉑ BOOTSTRAP 05(P.205)のようにBootstrapの設定を上書きしてアレンジします。ここではBootstrapが挿入する余白と罫線を削除し、バーの背景色を白色(#fff)に変更するように指定。

㉒ メニューの上マージンを10pxにして表示位置を調整。

㉓ フォントサイズを12pxに指定。

㉔ トグルボタンの上マージンを17pxにして表示位置を調整。

B グローバルメニューのデザインをアレンジする

㉕ 小画面(768px)以上ではリンクを等分割した形で表示します。そこで、MENU 05-F(P.092)のCSSを適用。クラス名は「.global」に変更しています。

㉖ パディングを「0」にして余白を削除し、背景色を白色(#fff)に指定。

㉗ 余白と背景色以外の設定は小画面(768px)以上のときに適用するため、メディアクエリ(P.261)で囲みます。

㉘ リンクの高さを調整するため、<a>の上下パディングを10pxに指定。

㉙ メニューの上下を罫線で区切るため、DESIGN 03-A-B(P.151)の設定を追加。余白を「0」に、罫線の色を薄いグレー(#aaa)に変更しています。

㉚ メニューの背景をグラデーションにするため、DESIGN 07(P.162)の設定を追加。セレクタを「.global」とし、次のように色を指定しています。

- 0%(#fff)
- 50%(#f3f3f3)
- 51%(#ededed)
- 100%(#fff)

```css
/* Bootstrapの設定を無効化 */
.global .navbar-nav,
.global .navbar-nav>li   {float: none;}

.global .navbar-collapse:before,
.global .navbar-collapse:after,
.global .nav:before,
.global .nav:after
                         {display: none;}

} /* @media */
```
㉜

ダウンロードサンプルでは、グラデーションの設定にDESIGN 07-A（P.163）の❶と❷およびDESIGN 07-B（P.163）の設定を追加し、古いブラウザに対応するようにしています。IE8では白色の背景色で表示されます。

```css
/* カルーセル */
.carousel                {margin-bottom: 30px;} ㉝

.carousel-caption        {left: 15%;
                          bottom: 40px;              ㉞
                          text-align: left;}

.carousel-caption h3     {font-size: 42px;} ㉟

@media (max-width: 680px) {
    .carousel-inner>.item>img
                         {min-width: 500px;} ㊲
    .carousel-control    {width: 20px;}
    .carousel-caption    {bottom: 0;}              ㊱
    .carousel-indicators {bottom: 0;}              ㊳
    .carousel-caption h3 {font-size: 20px;}
    .carousel-caption p  {font-size: 12px;}        ㊴
} /* @media */
```

上記 C の設定は、他のパーツの設定を利用したものではなく、Bootstrapがカルーセルに標準で適用しているCSSの設定を上書きするためのものです。BootstrapがしているCSSの設定は、P.192の方法で確認することができます。

```css
/* D1: 新着情報メニュー */                        ㊵
.new                     {margin-bottom: 40px; ㊶
                          padding: 0;          ㊶
                          background-color: #dfe3e8;} ㊶

.new h2                  {margin: 0 0 10px 0;
                          font-size: 20px;     ㊷
                          line-height: 1.2;}
…略…
.new .title              {font-weight: bold;} ㊸
```

RECIPE 03

㉛ メニューにカーソルを重ねたときにピンク色のバーを表示。グラデーションを使って表現するため、DESIGN 07（P.162）の設定を追加。セレクタを「.global li a:hover」とし、次のように色を指定しています。

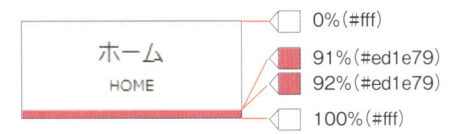

㉜ リンクを等分割した横幅で表示するため、Bootstrapが適用するfloatとクリアフィックスの設定を無効化しています。

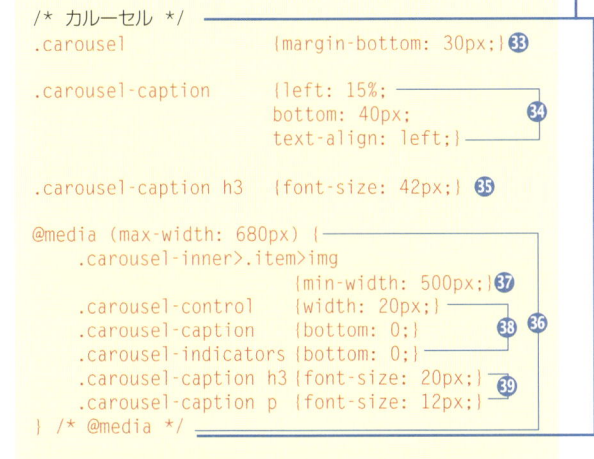

C カルーセルのデザインをアレンジする

㉝ カルーセルの下に30ピクセルの余白を挿入。

㉞ カルーセルのテキストはDESIGN 08（P.164）のようにpositionで表示位置が調整されています。そこで、leftを15%、bottomを40pxと指定し、左揃えで表示するように指定。

㉟ 見出しのフォントサイズを42pxに指定。

㊱ メディアクエリ（P.261）の設定を追加し、テキストのバランスが悪くなる横幅680px以下の画面での表示を調整していきます。

㊲ 画像が小さくなりすぎないように、横幅の最小値を500pxに指定。
※IEでは機能しません。

㊳ 左右の矢印、テキスト、白丸の表示位置を調整。

㊴ 見出しを20px、文章を12pxのフォントサイズに指定。

D1 新着情報メニューのデザインをアレンジする

㊵ MENU 04-A（P.086）のCSSを適用。セレクタのクラス名は「.new」に、「h1」は「h2」に変更しています。

㊶ パーツの下に40pxの余白を挿入。他の余白を入れないようにpaddingは0とし、背景の指定は削除しています。

㊷ 見出しのフォントサイズを20pxに指定。

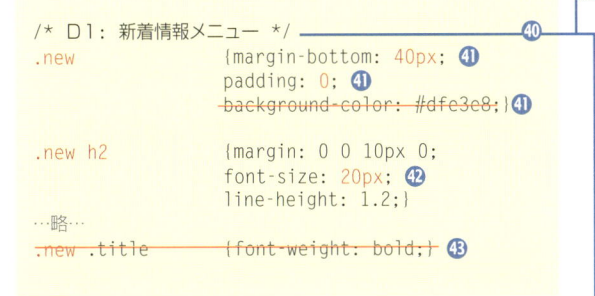

㊸ リンクの記事のタイトルを太字にしないため、設定を削除。

RECIPE 03

```css
.new .desc        {color: #666;
                   font-size: 12px;}
…略…
.new li a         {*zoom: 1;}

/* 縦に並べたリンクを区切る罫線 */
.new li a {border-bottom: solid 1px #aaa;}  ㊹

/* 枠の設定 */
.new h2           {padding: 10px;
                   background-color: #6d0e38;
                   color: #fff;}

/* 吹き出し型にする設定 */
.new h2           {position: relative;}                   ㊺

.new h2:after {content: '';
               position: absolute;
               top: 100%;
               left: 40px;
               height: 0;
               width: 0;
               border: solid 15px transparent;
               border-top-color: #6d0e38;}

/* D2: 企業概要 */                                         ㊻
.entry            {margin-bottom: 40px;  ㊼
                   padding: 0;  ㊼
                   background-color: #dfe3e8;}  ㊼

.entry img        {max-width: 100%;
                   height: auto;
                   margin: 0 0 10px 0;  ㊾
                   vertical-align: bottom;}

.entry h2         {margin: 0;  ㊾
                   font-size: 20px;  ㊽
                   line-height: 1.2;}

.entry p          {margin: 0 0 10px 0;  ㊾
                   font-size: 14px;
                   line-height: 1.6;}

/* 枠の設定 */
.entry h2         {padding: 10px;
                   background-color: #6d0e38;
                   color: #fff;}

/* 吹き出し型にする設定 */
.entry h2         {position: relative;}                   ㊿

.entry h2:after {content: '';
                 position: absolute;
                 top: 100%;
                 left: 40px;
                 height: 0;
                 width: 0;
                 border: solid 15px transparent;
                 border-top-color: #6d0e38;}
```

㊹ リンクを罫線で区切るため、MENU 01-Aの❶（P.070）の設定を追加。セレクタのクラス名は「.new」に変更します。

㊺ 見出しをエンジ色のふきだしの形にするため、DESIGN 05（P.156）の設定を<h2>に適用。
余白を10px、背景色をエンジ色（#6d0e38）、文字の色を白色（#fff）に指定。三角形の大きさは15pxにしています。

D2 企業概要のデザインをアレンジする

㊻ ENTRY 01（P.052）のCSSを適用。セレクタの「h1」は「h2」に変更しています。

㊼ パーツの下に40pxの余白を挿入。他の余白を入れないようにpaddingは0とし、背景の指定は削除しています。

㊽ 見出しのフォントサイズを20pxに指定。

㊾ 各要素の下マージンを、見出しは0、画像は10px、文章は10pxに指定。

㊿ 見出しを D1 と同じエンジ色のふきだしの形にするため、㊺の設定を追加。セレクタのクラス名は「.entry」に変更しています。

```
/* D3: サブメニュー */                                    (51)
.submenu             {margin-bottom: 40px; (52)
                     padding: 0; (52)
                     background-color: #dfe3e8;} (52)
…略…
.submenu p           {margin: 0 0 0 80px;} (53)

.submenu .title      {font-size: 18px; (54)
                     font-weight: bold;} (54)

.submenu .desc       {color: #666;
                     font-size: 12px;}

.submenu li a:after       {content: "";
                     display: block;
                     clear: both;}
.submenu li a        {*zoom: 1;}


/* 右矢印 */                                              (55)
.submenu             {padding: 20px;
                     background-color: #dfe3e8;}
…略…
.submenu li a        {position: relative;
                     display: block;
                     margin: 0 0 20px 0;
                     padding: 30px 20px 30px 20px; (56)
                     border: solid 1px #aaa;
                     color: #000;
                     text-decoration: none;}

.submenu li a:hover {background-color: #eee;}

.submenu li a:before      {position: absolute;
                     right: 10px;
                     top: 50%;
                     content: '\f054';
                     margin: -8px 0 0 0;
                     color: #888;
                     font-family: 'FontAwesome';
                     font-size: 16px;
                     line-height: 1;}


/* フッター */                                            (57)
.footer              {padding: 20px 0 20px 0; (58)
                     border-top: solid 1px #aaa; (59)
                     background-color: #dfe3e8;}

.footer p            {margin: 0 0 3px 0;
                     font-size: 12px;
                     line-height: 1.4;}

.footer a            {color: #666;
                     text-decoration: none;}
```

D3 企業概要のデザインをアレンジする

(51) MENU 04(P.082)のCSSを適用。セレクタのクラス名は「.submenu」に変更しています。

(52) パーツの下に40pxの余白を挿入。他の余白を入れないようにpaddingは0とし、背景の指定は削除しています。

(53) 画像サイズに合わせてテキストの左マージンを80pxに指定。

(54) リンクのタイトルのフォントサイズを18pxに指定し、太字にする指定を削除。

(55) 各リンクを罫線で囲み、右矢印をつけて表示するため、MENU 03-D(P.079)のCSSを適用。セレクタのクラス名は「.submenu」に変更しています。
また、MENU 04と重複する設定は削除しています。

(56) 罫線の内側の余白サイズを調整。ここでは上下を30px、左右を20pxにしています。

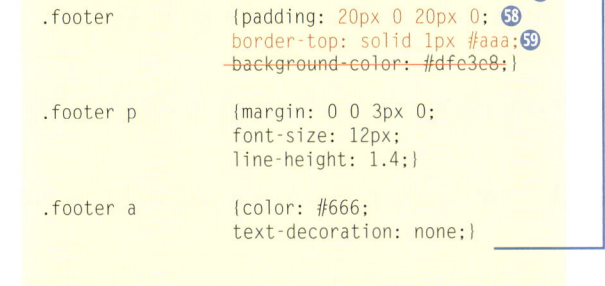

E フッターのデザインをアレンジする

(57) FOOTER 01(P.104)のCSSを適用。

(58) 左右の余白はグリッドでコントロールするため、左右パディングを0に、上下パディングを20pxにしています。

(59) 上を罫線で区切るため、DESIGN 03-A-A(P.151)のborder-topの設定を追加。太さ1ピクセルのグレー(#aaa)の罫線を表示するようにしています。

RECIPE 04

ショップサイト

ショップ系サイトのページを Foundation を利用して作成したものです。ページ上部にはカルーセルを配置し、メインコンテンツは3段組みで構成しています。また、画面の横幅が小さい環境ではオフキャンバスメニューを利用できるようにしています。

▶ Finished Page

小画面と中画面ではオフキャンバスメニューを利用できるようにします。

カルーセルの表示。自動的に切り替わります。

使用するパーツ

	使用するパーツ		クラス名（変更後）
A	トップバー	FOUNDATION 03-A-B（P.235）	.menu
B	ヘッダー	HEADER 03-A-A（P.029）	.header
C	カルーセル	Foundationのカルーセル + HEADER 07（P.044）	－
D	3段組みのグリッド	FOUNDATION 02（P.218）	－
D1	サイドメニュー	OTHER 05（P.138）+ MENU 01（P.066）	.sidemenu
D2	おすすめ情報	OTHER 05（P.138）+ ENTRY 03-A（P.063）	.entry
D3	新着情報	OTHER 05（P.138）+ MENU 04-A（P.086）	.news
D4	ショッピング情報	OTHER 05（P.138）+ ENTRY 02（P.058）	.shopping
E	フッター	FOOTER 01（P.104）	.footer
F	オフキャンバスメニュー	Foundationのオフキャンバス + MENU 01（P.066）	.cmenu

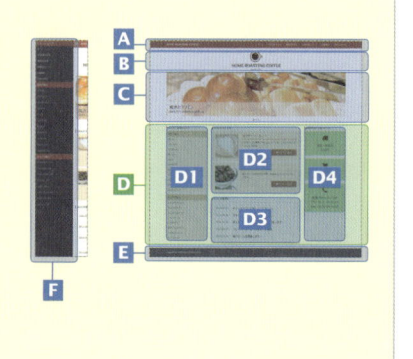

どのようなページにするか

■ カルーセルで情報を表示する

背景画像にテキストを重ねたものを3種類用意し、FoundationのOrbitの機能を利用して自動再生のスライドショー形式で表示します。このときカルーセルの高さを固定し、それに合わせて背景画像を表示します。また、テキストの背景は半透明にして背景画像に重ねます。

■ オフキャンバスメニューを表示する

FoundationのOff-Canvasの機能を利用して、中画面以下では A と D1 のメニューをオフキャンバスの形にして表示します。ただし、A と D1 をそのまま利用するのは困難なので、これらに相当する設定をオフキャンバス用に F として用意し、A と D1 は大画面（1025px ～）以上のときだけ、F は中画面（～ 1024px）以下のときだけ表示するように設定します。

また、それに合わせてFoundationのグリッドシステム（P.222）で作った3段組み D は次のように変化させます。

Foundationの機能だけでページを形にする

FOUNDATION 01（P.215）を用意し、各パーツのHTMLソースを追加していきます。このとき、各パーツのCSSは適用せず、Foundationの機能だけを利用して右のようにページを形にします。CSSでアレンジすることが前提のため簡素な仕上がりになりますが、カルーセルやオフキャンバスメニューはこの段階でも機能します。

なお、Foundationのグリッドシステムを利用し、A と E については画面の横幅いっぱいに表示するように設定します。設定方法については、「パーツを画面の横幅いっぱいに表示する」（P.249）を参照してください。

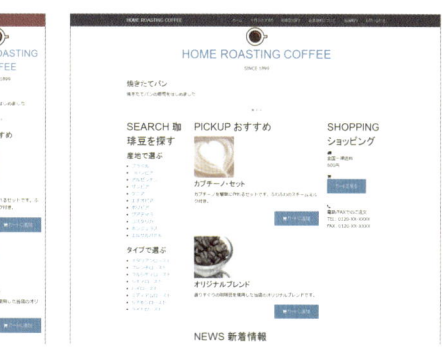

RECIPE 04

sample.html

```html
...
<meta name="viewport" content="width=device-width">

<link href='http://fonts.googleapis.com/css?family=
Marmelad' rel='stylesheet' type='text/css'> ❶

<link href="http://netdna.bootstrapcdn.com/font-awesome/
4.0.3/css/font-awesome.css" rel="stylesheet"> ❷

<link rel="stylesheet" href="css/normalize.css">
...
<body>

<div class="off-canvas-wrap">─────────────────❸
<div class="inner-wrap">




<div class="contain-to-grid show-for-large-up">─────❹
<div class="menu top-bar" data-topbar>

  <ul class="title-area">
    <li class="name">
      <h1><a href="#">
      HOME ROASTING COFFEE ❺
      </a></h1></li>
    <li class="toggle-topbar menu-icon">
      <a href="">Menu</a>
    </li>
  </ul>

  <section class="top-bar-section">
    <ul class="right"> ❻
    <li><a href="#">ホーム</a></li>
    <li><a href="#">今月のおすすめ</a></li>
    <li><a href="#">珈琲豆を探す</a></li>
    <li><a href="#">自家焙煎について</a></li>
    <li><a href="#">店舗案内</a></li>
    <li><a href="#">お問い合わせ</a></li>
    </ul>
  </section>

</div>
</div>──────────


<div class="toggle-button hide-for-large-up" ❼
  style="background-color:#a52a2a;"> ❽
<a class="left-off-canvas-toggle menu-icon">
<span>MENU</span>
</a>
</div>──────────
```

❶ Webフォント（Google Fonts）の設定を追加。ここでは「Marmelad」というフォントを利用できるようにしています。
http://www.google.com/fonts/specimen/Marmelad

❷ アイコンフォントの設定を追加。ここではFont Awesome（P.078）を利用できるようにしています。

すべてのパーツをマークアップする

❸ オフキャンバスメニューを表示するためには、A〜Fのすべてのパーツを<div class="off-canvas-wrap">と<div class="inner-wrap">でマークアップします。

A トップバーを追加する

❹ サイト名を入れた形でトップバーを表示するため、FOUNDATION 03-A-B（P.235）の設定を追加。ただし、画面の横幅いっぱいに表示するため、FOUNDATION 04の㉜〜㉝（P.249）のようにグリッドを削除し、<div class="contain-to-grid">でマークアップします。

また、トップバーは大画面以上で表示するため、Foundationのクラス名「show-for-large-up」を指定しておきます。

大画面以上での表示：

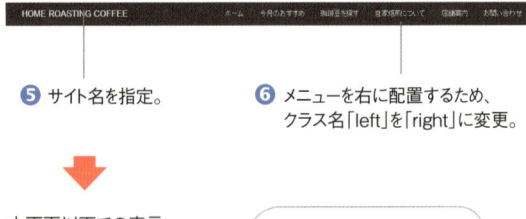

❺ サイト名を指定。

❻ メニューを右に配置するため、クラス名「left」を「right」に変更。

中画面以下での表示：

オフキャンバスメニューのトグルボタン。

❼ 中画面以下では、トップバーの代わりにオフキャンバスメニューのトグルボタンを表示します。
そのため、「MENU」という文字を<a>と<span>でマークアップし、<a>にはFoundationのクラス名「left-off-canvas-toggle」と「menu-icon」を指定します。さらに、全体は<div>でマークアップし、クラス名を「toggle-button」、「hide-for-large-up」と指定します。

❽ トグルボタンは標準では背景色が透明で、アイコンや文字が白色で表示されます。そのままでは白色のページの背景と一体化して表示を確認することができないため、ここではstyle属性を追加し、トグルボタンの背景色を赤色（#a52a2a）に指定しています。

B ヘッダーを追加する

```html
<div class="row">
<div class="columns medium-12">
<div class="header text-center">
  <h1><a href="#"><img src="img/logo.png" alt=""
  class="logo" width="80"><br>
  HOME ROASTING COFFEE</a></h1>
  <p>SINCE 1899</p>
</div>
</div><!-- columns -->
</div><!-- row -->
```

❾ 1段組みのグリッドを用意してHEADER 03-A-A（P.029）の設定を追加。

❿ 画像とテキストを中央揃えにするため、Foundationのクラス名「text-center」を追加。

⓫ ロゴ画像の横幅を80pxに指定。

ロゴ画像：
logo.png（160×136ピクセル）

ロゴ画像は2倍の大きさで作成した高解像度版を用意。HEADER 05-A（P.039）のように2分の1に縮小して表示するため、ここではCSSの代わりにwidth属性を80pxに指定しています。

C カルーセルを追加する

```html
<div class="row">
<div class="columns medium-12">
<ul data-orbit data-options="timer_speed:5000;
 animation_speed:1000;
 pause_on_hover:false;">
  <li>
    <img src="img/slide01.jpg" alt="" width="0" height="0">
    <div class="slide">
      <div class="inner">
        <h3>焼きたてパン</h3>
        <p>焼きたてパンの販売をはじめました</p>
      </div>
    </div>
  </li>
  <li>
    <img src="img/slide02.jpg" alt="" width="0" height="0">
    <div class="slide">
      <div class="inner">
        <h3>自家焙煎珈琲</h3>
        <p>新鮮な豆で作っています</p>
      </div>
    </div>
  </li>
  <li>
    <img src="img/slide03.jpg" alt="" width="0" height="0">
    <div class="slide">
      <div class="inner">
        <h3>手作りジャム</h3>
        <p>パンと珈琲のお供におすすめです</p>
      </div>
    </div>
  </li>
</ul>
</div><!-- columns -->
</div><!-- row -->
```

<img>で読み込んだ画像を表示することもできますが、RECIPE 03（P.294）のように画面に合わせてカールセルの横幅と高さの両方が変化する形になります。ここではカルーセルの高さを固定して表示するため、背景画像として表示するようにしています。

⓬ 1段組みのグリッドを用意し、カルーセルの設定を追加します。ここでは3種類のコンテンツを表示するため、<li>を3つ用意し、全体を<ul>でマークアップします。<ul>には「data-orbit」属性を指定します。また、<ul>のdata-options属性ではカルーセルのオプションを指定します。ここでは表示時間を5000ミリ秒、スライド速度を1000ミリ秒、カーソルを重ねたときにポーズする機能をオフに指定しています。

⓭ カルーセルで表示するコンテンツは<li>の中に追加します。ここでは背景画像に見出しと文章を重ねたパーツを表示するため、HEADER 07（P.044）の設定を追加しています。このとき、全体をマークアップした<div>のクラス名は「slide」に、見出しのマークアップは<h3>に変更しています。すると、以下のように見出しと文章が表示されます。

⓮ 各コンテンツの背景画像（slide01.jpg、slide02.jpg、slide03.jpg）はCSSの設定㊴〜㊵で表示します。ただし、背景画像の読み込みが終わらないうちにスライドショーの自動再生が始まるのを防ぐため、ここでは<img>でも同じ画像を指定しています。すると、Foundationのスクリプトにより、3つの画像のロードが完了してから自動再生が行われます。なお、<img>で指定した画像は非表示にするため、横幅と高さを「0」にしています。

※ <img>で読み込んだ画像はブラウザによってキャッシュされるため、CSSで指定した同じ画像が重複して読み込まれることはありません。

⓯ あとからDESIGN 06-B（P.161）のCSSを適用し、見出しと文章の背景を半透明な表示にするため、<div class="inner">でマークアップしています。

RECIPE 04

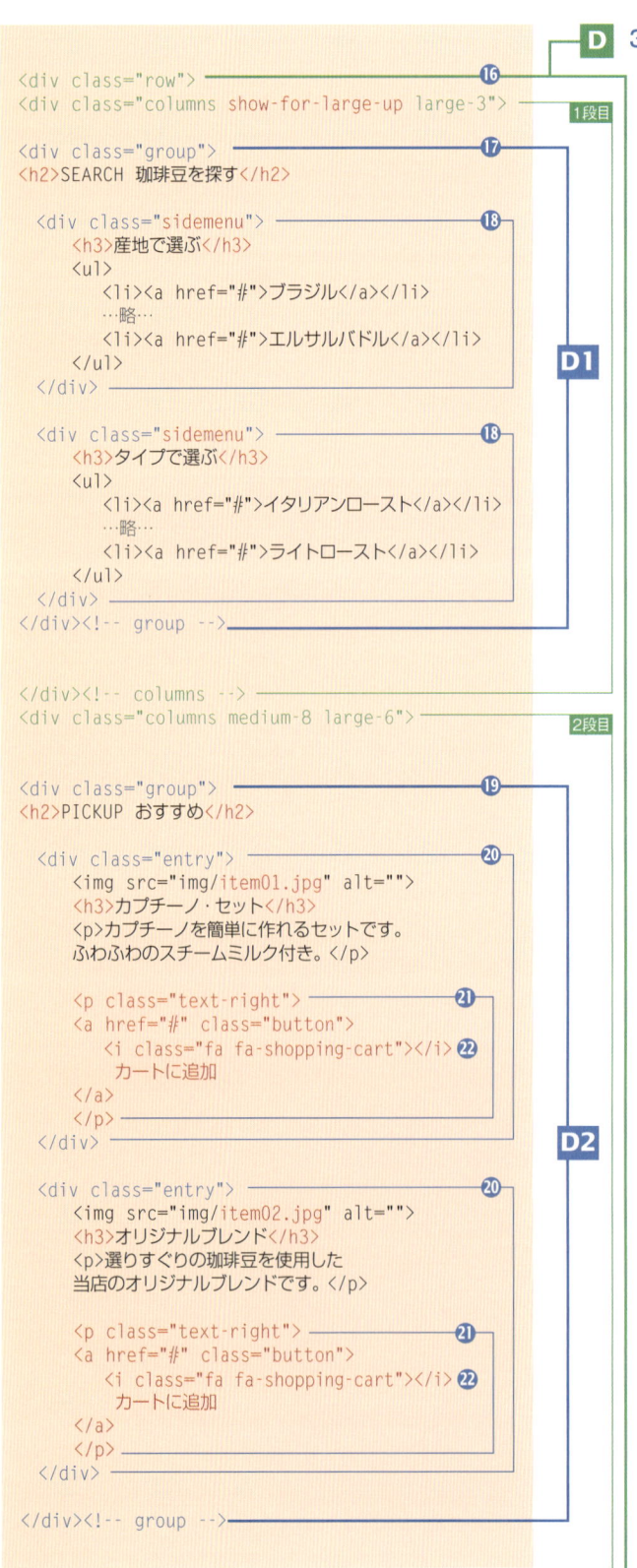

3段組みのグリッドを追加する

```
<div class="row">                                       ⑯
  <div class="columns show-for-large-up large-3">       1段目

    <div class="group">                                 ⑰
      <h2>SEARCH 珈琲豆を探す</h2>

      <div class="sidemenu">                            ⑱
        <h3>産地で選ぶ</h3>
        <ul>
          <li><a href="#">ブラジル</a></li>
          …略…
          <li><a href="#">エルサルバドル</a></li>
        </ul>
      </div>

      <div class="sidemenu">                            ⑱
        <h3>タイプで選ぶ</h3>
        <ul>
          <li><a href="#">イタリアンロースト</a></li>
          …略…
          <li><a href="#">ライトロースト</a></li>
        </ul>
      </div>

    </div><!-- group -->

  </div><!-- columns -->
  <div class="columns medium-8 large-6">                2段目

    <div class="group">                                 ⑲
      <h2>PICKUP おすすめ</h2>

      <div class="entry">                               ⑳
        <img src="img/item01.jpg" alt="">
        <h3>カプチーノ・セット</h3>
        <p>カプチーノを簡単に作れるセットです。
        ふわふわのスチームミルク付き。</p>

        <p class="text-right">                          ㉑
        <a href="#" class="button">
          <i class="fa fa-shopping-cart"></i>           ㉒
          カートに追加
        </a>
        </p>
      </div>

      <div class="entry">                               ⑳
        <img src="img/item02.jpg" alt="">
        <h3>オリジナルブレンド</h3>
        <p>選りすぐりの珈琲豆を使用した
        当店のオリジナルブレンドです。</p>

        <p class="text-right">                          ㉑
        <a href="#" class="button">
          <i class="fa fa-shopping-cart"></i>           ㉒
          カートに追加
        </a>
        </p>
      </div>

    </div><!-- group -->
```

⑯ 3段組みのグリッドを追加し、1段目に D1 を、2段目に D2 と D3 を、3段目に D4 を配置していきます。なお、1段目は大画面以上のときにだけ表示するため、「show-for-large-up」とクラス名を指定しています。

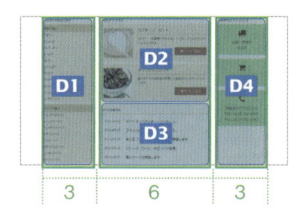

D1 サイドメニューを追加する

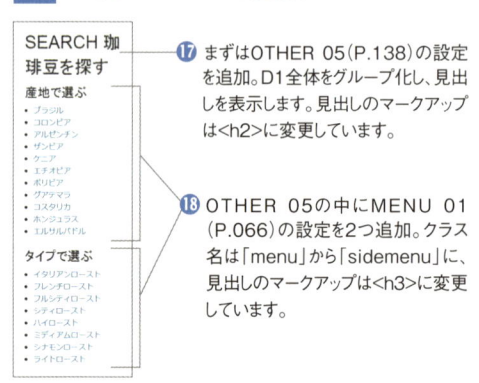

⑰ まずはOTHER 05（P.138）の設定を追加。D1全体をグループ化し、見出しを表示します。見出しのマークアップは<h2>に変更しています。

⑱ OTHER 05の中にMENU 01（P.066）の設定を2つ追加。クラス名は「menu」から「sidemenu」に、見出しのマークアップは<h3>に変更しています。

D2 おすすめ情報を追加する

⑲ D1 と同じようにOTHER 05（P.138）の設定を追加。見出しを表示します。

⑳ ENTRY 03-A（P.063）の設定を2つ追加。見出しのマークアップは<h3>に変更しています。

㉑ OTHER 01（P.116）の設定を追加。Foundationの設定が適用され、ボタンの形で表示されます。また、右揃えにするため<p>でマークアップし、クラス名を「text-right」と指定しています。

㉒ <i>を追加し、❷で指定したFont Awesome（P.078）のクラス名を指定。ここではショッピングカートのアイコンを表示しています。

RECIPE 04

```
<div class="group">                              ㉓
<h2>NEWS 新着情報</h2>

  <div class="news">                             ㉔
    <h1>MENU</h1>
    <ul>
      <li>
        <a href="#">
        <time datetime="2014-06-01">2014.06.01</time>
        <p class="title">ギフトボックスが新しくなり
ました。</p>
        </a>
      </li>
      …略…
    </ul>
  </div>

</div><!-- group -->


</div><!-- columns -->
<div class="columns medium-4 large-3">                3段目


<div class="group">                              ㉕
<h2>SHOPPING ショッピング</h2>

  <div class="shopping">                         ㉖
  <i class="fa fa-truck"></i> ㉗
  <p>全国一律送料<br>600円</p>
  </div>

  <div class="shopping">                         ㉖
  <i class="fa fa-shopping-cart"></i> ㉗
  <p><a href="#" class="button">カートを見る</a></p> ㉘
  </div>

  <div class="shopping">                         ㉖
  <i class="fa fa-phone"></i> ㉗
  <p>電話/FAXでのご注文<br>
     TEL: 0120-XX-XXXX<br>
     FAX: 0120-XX-XXXX</p>
  </div>

</div><!-- group -->

</div><!-- columns -->
</div><!-- row -->









<div class="footer">                             ㉙
<div class="row">
<div class="columns medium-12">
  <p>Copyright &copy; HOME ROASTING COFFEE</p>
</div><!-- columns -->
</div><!-- row -->
</div>
```

D3 新着情報を追加する

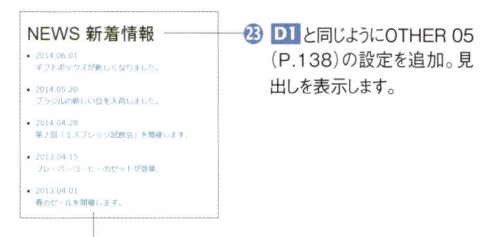

㉓ **D1**と同じようにOTHER 05（P.138）の設定を追加。見出しを表示します。

㉔ MENU 04-A（P.086）の設定を追加。日付と記事のタイトルをリストアップします。クラス名は「news」に変更し、メニューの見出しは削除しています。

D4 ショッピング情報を追加する

㉕ **D1**と同じようにOTHER 05（P.138）の設定を追加。見出しを表示します。

㉖ ENTRY 02（P.058）の設定を3つ追加。クラス名は「shopping」に変更しています。

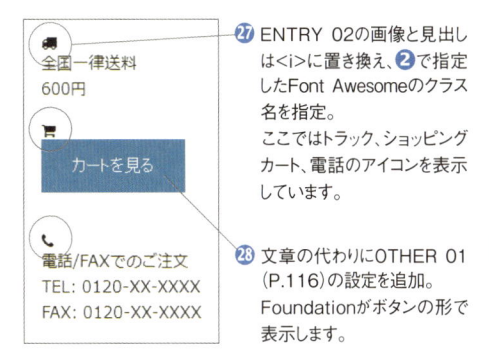

㉗ ENTRY 02の画像と見出しは<i>に置き換え、❷で指定したFont Awesomeのクラス名を指定。
ここではトラック、ショッピングカート、電話のアイコンを表示しています。

㉘ 文章の代わりにOTHER 01（P.116）の設定を追加。Foundationがボタンの形で表示します。

E フッターを追加する

㉙ 1段組みのグリッドを用意し、FOOTER 01（P.104）の設定を追加します。フッターは画面の横幅いっぱいに表示するため、親要素の<div class="footer">はグリッドの外に出しています。

309

RECIPE 04

F オフキャンバスメニューを追加する

```
<div class="left-off-canvas-menu">                    ㉚

    <div class="cmenu">                               ㉛
        <h3>メインコンテンツ</h3>
        <ul class="off-canvas-list">
            <li><a href="#">ホーム</a></li>
            <li><a href="#">今月のおすすめ</a></li>
            <li><a href="#">珈琲豆を探す</a></li>
            <li><a href="#">自家焙煎について</a></li>
            <li><a href="#">店舗案内</a></li>
            <li><a href="#">お問い合わせ</a></li>
        </ul>
    </div>


    <div class="cmenu">                               ㉛
        <h3>産地で選ぶ</h3>
        <ul class="off-canvas-list">
            <li><a href="#">ブラジル</a></li>
            <li><a href="#">コロンビア</a></li>
            <li><a href="#">アルゼンチン</a></li>
            <li><a href="#">ザンビア</a></li>
            <li><a href="#">ケニア</a></li>
            <li><a href="#">エチオピア</a></li>
            <li><a href="#">ボリビア</a></li>
            <li><a href="#">グアテマラ</a></li>
            <li><a href="#">コスタリカ</a></li>
            <li><a href="#">ホンジュラス</a></li>
            <li><a href="#">エルサルバドル</a></li>
        </ul>
    </div>


    <div class="cmenu">                               ㉛
        <h3>タイプで選ぶ</h3>
        <ul class="off-canvas-list">
            <li><a href="#">イタリアンロースト</a></li>
            <li><a href="#">フレンチロースト</a></li>
            <li><a href="#">フルシティロースト</a></li>
            <li><a href="#">シティロースト</a></li>
            <li><a href="#">ハイロースト</a></li>
            <li><a href="#">ミディアムロースト</a></li>
            <li><a href="#">シナモンロースト</a></li>
            <li><a href="#">ライトロースト</a></li>
        </ul>
    </div>

</div><!-- left-off-canvas-menu -->


<a class="exit-off-canvas"></a>                       ㉜


</div><!-- inner-wrap -->
</div><!-- off-canvas-wrap -->


<script src="js/vendor/jquery.js"></script>
<script src="js/foundation.min.js"></script>
<script>
  $(document).foundation();
</script>
</body>
</html>
```

㉚ オフキャンバスメニューとして表示する内容を<div class="left-off-canvas-menu">〜</div>でマークアップ。

㉛ オフキャンバスメニューとして表示するため、MENU 01 (P.066)の設定を3つ追加。クラス名は「cmenu」に、見出しのマークアップは<h3>に変更。<ul>にはFoundationのクラス名「off-canvas-list」を指定しています。

なお、ここでは A と D1 に相当するメニューを用意しています。

トグルボタンをクリック。　　オフキャンバスメニューが表示されます。

㉜ オフキャンバスメニューを閉じるために必要な設定を追加。

❸ の設定を閉じるタグを追加。

CSSでデザインをアレンジする

各パーツのCSSの設定を適用し、レイアウトやデザインを調整してページを仕上げていきます。

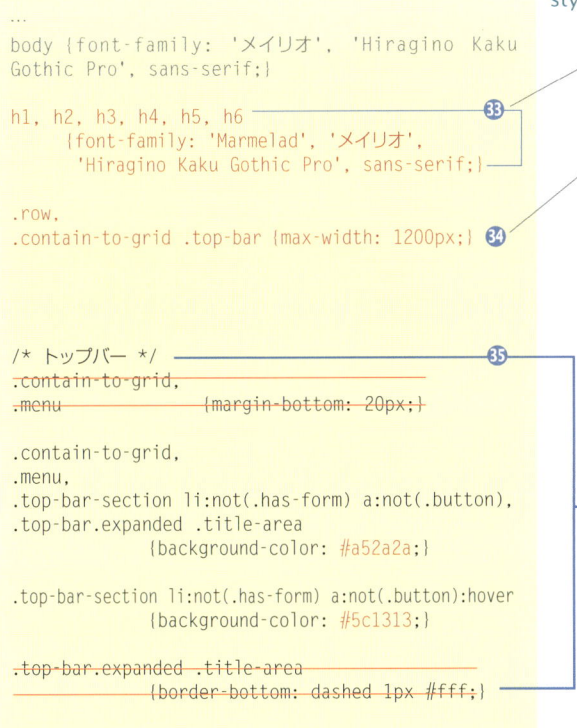

style.css

```
...
body {font-family: 'メイリオ', 'Hiragino Kaku
Gothic Pro', sans-serif;}

h1, h2, h3, h4, h5, h6
     {font-family: 'Marmelad', 'メイリオ',
      'Hiragino Kaku Gothic Pro', sans-serif;}

.row,
.contain-to-grid .top-bar {max-width: 1200px;}




/* トップバー */
.contain-to-grid,
.menu             {margin-bottom: 20px;}

.contain-to-grid,
.menu,
.top-bar-section li:not(.has-form) a:not(.button),
.top-bar.expanded .title-area
              {background-color: #a52a2a;}

.top-bar-section li:not(.has-form) a:not(.button):hover
              {background-color: #5c1313;}

.top-bar.expanded .title-area
              {border-bottom: dashed 1px #fff;}


/* B: ヘッダー */
.header      {padding: 20px 0 10px 0;
              background-color: #dfe3c8;
              text-align: center;}

.header h1   {margin: 0;
              font-size: 26px;
              line-height: 1;}

.header h1 a {color: #000;
              text-decoration: none;}

.header p    {margin: 8px 0 0 0;
              font-size: 12px;
              line-height: 1;}

.header .logo   {margin: 0 0 10px 0;
                 border: none;
                 vertical-align: bottom;}
```

㉝ 見出しの表示に使用するフォントを指定します。ここでは、欧文の場合は❶で指定した「Marmelad」フォントで、日本語の場合は「メイリオ」または「ヒラギノ角ゴ Pro」で表示するように指定しています。

㉞ コンテンツ全体の横幅の最大値を変更します。Foundationの標準の設定では1000pxになっていますが、ここではこの設定を上書きし、最大値を1200pxに変更しています。

A トップバーのデザインをアレンジする

㉟ FOUNDATION 04の「トップバーのデザインをアレンジする」(P.245)のCSSを適用。背景色を赤色(#a52a2a)に、カーソルを重ねたときの背景色を暗い赤色(#5c1313)に指定。他の設定は削除しています。

B ヘッダーのデザインをアレンジする

㊱ HEADER 03-A-A(P.029)のCSSを適用。上下パディングを20pxと10pxに、左右パディングを0に指定。背景色の指定は削除しています。

㊲ サイト名のフォントサイズを26pxに指定。
サイト名は<h1>でマークアップしているため、㉝で指定した「Marmelad」フォントで表示されています。

RECIPE 04

```css
/* C: カルーセル */
.slide       {height: 280px;
              padding: 50px 20px 20px 20px;
              -webkit-box-sizing: border-box;
              -moz-box-sizing: border-box;
              box-sizing: border-box;
              background-color: #dfe3e8;
              background-image: url(img/slide01.jpg);
              background-position: 50% 0%;
              background-size: cover;}

.slide h3    {margin: 0;
              font-size: 26px;
              line-height: 1;}

.slide h3 a  {color: #000;
              text-decoration: none;}

.slide p     {margin: 8px 0 0 0;
              font-size: 14px;
              line-height: 1;}

ul[data-orbit] li:nth-child(2) .slide
    {background-image: url(img/slide02.jpg);}

ul[data-orbit] li:nth-child(3) .slide
    {background-image: url(img/slide03.jpg);
     background-position: 50% 65%;}

/* 枠の設定 */
.slide .inner {padding: 20px;
               background-color: rgba(255,255,255,0.6);}

/* パーツを重ねる設定 */
.slide           {position: relative;}

.slide .inner    {position: absolute;
                  bottom: 0;
                  left: 0;
                  right: 30px;
                  width: 100%;}

.orbit-container {margin-bottom: 10px}


/* グループ */
.group           {margin-bottom: 30px;
                  padding: 0;
                  background-color: #dfe3e8;}

.group > h2      {margin: 0 0 10px 0;
                  font-size: 14px;}

/* 罫線で区切る設定 */
.group > h2  {padding: 0 0 0 5px;
              border-left: solid 5px #a52a2a;}
```

C カルーセルのデザインをアレンジする

㊳ HEADER 07(P.044)のCSSを適用。セレクタのクラス名を「.header」から「.slide」に、「h1」を「h3」に変更しています。

㊴ 1枚目の背景画像(slide01.jpg)を指定。画像に合わせて拡大縮小のポイントを「50% 0」に指定しています。

㊵ 2枚目と3枚目の背景画像(slide02.jpg、slide03.jpg)を指定。

㊶ テキストの背景を半透明の白色にするため、DESIGN 06-B(P.161)のCSSを追加。セレクタのクラス名を「.slide」に変更しています。

㊷ テキストを背景画像の左下に揃えるため、DESIGN 08(P.164)の設定を追加。セレクタのクラス名を「.slide」に変更し、bottomを0、leftを0と指定。また、背景画像に合わせて表示するため、横幅を100%と指定しています。

㊸ スクリプトの処理により、カルーセル全体は<div class="orbit-container">でマークアップされます。そこで、下マージンを10pxと指定し、カルーセルの下に余白を入れています。

D1〜D4 グループの見出しのデザインをアレンジする

㊹ OTHER 05(P.138)のCSSを適用し、セレクタの「h1」を「h2」に変更。下マージンを30pxに、パディングを0に、見出しのフォントサイズを14pxに指定しています。また、背景色の指定は削除しています。

㊺ 見出しの左に罫線を入れるため、DESIGN 03-A-F(P.151)のCSSを追加。セレクタを「.group > h2」に変更。左パディングを5pxに、罫線の太さを5pxに、色を赤色(#a52a2a)に指定しています。

```
/* D1: サイドメニュー */ ㊻
.sidemenu     {padding: 20px;
              background-color: #dfe3e8;}
…略…
.sidemenu ul,
.sidemenu ol {margin: 0;
              padding: 0;
              font-size: 12px; ㊾
              line-height: 1.4;
              list-style: none;}

.sidemenu li a  {display: block;
              padding: 8px 5px 8px 5px; ㊾
              color: #000;
              text-decoration: none;}

.sidemenu li a:hover
              {background-color: #eee;}

/* 枠+見出しの設定 */ ㊼
.sidemenu       {margin-bottom: 10px; (51)
                 padding: 0 0 1px 0;
                 background-color: #faedcf;} ㊾

.sidemenu > h3  {margin: 0;
                 padding: 10px;
                 background-color: #dfc27e; ㊽
                 font-size: 14px;} ㊽

.sidemenu > p   {margin: 10px;}

.sidemenu li a  {padding-left: 10px;}

.sidemenu li a:hover {background-color: #ffe;} ㊿
```

D1 サイドメニューのデザインをアレンジする

㊻ MENU 01(P.066)のCSSを適用。セレクタのクラス名を「.menu」から「.sidemenu」に、「h1」を「h3」に変更。

㊼ 見出しとメニューを一体化したデザインにするため、DESIGN 02-B-C(P.149)のCSSを追加。セレクタのクラス名を「.sidemenu」に、「h1」を「h3」に変更。

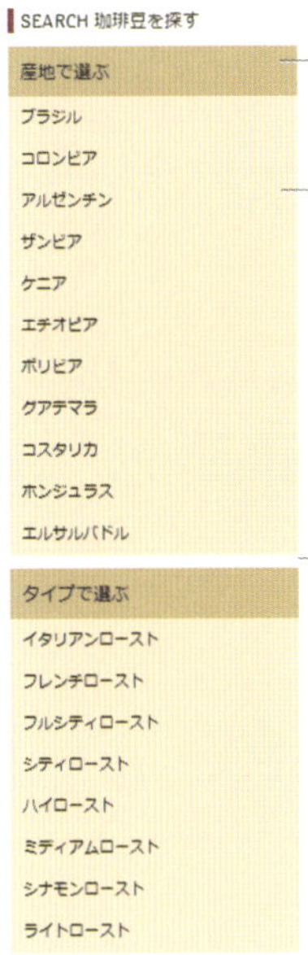

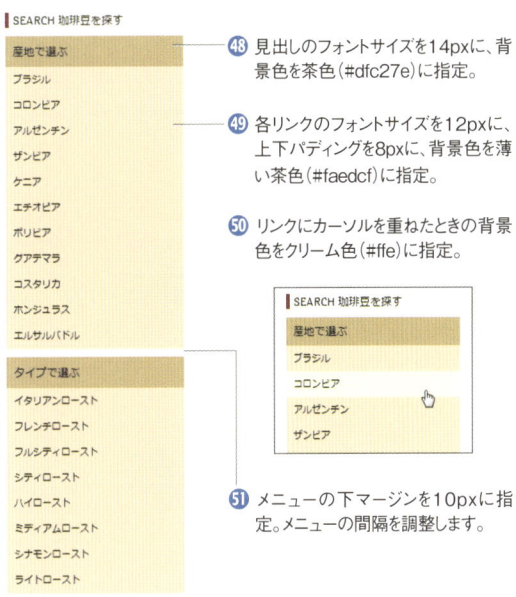

㊽ 見出しのフォントサイズを14pxに、背景色を茶色(#dfc27e)に指定。

㊾ 各リンクのフォントサイズを12pxに、上下パディングを8pxに、背景色を薄い茶色(#faedcf)に指定。

㊿ リンクにカーソルを重ねたときの背景色をクリーム色(#ffe)に指定。

(51) メニューの下マージンを10pxに指定。メニューの間隔を調整します。

```
/* D2: おすすめ情報 */ (52)
.entry          {margin-bottom: 10px; (55)
                 padding: 20px;
                 background-color: #faedcf;} (56)

.entry img      {float: left;
                 max-width: 30%;
                 height: auto;
                 margin: 0; (53)
                 vertical-align: bottom;}

.entry h3       {margin: 0 0 10px 33%; (54)
                 font-size: 18px; (54)
                 line-height: 1.2;}

.entry p        {margin: 0 0 10px 33%; (54)
                 font-size: 14px;
                 line-height: 1.6;}

.entry:after {content: "";
                 display: block;
                 clear: both;}
.entry          {*zoom: 1;}
```

D2 おすすめ情報のデザインをアレンジする

(52) ENTRY 03-A(P.063)のCSSを適用。セレクタの「h1」を「h3」に変更。

(53) 画像の下マージンを0に指定。

(54) 見出しのフォントサイズを18pxに、見出しと文章の下マージンを10pxに指定。

(56) 背景色を薄い茶色(#faedcf)に指定。

(55) おすすめ情報の下マージンを10pxに指定して間隔を調整。

RECIPE 04

```css
/* 罫線で区切る設定 */
.entry h3      {padding: 0 0 10px 0;
                border-bottom: solid 1px #a52a2a;}

/* ボタン */
.button        {display: inline-block;
                margin: 0;
                padding: 10px 25px 10px 25px;
                background-color: #a52a2a;
                color: #fff;
                font-size: 16px;
                text-decoration: none;}

.button:hover,
.button:focus  {outline: none;
                background-color: #5c1313;}


/* D3: 新着情報 */
.news          {padding: 20px;
                background-color: #dfe3e8;}
…略…
.news li a:hover {background-color: #ffe;}

.news time     {float: left;
                border: none;}

.news p        {margin: 0 0 0 110px;}

.news .title {font-weight: bold;}

.news .desc    {color: #666;
                font-size: 12px;}
…略…
.news li a     {*zoom: 1;}

/* 枠の設定 */
.news          {padding: 18px;
                border: solid 2px #dfc27e;
                background-color: #fff;}


/* D4: ショッピング情報 */
.shopping      {padding: 20px;
                background-color: #dfe3e8;
                text-align: center;}

.shopping img  {…略…}

.shopping i    {margin: 0 0 10px 0;
                font-size: 40px;
                color: #42210b;
                line-height: 1.2;}

.shopping p    {margin: 0;
                font-size: 18px;
                line-height: 1.6;}

/* 枠の設定 */
.shopping      {margin-bottom: 20px;
                padding: 20px;
                border-radius: 10px;
                background-color: #afda64;}
```

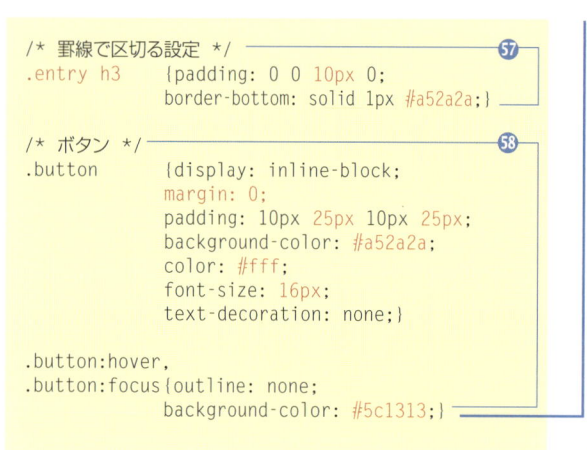

㊼ DESIGN 03（P.150）の設定を追加し、見出しの下に区切り線を表示。セレクタを「.entry h3」に変更し、左パディングを10pxに、罫線の色を赤色（#a52a2a）に指定しています。

㊽ OTHER 01（P.116）の設定を追加し、ボタンのデザインをアレンジ。左右パディングを25px、背景色を赤色（#a52a2a）、文字の色を白色（#fff）、文字サイズを16px、カーソルを重ねたときの背景色を暗い赤色（#5c1313）に指定。また、Foundationが挿入する余白を削除するため、marginを0に指定しています。

D3 新着情報のデザインをアレンジする

㊾ MENU 04-A（P.086）のCSSを適用。セレクタのクラス名「.menu」を「.news」に変更。カーソルを重ねたときの背景色をクリーム色（#ffe）に指定し、タイトルを太字にする設定は削除しています。

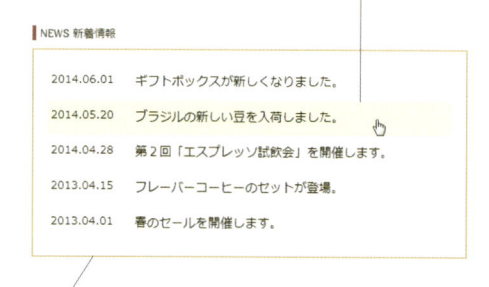

㋀ DESIGN 01-A-A（P.142）の設定を追加し、太さ2pxの薄い茶色（#dfc27e）の罫線で囲むように指定。パディングは18pxにしています。

D4 ショッピング情報のデザインをアレンジする

㋁ ENTRY 02（P.058）のCSSを適用。セレクタの「.entry」を「.shopping」に変更。<img>の設定は削除しています。

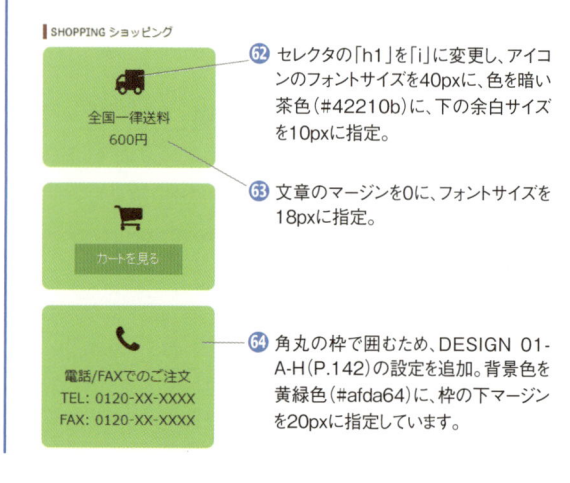

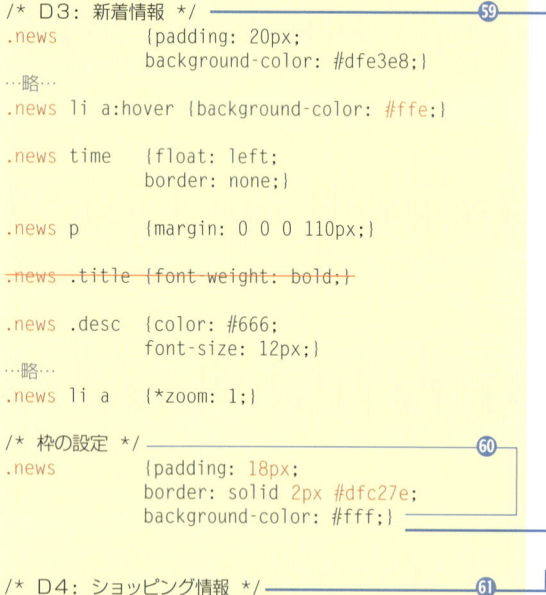

㋂ セレクタの「h1」を「i」に変更し、アイコンのフォントサイズを40pxに、色を暗い茶色（#42210b）に、下の余白サイズを10pxに指定。

㋃ 文章のマージンを0に、フォントサイズを18pxに指定。

㋄ 角丸の枠で囲むため、DESIGN 01-A-H（P.142）の設定を追加。背景色を黄緑色（#afda64）に、枠の下マージンを20pxに指定しています。

```css
/* ボタン */
.shopping .button {background-color: #73ab12;}

.shopping .button:hover,
.shopping .button:focus
                    {background-color: #362;}
```

⑥⑤ ショッピング情報のボタンには❺❽の設定が適用されています。そこで、変更したい設定だけ❺❽からコピーし、セレクタに「.shopping」を追加して上書きします。

ボタンの背景色を緑色（#73ab12）に、カーソルを重ねたときの背景色を暗い緑色（#362）に指定しています。

```css
/* E: フッター */
.footer     {padding: 20px;
             background-color: #444;
             color: #fff;}

.footer p   {margin: 0 0 3px 0;
             font-size: 12px;
             line-height: 1.4;}

.footer a   {color: #666;
             text-decoration: none;}
```

E フッターのデザインをアレンジする

⑥⑥ FOOTER 01（P.104）のCSSを適用。背景色を暗いグレー（#444）に、文字の色を白色（#fff）に指定しています。

```css
/* F: オフキャンバスメニュー */
.cmenu      {padding: 20px;
             background-color: #dfe3e8;}
…略…
.cmenu li a {display: block;
             padding: 8px 5px 8px 5px;
             color: #fff; ⑥⑧
             text-decoration: none;}

.cmenu li a:hover {background-color: #eee;}

/* 枠+見出しの設定 */
.cmenu      {margin-bottom: 0;
             padding: 0 0 1px 0;
             background-color: #333;} ⑥⑧

.cmenu > h3 {margin: 0;
             padding: 10px;
             background-color: #a52a2a; ⑦⓪
             color: #fff; ⑦⓪
             font-size: 14px;}

.cmenu > p  {margin: 10px;}

.cmenu li a {padding-left: 10px;}

.cmenu li a:hover {background-color: #444;} ⑥⑨
```

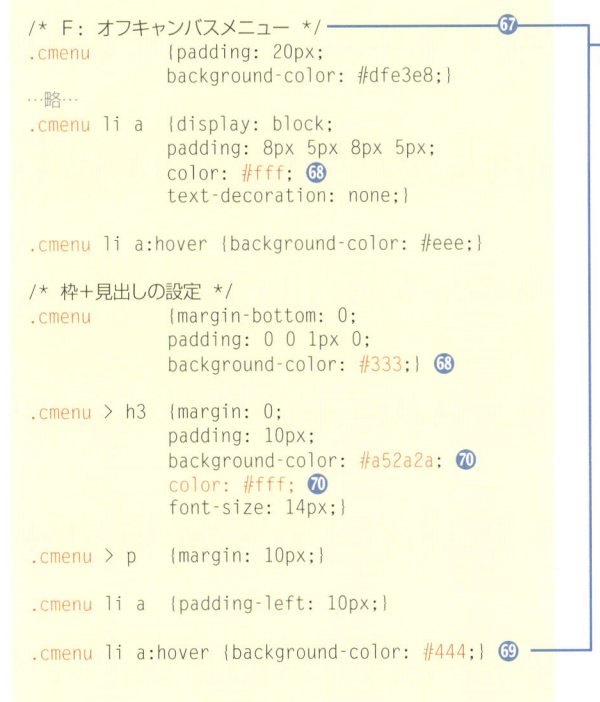

F オフキャンバスメニューのデザインをアレンジする

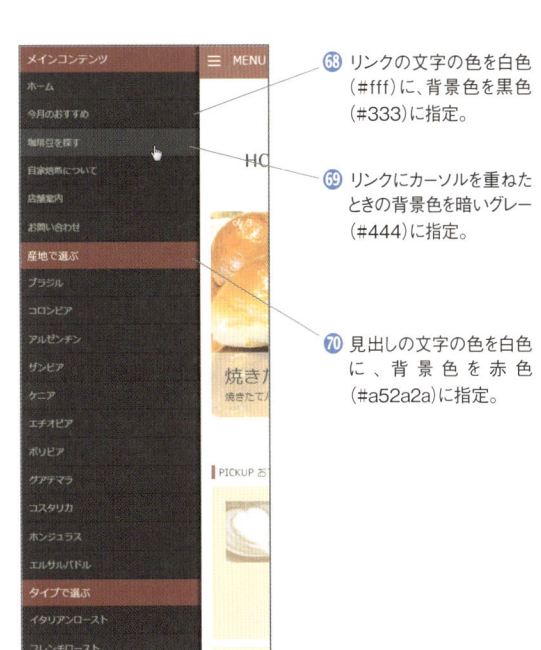

⑥⑦ オフキャンバスメニューはサイドメニューをベースにしたデザインで表示します。そこで、D1のCSSをコピーし、セレクタのクラス名「.sidemenu」を「.cmenu」に変更して適用しています。

⑥⑧ リンクの文字の色を白色（#fff）に、背景色を黒色（#333）に指定。

⑥⑨ リンクにカーソルを重ねたときの背景色を暗いグレー（#444）に指定。

⑦⓪ 見出しの文字の色を白色に、背景色を赤色（#a52a2a）に指定。

索引 INDEX

数字・記号

2段組み	063, 137, 259, 277, 298
3段組み	135
4段組み	137
::after	031
:after	031, 034, 157
::before	074
:before	, 031
:first-child	136
:focus	117, 126
:hover	117
:last-child	055
::-moz-focus-inner	119
:nth-child()	131, 132, 136
!important	206
-webkit-appearance	119, 125
-webkit-filter	159
-webkit-gradient()	163
-webkit-linear-gradient()	163
-webkit-overflow-scrolling	133
-webkit-transform	159
@charset	017
@media	261, 268
@mixin	145
@-ms-viewport	017

A

a	022, 068
Adobe Kuler	166, 195
alt 属性	038, 098
article	007

B

background-color	023, 161
background-image	045, 110
background-position	048, 111
background-size	046
block	029
Block formatting context	035
body	017
Bootstrap	170, 171
border	026, 079, 129, 141
border-bottom	070
border-box	045
border-collapse	129
border-left	089
border-radius	121, 141, 153
border-right	089
border-top	070
bottom	165
box-shadow	126, 141
box-sizing	045
button	118

C

CDN	017, 171
charset 属性	015
Chrome	192
clear	034
clearfix	033
color	023
content	076, 157
content 属性	015
counter()	081
counter-increment	081
cover	046
CSS	020
CSS ジェネレータ	145, 159, 163
CSS プリプロセッサ	020, 212, 252
CSS フレームワーク	004, 168, 214
cursor	119

D

device-width	015
display	029, 069, 091, 100, 117
DOCTYPE 宣言	015
drop-shadow()	159

E

expression()	097

F

filter	159, 163
Firefox	193
float	031, 032, 050, 062, 088, 135
Fluid Image	039
Font Awesome	078, 095
font-family	017
font-size	023, 056
font-weight	271
form	123
Foundation	216, 217

G

Glyphicons	189
Google Fonts	278, 306

H

h1	007, 022
height	039, 045
hidden	035
HTML5	007, 017, 095
html5shiv	017

I

i	095
IE7	017, 019, 074, 092, 097, 136
IE8	017, 019, 074, 031
image-set()	112
img	026, 038, 060
initial-scale	016
inline-block	117
input	118, 123
Interchange Responsive Content	040
iOS	016
jQuery	170, 216

L

label	123
left	074, 157
LESS	212
li	067
linear-gradient()	162

M

line-height	023, 054, 057
link	078, 216
list-style	068

margin	023
max-width	039, 311
meta	015, 016
Modernizr	216

N

nav	007
noscript	040

O

object	041
ol	067
opacity	098
outline	117
overflow	035
overflow-x	133

P

p	022
padding	023
position	074, 157, 165

R

rem	239
respond.js	019
Retina ディスプレイ	039
rgba()	141, 161
right	080, 165

S

Safari	192
Sass	020, 145, 252
script	170, 216
span	028, 093
srcset 属性	040
submit	118, 123
SVG	041, 163

INDEX

T

table	129
table-layout	092
td	129
tdata	129
text-align	024, 060, 130
textarea	123
text-decoration	023
text-indent	096
text-shadow	161
th	129
thead	129
time	086
title	015
top	074, 157
tr	129

U

ul	067

V

vertical-align	026, 027, 028, 036, 054, 130
viewport	015, 016

W

Web インスペクタ	192
Web フォント	278, 306
width	040, 090

あ

アイコン	095
アイコンフォント	078, 095
位置揃え	026
入れ子	180, 224
色	166
インラインフレーム	133
インラインボックス	117
インラインレベルのボックス	028, 036
円形	153
エンコード	015, 017
オフキャンバスメニュー	305, 306, 310, 315

か

カーソル	070, 117, 119
改行	026
階層	071
解像度	015, 039
開発者ツール	041, 193
カウンター	081
影	141, 161
下線	023
画像	026, 039
角丸	121, 141, 231
カラースキーム	195
カルーセル	297, 301, 305, 307, 312
キャッチフレーズ	022
行揃え	024
行の高さ	054, 057
区切り文字	093
クラス名	020, 144
グラデーション	162
クリアフィックス	033
グリッド	175, 209, 249
グリッドシステム	178, 222, 274
グロー効果	126
罫線	020, 026, 070, 089, 140, 150
言語	015
高解像度	039, 112, 296
子階層	072
互換表示モード	018
コンディショナルコメント	017
コンテンツエリア	020
コンテンツ・デリバリ・ネットワーク	017

さ

サイドナビゲーション	230
サイト名	022
サムネイル画像	083
三角形	157
字下げ	072
縮小	046
小数点	057
ショップサイト	304
垂直方向	026, 075
ストライプ	131, 287
スナップビュー	017
スライドショー	295
セクショニング	007
送信ボタン	123

た

- 代替画像 041
- 高さ 045
- タブキー 119
- タブメニュー 102
- 段組み 134
- 中央揃え 024, 058, 106
- テーブル 091, 129, 287
- テーマ 194
- デバイス 015
- デベロッパーツール 192
- テンプレート 194
- 等分割 090, 091
- 透明 161
- 透明度 098
- トグル型メニュー 189, 232
- トグルボタン 189, 207, 233, 306
- トップバー 232, 234, 244, 250, 311
- ドロップダウンメニュー 102, 212, 252

な

- ナビゲーション 186
- ナビゲーションバー 188, 190, 205, 212
- 日本語フォント 017
- 入力フィールド 123
- ネスト 180, 224

は

- 背景画像 045, 110, 160
- 背景色 023
- 配色 166
- 破線 207
- パディング 020, 023, 117
- パネル 186, 231
- パルパブル・コンテンツ 095
- 半円形 155
- 半角スペース 026
- パンくずリスト 093, 287
- 半透明 098, 141, 161
- ビジネスサイト 294
- 日付 086
- ビューポート 015
- フォーカス 119
- フォーム 118, 123
- フォント 017, 056

ま

- フォントサイズ 023, 056, 239
- 吹き出し 156
- 太字 271
- フルードイメージ 039
- ブレイクポイント 178, 222, 261, 268, 282
- フローティングボックス 033, 035
- ブロックボックス 029, 100
- プロモーションサイト 276
- ベースカラー 166
- ベースライン 026, 056
- ベクタ形式 041
- ヘッダー 022
- ボタン 116
- ボックスモデル ...., 020

ま

- マージン 020, 023
- 見出し 007, 146
- ミックスイン 145
- メタ言語 020, 212, 252
- メディアクエリ 019, 261, 282
- メニュー 149
- モバイルファースト 254

や

- 矢印 079
- 游ゴシック 018
- 要素 020
- 横幅 039, 090
- 横幅の最大値 311

ら

- ラベル 121, 185, 229
- リキッド 185
- リストマーク 068, 073
- リンク 116
- リンクの文字色 023
- ルート要素 239
- レスポンシブWebデザイン 178
- レスポンシブイメージ 040, 112
- レスポンシブテーブル 133, 287
- 連番 080

わ

- 枠 140

■著者紹介
エ・ビスコム・テック・ラボ
さまざまなメディアにおける企画制作を世界各地のネットワークを駆使して展開。コンピュータ、インターネット関係では書籍、デジタル映像、CG、ソフトウェアの企画制作、WWW システムの構築などを行う。

主な編著書：『HTML5 スタンダード・デザインガイド』マイナビ刊
『CSS3 スタンダード・デザインガイド【改訂第 2 版】』同上
『スマートフォンサイトのための HTML5+CSS3』同上
『XHTML/HTML+CSS スーパーレシピブック』同上
『WordPress3 サイト構築スタイルブック』同上
『WordPress3 デザイン & カスタマイズ スタイルブック』同上
『Movable Type サイトデザイン & レシピ事典』同上
『WordPress ステップアップブック』ソシム刊
『HTML5&CSS3 レッスンブック』同上
『Dreamweaver+HTML5&CSS3 レッスンブック』同上
『HTML5 & CSS3 ステップアップブック』同上
『WordPress デザインブック 3.x 対応』同上
『HTML/XHTML& スタイルシート レッスンブック』同上
『HTML/XHTML& スタイルシート デザインブック』同上

■STAFF
編集・DTP： エ・ビスコム・テック・ラボ
カバーデザイン： 井口 文秀 _intellection japon
担当： 角竹 輝紀

これからの「標準」を身につける HTML+CSS デザインレシピ

2014 年 3 月 20 日　初版第 1 刷発行
2014 年 8 月 12 日　第 3 刷発行

著者　　　エ・ビスコム・テック・ラボ
発行者　　中川 信行
発行所　　株式会社 マイナビ
　　　　　〒100-0003　東京都千代田区一ツ橋 1-1-1　パレスサイドビル
　　　　　　　TEL：048-485-2383（注文専用ダイヤル）
　　　　　　　TEL：03-6267-4477（販売）
　　　　　　　TEL：03-6267-4431（編集）
　　　　　　　E-Mail：pc-books@mynavi.jp
　　　　　　　URL：http://book.mynavi.jp
印刷・製本　株式会社ルナテック

© 2014　E Biscom Tech Lab, Printed in Japan
ISBN978-4-8399-4887-0

・定価はカバーに記載してあります。
・乱丁・落丁についてのお問い合わせは、TEL：048-485-2383（注文専用ダイヤル）、電子メール：sas@mynavi.jp までお願いいたします。
・本書は著作権法上の保護を受けています。本書の一部あるいは全部について、著者、発行者の許諾を得ずに、無断で複写、複製することは禁じられています。